ANALYSIS 2

Differential- und Integralrechnung
für Funktionen mehrerer reeller Veränderlichen

Lecture Notes Mathematik

ANALYSIS 2

Differential- und Integralrechnung für Funktionen mehrerer reeller Veränderlichen

Rolf Rannacher

Institut für Angewandte Mathematik
Universität Heidelberg

HEIDELBERG
UNIVERSITY PUBLISHING

Über den Autor

Rolf Rannacher, Prof. i. R. für Numerische Mathematik an der Universität Heidelberg; Studium der Mathematik an der Universität Frankfurt am Main – Promotion 1974; Habilitation 1978 in Bonn; 1979/1980 Vis. Assoc. Prof. an der University of Michigan (Ann Arbor, USA), dann Professor in Erlangen und Saarbrücken – in Heidelberg seit 1988; Spezialgebiet „Numerik partieller Differentialgleichungen", insbesondere „Methode der finiten Elemente" mit Anwendungen in Natur- und Ingenieurwissenschaften; hierzu über 160 publizierte wissenschaftliche Arbeiten.

Bibliografische Information der Deutschen Nationalbibliothek
Die Deutsche Nationalbibliothek verzeichnet diese Publikation in der Deutschen Nationalbibliografie. Detaillierte bibliografische Daten sind im Internet unter http://dnb.ddb.de abrufbar.

Die Online-Version dieser Publikation ist auf den Verlagswebseiten von HEIDELBERG UNIVERSITY PUBLISHING http://heiup.uni-heidelberg.de dauerhaft frei verfügbar (open access).
urn: urn:nbn:de:bsz:16-heiup-book-381-9
doi: https://doi.org/10.17885/heiup.381.542

ISSN 2566-4816 (PDF)
ISSN 2512-4455 (Print)

ISBN 978-3-946054-76-4 (PDF)
ISBN 978-3-946054-87-0 (Softcover)

Inhaltsverzeichnis

Literaturverzeichnis

[1] R. Rannacher: *Analysis 1: Differential- und Integralrechnung für Funktionen einer reellen Veränderlichen*, Lecture Notes Mathematik, Heidelberg University Publishing, Heidelberg, 2017, https://doi.org/10.17885/heiup.317.431

[2] R. Rannacher: *Numerik 0: Einführung in die Numerische Mathematik*, Lecture Notes Mathematik, Heidelberg: Heidelberg University Publishing, Heidelberg, 2017, https://doi.org/10.17885/heiup.206.281

[3] R. Rannacher: *Numerik 1: Numerik Gewöhnlicher Differentialgleichungen*, Lecture Notes Mathematik, Heidelberg University Publishing, Heidelberg, 2017, http://doi.org/10.17885/heiup.258.342

[4] R. Rannacher: *Numerik 2: Numerik Partieller Differentialgleichungen*, Lecture Notes Mathematik, Heidelberg University Publishing, Heidelberg, 2017, https://doi.org/10.17885/heiup.281.370

[5] R. Rannacher: *Numerik 3: Probleme der Kontinuumsmechanik und ihre numerische Behandlung*, Lecture Notes Mathematik, Heidelberg University Publishing, Heidelberg, 2017, https://doi.org/10.17885/heiup.312.424

---

[6] O. Forster: *Analysis 1/2/3*, Vieweg-Verlag, Braunschweig Wiesbaden, 2001.

[7] K. Königsberger: *Analysis 1/2*, Springer-Verlag, Berlin Heidelberg, 2001.

[8] H. Amann und J. Escher: *Analysis I/II*, Birkhäuser-Verlag, Basel, 1989.

[9] W. Walter: *Analysis Teil I/II*, Teubner-Verlag, Stuttgart, 1990.

[10] H. Heuser: *Lehrbuch der Analysis I/II*, Grundwissen Mathematik Bd. 3, Springer-Verlag, Berlin Heidelberg New York Tokyo, 1991.

[11] H. v. Mangoldt und K. Knopp: *Einführung in die Höhere Mathematik*, Band 1/2/3/4, S. Hirzel-Verlag, Stuttgart 1971.

[12] A. Ostrowski: *Vorlesungen über Differential- und Integralrechnung 1/2/3* (2. Auflage), Birkhäuser-Verlag, Basel Stuttgart, 1982.

[13] H. Grauert und I. Lieb: *Differential- und Integralrechnung I/II*, Heidelberger Taschenbücher Band 26, Springer-Verlag, Berlin Heidelberg New York, 1967.

[14] R. Courant: *Vorlesungen über Differential- und Integralrechnung*, Springer-Verlag, Berlin Heidelberg New York, 1971.

[15] J. Dieudonné: *Grundzüge der modernen Analysis*, Vieweg-Verlag, Braunschweig, 1971.

0 Vorwort

Der vorliegende zweite Teil des Analysiskurses beschäftigt sich hauptsächlich mit der Differential- und Integralrechnung für Funktionen *mehrerer* reeller Veränderlicher. Wir entwickeln die Theorie dabei zugunsten größerer Anschaulichkeit im n-dimensionalen Zahlenraum und verzichten auf ihre Darstellung im allgemeinen Kontext metrischer Räume.

Kapitel 1 behandelt den n-dimensionalen Zahlenraum $\mathbb{K}^n$ ($\mathbb{K} = \mathbb{R}$ oder $\mathbb{K} = \mathbb{C}$) als „normierten“ Raum. Es werden die grundlegenden topologischen Begriffe wie „offen“, „abgeschlossen“ und „kompakt“ für Punktmengen eingeführt und die mehrdimensionale Variante des Satzes von Bolzano-Weierstraß bereitgestellt.

Kapitel 2 ist dann den skalarwertigen und vektorwertigen Funktionen $f : D \subset \mathbb{K}^n \to \mathbb{K}$ bzw. $f : D \subset \mathbb{K}^n \to \mathbb{K}^m$ in mehreren Veränderlichen gewidmet. Für stetige skalarwertige Funktionen werden die mehrdimensionalen Analoga der uns bereits bekannten fundamentalen Sätze von der Beschränktheit und vom Extremum übertragen. Vektorwertige Funktionen treten im Zusammenhang mit Gleichungssystemen auf. Hierfür werden grundlegende Existenzsätze basierend auf dem Kontraktionsprinzip und dem Monotonieprinzip bewiesen.

Kapitel 3 beschäftigt sich mit der Erweiterung der Differentialrechnung auf Funktionen mehrerer Variabler. Dazu werden die Begriffe „partielle“ und „totale“ Ableitung eingeführt. Dies erlaubt dann die Ableitung von Extremalkriterien und führt auch zu einem mehrdimensionalen Analogon der Taylor-Entwicklung. Zur Lösung nichtlinearer Gleichungssysteme werden der Satz über implizite Funktionen, die Umkehrbarkeit von regulären Abbildungen sowie das mehrdimensionale Newton-Verfahren diskutiert.

In Kapitel 4 wird die Theorie der „Anfangsaufgaben“ von Systemen gewöhnlicher Differentialgleichungen

$$u'(t) = f(t, u(t)), \quad t \geq t_0, \qquad u(t_0) = u_0,$$

entwickelt. Dazu gehört u. a. der Nachweis der Existenz von Lösungen, deren Eindeutigkeit und Stabilität sowie ihre Fortsetzbarkeit für alle Zeiten $t \geq t_0$. Am Schluss wird noch ein Einblick in die Theorie der entsprechenden linearen „Randwertaufgaben“

$$u'(t) - A(t)u(t) = f(t), \quad t \in [a, b], \qquad B_a u(a) + B_b u(b) = g,$$

gegeben und insbesondere deren enge Beziehung zu linearen algebraischen Gleichungssystemen gezeigt.

In Kapitel 5 wird der Jordan-Inhalt von Teilmengen des $\mathbb{R}^n$ behandelt und dann darauf aufbauend das mehrdimensionale Analogon des Riemann-Integrals entwickelt. Wichtigste Resultate sind der Satz von Fubini über die Reduktion eines n-dimensionalen Integrals auf sukzessive eindimensionale Intgeration

$$\int_D f(x, y)\, d(x, y) = \int_c^d \Big(\int_a^b f(x, y)\, dy \Big) dx,$$

und die n-dimensionale Variante des Substitutionssatzes

$$\int_{\Phi(D)} f(y)\,dy = \int_D f(\Phi(x))|\det \Phi'(x)|\,dx.$$

Damit und mit Hilfe des Konzepts des „uneigentlichen“ mehrdimensionalen Riemann-Integrals lassen sich die meisten praktisch relevanten Integrationsaufgaben lösen.

1 Der n-dimensionale Zahlenraum $\mathbb{K}^n$

In diesem Kapitel werden als Vorbereitung der Differential- und Integralrechnung von Funktionen mehrerer Variabler zunächst die wichtigsten Eigenschaften des euklidischen Vektorraumes $\mathbb{K}^n$ zusammengestellt. Dabei steht $\mathbb{K}$ wieder für den Körper $\mathbb{R}$ der reellen Zahlen oder den Körper $\mathbb{C}$ der komplexen Zahlen. Die kanonischen Fälle bei geometrischen Anwendungen sind natürlich die Ortsdimensionen $n = 2$ und $n = 3$, oder bei Einbeziehung der Zeitvariablen auch $n = 4$. Bei der Diskretisierung von Differentialgleichungen treten aber auch beliebig hoch dimensionale Probleme auf, so dass die Betrachtung der allgemeinen Dimension $n \in \mathbb{N}$ keine bloße mathematische Spielerei ist.

1.1 Der euklidische Raum $\mathbb{K}^n$

Für $n \in \mathbb{N}$ bezeichnet $\mathbb{K}^n$ den Vektorrraum der n-Tupel $x = (x_1, \dots, x_n)$ mit Komponenten $x_i \in \mathbb{K}$, $i = 1, \dots, n$. Für diese sind Addition und skalare Multiplikation definiert:

$$x + y := (x_1 + y_1, \dots, x_n + y_n), \qquad \alpha x := (\alpha x_1, \dots, \alpha x_n), \quad \alpha \in \mathbb{K}.$$

Die Elemente $x \in \mathbb{K}^n$ werden je nach Interpretation als „Punkte" oder „Vektoren" angesprochen. Dabei kann man sich x als den Endpunkt eines Vektors vorstellen, der im Ursprung des gewählten kartesischen[1] Koordinatensystem angeheftet ist, und die Komponenten x_i als Koordinaten bezüglich dieses Koordinatensystems. In diesem Fall fassen wir Vektoren stets als „Spaltenvektoren" auf und schreiben dafür im Rahmen des Matrizenkalküls auch $(x_1, \dots, x_n)^T$. Der „Nullvektor" $(0, \dots, 0)^T$ wird ebenfalls kurz mit 0 bezeichnet. Wir bevorzugen diese koordinatenorientierte Darstellung wegen ihrer Vertrautheit; eine koordinatenfreie Beschreibung ist möglich aber weniger anschaulich.

Wir rekapitulieren einige Eigenschaften des $\mathbb{K}^n$, die im Folgenden verwendet werden. Ein System von m Vektoren $\{a^{(1)}, \dots, a^{(m)}\} \subset \mathbb{K}^n$ heißt „linear abhängig", wenn es Skalare $\alpha_i \in \mathbb{K}$, $i = 1, \dots, m$, gibt, die nicht alle Null sind, so dass

$$\sum_{i=1}^{n} \alpha_i a^{(i)} = 0,$$

andernfalls „linear unabhängig". Ein System linear unabhängiger Vektoren des $\mathbb{K}^n$ kann maximal n Elemente enthalten; ein solches „maximales" System heißt „Basis" des $\mathbb{K}^n$ und bestimmt mit seiner Mächtigkeit n die „Dimension" des $\mathbb{K}^n$. Die natürliche Basis des $\mathbb{K}^n$ ist die „euklidische Basis" („kartesische") bestehend aus den Vektoren $e^{(i)} := (\delta_{i1}, \dots, \delta_{in})$, $i = 1, \dots, n$. Offenbar ist jedes $x \in \mathbb{K}^n$ darstellbar in der Form

$$x = \sum_{i=1}^{n} x_i e^{(i)},$$

d. h. als „Linearkombination" der Basisvektoren $e^{(i)}$.

[1] René Descartes (1596–1650): Französischer Mathematiker und Philosoph („cogito ergo sum"); wirkte in Holland und zuletzt in Stockholm; erkannte als erster die enge Beziehung zwischen Geometrie und Arithmetik und begründete die analytische Geometrie.

Definition 1.1: *Sei V irgend ein Vektorraum über dem Körper $\mathbb{K}$. Eine Abbildung $\|\cdot\|$: $V \to \mathbb{R}$ heißt „Norm" (auf V), wenn folgende Bedingungen erfüllt sind:*

(N1) Definitheit: $\|x\| \geq 0, \quad \|x\| = 0 \Leftrightarrow x = 0;$

(N2) Homogenität: $\|\alpha x\| = |\alpha|\,\|x\|, \quad \alpha \in \mathbb{K};$

(N3) Dreiecksungleichung: $\|x + y\| \leq \|x\| + \|y\|.$

Das Paar $(V, \|\cdot\|)$ wird „normierter Raum" genannt.

Bemerkung 1.1: Die Nichtnegativität $\|x\| \geq 0$ ist eigentlich bereits eine notwendige Konsequenz der anderen Annahmen. Mit (N2) folgt zunächst $0 = \|0\|$ und dann mit (N3) und (N2) $0 = \|x - x\| \leq \|x\| + \|-x\| = 2\|x\|$. Mit Hilfe von (N3) erhält man analog zum Absolutbetrag für eine beliebige Norm die wichtige Ungleichung

$$\big|\|x\| - \|y\|\big| \leq \|x - y\|, \quad x, y \in V. \tag{1.1.1}$$

Beispiel 1.1: Das bekannteste Beispiel einer Norm auf $\mathbb{K}^n$ ist die „euklidische Norm"

$$\|x\|_2 := \Big(\sum_{i=1}^n |x_i|^2\Big)^{1/2}.$$

Weitere Beispiele von gebräuchlichen Normen sind die „Maximumnorm" (oder „l_∞-Norm) und die sog. „l_1-Norm"

$$\|x\|_\infty := \max_{i=1,\dots,n} |x_i|, \qquad \|x\|_1 := \sum_{i=1}^n |x_i|.$$

Die Normeigenschaft von $\|\cdot\|_\infty$ und $\|\cdot\|_1$ ergibt sich unmittelbar aus den entsprechenden Eigenschaften des Absolutbetrags. Die Normeigenschaft von $\|\cdot\|_2$ folgt aus seiner Beziehung zum euklidischen Skalarprodukt, was wir später noch genauer diskutieren werden. Quasi zwischen l_1-Norm und Maximumnorm liegen die sog. „l_p-Normen" für $1 < p < \infty$:

$$\|x\|_p := \Big(\sum_{i=1}^n |x_i|^p\Big)^{1/p}.$$

Dass dies wirklich Normen sind, d. h. dass insbesondere die Dreiecksungleichung gilt, werden wir später noch sehen.

Mit Hilfe einer Norm $\|\cdot\|$ wird für Vektoren $x, y \in \mathbb{K}^n$ eine „Abstandsfunktion" (oder „Metrik") erklärt durch $d(x, y) := \|x - y\|$.

Definition 1.2: *Sei X irgend eine Menge. Eine Abbildung $d(\cdot,\cdot) : X \times X \to \mathbb{R}$ heißt „Metrik" (auf X), wenn folgende Bedingungen erfüllt sind:*

(M1) Definitheit: $d(x, y) \geq 0, \quad d(x, y) = 0 \Leftrightarrow x = y;$

(M2) Symmetrie: $d(x, y) = d(y, x);$

(M3) Dreiecksungleichung: $d(x, y) \leq d(x, z) + d(z, y).$

Das Paar (X, d) wird „metrischer Raum" genannt.

Bemerkung 1.2: Viele Aussagen dieses und des folgenden Kapitels, die nicht die Vektorraumstruktur benötigen, lassen sich auch ganz allgemein für metrische Räume formulieren. Die so gewonnene Theorie hat dann viele über den Rahmen des endlich dimensionalen $\mathbb{K}^n$ hinausgehende Anwendungen, z. B. auf unendlich dimensionale Funktionenräume wie den $C[a,b]$ und den $R[a,b]$ (siehe Kapitel 4 und Kapitel 7 des Bandes Analysis 1). Da aber die Behandlung wirklich interessanter Anwendungen in der Physik und in anderen Wissenschaften beträchtlichen Aufwand erfordert, wollen wir hier auf diese formale Allgemeinheit zugunsten größerer Anschaulichkeit verzichten.

Bemerkung 1.3: Die natürliche Verallgemeinerung des *endlich* dimensionalen Raumes $\mathbb{K}^n$ ist der *unendlich* dimensionale Folgenraum l_2 der quadratisch summierbaren Zahlenfolgen $x = (x_k)_{k\in\mathbb{N}}$, $x_k \in \mathbb{K}$, d. h. der Folgen, für die $\sum_{k=1}^{\infty} |x_k|^2$ konvergiert, versehen mit der Norm

$$\|x\|_2 := \Big(\sum_{k=1}^{\infty} |x_k|^2\Big)^{1/2}.$$

Der Nachweis der Vektorraum- und Normeigenschaften sei als Übungsaufgabe gestellt. Es ist zweckmäßig, sich die im Folgenden für den $\mathbb{K}^n$ formulierten Aussagen durch Überprüfung ihrer Gültigkeit im $(l_2, \|\cdot\|_2)$ klarzumachen.

Mit Hilfe einer Norm wird der „Abstand“ $d(x,x') := \|x - x'\|$ zweier Vektoren im $\mathbb{K}^n$ definiert. Damit lassen sich dann auch für Punktmengen des $\mathbb{K}^n$ die schon vom $\mathbb{K}^1$ bekannten topologischen Begriffe „offen“, „abgeschlossen“, „kompakt“, „Durchmesser“ und „Umgebung“ definieren. Im Folgenden verwenden wir hierzu zunächst die Maximumnorm $\|\cdot\|_\infty$, werden aber später sehen, dass dies unabhängig von der gewählten Norm ist. Für ein $a \in \mathbb{K}^n$ und $r > 0$ wird die Menge

$$K_r(a) := \{x \in \mathbb{K}^n : \ \|x - a\|_\infty < r\}$$

eine „Kugelumgebung“ mit Radius r genannt.

Definition 1.3: *Eine Folge von Vektoren* $(x^{(k)})_{k\in\mathbb{N}}$ *des* $\mathbb{K}^n$ *heißt:*

i) „beschränkt“, wenn alle ihre Elemente in einer Kugelumgebung $K_R(0)$ *liegen;*

ii) „Cauchy-Folge“, wenn es zu jedem $\varepsilon \in \mathbb{R}_+$ *ein* $N_\varepsilon \in \mathbb{N}$ *gibt, so dass für alle* $k, l \geq N$

$$\|x^{(k)} - x^{(l)}\|_\infty < \varepsilon;$$

iii) „konvergent“ gegen ein $x \in \mathbb{K}^n$, *wenn*

$$\|x^{(k)} - x\|_\infty \to 0 \quad (k \to \infty).$$

Für eine konvergente Folge $(x^{(k)})_{k\in\mathbb{N}}$ schreiben wir wieder $\lim_{k\to\infty} x^{(k)} = x$ oder auch kurz $x^{(k)} \to x$ $(k \to \infty)$. Geometrisch bedeutet dies, dass jede Kugelumgebung $K_\varepsilon(x)$ von x fast alle (d. h. alle bis auf endlich viele) der Folgenelemente $x^{(k)}$ enthält. Die so definierte

Konvergenz $x^{(k)} \to x$ $(k \to \infty)$ ist offenbar gleichbedeutend mit der komponentenweisen Konvergenz:

$$\|x^{(k)} - x\|_\infty \to 0 \ \ (k \to \infty) \quad \Leftrightarrow \quad x_i^{(k)} \to x_i \ \ (k \to \infty), \ i = 1, \dots, n.$$

Damit kann die Theorie der Konvergenz von Vektorfolgen in $\mathbb{K}^n$ auf die von Zahlenfolgen in $\mathbb{K}$ zurückgeführt werden. Wir gewinnen so zunächst das n-dimensionale Analogon des Cauchyschen Konvergenzkriteriums und des Satzes von Bolzano-Weierstraß.

Satz 1.1 (Satz von Cauchy und Satz von Bolzano-Weierstraß): *i) Jede Cauchy-Folge im $\mathbb{K}^n$ konvergiert, d. h.: Der normierte Raum $(\mathbb{K}^n, \|\cdot\|_\infty)$ ist vollständig. Ein vollständiger normierter Raum wird „Banach-Raum" genannt.*

ii) Jede beschränkte Folge in $\mathbb{K}^n$ besitzt eine konvergente Teilfolge.

Beweis: i) Für eine Cauchy-Folge $(x^{(k)})_{k\in\mathbb{N}}$ sind wegen $|x_i| \le \|x\|_\infty$, $i = 1, \dots, n$, für $x \in \mathbb{K}^n$, auch die Komponentenfolgen $(x_i^{(k)})_{k\in\mathbb{N}}$, $i = 1, \dots, n$, Cauchy-Folgen in $\mathbb{K}$ und konvergieren jede für sich gegen Grenzwerte $x_i \in \mathbb{K}$. Der Vektor $x := (x_1, \dots, x_n) \in \mathbb{K}^n$ ist dann Limes der Folge $(x^{(k)})_{k\in\mathbb{N}}$ bzgl. der Maximumnormkonvergenz.

ii) Für eine beschränkte Folge $(x^{(k)})_{k\in\mathbb{N}}$ sind auch die Komponentenfolgen $(x_i^{(k)})_{k\in\mathbb{N}}$, $i = 1, \dots, n$, beschränkt. Durch sukzessive Anwendung des Satzes von Bolzano-Weierstraß in $\mathbb{K}$ erhalten wir zunächst eine konvergente Teilfolge $(x_1^{(k_{1j})})_{j\in\mathbb{N}}$ von $(x_1^{(k)})_{k\in\mathbb{N}}$ mit $x_1^{(k_{1j})} \to x_1$ $(j \to \infty)$, dann eine konvergente Teilfolge $(x_2^{(k_{2j})})_{j\in\mathbb{N}}$ von $(x_2^{(k_{1j})})_{j\in\mathbb{N}}$ mit $x_2^{(k_{2j})} \to x_2$ $(j \to \infty)$, u.s.w. Nach n Auswahlschritten haben wir schließlich eine Teilfolge $(x^{(k_{nj})})_{j\in\mathbb{N}}$ von $(x^{(k)})_{k\in\mathbb{N}}$, für die alle Komponentenfolgen $(x_i^{(k_{nj})})_{j\in\mathbb{N}}$, $i = 1, \dots, n$, konvergieren. Mit den Limiten $x_i \in \mathbb{K}$ setzen wir $x := (x_1, \dots, x_n) \in \mathbb{K}^n$ und erhalten die Konvergenz $x^{k_{nj}} \to x$ $(j \to \infty)$. Q.E.D.

Der folgende wichtige Satz zeigt, dass auf dem $\mathbb{K}^n$ alle durch irgendwelche Normen definierten Konvergenzbegriffe äquivalent sind zur Konvergenz bezüglich der Maximumnorm, d. h. zur komponentenweisen Konvergenz.

Satz 1.2 (Äquivalenz von Normen): *Auf dem endlich dimensionalen Vektorraum $\mathbb{K}^n$ sind alle Normen äquivalent zur Maximumnorm, d. h.: Zu jeder Norm $\|\cdot\|$ gibt es positive Konstanten m, M, mit denen gilt:*

$$m\,\|x\|_\infty \le \|x\| \le M\,\|x\|_\infty, \quad x \in \mathbb{K}^n. \tag{1.1.2}$$

Beweis: Sei $\|\cdot\|$ irgendeine Norm. Für jeden Vektor $x = \sum_{k=1}^n x_k e^{(k)} \in \mathbb{K}^n$ gilt zunächst

$$\|x\| \le \sum_{k=1}^n |x_k|\,\|e^{(k)}\| \le M\,\|x\|_\infty, \quad M := \sum_{k=1}^n \|e^{(k)}\|.$$

Wir setzen:

$$S_1 := \{x \in \mathbb{K}^n : \ \|x\|_\infty = 1\}, \qquad m := \inf\{\|x\|, \ x \in S_1\} \ge 0.$$

Wir wollen zeigen, dass $m > 0$ ist, denn dann ergibt sich für $x \neq 0$ wegen $\|x\|_\infty^{-1} x \in S_1$ auch $m \leq \|x\|_\infty^{-1} \|x\|$ und folglich

$$0 < m\|x\|_\infty \leq \|x\|, \quad x \in \mathbb{K}^n.$$

Sei also angenommen, dass $m = 0$. Dann gibt es in S_1 eine Folge $(x^{(k)})_{k\in\mathbb{N}}$ mit $\|x^{(k)}\| \to 0 \ (k \to \infty)$. Da die Folge bzgl. der Maximumnorm beschränkt ist, gibt es nach dem Satz von Bolzano-Weierstraß eine Teilfolge, ebenfalls mit $x^{(k)}$ bezeichnet, welche bzgl. der Maximumnorm gegen ein $x \in \mathbb{K}^n$ konvergiert. Wegen

$$\big|1 - \|x\|_\infty\big| = \big|\|x^{(k)}\|_\infty - \|x\|_\infty\big| \leq \|x^{(k)} - x\|_\infty \to 0 \quad (k \to \infty)$$

ist auch $x \in S_1$. Andererseits gilt für alle $k \in \mathbb{N}$:

$$\|x\| \leq \|x - x^{(k)}\| + \|x^{(k)}\| \leq M\|x - x^{(k)}\|_\infty + \|x^{(k)}\|.$$

Für $k \to \infty$ folgt hieraus $\|x\| = 0$ und somit $x = 0$, im Widerspruch zu $x \in S_1$. Q.E.D.

Bemerkung 1.4: Für die beiden vorausgegangenen Sätze, den „Bolzano-Weierstraß" sowie die „Normäquivalenz", ist die *endliche* Dimension des $\mathbb{K}^n$ entscheidend. Beide Sätze gelten nicht in *unendlich* dimensionalen Räumen, wie z. B. dem $C[a,b]$, dem $R[a,b]$ und dem Folgenraum l_2.

Bemerkung 1.5: In vielen Anwendungen kommen Mengen von Paaren $\{x,y\}$ von Punkten $x,y \in \mathbb{K}^n$ vor. Diese liegen im sog. „Produktraum" $V = \mathbb{K}^n \times \mathbb{K}^n$, den man mit der natürlichen Norm

$$\|\{x,y\}\| := \big(\|x\|^2 + \|y\|^2\big)^{1/2}.$$

versehen kann. Da dieser Raum mit dem $2n$-dimensionalen euklidischen Raum $\mathbb{K}^{2n}$ identifiziert werden kann, übertragen sich sinngemäß die bisherigen Aussagen für Mengen im $\mathbb{K}^n$ auch auf Mengen im $\mathbb{K}^n \times \mathbb{K}^n$. Dies lässt sich auf allgemeinere Konstruktionen von (endlich dimensionalen) Produkträumen übertragen, z. B.: $V = \mathbb{K}^{n_1} \times \cdots \times \mathbb{K}^{n_m}$.

1.2 Teilmengen des $\mathbb{K}^n$

Da im $\mathbb{K}^n$ alle Normen äquivalent sind, können wir für die folgenden Betrachtungen irgend eine Norm verwenden, die wir mit $\|\cdot\|$ bezeichnen.

Definition 1.4: *i) Eine Teilmenge $M \subset \mathbb{K}^n$ heißt „beschränkt", wenn sie in einer Kugelumgebung $K_R(0)$ enthalten ist.*

ii) Eine Teilmenge $U \subset \mathbb{K}^n$ heißt „Umgebung" des Punktes $a \in \mathbb{K}^n$, wenn sie eine Kugelumgebung $K_\varepsilon(a)$ von a enthält; letztere wird auch „ε-Umgebung" von a genannt.

iii) Eine Menge $O \in \mathbb{K}^n$ heißt „offen", wenn es zu jedem $a \in O$ eine Kugelumgebung $K_\varepsilon(a)$ gibt, die in O enthalten ist.

iv) Eine Menge $A \subset \mathbb{K}^n$ heißt „abgeschlossen" , wenn ihr Komplement $A^c = \mathbb{K}^n \setminus A$ offen ist.

Beispiel 1.2: i) Die Kugel $K_r(a) = \{x \in \mathbb{K}^n \mid \|x - a\| < r\}$ ist Umgebung jedes ihrer Punkte $x \in K_r(a)$. Die Kugel $K_\rho(x)$ mit dem Radius $\rho := r - \|x - a\| > 0$ ist wegen

$$\|y - a\| \le \|y - x\| + \|x - a\| < r - \|x - a\| + \|x - a\| = r, \quad y \in K_\rho(x),$$

in $K_r(a)$ enthalten. Insbesondere ist also die Kugel $K_r(a)$ offen, d. h.: Kugelumgebungen sind stets *offene* Umgebungen.

ii) Die sog. *abgeschlossene* Kugel $\overline{K}_r(a) := \{x \in \mathbb{K}^n : \|x - a\| \le r\}$ ist im obigen Sinne abgeschlossen, denn für jeden Punkt $x \notin \overline{K}_r(a)$ liegt auch die Kugel $K_\varepsilon(x)$ mit Radius $\varepsilon = \|x - a\| - r$ wegen, $y \in K_\varepsilon(x)$,

$$\|y - a\| = \|(x - a) - (x - y)\| \ge \|x - a\| - \|x - y\| > \|x - a\| + r - \|x - a\| = r$$

außerhalb von $\overline{K}_r(a)$.

iii) Der $\mathbb{K}^n$ und die leere Menge $\emptyset$ sind zugleich offen und abgeschlossen.

iv) Die diskrete Menge $\{1/n,\ n \in \mathbb{N}\} \subset \mathbb{R}$ ist weder offen noch abgeschlossen.

v) Auf dem Unterraum $V_{n-1} := \{x \in \mathbb{K}^n : x = (x_1, \dots, x_{n-1}, 0)\}$ des $\mathbb{K}^n$ wird durch die Norm $\|\cdot\|$ von $\mathbb{K}^n$ eine eigene Norm induziert. Damit sind dann auch für Mengen in V_{n-1} die Begriffe „offen" und „abgeschlossen" (relativ zu V_{n-1}) definiert. Eine in V_{n-1} offene, nichtleere Menge ist dann aber bezogen auf den Oberraum $\mathbb{K}^n$ nicht offen.

Lemma 1.1: *Es gelten die folgenden Aussagen:*

i) Jede Obermenge einer Umgebung von a ist eine Umgebung von a.

ii) Der Durchschnitt zweier Umgebungen eines Punktes $a \in \mathbb{K}^n$ ist ebenfalls eine Umgebung von a.

iii) Zu je zwei verschiedenen Punkten $a, b \in \mathbb{K}^n$ existieren disjunkte Umgebungen (sog. Hausdorffsche[2] Trennungseigenschaft).

Beweis: i) Sei U Umgebung von a und $K_r(a) \subset U$ eine zugehörige Kugelumgebung. Dann ist diese auch in jeder Obermenge von U enthalten, so dass letztere auch Umgebung von a ist.

ii) Seien U_1 und U_2 Umgebungen von $a \in \mathbb{R}^n$. Es gibt also Kugelumgebungen $K_{r_1}(a) \subset U_1$ und $K_{r_2}(a) \subset U_2$. Die Kugelumgebung $K_r(a)$ mit $r := \min(r_1, r_2)$ ist dann im Schnitt $U_1 \cap U_2$ enthalten, d. h. dieser ist ebenfalls eine Umgebung von a.

iii) Für die Kugelumgebungen $K_r(a)$ und $K_r(b)$ mit Radius $r = \frac{1}{3}\|a - b\|$ gilt

$$\begin{aligned} x \in K_r(a): \quad \|x - b\| &= \|x - a + a - b\| \ge \|a - b\| - \|x - a\| \ge \tfrac{2}{3}\|a - b\| = 2r, \\ x \in K_r(b): \quad \|x - a\| &= \|x - b + b - a\| \ge \|a - b\| - \|x - b\| \ge \tfrac{2}{3}\|a - b\| = 2r, \end{aligned}$$

d. h. $K_r(a) \cap K_r(b) = \emptyset$. Q.E.D.

---

[2]Felix Hausdorff (1868–1942): Deutscher Mathematiker; Prof. in Bonn 1910–1932, Zwangspensionierung durch das nazionalsozialistische Regime; grundlegende Beiträge zur Topologie und Mengenlehre.

Lemma 1.2: *Es gelten die folgenden Aussagen:*

i) Der Durchschnitt endlich vieler und die Vereinigung beliebig vieler offener Mengen ist offen.

ii) Die Vereinigung endlich vieler und der Durchschnitt beliebig vieler abgeschlossener Mengen ist abgeschlossen.

Diese Aussagen lassen sich nicht verschärfen, d. h.: Der Durchschnitt unendlich vieler offener Mengen ist nicht notwendig offen, und die Vereinigung unendlich vieler abgeschlossener Mengen ist nicht notwendig abgeschlossen.

Beweis: Übungsaufgabe. Q.E.D.

Lemma 1.3: *Eine Menge $A \subset \mathbb{K}^n$ ist genau dann abgeschlossen, wenn der Limes jeder konvergenten Folge von Punkten in A ebenfalls in A liegt.*

Beweis: i) Sei A abgeschlossen. Läge der Grenzwert a einer konvergenten Folge $(a^{(k)})_{k\in\mathbb{N}}$ mit $a^{(k)} \in A$ nicht in A, d. h.: a liegt in der offenen Menge $O := \mathbb{K}^n \setminus A$, so enthielte diese offene Menge als Umgebung von a fast alle $a^{(k)}$, im Widerspruch zur Voraussetzung $a^{(k)} \in A$.

ii) Sei nun der Limes jeder konvergenten Folge aus A ebenfalls in A. Angenommen A ist nicht abgeschlossen, d. h. $O := \mathbb{K}^n \setminus A$ ist nicht offen. Dann gibt es einen Punkt $a \in O$ derart, dass keine Kugelumgebung $K_\varepsilon(a)$ ganz in O liegt. Insbesondere enthält jede Kugel $K_{1/k}(a)$, $k \in \mathbb{N}$, einen Punkt $a^{(k)}$ mit $a^{(k)} \notin O$. Die Folge $(a^{(k)})_{k\in\mathbb{N}}$ liegt also in A und konvergiert wegen $\|a^{(k)} - a\| < 1/k$ gegen den Limes a, der aber nicht zu A gehört, im Widerspruch zur Voraussetzung. Q.E.D.

Definition 1.5: *i) Ein Punkt $a \in \mathbb{K}^n$ heißt „Randpunkt" einer Menge $M \subset \mathbb{K}^n$, wenn jede Umgebung von a Punkte sowohl aus M als auch aus dem Komplement $M^c := \mathbb{K}^n \setminus M$ enthält. Die Menge aller Randpunkte von M, der sog. „Rand", wird mit ∂M bezeichnet. Aus Symmetriegründen gilt $\partial(M^c) = \partial M$. Jeder Randpunkt von M ist also sowohl Limes von Punktfolgen aus M als auch Limes von Punktfolgen aus M^c.*

ii) Für eine Menge $M \subset \mathbb{K}^n$ ist $M^o := M \setminus \partial M$ der sog. „offene Kern" (oder auch das „Innere") von M.

iii) Für eine Menge $M \subset \mathbb{K}^n$ ist $\overline{M} := M \cup \partial M$ die sog. „abgeschlossene Hülle" (oder auch der „Abschluss") von M.

iv) Für eine nichtleere, beschränkte Menge $M \subset \mathbb{K}^n$ ist der „Durchmesser" diam(M) *(bzgl. der Norm $\|\cdot\|$) definiert durch*

$$\operatorname{diam}(M) := \sup\{\|x - y\|,\ x, y \in M\}.$$

Beispiel 1.3: *Der Rand der Kugel $K_r(a) \subset \mathbb{R}^n$ ist die „Sphäre"*

$$S = \{x \in \mathbb{R}^n :\ \|x - a\| = r\}.$$

Der Rand von $\mathbb{Q}^n$ in $\mathbb{R}^n$ ist der ganze $\mathbb{R}^n$. Der Rand von $\mathbb{R}^n$ ist leer.

Lemma 1.4: *Für jede Menge* $M \subset \mathbb{K}^n$ *gilt:*
i) Der Rand ∂M *ist abgeschlossen.*

ii) Die Menge $M^o = M \setminus \partial M$ *ist offen. Jede offene Teilmenge* $O \subset M$ *ist in* $M \setminus \partial M$ *enthalten.*

iii) Die Menge $\overline{M} = M \cup \partial M$ *ist abgeschlossen. Jede abgeschlossene Menge* A *mit* $M \subset A$ *enthält* $M \cup \partial M$ *.*

Beweis: i) Wir zeigen, dass das Komplement ∂M^c offen ist. Sei $a \notin \partial M$. Dann gibt es nach Definition von ∂M eine Umgebung $K_r(a)$, welche entweder keine Punkte von M oder keine Punkte von M^c enthält. Dann ist aber auch $K_r(a) \cap \partial M = \emptyset$ und $(\partial M)^c$ ist somit offen.

ii) Der Beweis wird als Übungsaufgabe gestellt.

iii) Wir zeigen, dass $(M \cup \partial M)^c$ offen ist. Zu jedem Punkt $a \notin (M \cup \partial M)^c$ existiert eine Umgebung $K_r(a)$, welche keine Punkte von M enthält. Kein Punkt von $K_r(a)$ kann dann zu ∂M gehören, d. h. $K_r(a) \subset (M \cup \partial M)^c$. Also ist $(M \cup \partial M)^c$ offen. Sei A abgeschlossen mit $M \subset A$. Jeder Punkt $a \in \partial M$ ist Limes einer Folge von Punkten $a_n \in M$. Wegen $a_n \in M \subset A$ ist dann der Limes auch in A , d. h.: $\partial M \subset A$. Q.E.D.

Korollar 1.1: *Eine Menge* $O \subset \mathbb{K}^n$ *ist genau dann offen, wenn sie keinen ihrer Randpunkte enthält. Eine Menge* $A \subset \mathbb{K}^n$ *ist genau dann abgeschlossen, wenn sie alle ihre Randpunkte enthält.*

Beweis: Die Richtigkeit der Behauptungen ergibt sich unmittelbar mit Hilfe der Aussagen von Lemma 1.4. Die Beweisdetails werden als Übungsaufgabe gestellt. Q.E.D.

Definition 1.6: *Ein Punkt* $x \in \mathbb{K}^n$ *heißt „Häufungspunkt" einer Menge* $M \subset \mathbb{K}^n$ *wenn jede Umgebung von* x *mindestens einen Punkt aus* $M \setminus \{x\}$ *enthält. Die Menge der Häufungspunkte von* M *wird mit* $\mathcal{H}(M)$ *bezeichnet. Ein Punkt* $x \in M \setminus \mathcal{H}(M)$ *wird „isoliert" genannt.*

Satz 1.3: *i) Für jede Menge* $M \subset \mathbb{K}^n$ *gilt*

$$M \cup \mathcal{H}(M) = \overline{M}. \tag{1.2.3}$$

ii) Eine Menge $M \subset \mathbb{K}^n$ *ist genau dann abgeschlossen, wenn sie alle ihre Häufungspunkte enthält.*

Beweis: i) Sei $x \in \partial M$. Dann liegt in jeder $1/k$-Umgebung von x ein Punkt $x^{(k)} \in M$, d. h.: x ist Limes der Folge $(x^{(k)})_{k\in\mathbb{N}}$. Also ist x Häufungspunkt von M , und es gilt $M \cup \partial M = \overline{M} \subset M \cup \mathcal{H}(M)$. Weiter ist jedes $x \in \mathcal{H}(M)$ Limes einer Folge von Punkten aus M, d. h.: $x \notin \overline{M}^c$. Also ist $M \cup \mathcal{H}(M) \subset \overline{M}$. Dies impliziert die Richtigkeit der ersten Behauptung.

ii) Im Falle $\mathcal{H}(M) \subset M$ ist nach dem eben Gezeigten $M = \overline{M}$, d. h.: M ist abgschlossen. Ist andererseits M abgeschlossen, so ist $M = M \cup \partial M = \overline{M}$, d. h.: $\mathcal{H}(M) \subset M$. Q.E.D.

Definition 1.7 (Kompaktheit): *Eine Menge $M \subset \mathbb{K}^n$ heißt „kompakt" (bzw. „folgen-kompakt"), wenn jede Folge aus M eine konvergente Teilfolge mit Limes in M besitzt.*

Beispiel 1.4: Mit Hilfe des Satzes von Bolzano-Weiserstraß folgt, dass eine abgeschlossene Kugel $\overline{K}_r(a)$ kompakt ist. Ferner sind der Rand ∂M einer beschränkten Menge $M \subset \mathbb{K}^n$ und jede endliche Menge kompakt.

Satz 1.4 (Satz von der Kompaktheit): *Für eine Teilmenge $M \subset \mathbb{K}^n$ sind folgende Aussagen äquivalent:*

i) M ist folgen-kompakt.

ii) M ist beschränkt und abgeschlossen.

iii) Jede offene Überdeckung $\{O_\lambda, \lambda \in \Lambda\}$ von M, d. h.: $O_\lambda \subset \mathbb{K}^n$ offen und $M \subset \cup_{\lambda\in\Lambda} O_\lambda$ (Λ eine beliebige Indexmenge), enthält eine endliche Überdeckung, d. h.: $M \subset \cup_{i=1,\dots,m} O_i$. (Überdeckungseigenschaft von Heine[3] und Borel[4]).

Beweis: (i)⇒(ii): Die Menge $M \subset \mathbb{K}^n$ sei folgen-kompakt. Dann ist M auch abgeschlossen, denn jede konvergente Folge in M hat wegen der Kompaktheit eine konvergente Teilfolge mit Limes in M, d. h.: Auch der Limes der gesamten Folge liegt in M. Weiter muss M auch beschränkt sein, denn andernfalls gäbe es eine Folge $(x_n)_{n\in\mathbb{N}}$ in M mit $\|x_n\| \to \infty$, welche dann keine konvergente Teilfolge haben kann.

(ii)⇒(i): Ist $M \subset \mathbb{K}^n$ beschränkt und abgeschlossen, so besitzt sie nach dem Satz von Bolzano-Weiserstraß eine konvergente Teilfolge, deren Limes dann wegen der angenommenen Abgeschlossenheit von M ebenfalls in M liegt. Also ist M folgen-kompakt.

(iii)⇒(i): Die Menge $M \subset \mathbb{K}^n$ besitze die Überdeckungseigenschaft. Wir wollen zeigen, dass sie dann auch folgen-kompakt ist. Sei $(x_n)_{n\in\mathbb{N}}$ eine Folge in M und $A := \{x_n, n \in \mathbb{N}\}$ (Gleiche Folgenelemente werden in der Menge A identifiziert.). Ist A endlich, so hat die Folge notwendig eine konstante (und damit konvergente) Teilfolge. Sei A also unendlich. Angenommen A hat *keine konvergente Teilfolge* mit Limes in M. Dann hat jeder Punkt $a \in M$ eine offene Umgebung $U(a)$, die nur endlich viele Punkte von A enthält. Diese Umgebungen $U(a)$ bilden nun eine offene Überdeckung von M, zu der es nach Annahme eine *endliche* Teilüberdeckung $\{U(a_k), k = 1, \dots, m\}$ gibt. Diese

[3]Eduard Heine (1821–1881): Deutscher Mathematiker; Professor in Halle; einer der wichtigsten Vertreter der „Weierstraßschen Schule" im 19. Jahrhundert; Beiträge zur Theorie der reellen Funktionen, Potentialtheorie und Theorie der Differentialgleichungen.

[4]Félix Éduard Justin Émile Borel (1871–1956): Französischer Mathematiker, u. a. Professor an der Universität Sorbonne in Paris; wichtige Beiträge zur Maßtheorie und zur Spieltheorie; war auch politisch aktiv (1925-1940 Marineminister) und während des Krieges Mitglied der Résistance.

„Teilüberdeckung" kann dann auch nur endlich viele Punkte von A enthalten, d. h.: A ist endlich, im Widerspruch zur Annahme.

(ii)$\Rightarrow$(iii): Die Menge M sei beschränkt und abgeschlossen. Sei $\{O_\lambda,\ \lambda \in \Lambda\}$ eine (offene) Überdeckung von M, die keine endliche Überdeckung von M enthält. Als beschränkte Menge ist M in einem abgeschlossenen Würfel Q_0 mit Kantenlänge L enthalten. Wir zerlegen Q in 2^n Würfel der halben Kantenlänge. Dann gilt auch für mindestens einen dieser Teilwürfel Q_1, dass $M \cap Q_1$ nicht von endlich vielen der O_λ überdeckt wird. Durch rekursive Wiederholung dieses Verfahrens finden wir eine Folge abgeschlossener Würfel Q_k mit Kantenlänge $L_k = 2^{-k}L$, so dass $\ldots \subset Q_k \subset Q_{k-1} \subset \ldots \subset Q_0$, und keine der Mengen $M \cap Q_k$ wird durch endlich viele der O_λ überdeckt. Wir wählen nun in jeder der Mengen $M \cap Q_k$ einen Punkt x_k. Nach Konstruktion der Würfelfolge ist $(x_k)_{k\in\mathbb{N}}$ eine Cauchy-Folge und somit konvergent gegen einen Punkt $x \in M$. Dieser Limes liegt dann aber auch in einer der offenen Überdeckungsmengen O_λ. Diese muss dann auch fast alle der Würfel Q_k und damit insbesondere fast alle der Durchschnitte $M \cap Q_k$ enthalten. Dies ist ein Widerspruch zur Annahme, dass keiner dieser Durchschnitte von endlich vielen der O_λ überdeckt wird. Q.E.D.

Bemerkung 1.6: Die Charakterisierung kompakter Mengen durch die Überdeckungseigenschaft ist die Aussage des „Satzes von Heine-Borel". Die entscheidende Voraussetzung für die Gültigkeit der Sätze von Bolzano-Weierstraß und Heine-Borel ist die *endliche* Dimension von $\mathbb{K}^n$. In *unendlich* dimensionalen Banach-Räumen, wie z. B. dem Raum $C[a,b]$ der stetigen Funktionen, ist dies nicht möglich. Hier werden zum Nachweis der Kompaktheit von beschränkten, abgeschlossenen Mengen noch zusätzliche Eigenschaften benötigt, wie z. B. die gleichgradige Stetigkeit beim „Auswahlsatz von Arzelà-Ascoli".

Korollar 1.2: *Jede abgeschlossene Teilmenge einer kompakten Menge in $\mathbb{K}^n$ ist ebenfalls kompakt.*

Beweis: Sei $M \subset \mathbb{K}^n$ kompakt und $A \subset M$ abgeschlossen. Nach Satz 1.4 ist M, und damit auch A beschränkt. Also ist wieder nach Satz 1.4 A auch kompakt. Q.E.D.

1.3 Geometrie des $\mathbb{K}^n$

Das Betreiben von „Geometrie" auf dem $\mathbb{K}^n$, oder allgemeiner auf einem beliebigen Vektorraum, bedeutet zunächst das Formulieren der uns aus der Elementargeometrie der Ebene wohl bekannten Begriffsbildungen und Zusammenhänge in einer abstrakteren Sprache, z. B. die Eigenschaft „orthogonal" für Vektoren und der Begriff des „Winkels" zwischen Vektoren. Dazu dient das auf dem $\mathbb{K}^n$ definierte sog. „euklidische Skalarprodukt":

$$(x,y)_2 := \sum_{i=1}^{n} x_i \bar{y}_i.$$

Definition 1.8: *Sei V irgendein Vektorraum über dem Körper $\mathbb{K}$. Eine Abbildung $(\cdot,\cdot):$ $V\times V\to\mathbb{K}$ heißt „Skalarprodukt", wenn folgende Bedingungen erfüllt sind:*

(S1) Linearität: $(\alpha x_1+\beta x_2,y)=\alpha(x_1,y)+\beta(x_2,y),\quad \alpha,\beta\in\mathbb{K};$

(S2) Symmetrie: $(x,y)=\overline{(y,x)};$

(S3) Definitheit: $(x,x)\in\mathbb{R},\quad (x,x)\ge 0,\qquad (x,x)=0\ \Rightarrow\ x=0.$

Bemerkung 1.7: *i) Verzichtet man in der obigen Definition des Skalarprodukts auf die strenge „Definitheit", d. h. wird nur $(x,x)\in\mathbb{R}$, $(x,x)\ge 0$ verlangt, so spricht man von einem „Semi-Skalarprodukt".*

ii) Aus den Eigenschaften (S1) (Linearität im ersten Argument) und (S2) (Symmetrie) folgt auch die Linearität im zweiten Argument und damit die volle „Bilinearität" des Skalarprodukts als eine „Sesquilinearfom" (im Komplexen) bzw. eine „Bilinearform" (im Reellen).

iii) Die Eigenschaft (S1) (Linearität) kann bei ihrem Nachweis auch in die beiden Bestandteile „Additivität", $(x_1+x_2,y)=(x_1,y)+(x_2,y)$, und „Homogenität", $(\alpha x,y)=\alpha(x,y)$, $\alpha\in\mathbb{K}$, aufgespalten werden.

Lemma 1.5: *Für ein Skalarprodukt $(\cdot,\cdot)$ auf einem Vektorrraum V über $\mathbb{K}$ gilt die „Schwarzsche Ungleichung"*

$$|(x,y)|^2\le (x,x)\,(y,y),\qquad x,y\in V. \tag{1.3.4}$$

Beweis: Da die Behauptung für $y=0$ offensichtlich richtig ist, können wir o.B.d.A. $y\ne 0$ annehmen. Für beliebiges $\alpha\in\mathbb{K}$ ist

$$0\le (x+\alpha y,x+\alpha y)=(x,x)+\alpha(y,x)+\overline{\alpha}(x,y)+\alpha\overline{\alpha}(y,y).$$

Mit $\alpha:=-(x,y)(y,y)^{-1}$ impliziert dies

$$\begin{aligned}0&\le (x,x)-(x,y)(y,y)^{-1}(y,x)-\overline{(x,y)}(y,y)^{-1}(x,y)+(x,y)\overline{(x,y)}(y,y)^{-1}\\&=(x,x)-|(x,y)|^2(y,y)^{-1}\end{aligned}$$

bzw. $0\le (x,x)(y,y)-|(x,y)|^2$. Dies zeigt die Richtigkeit der Behauptung. Q.E.D.

Korollar 1.3: *a) Von einem Skalarprodukt $(\cdot,\cdot)$ auf einem Vektorraum V über $\mathbb{K}$ wird durch*

$$\|x\|:=(x,x)^{1/2},\qquad x\in V,$$

eine Norm erzeugt. Ist der so entstehende normierte Raum $(V,\|\cdot\|)$ vollständig, so heißt das Paar $(V,(\cdot,\cdot))$ „Hilbert-Raum".

b) Das euklidische Skalarprodukt $(\cdot,\cdot)_2$ auf dem $\mathbb{K}^n$ erzeugt durch

$$\|x\|_2:=(x,x)_2^{1/2}$$

eine Norm, die sog. „euklidische Norm". Damit ist dann $(\mathbb{K}^n,(\cdot,\cdot)_2)$ ein Hilbert-Raum.

Beweis: Die Normeigenschaften (N1) (Definitheit) und (N2) (Homogenität) sind offensichtlich gegeben. Es bleibt die Dreiecksungleichung (N3) zu zeigen. Mit Hilfe der Schwarzschen Ungleichung erhalten wir

$$\begin{aligned}\|x+y\|^2 &= (x+y,x+y) = (x,x)+(x,y)+(y,x)+(y,y)\\ &\le \|x\|^2+2|(x,y)|+\|y\|^2 \le \|x\|^2+2\|x\|\|y\|+\|y\|^2 = (\|x\|+\|y\|)^2,\end{aligned}$$

was zu zeigen war. Q.E.D.

Die Schwarzsche Ungleichung für das euklidische Skaarprodukt wird durch die im Folgenden bewiesene „Höldersche[5] Ungleichung“ verallgemeinert. Als Vorbereitung stellen wir einen einfachen Spezialfall einer ganzen Klasse von Ungleichungen, den sog. „Youngschen[6] Ungleichungen“ bereit.

Lemma 1.6 (Youngsche Ungleichung): *Für* $p,q\in\mathbb{R}$ *mit* $1<p,q<\infty$ *und* $1/p+1/q=1$ *gilt die sog. „Youngsche Ungleichung“*

$$|xy| \le \frac{|x|^p}{p}+\frac{|y|^q}{q}, \qquad x,y\in\mathbb{K}. \tag{1.3.5}$$

Beweis: Da die Logarithmus-Funktion $\ln(x)$ auf $\mathbb{R}_+$ wegen $\ln''(x)=-1/x^2<0$ konkav ist, gilt für $x,y\in\mathbb{K}$:

$$\ln\big(\tfrac{1}{p}|x|^p+\tfrac{1}{q}|y|^q\big) \ge \tfrac{1}{p}\ln(|x|^p)+\tfrac{1}{q}\ln(|y|^q) = \ln(|x|)+\ln(|y|).$$

Wegen der Monotonie der Exponentialfunktion e^x folgt weiter für $x,y\in\mathbb{K}$:

$$\tfrac{1}{p}|x|^p+\tfrac{1}{q}|y|^q \ge \exp\big(\ln(|x|)+\ln(|y|)\big) = \exp\big(\ln(|x|)\big)\exp\big(\ln(|y|)\big) = |x||y| = |xy|,$$

was zu beweisen war. Q.E.D.

Lemma 1.7 (Höldersche Ungleichung): *Für das euklidische Skalarprodukt gilt für beliebige* $p,q\in\mathbb{R}$ *mit* $1<p,q<\infty$ *und* $1/p+1/q=1$ *die sog. „Höldersche Ungleichung“*

$$|(x,y)_2| \le \|x\|_p\,\|y\|_q, \qquad x,y\in\mathbb{K}^n. \tag{1.3.6}$$

Diese Ungleichung gilt auch im Grenzfall $p=1,\ q=\infty$.

[5] Ludwig Otto Hölder (1859–1937): Deutscher Mathematiker; Prof. in Tübingen; Beiträge zunächst zur Theorie der Fourier-Reihen und später vor allem zur Gruppentheorie; fand 1884 die nach ihm benannte Ungleichung.

[6] William Henry Young (1863–1942): Englischer Mathematiker; lehrte an verschiedenen Universitäten weltweit, u.a. in Calcutta, Liverpool und Wales; Beiträge zur Differential- und Intergralrechnung, Topologischen Mengentheorie und Geometrie.

Beweis: Für $x = 0$ oder $y = 0$ ist die behauptete Ungleichung trivialerweise richtig. Sei also o.B.d.A. $\|x\|_p \neq 0$ und $\|y\|_q \neq 0$. Zunächst gilt

$$\frac{|(x,y)_2|}{\|x\|_p\|y\|_q} = \frac{1}{\|x\|_p\|y\|_q}\Big|\sum_{i=1}^n x_i\bar{y}_i\Big| \le \sum_{i=1}^n \frac{|x_i||y_i|}{\|x\|_p\|y\|_q}.$$

Mit Hilfe der Youngschen Ungleichung folgt weiter

$$\begin{aligned}\frac{|(x,y)_2|}{\|x\|_p\|y\|_q} &\le \sum_{i=1}^n \Big\{\frac{|x_i|^p}{p\|x\|_p^p} + \frac{|y_i|^q}{q\|y\|_q^q}\Big\} \\ &= \frac{1}{p\|x\|_p^p}\sum_{i=1}^n |x_i|^p + \frac{1}{q\|y\|_q^q}\sum_{i=1}^n |y_i|^q = \frac{1}{p} + \frac{1}{q} = 1.\end{aligned}$$

Dies impliziert die Behauptung. Q.E.D.

Als Folgerung aus der Hölderschen Ungleichung gewinnen wir die sog. „Minkowskische[7] Ungleichung“, welche gerade die Dreiecksungleichung für die l_p-Norm ist.

Lemma 1.8 (Minkowskische Ungleichung): *Für beliebiges $p \in \mathbb{R}$ mit $1 \le p < \infty$ sowie für $p = \infty$ gilt die sog. „Minkowskische Ungleichung“*

$$\|x+y\|_p \le \|x\|_p + \|y\|_p, \quad x,y \in \mathbb{K}^n. \tag{1.3.7}$$

Beweis: Für $p = 1$ und $p = \infty$ ergibt sich die behauptete Abschätzung unmittelbar aus der Dreiecksungleichung für reelle Zahlen:

$$\begin{aligned}\|x+y\|_1 &= \sum_{i=1}^n |x_i + y_i| \le \sum_{i=1}^n |x_i| + \sum_{i=1}^n |y_i| = \|x\|_1 + \|y\|_1, \\ \|x+y\|_\infty &= \max_{1\le i\le n} |x_i + y_i| \le \max_{1\le i\le n} |x_i| + \max_{1\le i\le n} |y_i| = \|x\|_\infty + \|y\|_\infty.\end{aligned}$$

Sei nun $1 < p < \infty$ und q definiert durch $1/p + 1/q = 1$, d. h. $q = p/(p-1)$. Wir setzen

$$\xi_i := |x_i + y_i|^{p-1}, \quad i = 1,\dots,n, \quad \xi := (\xi_i)_{i=1}^n.$$

Damit gilt zunächst

$$\|x+y\|_p^p = \sum_{i=1}^n |x_i + y_i||x_i + y_i|^{p-1} \le \sum_{i=1}^n |x_i|\xi_i + \sum_{i=1}^n |y_i|\xi_i$$

und weiter mit Hilfe der Hölderschen Ungleichung

$$\|x+y\|_p^p \le \|x\|_p\|\xi\|_q + \|y\|_p\|\xi\|_q = (\|x\|_p + \|y\|_p)\|\xi\|_q.$$

[7] Hermann Minkowski (1864–1909): Russisch-deutscher Mathematiker; Prof. in Göttingen; verschiedene Beiträge zur reinen Mathematik; „erfand“ das nicht-euklidische, 4-dimensionale Raum-Zeit-Kontinuum (Minkowski-Raum) zur Beschreibung der Einsteinschen Relativitätstheorie.

Bei Beachtung von $q = p/(p-1)$ folgt

$$\|\xi\|_q^q = \sum_{i=1}^n |\xi_i|^q = \sum_{i=1}^n |x_i + y_i|^p = \|x+y\|_p^p.$$

und damit

$$\|x+y\|_p^p \leq (\|x\|_p + \|y\|_p)\|x+y\|_p^{p/q} = (\|x\|_p + \|y\|_p)\|x+y\|_p^{p-1}.$$

Dies impliziert offenbar die Behauptung. Q.E.D.

Mit Hilfe des euklidischen Skalarprodukts lässt sich der geometrische Begriff „orthogonal" definieren. Zwei Vektoren $x, y \in \mathbb{K}^n$ heißen „orthogonal" („$x \perp y$"), wenn

$$(x, y)_2 = 0.$$

Für orthogonale Vektoren gilt der „Satz des Pythagoras" (Übungsaufgabe):

$$\|x+y\|_2^2 = \|x\|_2^2 + \|y\|_2^2, \quad x, y \in \mathbb{K}^n,\ x \perp y. \tag{1.3.8}$$

Ein Satz von Vektoren $\{a^{(1)}, \dots, a^{(m)}\}$, $a^{(i)} \neq 0$, des $\mathbb{K}^n$, welche paarweise orthogonal sind, d. h. $(a^{(k)}, a^{(l)}) = 0$ für $k \neq l$, ist linear unabhängig. Denn für $\sum_{k=1}^m c_k a^{(k)} = 0$ folgt durch Skalarproduktbildung mit $a^{(l)}$, $l = 1, \dots, m$:

$$0 = \sum_{k=1}^m c_k (a^{(k)}, a^{(l)}) = c_l (a^{(l)}, a^{(l)}),$$

und folglich $c_l = 0$.

Definition 1.9: *Ein Satz von Vektoren $\{a^{(1)}, \dots, a^{(m)}\}$, $a^{(i)} \neq 0$, des $\mathbb{K}^n$ welche paarweise orthogonal sind, $(a^{(k)}, a^{(l)}) = 0$, $k \neq l$, heißt „Orthogonalsystem" bzw. im Fall $m = n$ „Orthogonalbasis". Gilt $(a^{(k)}, a^{(k)}) = 1$, so spricht man von einem „Orthonormalsystem" bzw. einer „Orthonormalbasis".*

Beispiel 1.5: Die euklidische Basis $\{e^{(1)}, \dots, e^{(n)}\}$ ist offenbar eine Orthonormalbasis des $\mathbb{R}^n$. Es gibt aber noch andere, die man etwa durch Drehung und Spiegelung erhält.

Lemma 1.9: *Sei $\{a^{(i)}, i = 1, \dots, n\}$ eine Orthonormalbasis des $\mathbb{K}^n$. Dann besitzt jeder Vektor $x \in \mathbb{K}^n$ eine Darstellung der Form (in Analogie zur „Fourier-Entwicklung")*

$$x = \sum_{i=1}^n (x, a^{(i)})_2\, a^{(i)}, \quad x \in \mathbb{K}^n, \tag{1.3.9}$$

und es gilt die „Vollständigkeitsrelation" (auch „Parsevalsche[8] Gleichung" genannt)

$$\|x\|_2^2 = \sum_{i=1}^n |(x, a^{(i)})_2|^2. \tag{1.3.10}$$

[8]Marc-Antoine Parseval des Chênes (1755–1836): Französischer Mathematiker; Arbeiten über partielle Differentialgleichungen der Physik (nur fünf mathematische Publikationen); bekannt durch die nach ihm benannte Gleichung, die er aber ohne Beweis und Bezug zu Fourier-Reihen angegeben hat.

Beweis: Aus der Darstellung $x = \sum_{j=1}^n \alpha_j a^{(j)}$ folgt durch Produktbildung mit $a^{(i)}$:

$$(x, a^{(i)})_2 = \sum_{j=1}^n \alpha_j (a^{(j)}, a^{(i)})_2 = \alpha_i, \quad i = 1, \dots, n,$$

und somit die Darstellung (1.3.9). Ferner gilt:

$$\|x\|_2^2 = (x, x)_2 = \sum_{i,j=1}^n (x, a^{(i)})_2 \overline{(x, a^{(j)})_2}\, (a^{(i)}, a^{(j)})_2 = \sum_{i=1}^n |(x, a^{(i)})_2|^2,$$

was zu beweisen war. Q.E.D.

Bemerkung 1.8: *Die Aussage von Lemma 1.9 gilt sinngemäß auch in unendlich dimensionalen Skalarprodukträumen mit „vollständigen“ Orthonormalsystemen (Verallgemeinerung des Basisbegriffs); ein Beispiel ist der in der Fourier-Analyse verwendete Raum* $R[0, 2\pi]$ *mit den normierten trigonometrischen Funktionen als vollständigem Orthogonormalsystem.*

Der folgende Gram-Schmidt-Algorithmus erlaubt es, aus einer beliebigen Basis des $\mathbb{K}^n$ eine Orthonormalbasis zu konstruieren. Die gilt auch in beliebigen Vektorräumen mit Skalarprodukt.

Satz 1.5 (Gram-Schmidt-Verfahren): *Sei* $\{a^{(1)}, \dots, a^{(n)}\}$ *eine Basis des* $\mathbb{K}^n$. *Dann erhält man durch das sog. „Gram*[9]*-Schmidtsche*[10] *Orthogonalisierungsverfahren“,*

$$\begin{aligned} & b^{(1)} := \|a^{(1)}\|_2^{-1} a^{(1)}, \\ & \tilde{b}^{(k)} := a^{(k)} - \sum_{j=1}^{k-1} (a^{(k)}, b^{(j)})_2 b^{(j)}, \quad b^{(k)} := \|\tilde{b}^{(k)}\|_2^{-1} \tilde{b}^{(k)}, \quad k = 2, \dots, n, \end{aligned} \tag{1.3.11}$$

eine Orthonormalbasis $\{b^{(1)}, \dots, b^{(n)}\}$.

Beweis: Wir zeigen zunächst, dass der Konstruktionsprozeß für die $b^{(k)}$ nicht mit $k < n$ abbrechen kann. Die Vektoren $b^{(k)}$ sind gemäß Konstruktion Linearkombinationen der $a^{(1)}, \dots, a^{(k)}$. Wäre nun für ein $k \le n$

$$a^{(k)} - \sum_{j=1}^{k-1} (a^{(k)}, b^{(j)})_2 b^{(j)} = 0,$$

[9] Jørgen Pedersen Gram (1850–1916): Dänischer Mathematiker, Mitarbeiter und später Eigentümer einer Versicherungsgesellschaft, Beiträge zur Algebra (Invariantentheorie), Wahrscheinlichkeitstheorie, Numerik und Forstwissenschaft; das u. a. nach ihm benannte Orthogonalisierungsverfahren geht aber wohl auf Laplace zurück und wurde bereits von Cauchy 1836 verwendet.

[10] Erhard Schmidt (1876-1959): Deutscher Mathematiker, Prof. in Berlin, Gründer des dortigen Instituts für Angewandte Mathematik 1920, nach dem Krieg Direktor des Mathematischen Instituts der Akademie der Wissenschaften der DDR; Beiträge zur Theorie der Integralgleichungen und der Hilbert-Räume sowie später zur Topologie.

so müssten die Vektoren $\{a^{(1)},\dots,a^{(k)}\}$ linear abhängig sein, im Widerspruch zur Annahme, dass $\{a^{(1)},\dots,a^{(n)}\}$ eine Basis ist. Wir zeigen nun durch Induktion, dass der Gram-Schmidt-Prozess tatsächlich eine Orthonormalbasis erzeugt. Offenbar ist $\|b^{(1)}\|_2 = 1$. Sei nun $\{b^{(1)},\dots,b^{(k)}\}$ für $k \le n$ bereits als Orthonormalsystem nachgewiesen. Dann gilt für $l = 1,\dots,k$:

$$(b^{(k+1)}, b^{(l)})_2 = (a^{(k+1)}, b^{(l)})_2 - \sum_{j=1}^{k} (a^{(k+1)}, b^{(j)})_2 \underbrace{(b^{(j)}, b^{(l)})_2}_{=\,\delta_{jl}} = 0$$

und $\|b^{(k+1)}\|_2 = 1$, d. h.: $\{b^{(1)},\dots,b^{(k+1)}\}$ ist ebenfalls ein Orthonormalsystem. Q.E.D.

Für einen Punkt $x \in \mathbb{K}^n$ ist die sog. „orthogonale Projektion“ $P_W x \in W$ (geometrisch der „Lotfußpunkt“) auf einen Unterraum $W \subset \mathbb{K}^n$ anschaulich charakterisiert durch die Eigenschaft

$$\|x - P_W x\|_2 = \min_{y\in W} \|x - y\|_2. \tag{1.3.12}$$

Diese „Bestapproximationseigenschaft“ ist äquivalent zu den Beziehungen

$$(P_W x, y)_2 = (x, y)_2 \quad \forall y \in W, \tag{1.3.13}$$

aus denen sich $P_W x$ berechnen ließe.

1.4 Lineare Abbildungen auf dem $\mathbb{K}^n$

Wir betrachten nun Abbildungen des n-dimensionalen Raumes $\mathbb{K}^n$ in den m-dimensionalen Raum $\mathbb{K}^m$, wobei nicht notwendig $m = n$ sein muss. Der Spezialfall $m = n$ spielt aber eine wichtige Rolle. Eine Abbildung $\varphi : \mathbb{K}^n \to \mathbb{K}^m$ heißt „linear“, wenn für $x, y \in \mathbb{K}^n$ und $\alpha, \beta \in \mathbb{K}$ gilt:

$$\varphi(\alpha x + \beta y) = \alpha\varphi(x) + \beta\varphi(y). \tag{1.4.14}$$

Die Wirkung einer linearen Abbildung auf Vektoren $x \in \mathbb{K}^n$ lässt sich auf unterschiedliche Weise beschreiben. Es genügt offenbar, die Wirkung auf die Elemente einer Basis, z. B. einer kartesischen Basis $\{e^{(i)}, i = 1,\dots,n\}$, anzugeben:

$$x = \sum_{i=1}^{n} x_i e^{(i)} \quad \to \quad \varphi(x) = \varphi\Big(\sum_{i=1}^{n} x_i e^{(i)}\Big) = \sum_{i=1}^{n} x_i \varphi(e^{(i)}).$$

Dabei wird dem Punkt $x \in \mathbb{K}^n$ (eineindeutig) der „Koordinatenvektor“ $\hat{x} = (x_i)_{i=1}^n$ zugeordnet. Stellt man auch die Bilder $\varphi(x)$ bzgl. einer kartesischen Basis des $\mathbb{K}^m$ dar,

$$\varphi(x) = \sum_{j=1}^{m} \varphi_j(x) e^{(j)} = \sum_{j=1}^{m} \Big(\sum_{i=1}^{n} \underbrace{\varphi_j(e^{(i)})}_{=:\, a_{ji}} x_i \Big) e^{(j)},$$

mit dem Koordinatenvektor $\hat{\varphi}(x) = (\varphi_j(x))_{j=1}^m$, so erhält man das in Matrixform angeordnete Zahlenschema

$$\begin{pmatrix} \varphi_1(e^{(1)}) & \cdots & \varphi_1(e^{(n)}) \\ \vdots & \ddots & \vdots \\ \varphi_m(e^{(1)}) & \cdots & \varphi_m(e^{(n)}) \end{pmatrix} =: \begin{pmatrix} a_{11} & \cdots & a_{1n} \\ \vdots & \ddots & \vdots \\ a_{m1} & \cdots & a_{mn} \end{pmatrix} = A \in \mathbb{K}^{m\times n}.$$

Damit gilt dann nach den üblichen Regeln der Matrix-Vektor-Multiplikation:

$$\varphi_j(x) = (A\hat{x})_j := \sum_{i=1}^n a_{ji}x_i, \quad j = 1,\dots,m.$$

Die lineare Abbildung $\varphi : \mathbb{K}^n \to \mathbb{K}^m$ lässt sich also bzgl. der fest gewählten kartesischen Basen von $\mathbb{K}^n$ und $\mathbb{K}^m$ (eindeutig) durch die Matrix $A \in \mathbb{K}^{m\times n}$ beschreiben:

$$\hat{\varphi}(x) = A\hat{x}, \quad x \in \mathbb{K}^n. \tag{1.4.15}$$

Im Folgenden werden wir zur Vereinfachung der Schreibweise meist den Punkt x mit seiner speziellen kartesischen Koordinatendarstellung $\hat{x}$ identifizieren.

Wir folgen hier der Konvention, dass bei der Bezeichnung $\mathbb{K}^{m\times n}$ der erste Parameter m zum Bildraum $\mathbb{K}^m$, d. h. zur Anzahl der Zeilen der Matrix, und der zweite n zum Urbildraum $\mathbb{K}^n$, d. h. zur Anzahl der Spalten, korrespondiert. Entsprechend bedeutet bei Matrixelementen a_{ij} der erste Index die Zeilennummer und der zweite die Spaltennummer. Wir betonen nochmals, dass dies nur eine von vielen möglichen konkreten Darstellungen einer linearen Abbildung in $\mathbb{K}^n$ ist. In diesem Sinne definiert z. B. jede quadratische Matrix $A \in \mathbb{K}^{n\times n}$ eine lineare Abbildung in $\mathbb{K}^n$. Eine quadratische Matrix $A \in \mathbb{K}^{n\times n}$ ist „regulär", wenn die zugehörige lineare Abbildung injektiv und surjektiv, d. h. bijektiv, ist.

Lemma 1.10: *Für $A = (a_{ij})_{i,j=1}^n \in \mathbb{K}^{n\times n}$ sind die folgenden Aussagen äquivalent:*

i) A ist regulär.

ii) $Ax = b$ ist für jedes $b \in \mathbb{K}^n$ eindeutig lösbar (Bijektivität).

iii) $Ax = 0$ ist nur durch $x = 0$ lösbar (Injektivität).

iv) $Ax = b$ ist für jedes $b \in \mathbb{K}^n$ lösbar (Surjektivität).

v) $\mathrm{Rang}(A) = n$.

vi) $\det(A) \neq 0$.

vii) Alle Eigenwerte $\lambda \in \mathbb{C}$ von A sind ungleich Null.

viii) Die (komplex) Transponierte $\bar{A}^T$ ist regulär.

Die Begriffe „Rang" $\mathrm{Rang}(A)$, „Determinante" $\det(A)$, „Transponierte" $\bar{A}^T$ sowie „Eigenwert" λ einer Matrix A werden als bekannt vorausgesetzt ($\Rightarrow$ Lineare Algebra) und werden im Folgenden nur bei Bedarf näher diskutiert.

Zwei Matrizen $A, A' \in \mathbb{K}^{n\times n}$ sind identisch, d. h. $a_{ij} = a'_{ij}$ $(i,j = 1,\dots,n)$, genau dann wenn

$$Ax = A'x \quad \forall x \in \mathbb{K}^n.$$

Zwei Matrizen $A, A' \in \mathbb{K}^{n\times n}$ heißen „ähnlich“ , wenn es eine reguläre Matrix $T \in \mathbb{K}^{n\times n}$ gibt, so dass gilt:

$$A' = T^{-1}AT.$$

Der Übergang $A \to A'$ wird „Ähnlichkeitstransformation“ genannt. Aus dem Determinantensatz $\det(AB) = \det(A)\det(B)$ folgt $\det(T^{-1}) = \det(T)^{-1}$ und weiter

$$\begin{aligned}\det(A' - zI) &= \det(T^{-1}AT - zT^{-1}T) = \det(T^{-1}(A - zI)T)\\ &= \det(T^{-1})\det(A - zI)\det(T) = \det(A - zI),\end{aligned}$$

für $z \in \mathbb{C}$, wobei $I = (\delta_{ij})_{i,j=1}^n$ die sog. „Einheitsmatrix“ ist. Hieraus entnehmen wir, dass ähnliche Matrizen dieselben Eigenwerte (Nullstellen ihrer charakteristischen Polynome) haben; sie haben aber i. Allg. unterschiedliche Eigenvektoren.

Wir betrachten nun den Vektorraum der $m \times n$-Matrizen $A \in \mathbb{K}^{m\times n}$. Offenbar kann dieser mit dem Vektorraum der mn-Vektoren identifiziert werden. Somit übertragen sich alle Aussagen für Vektornormen auch auf Normen für Matrizen. Insbesondere sind alle Normen für $m \times n$-Matrizen äquivalent und die Konvergenz von Folgen von Matrizen ist die komponentenweise Konvergenz:

$$A^{(k)} \to A \ (k \to \infty) \quad \Longleftrightarrow \quad a_{ij}^{(k)} \to a_{ij} \ (k \to \infty), \quad i = 1,\dots,m\,, j = 1,\dots,n\,.$$

Für eine beliebige Vektornorm $\|\cdot\|$ auf $\mathbb{K}^n$ wird für Matrizen $A \in \mathbb{K}^{n\times n}$ durch

$$\|A\| := \sup_{x\in\mathbb{K}^n\setminus\{0\}} \frac{\|Ax\|}{\|x\|} = \sup_{x\in\mathbb{K}^n,\|x\|=1} \|Ax\|$$

eine Norm erklärt (Übungsaufgabe). Diese heißt die von $\|\cdot\|$ erzeugte „natürliche Matrixnorm“ und wird meist, wenn Missverständnisse ausgeschlossen sind, genauso wie die erzeugende Vektornorm bezeichnet. Für natürliche Matrixnormen gilt notwendig $\|I\| = 1$. Eine solche natürliche Matrixnorm ist mit der erzeugenden Vektornorm „verträglich“, d. h.:

$$\|Ax\| \le \|A\|\,\|x\|, \quad x \in \mathbb{K}^n,\ A \in \mathbb{K}^{n\times n}. \tag{1.4.16}$$

Ferner ist sie „submultiplikativ“:

$$\|AB\| \le \|A\|\,\|B\|, \quad A, B \in \mathbb{K}^{n\times n}. \tag{1.4.17}$$

Eine submultiplikative Matrixnorm wird oft auch als „Matrizennorm“ bezeichnet. Wir werden im Folgenden diese subtile Unterscheidung der Normbegriffe aber nicht verwenden.

Nicht jede Matrixnorm ist auch „natürlich“; z. B. sieht man leicht mit Hilfe der Schwarzschen Ungleichung, dass die Quadratsummennorm (sog. „Frobenius[11]-Norm“)

$$\|A\|_F := \Big(\sum_{j,k=1}^n |a_{jk}|^2\Big)^{1/2}$$

[11] Ferdinand Georg Frobenius (1849–1917): Deutscher Mathematiker; Prof. in Zürich und Berlin; bed. Beiträge zur Theorie der Differentialgleichungen, zu Determinanten und Matrizen sowie zur Gruppentheorie.

zwar mit der euklidischen Norm verträglich und submultiplikativ ist, aber wegen $\|I\|_F = \sqrt{n}$ (für $n \geq 2$) keine *natürliche* Matrixnorm sein kann.

Lemma 1.11 (Natürliche Matrixnormen): *Die natürlichen Matrixnormen zur Maximumnorm $\|\cdot\|_\infty$ und zur l_1-Norm $\|\cdot\|_1$ sind die sog. „Maximale-Zeilensummen-Norm“*

$$\|A\|_\infty := \max_{1\leq i\leq n} \sum_{j=1}^n |a_{ij}| \tag{1.4.18}$$

bzw. die „Maximale-Spaltensummen-Norm“

$$\|A\|_1 := \max_{1\leq j\leq n} \sum_{i=1}^n |a_{ij}|\,. \tag{1.4.19}$$

Beweis: i) Offenbar ist die maximale Zeilensumme $\|\cdot\|_\infty$ eine Matrizennorm. Wegen

$$\|Ax\|_\infty = \max_{1\leq i\leq n} |\sum_{j=1}^n a_{ij}x_j| \leq \max_{1\leq i\leq n} \sum_{j=1}^n |a_{ij}| \max_{1\leq j\leq n} |x_j| = \|A\|_\infty\|x\|_\infty$$

ist sie verträglich mit $\|\cdot\|_\infty$. Im Falle $\|A\|_\infty = 0$ ist $A = 0$, d. h. trivialerweise

$$\|A\|_\infty = \sup_{\|x\|_\infty=1} \|Ax\|_\infty\,.$$

Sei also $\|A\|_\infty > 0$ und $m \in \{1,\dots,n\}$ ein Index mit der Eigenschaft

$$\|A\|_\infty = \max_{1\leq i\leq n} \sum_{j=1}^n |a_{ij}| = \sum_{j=1}^n |a_{mj}|\,.$$

Wir setzen für $j = 1,\dots,n$: $z_j \equiv |a_{mj}|/a_{mj}$ für $a_{mj} \neq 0$ und $z_j \equiv 0$ sonst, d. h.: $z = (z_j)_{j=1}^n \in \mathbb{K}^n$, $\|z\|_\infty = 1$. Für $v := Az$ gilt dann

$$v_m = \sum_{j=1}^n a_{mj}z_j = \sum_{j=1}^n |a_{mj}| = \|A\|_\infty\,.$$

Folglich ist

$$\|A\|_\infty = v_m \leq \|v\|_\infty = \|Az\|_\infty \leq \sup_{\|y\|_\infty=1} \|Ay\|_\infty\,.$$

ii) Der Beweis für die l_1-Norm verläuft analog und sei als Übungsaufgabe gestellt. Q.E.D.

Definition 1.10: *i) Die „Eigenwerte“ $\lambda \in \mathbb{K}$ einer Matrix $A \in \mathbb{K}^{n\times n}$ sind definiert als die Nullstellen ihres charakteristischen Polynoms $p(\lambda) = \det(A - \lambda I)$. Folglich existieren genau n (ihrer Vielfachheit als Nullstelle, „algebraische Vielfachheit“, entsprechend oft gezählte) Eigenwerte λ.*

ii) Die Eigenwerte einer Matrix bilden deren „Spektrum“ $\sigma(A)$.

iii) Zu jedem $\lambda \in \sigma(A)$ *existiert ein* Eigenvektor $w \in \mathbb{K}^n \setminus \{0\}$, *so dass*

$$Aw = \lambda w.$$

Die Eigenvektoren zu einem Eigenwert $\lambda \in \sigma(A)$ *bilden einen Vektorraum, den „Eigenraum“ zu* λ, *dessen Dimension ist die sog. „geometrische“ Vielfachheit von* λ.

Die Matrix $A \in \mathbb{K}^{n\times n}$ heißt „hermitesch“, wenn gilt:

$$A = \bar{A}^T \quad \text{bzw.} \quad a_{ij} = \overline{a_{ji}},\ i,j = 1,\ldots,n.$$

Reelle hermitesche Matrizen werden „symmetrisch“ genannt. Der Begriff der Symmetrie ist eng verknüpft mit dem des Skalarprodukts. Mit dem euklidischen Skalarprodukt gilt:

$$A = \bar{A}^T \quad \Leftrightarrow \quad (Ax, y)_2 = (x, Ay)_2, \quad x, y \in \mathbb{K}^n.$$

Lemma 1.12: *i) Die geometrische Vielfachheit eines Eigenwerts ist stets kleiner oder gleich seiner algebraischen Vielfachheit. Für hermitesche/symmetrische Matrizen, oder allgemeiner für „normale“ Matrizen (d. h.:* $\bar{A}^T A = A\bar{A}^T$*), sind sie gleich.*

ii) Eine hermitesche/symmetrische Matrix oder allgemeiner eine normale Matrix ist „diagonalisierbar“, d. h. ähnlich zu einer Diagonalmatrix. Dies ist äquivalent zur Existenz einer zugehörigen Basis von Eigenvektoren.

iii) Für hermitische/symmetrische Matrizen sind alle Eigenwerte reell. Eigenvektoren zu unterschiedlichen Eigenwerten sind orthogonal zueinander, und es existiert eine Orthonormalbasis aus Eigenvektoren.

Beweis: Übungsaufgabe (s. Lineare Algebra). Q.E.D.

Sei nun $\|\cdot\|$ eine beliebige Vektornorm und $\|\cdot\|$ eine damit verträgliche Matrizennorm. Mit einem normierten Eigenvektor, $\|w\| = 1$, zum Eigenwert λ gilt dann:

$$|\lambda| = |\lambda|\,\|w\| = \|\lambda w\| = \|Aw\| \leq \|A\|\,\|w\| = \|A\|, \tag{1.4.20}$$

d. h. alle Eigenwerte von A liegen in einer Kreisscheibe in $\mathbb{C}$ mit Mittelpunkt Null und Radius $\|A\|$. Speziell mit $\|A\|_\infty$ erhält man die Abschätzung

$$\max_{\lambda\in\sigma(A)} |\lambda| \leq \|A\|_\infty = \max_{1\leq i\leq n} \sum_{j=1}^{n} |a_{ij}|.$$

Eine Matrix $A \in \mathbb{K}^{n\times n}$ heißt „positiv definit“, wenn gilt:

$$(Ax, x)_2 \in \mathbb{R}, \quad (Ax, x)_2 > 0 \quad \forall x \in \mathbb{K}^n \setminus \{0\}.$$

Eine hermitesche Matrix ist genau dann positiv definit, wenn alle ihre (reellen) Eigenwerte positiv sind. Im folgenden werden wir in Verbindung mit der Eigenschaft *positiv definit* stets auch die Eigenschaft *hermitesch* (bzw. *symmetrisch* im Reellen) einer Matrix annehmen. Dies ist im Komplexen automatisch gegeben, im Rellen aber eine zusätzliche Bedingung (Übungsaufgabe).

Die von der euklidischen Vektornorm erzeugte natürliche Matrizennorm heißt die „Spektralnorm“ und wird mit $\|\cdot\|_2$ bezeichnet. Diese Bezeichnung ist durch das folgende Resultat gerechtfertigt:

Lemma 1.13 (Spektralnorm): *Für eine beliebige Matrix $A \in \mathbb{K}^{n\times n}$ ist die Matrix $\overline{A}^T A \in \mathbb{K}^{n\times n}$ stets hermitesch und positiv semi-definit. Für die Spektralnorm von A gilt:*

$$\|A\|_2 = \max\{|\lambda|^{1/2},\ \lambda \in \sigma(\bar{A}^T A)\}. \tag{1.4.21}$$

Ist A hermitesch (bzw. symmetrisch), so gilt:

$$\|A\|_2 = \max\{|\lambda|,\ \lambda \in \sigma(A)\}. \tag{1.4.22}$$

Beweis: Wir geben den Beweis nur für den Fall, dass A hermitesch ist. Der Beweis für den allgemeinen Fall wird als Übungsaufgabe gestellt. Seien $\lambda_i \in \sigma(A)$ die n, ihrer Vielfachheiten entsprechend oft gezählten (reellen) Eigenwerte von A und $\{w^{(i)},\ i = 1,\dots,n\}$ eine zugehörige Orthonormalbasis von Eigenvektoren, so dass $Aw^{(i)} = \lambda_i w^{(i)}$. Aufgrund der Eigenwertschranke (1.4.20) gilt zunächs $|\lambda_{\max}| \le \|A\|_2$. Ferner ist

$$\begin{aligned}\|Ax\|_2^2 &= \sum_{i,j=1}^n (x, w^{(i)})_2\overline{(x, w^{(j)})_2}(Aw^{(i)}, Aw^{(j)})_2 = \sum_{i,j=1}^n (x, w^{(i)})_2\overline{(x, w^{(j)})_2}\lambda_i\overline{\lambda_i}(w^{(i)}, w^{(j)})_2\\ &= \sum_{i=1}^n |\lambda_i|^2|(x, w^{(i)})_2|^2 \le |\lambda_{\max}|^2\|x\|_2^2,\end{aligned}$$

und folglich

$$\|A\|_2 = \sup_{x\in\mathbb{K}^n, x\neq 0}\frac{\|Ax\|_2}{\|x\|_2} \le |\lambda_{\max}| \sup_{x\in\mathbb{K}^n, x\neq 0}\frac{\|x\|_2}{\|x\|_2} \le |\lambda_{\max}|.$$

Q.E.D.

Definition 1.11: *Eine Matrix $Q \in \mathbb{K}^{m\times n}$ heißt „orthonormal“, wenn ihre Spaltenvektoren ein Orthonormalsystem im $\mathbb{K}^m$ bilden. Im Fall $n = m$ heißt eine solche Matrix „unitär“.*

Lemma 1.14: *Eine unitäre Matrix $Q \in \mathbb{K}^{n\times n}$ ist regulär und ihre Inverse ist $Q^{-1} = \overline{Q}^T$. Ferner gelten die Beziehungen*

$$(Qx, Qy)_2 = (x, y)_2, \quad x, y \in \mathbb{K}^n, \tag{1.4.23}$$

$$\|Qx\|_2 = \|x\|_2, \quad x \in \mathbb{K}^n, \tag{1.4.24}$$

d. h. euklidisches Skalarprodukt und euklidische Norm von Vektoren sind invariant unter einer unitären Transformation. Dies impliziert insbesondere, dass $\|Q\|_2 = \|Q^{-1}\|_2 = 1$.

Beweis: i) Wir zeigen zunächst, dass $\overline{Q}^T$ die Inverse von Q ist. Seien mit $q_i \in \mathbb{K}^n$ die Spaltenvektoren von Q. Für diese gilt $(q_i, q_j)_2 = q_i^T \overline{q}_j = \delta_{ij}$. Damit folgt:

$$\overline{Q}^T Q = \begin{pmatrix} \overline{q}_1^T q_1 & \dots & \overline{q}_1^T q_n \\ \vdots & \ddots & \vdots \\ \overline{q}_n^T q_1 & \dots & \overline{q}_n^T q_n \end{pmatrix} = \begin{pmatrix} 1 & \dots & 0 \\ \vdots & \ddots & \vdots \\ 0 & \dots & 1 \end{pmatrix} = I.$$

ii) Mit Hilfe von (i) ergibt sich

$$(Qx, Qy)_2 = (x, \overline{Q}^T Qy)_2 = (x, y)_2,$$

und somit auch $\|Qx\|_2 = (Qx, Qx)_2^{1/2} = \|x\|_2$. Damit folgt dann

$$\|Q\|_2 = \sum_{x \in \mathbb{K}^n, x \neq 0} \frac{\|Qx\|_2}{\|x\|_2} = \sum_{x \in \mathbb{K}^n, x \neq 0} \frac{\|x\|_2}{\|x\|_2} = 1,$$

sowie

$$\|Q^{-1}\|_2 = \sum_{x \in \mathbb{K}^n, x \neq 0} \frac{\|Q^{-1}x\|_2}{\|x\|_2} = \sum_{y \in \mathbb{K}^n, y \neq 0} \frac{\|y\|_2}{\|Qy\|_2} = \sum_{y \in \mathbb{K}^n, y \neq 0} \frac{\|y\|_2}{\|y\|_2} = 1.$$

Q.E.D.

Beispiel 1.6: Die Matrix

$$\begin{array}{c} \\ Q_\theta^{(ij)} = \end{array} \begin{array}{c} \begin{array}{ccccc} & i & & j & \end{array} \\ \begin{pmatrix} 1 & 0 & 0 & 0 & 0 \\ 0 & \cos(\theta) & 0 & -\sin(\theta) & 0 \\ 0 & 0 & 1 & 0 & 0 \\ 0 & \sin(\theta) & 0 & \cos(\theta) & 0 \\ 0 & 0 & 0 & 0 & 1 \end{pmatrix} \end{array} \begin{array}{c} \\ \\ i \\ \\ j \\ \\ \end{array}$$

beschreibt eine Drehung in der (x_i, x_j)-Ebene um den Ursprung $x = 0$ mit dem Drehwinkel $\theta \in [0, 2\pi)$. Sie ist offenbar unitär.

Lemma 1.15: *Zu jeder regulären Matrix $A \in \mathbb{R}^{n \times n}$ existiert eine multiplikative Zerlegung*

$$A = Q_1 D Q_2 \tag{1.4.25}$$

mit einer Diagonalmatrix $D = \operatorname{diag}(\mu_1, \dots, \mu_n)$ mit Zahlen $\mu_i > 0$ und zwei orthonormalen Matrizen $Q_1, Q_2 \in \mathbb{R}^{n \times n}$.

Beweis: Die Matrix AA^T ist symmetrisch und positiv-definit (Übungsaufgabe). Daher gibt es eine orthonormale Matrix $Q \in \mathbb{R}^{n\times n}$, so dass $Q^TA^TAQ = D_1 = \text{diag}(\mu_1,\dots,\mu_n)$ mit den Eigenwerten $\mu_i > 0$ von A^TA. Wir setzen $D := \text{diag}(\lambda_1,\dots,\lambda_n)$ mit $\lambda_i := \sqrt{\mu_i}$. Dann ist

$$I = D^{-1}D_1D^{-1} = D^{-1}Q^TA^TAQD^{-1}.$$

Für $Q_2 := AQD^{-1}$ ist $Q_2^T = D^{-1}Q^TA^T$; also $Q_2^TQ_2 = D^{-1}Q^TA^TAQD^{-1} = D^{-1}D_1D^{-1} = I$, d.h. Q_2 ist orthonormal. Ferner gilt $A = (AQD^{-1})DQ^T$, was den Beweis vervollständigt. Q.E.D.

Bemerkung 1.9: Die Schwarzsche Ungleichung (1.3.4) erlaubt die Definition eines „Winkels" zwischen zwei Vektoren. Zu jeder Zahl $\alpha \in [-1,1]$ gibt es genau ein $\theta \in [0,\pi]$ mit $\alpha = \cos(\theta)$. Für $x,y \in \mathbb{K}^n \setminus \{0\}$ wird also durch

$$\cos(\theta) = \frac{(x,y)_2}{\|x\|_2\|y\|_2}$$

ein $\theta \in [0,\pi]$ eindeutig festgelegt. Dies ist dann der „Winkel" zwischen den Vektoren x und y. Diese Definition ist verträglich mit der üblichen Definition des Winkels in der Ebene, was man wie folgt sieht: Die Beziehung (1.4.23) besagt, dass das euklidische Skalarprodukt zweier Vektoren im $\mathbb{K}^n$ invariant gegenüber Drehungen ist. Durch eine Drehung Q im $\mathbb{R}^n$ lässt sich erreichen, dass $Qx, Qy \in \text{span}\{e^{(1)}, e^{(2)}\}$ liegt und $Qx = \|x\|_2 e^{(1)}$.

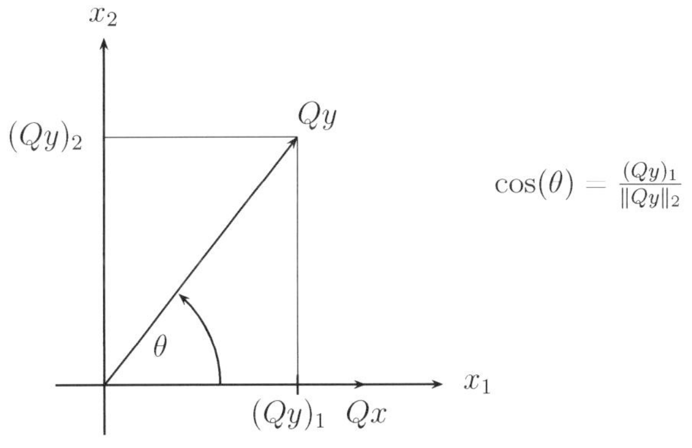

Abbildung 1.1: *Winkel zwischen zwei Vektoren* $x = \|x\|e^{(1)}$ *und* y *im* $\mathbb{R}^2$.

Dann ist

$$\begin{aligned}(x,y)_2 &= (Qx,Qy)_2 = \|x\|_2(e^{(1)},Qy)_2 = \|x\|_2(Qy)_1 = \|x\|_2\|Qy\|_2\cos(\theta)\\ &= \|x\|_2\|y\|_2\cos(\theta),\end{aligned}$$

d.h.: Bei θ handelt es sich tatsächlich um den elementargeometrischen Winkel zwischen den beiden Vektoren.

Bemerkung 1.10: Skalarprodukte sind wichtig zum Studium der geometrischen Eigenschaften des $\mathbb{K}^n$ sowie der Spektraleigenschaften von linearen Abbildungen bzw. Matrizen. Daher stellt sich die Frage nach der allgemeinen Gestalt von solchen Skalarprodukten. Man zeigt leicht (Übungsaufgabe), dass sich jedes Skalarprodukt $(\cdot,\cdot)$ auf dem $\mathbb{K}^n$ mit dem euklidischen Skalarprodukt $(\cdot,\cdot)_2$ und einer geeigneten hermiteschen, positiv definiten Matrix $A \in \mathbb{K}^{n\times n}$ in der Form

$$(x, y) = (Ax, y)_2, \quad x, y \in \mathbb{K}^n,$$

darstellen lässt.

Der folgende Hilfssatz liefert ein nützliches Kriterium für die Regularität von „kleinen" Störungen der Einheitsmatrix.

Lemma 1.16 (Störungssatz): *Sei $\|\cdot\|$ eine beliebige natürliche Matrixnorm auf $\mathbb{K}^{n\times n}$. Die Störmatrix $B \in \mathbb{K}^{n\times n}$ habe die Norm $\|B\| < 1$. Dann ist die Matrix $I + B$ regulär, und es gilt*

$$\|(I + B)^{-1}\| \le \frac{1}{1 - \|B\|}. \tag{1.4.26}$$

Beweis: Für alle $x \in \mathbb{K}^n$ gilt

$$\|(I + B)x\| \ge \|x\| - \|Bx\| \ge (1 - \|B\|)\|x\|.$$

Wegen $1 - \|B\| > 0$ ist also $I + B$ injektiv und folglich regulär. Mit der Abschätzung

$$\begin{aligned} 1 = \|I\| &= \|(I + B)(I + B)^{-1}\| = \|(I + B)^{-1} + B(I + B)^{-1}\| \\ &\ge \|(I + B)^{-1}\| - \|B\|\,\|(I + B)^{-1}\| = \|(I + B)^{-1}\|(1 - \|B\|) > 0. \end{aligned}$$

erhält man die behauptete Ungleichung. Q.E.D.

Korollar 1.4: *Sei $A \in \mathbb{K}^{n\times n}$ regulär und $\tilde{A} \in \mathbb{K}^{n\times n}$ mit*

$$\|\tilde{A} - A\| < \frac{1}{\|A^{-1}\|}.$$

Dann ist auch $\tilde{A}$ regulär.

Beweis: Es ist $\tilde{A} = A + \tilde{A} - A = A(I + A^{-1}(\tilde{A} - A))$. Wegen

$$\|A^{-1}(\tilde{A} - A)\| \le \|A^{-1}\|\,\|\tilde{A} - A\| < 1$$

ist nach Lemma 1.16 die Matrix $I + A^{-1}(\tilde{A} - A)$ regulär. Dann ist auch das Produkt $A(I + A^{-1}(\tilde{A} - A))$ regulär, woraus wiederum die Regularität von $\tilde{A}$ folgt. Q.E.D.

1.5 Übungen

Übung 1.1: Die Einheitssphäre bzgl. einer Norm $\|\cdot\|$ auf dem Vektorraum $\mathbb{R}^n$ ist definiert durch

$$S := \{x \in \mathbb{R}^n \mid \|x\| = 1\}.$$

Man skizziere die durch die l_1-Norm, euklidische Norm und die l_∞-Norm erzeugten Einheitssphären im $\mathbb{R}^2$. Wie lauten die Lösungen für die folgenden „gewichteten"Normen:

a) gewichtete l_1-Norm: $\|x\|_{1,\omega} := |x_1| + 2|x_2|,$

b) gewichtete l_2-Norm: $\|x\|_{2,\omega} := \big(|x_1|^2 + 2|x_2|^2\big)^{1/2},$

c) gewichtete l_∞-Norm: $\|x\|_{\infty,\omega} := \max\big\{|x_1|, 2|x_2|\big\}.$

Übung 1.2: Man zeige:

a) Durchschnitt endlich vieler und Vereinigung beliebig vieler offener Mengen sind offen.

b) Vereinigung endlich vieler und Durchschnitt beliebig vieler abgeschlossener Mengen sind abgeschlossen.

c) Man zeige durch Gegenbeispiele, dass weitergehende Verallgemeinerungen dieser Aussagen nicht richtig sind, d. h. dass

- der Durchschnitt *unendlich* vieler offener Mengen nicht offen sein muss, und

- die Vereinigung *unendlich* vieler abgeschlossenen Mengen nicht abgeschlossen sein muss.

Übung 1.3: Welche der folgenen Gleichungen für Mengen $A \subset \mathbb{K}^n$ sind richtig, welche sind falsch?

$$\begin{array}{llll} a) & (\overline{A})^o = A^o, & b) & \overline{A^o} = \overline{A}, \\ c) & A^o \cap B^o = (A \cap B)^o, & d) & A^o \cup B^o = (A \cup B)^o, \\ e) & \overline{A \cap B} = \overline{A} \cap \overline{B}, & f) & \overline{A \cup B} = \overline{A} \cup \overline{B}. \end{array}$$

(Hinweis: Man mache sich die Aussagen anhand einfacher Beispiele mit Mengen im $\mathbb{R}^1$ oder $\mathbb{R}^2$ klar.)

Übung 1.4: Man betrachte den $n-1$-dimensionalen Unterraum

$$V_{n-1} := \{x \in \mathbb{K}^n \mid x = (x_1, \dots, x_{n-1}, 0)\}$$

des $\mathbb{K}^n$. Dieser kann wieder als ein eigenständiger normierter Raum aufgefasst und auf offensichtliche Weise mit dem Vektorraum $\mathbb{K}^{n-1}$ identifiziert werden. Sei $O \subset \mathbb{K}^n$ eine offene Menge.

a) Ist $O \cap V_{n-1}$ aufgefasst als Teilmenge im $\mathbb{K}^n$ offen?

b) Ist $O \cap V_{n-1}$ aufgefasst als Teilmenge im $\mathbb{K}^{n-1}$ offen?

Übung 1.5: Sei l_2 die Menge der Folgen $x = (x_k)_{k\in\mathbb{N}}$ reeller Zahlen, welche „quadratisch summierbar" sind, d. h. $\sum_{i=1}^{\infty} x_i^2 < \infty$. Man zeige:

i) Die Menge l_2 ist mit der natürlichen Addition $x + y = (x_i + y_i)_{i\in\mathbb{N}}$ und skalaren Multiplikation $\alpha x = (\alpha x_i)_{i\in\mathbb{N}}$ von Folgen ein Vektorraum.

ii) Auf l_2 sind durch

$$(x, y)_2 := \sum_{i=1}^{\infty} x_i y_i, \qquad \|x\|_2 := \Big(\sum_{i=1}^{\infty} x_i^2\Big)^{1/2},$$

ein Skalarprodukt mit zugehöriger Norm definiert.

iii) Der normierte Raum $(l_2, \|\cdot\|_2)$ ist vollständig, d. h. ein Banach-Raum.

Übung 1.6: Sei l_1 die Menge der „absolut summierbaren" Folgen $x = (x_k)_{k\in\mathbb{N}}$ reeller oder komplexer Zahlen, d. h. die Menge aller Folgen mit der Eigenschaft

$$\sum_{i=1}^{\infty} |x_i| = \lim_{n\to\infty} \sum_{i=1}^{n} |x_i| < \infty.$$

Man zeige:

a) Die Menge l_1 ist mit der natürlichen Addition $x + y := (x_i + y_i)_{i\in\mathbb{N}}$ und skalaren Multiplikation $\alpha x := (\alpha x_i)_{i\in\mathbb{N}}$ von Folgen ein Vektorraum. Was ist dessen Dimension?

b) Auf l_1 ist eine Norm definiert durch

$$\|x\|_1 := \sum_{i=1}^{\infty} |x_i|.$$

c) Der normierte Raum $(l_1, \|\cdot\|_1)$ ist vollständig, d. h. ein Banach-Raum.

Übung 1.7: Der „Rand" ∂M einer Menge $M \subset \mathbb{K}^n$ ist definiert durch

$$\partial M := \{x \in \mathbb{K}^n \,|\, \text{Jede Umgebung } K_r(x) \text{ enthält Punkte aus } M \text{ und } M^c.\}.$$

Man zeige:

a) Eine Menge $O \subset \mathbb{K}^n$ ist genau dann offen, wenn sie keinen ihrer Randpunkte enthält.

b) Eine Menge $A \subset \mathbb{K}^n$ ist genau dann abgeschlossen, wenn sie alle ihre Randpunkte enthält.

Übung 1.8: Man beweise oder widerlege:

a) Sei $d(\cdot,\cdot)\colon \mathbb{K}^n \times \mathbb{K}^n \to \mathbb{R}$ eine Metrik, zu der es eine stetige Funktion $\rho\colon K^n \to \mathbb{R}$ gibt mit $d(x, y) = \rho(x - y)$ für alle $x, y \in \mathbb{K}^n$. Dann ist $\rho(\cdot)$ eine Norm.

b) Eine Teilmenge $O \subset \mathbb{K}^n$ ist genau dann offen, wenn sie keinen ihrer Randpunkte enthält.

c) Der Rand ∂M einer Teilmenge $M \subset \mathbb{K}^n$ ist abgeschlossen.

d) Für Teilmengen $M \subset \mathbb{K}^n$ gilt $(\overline{M})^\circ = \overline{(M^\circ)}$.

e) Für Mengen $A, B \subset \mathbb{K}^n$ ist $A^\circ \cup B^\circ \neq (A \cup B)^\circ$.

f) Für Mengen $A, B \subset \mathbb{K}^n$ ist $A^\circ \cup B^\circ = (A \cup B)^\circ$.

Übung 1.9: Man rekapituliere für Teilmengen des $\mathbb{K}^n$ die Begriffe „offener Kern", „Abschluss" und „Rand". Man bestimme den offenen Kern, den Abschluss und den Rand für die folgenden Mengen im $\mathbb{R}^n$:

a) $M := \{x \in \mathbb{R}^n : \|x\|_\infty < 1, \, x_i \in \mathbb{Q}, \, i = 1, \dots, n\}$;

b) $M := \{x \in \mathbb{R}^n : \|x\|_2 \le 1, \, x_1 = 0\}$.

c) $M := \{x \in \mathbb{R}^n : f(x) < 1\}$ mit $f(x) := \begin{cases} 1 & x \in (-1,1)^n, \\ 0 & \text{sonst.} \end{cases}$

d) $M := \{x \in \mathbb{R}^n : f(x) \le 1\}$ mit $g(x) := \frac{3}{2} - f(x)$.

Übung 1.10: Der Satz über die Normäquivalenz und die Sätze von Bolzano-Weierstraß und Heine-Borel wurden im Text nur für den $\mathbb{K}^n$ (bzw. allgemein für endlich dimensionale Vektorräume) bewiesen.

a) In unendlich-dimensionalen normierten Räumen gilt der Satz von der Normäquivalenz nicht immer. Man mache sich dies durch Konstruktion eines Gegenbeispiels im Raum $C[0,1]$ der stetigen Funktionen (mit der Maximumnorm) klar.

b) In unendlich dimensionalen normierten Räumen gelten die Sätze von Bolzano-Weierstraß und Heine-Borel nicht immer. Man mache sich dies durch Konstruktion eines Gegenbeispiels im Folgenraum l_2 klar.

Übung 1.11: Sei $(\cdot,\cdot)$ irgendein Skalarprodukt mit zugehöriger Norm $\|\cdot\|$ auf einem *reellen* Vektorraum V (z. B. dem $\mathbb{R}^n$). Man beweise für Punkte $x, x' \in V$ die folgenden Aussagen:

a) $x = x' \quad \Leftrightarrow \quad (x,y) = (x',y) \quad \forall y \in \mathbb{R}^n$;

b) $(x,x') = 0 \quad \Leftrightarrow \quad \|x + x'\|^2 = \|x\|^2 + \|x'\|^2$ („Satz von Pythagoras").

c) $\|x + x'\|^2 + \|x - x'\|^2 = 2\|x\|^2 + 2\|x'\|^2$. („Parallelogrammidentität").

Gelten diese Aussagen auch für *komplexe* Vektorräume (z. B. dem $\mathbb{C}^n$)?
(Bemerkung: Man mache sich diese Aussagen auch durch geometrische Überlegungen für das euklidischen Skalarprodukt auf dem $\mathbb{R}^2$ klar.)

Übung 1.12: Sei $a(\cdot,\cdot) : V \times V \to \mathbb{C}$ eine Sesquilinearform auf einem komplexen Vektorraum V, d. h. für beliebige $x, y \in V$ und $\alpha, \beta \in \mathbb{C}$ gilt:

$$a(\alpha x_1 + \beta x_2, y) = \alpha a(x_1, y) + \beta a(x_2, y),$$
$$a(x, \alpha y_1 + \beta y_2) = \overline{\alpha} a(x, y_1) + \overline{\beta} a(x, y_2).$$

a) Man zeige, dass $a(\cdot,\cdot)$ im Falle $a(x,x) \in \mathbb{R}$ notwendig hermitesch ist:

$$a(x,y) = \overline{a(y,x)}, \qquad x, y \in V.$$

b) Gilt die entsprechende Aussage auch für Bilinearformen auf reellen Vektorräumen, wenn man zusätzlich noch die Definitheit $a(x,x) \geq 0$ fordert, d. h.: Folgt in diesem Fall aus ihrer Definitheit notwendig auch ihre Symmetrie?

Übung 1.13: a) Sei $(V, \|\cdot\|)$ ein *reeller* normierter Raum, dessen Norm $\|\cdot\|$ die „Parallelogrammidentität" erfüllt:

$$\|x+y\|^2 + \|x-y\|^2 = 2\|x\|^2 + 2\|y\|^2, \qquad x, y \in V.$$

Man zeige, dass dann durch

$$(x,y) := \tfrac{1}{4}\|x+y\|^2 - \tfrac{1}{4}\|x-y\|^2, \qquad x, y \in V,$$

auf V ein Skalarprodukt definiert ist, durch welches die gegebene Norm erzeugt wird. (Hinweis: Der Nachweis der verschiedenen Skalarprodukteigenschaften ist von sehr unterschiedlicher Schwierigkeit. Die Aussage gilt auch für *komplexe* Vektorräume, allerdings mit einer entsprechend angepassten Definition des Skalarprodukts $(\cdot,\cdot)$.)

b) Man zeige, dass für $p \in [1,\infty) \cup \{\infty\} \setminus \{2\}$ die l_p-Normen auf dem $\mathbb{R}^n$ mit $n > 1$,

$$\|x\|_p := \Big(\sum_{i=1}^n |x_i|^p\Big)^{1/p}, \qquad x \in \mathbb{R}^n,$$

nicht von Skalarprodukten erzeugt werden.

Übung 1.14: a) Man zeige, dass für jede Norm $\|\cdot\|$ auf $\mathbb{K}^n$ durch

$$\|A\| := \sup_{x \in \mathbb{K}^n \setminus \{0\}} \frac{\|Ax\|}{\|x\|} = \sup_{\substack{x \in \mathbb{K}^n \\ \|x\|=1}} \|Ax\| = \max_{\substack{x \in \mathbb{K}^n \\ \|x\|=1}} \|Ax\|, \qquad A \in \mathbb{K}^{n \times n},$$

eine Matrixnorm auf $\mathbb{K}^{n\times n}$ definiert ist. Diese wird als die von der Vektornorm $\|\cdot\|$ erzeugte „natürliche Matrixnorm" bezeichnet.

b) Man zeige, dass die sog. „Frobenius-Norm"

$$\|A\|_F := \Big(\sum_{j,k=1}^n |a_{jk}|^2\Big)^{\frac{1}{2}}$$

zwar mit der euklidischen Vektornorm verträglich und submultiplikativ (und damit sogar eine „Matrizennorm") ist, jedoch nicht von einer Vektornorm erzeugt wird.

Übung 1.15: Sei $A \in \mathbb{K}^{n\times n}$ eine hermitesche Matrix. Man zeige:

i) Alle Eigenwerte von A sind reell.

ii) Eigenvektoren zu unterschiedlichen Eigenwerten sind orthogonal zueinander.

iii) Es gibt eine Orthonormalbasis aus Eigenvektoren von A.

Übung 1.16: Sei $A \in \mathbb{K}^{n\times n}$ beliebig. Man zeige:

i) Die Matrix $\bar{A}^T A$ ist hermitesch und positiv semi-definit. Für reguläres A ist $\bar{A}^T A$ sogar positiv definit.

ii) Für die Spektralnorm von A gilt:

$$\|A\|_2 = \max\{|\lambda|^{1/2},\ \lambda \in \sigma(\bar{A}^T A)\}.$$

Übung 1.17: a) Man verifiziere, dass die beiden (diagonalisierbaren) 2×2-Matrizen

$$A = \begin{bmatrix} 1 & 0 \\ 0 & 0 \end{bmatrix}, \quad B = \begin{bmatrix} 0 & 1 \\ 1 & 0 \end{bmatrix},$$

nicht kommutieren, d. h.: $AB \neq BA$.

b) Man zeige, dass je zwei diagonalisierbare Matrizen $A, B \in \mathbb{K}^{n\times n}$ kommutieren, d. h.:

$$AB = BA,$$

wenn sie eine gemeinsame Basis von Eigenvektoren besitzen.
Zusatz für Ehrgeizige: Man zeige, dass letztere Bedingung auch notwendig für das Kommutieren ist, d. h.: Sind A, B diagonalisierbar mit $AB = BA$, dann besitzen sie eine gemeinsame Basis von Eigenvektoren.

(Hinweis: Die Existenz einer gemeinsamen Basis von Eigenvektoren bedeutet, dass die beiden Matrizen A, B durch dieselbe Ähnlichkeitstransformation simultan auf Diagonalgestalt gebracht werden können:

$$T^{-1}AT = \Lambda_A, \qquad T^{-1}BT = \Lambda_B.$$

Dabei sind die gemeinsamen Eigenvektoren die Spaltenvektoren der Transformationsmatrix $T \in \mathbb{K}^{n\times n}$ und die Diagonalmatrizen $\Lambda_A = \operatorname{diag}(\lambda_i(A))_{i=1}^n$ und $\Lambda_B = \operatorname{diag}(\lambda_i(B))_{i=1}^n$ enthalten gerade die Eigenwerte von A bzw. B.)

Übung 1.18: a) Man zeige, dass die Menge M der regulären Matrizen in $\mathbb{K}^{n\times n}$,

$$M := \{A \in \mathbb{K}^{n\times n} \,|\, A \text{ regulär}\} \subset \mathbb{K}^{n\times n},$$

bzgl. jeder Matrixnorm offen ist.

b) Für eine Matrix $A \in \mathbb{K}^{n\times n}$ ist auf ihrer „Resolventenmenge"

$$\operatorname{Res}(A) := \{z \in \mathbb{C} \,|\, A - zI \in \mathbb{K}^{n\times n} \text{ regulär}\} \subset \mathbb{C}$$

die „Resolvente" $R(z) := (A - zI)^{-1}$ definiert. Als Komplement des Spektrums $\sigma(A)$ ist die Resolventenmenge offen. Man zeige, dass die Resolvente $R(z) := (A - zI)^{-1}$ auf $\mathrm{Res}(A)$ stetig und auf jeder kompakten Teilmenge von $\mathrm{Res}(A)$ gleichmäßig Lipschitz-stetig ist.

Übung 1.19: Für eine Matrix $A \in \mathbb{K}^{n\times n}$ ist die Exponentialmatrix $e^A \in \mathbb{K}^{n\times n}$ formal durch die folgende Potenzreihe definiert:

$$e^A := \sum_{k=0}^{\infty} \frac{A^k}{k!} := \lim_{n\to\infty} \sum_{k=0}^{n} \frac{A^k}{k!}.$$

a) Man zeige, dass diese Reihe bzgl. jeder beliebigen Matrixnorm konvergiert, d. h. dass die Folge der Partialsummen bzgl. jeder solchen Norm einen Limes hat, der dann eindeutig bestimmt ist und mit e^A bezeichnet wird. (Hinweis: Cauchysches Konvergenzkriterium)

b) Man zeige für diagonalisierbare Matrizen $A, B \in \mathbb{K}^{n\times n}$, welche eine gemeinsame Basis von Eigenvektoren besitzen, die Beziehung

$$e^{A+B} = e^A e^B.$$

(Hinweis: Man beachte den Hinweis zu Aufgabe 1.17, die Beziehung für die Eigenwerte $\lambda_i(A+B) = \lambda_i(A) + \lambda_i(B)$ und die bekannte Beziehung $e^{a+b} = e^a e^b$ für Zahlen $a, b \in \mathbb{K}$. Im Allgemeinen ist für nicht kommutierende Matrizen $e^{A+B} \neq e^A e^B$.)

2 Funktionen mehrerer Variabler

Im Folgenden betrachten wir Funktionen in mehreren Variablen. Im Hinblick auf den Bedarf in einigen Anwendungen lassen wir hier auch komplexwertige Funktionen zu. Wir betrachteten also Funktionen auf Teilmengen $D \subset \mathbb{K}^n$ mit Bildbereich in $\mathbb{K}$ oder vektor- und matrixwertige Funktionen mit Bildbereich in $\mathbb{K}^n$ bzw. in $\mathbb{K}^{n\times n}$. Dabei interessieren uns zunächst grundlegende Eigenschaften wie Stetigkeit, gleichmäßige Stetigkeit und Liptschitz-Stetigkeit, welche analog zum eindimensionalen Fall definiert sind. Viele dieser Begriffe lassen sich auch wieder ganz allgemein für Funktionen auf Teilmengen von normierten oder metrischen Räumen definieren. Auf diese formale Verallgemeinerung wird aber hier bewusst zugunsten der Anschaulichkeit verzichtet.

2.1 Stetigkeit

Wir betrachten Funktionen $f : D \subset \mathbb{K}^n \to \mathbb{K}$ mit nichtleerem Definitionsbereich $D \subset \mathbb{K}^n$ und Bildbereich $B_f \subset \mathbb{K}$. Für Teilmengen $M \subset D$ und $N \subset f(D)$ sind das „Bild" von M bzw. das „Urbild" von N definiert durch

$$f(M) := \{y \in \mathbb{K} : \exists x \in M, y = f(x)\}, \qquad f^{-1}(N) := \{x \in D : \exists y \in N, f(x) = y\}.$$

In diesem Sinne ist dann $B_f = f(D)$ und $D = f^{-1}(B_f)$. Die Notation $f^{-1}(\cdot)$ ist mengentheoretisch zu verstehen und darf nicht mit der für bijektive Abbildungen definierten punktweisen Umkehrabbildung $f^{-1} : B_f \to D$ verwechselt werden. Wegen der Äquivalenz aller Normen auf $\mathbb{K}^n$ sind alle im Folgenden abgeleiteten Aussagen unabhängig von der gewählten Norm. Diese wird daher einheitlich mit $\|\cdot\|$ bezeichnet und bedeutet in der Regel die euklidische Norm.

Definition 2.1 (Stetigkeit): *Eine Funktion $f : D \to \mathbb{K}$ heißt „stetig" in einem Punkt $a \in D$, wenn für jede Folge $(x^{(k)})_{k\in\mathbb{N}}$ in D gilt:*

$$x^{(k)} \to a \;\; (k \to \infty) \quad \Rightarrow \quad f(x^{(k)}) \to f(a) \;\; (k \to \infty).$$

Sie heißt „stetig in D", wenn sie in jedem Punkt in D stetig ist.

Die Definitionsbereiche stetiger Funktionen brauchen nicht *offen* zu sein. Für eine stetige Funktion $f : D \to \mathbb{K}$ ist offenbar auch jede Restriktion $f|_M : M \to \mathbb{K}$ auf eine Teilmenge $M \subset D$ stetig. Ferner sind mit f auch der Realteil $\mathrm{Re}\, f$ der Imaginärteil $\mathrm{Im}\, f$ sowie der Absolutbetrag $|f|$ stetig.

Lemma 2.1: *Eine Funktion $f : D \subset \mathbb{K}^n \to \mathbb{K}$ ist genau dann in einem Punkt $a \in D$ stetig, wenn es zu jedem $\varepsilon > 0$ ein $\delta > 0$ gibt, so dass für $x \in D$ gilt:*

$$\|x - a\| < \delta \quad \Rightarrow \quad |f(x) - f(a)| < \varepsilon.$$

Beweis: Die Argumentation verläuft analog wie im eindimensionalen Fall. Q.E.D.

Lemma 2.2: *Für zwei stetige Funktionen $f, g : D \to \mathbb{K}$ sind auch die Summe $f + g$, das Produkt fg sowie im Falle $g(x) \neq 0,\ x \in D$, auch der Quotient f/g stetig.*

Beweis: Die Argumentation verläuft analog wie im eindimensionalen Fall. Q.E.D.

Beispiel 2.1: Wir geben ein paar Beispiele elementarer stetiger Funktionen:

i) Die Koordinatenfunktionen $f(x) := x_k,\ k = 1, \dots, n$, sind wegen $|x_k - a_k| \leq \|x - a\|_2$ stetig auf ganz $\mathbb{K}^n$.

ii) Jede Norm $\|\cdot\|$ auf $\mathbb{K}^n$ definiert wegen $\big|\, \|x\| - \|a\| \,\big| \leq \|x - a\|$ eine stetige Funktion.

iii) Ein „Monom" auf dem $\mathbb{K}^n$ vom Grad r ist eine Funktion der Gestalt

$$m(x) := x_1^{r_1} \dots x_n^{r_n},$$

mit $r := r_1 + \dots + r_n,\ r_i \in \mathbb{N}_0$. Eine „Polynomfunktion" (oder kurz „Polynom") ist eine Linearkombination von Monomen vom Grad $\leq r$:

$$p(x) := \sum_{\substack{k_1,\dots,k_n \in \mathbb{N}_0 \\ k_1 + \dots + k_n = 0}}^{r} a_{k_1 \dots k_n} x_1^{k_1} \dots x_n^{k_n}$$

mit Koeffizienten $a_{k_1 \dots k_n} \in \mathbb{K}$. Das Polynom heißt „vom Grad r", wenn mindestens einer der Koeffizienten $a_{k_1 \dots k_n} \neq 0$ für $k_1 + \dots + k_n = r$. Ein Beispiel eines Polynoms zweiten Grades auf dem $\mathbb{K}^2$ ist

$$P(x) = \sum_{\substack{k_1, k_2 \in \mathbb{N}_0 \\ k_1 + k_2 = 0}}^{2} a_{k_1 k_2} x_1^{k_1} x_2^{k_2} = a_{00} + a_{10} x_1 + a_{01} x_2 + a_{20} x_1^2 + a_{11} x_1 x_2 + a_{02} x_2^2.$$

Nach dem eben Bewiesenen sind Polynome stetige Funktionen auf ganz $\mathbb{K}^n$.

iv) Sind $f : D \subset \mathbb{K}^n \to \mathbb{K}$ und $g : f(D) \subset \mathbb{K} \to \mathbb{K}$ stetige Funktionen, so ist auch die zusammengesetzte Funktion $g \circ f : D \to \mathbb{K}$ stetig. Z. B. ist die Funktion $f(x) := \sqrt{\|x\|}$ auf ganz $\mathbb{K}^n$ stetig.

v) Die quadratische Funktion auf dem $\mathbb{R}^2$

$$q(x_1, x_2) := a x_1^2 + 2b x_1 x_2 + c x_2^2 + 2d x_1 + 2e x_2 + f$$

hat als Nullstellenmenge $\{(x_1, x_2) \in \mathbb{R}^2 |\, q(x_1, x_2) = 0\}$ gerade die Kegelschnitte:

$$\begin{vmatrix} a & b & d \\ b & c & e \\ d & e & f \end{vmatrix} \neq 0 \ \text{regulärer Kegelschnitt}, \qquad \begin{vmatrix} a & b \\ b & c \end{vmatrix} = ac - b^2 \begin{cases} > 0 & \text{Ellipse} \\ = 0 & \text{Parabel} \\ < 0 & \text{Hyperbel} \end{cases}$$

Wir beweisen im Folgenden zunächst einige grundlegende Eigenschaften stetiger Funktionen auf kompakten Mengen, welche bereits vom eindimensionalen Fall her bekannt sind.

Satz 2.1 (Beschränktheit): *Eine stetige Funktion $f : D \subset \mathbb{K}^n \to \mathbb{K}$ ist auf jeder kompakten Menge $K \subset D$ beschränkt, d. h.: Es gibt eine Konstante M_K mit*

$$|f(x)| \leq M_K, \quad x \in K. \tag{2.1.1}$$

Beweis: Die Argumentation ist analog zum eindimensionalen Fall. Angenommen, die stetige Funktion $f(x)$ ist nicht beschränkt auf K. Dann gibt es zu jedem $k \in \mathbb{N}$ ein $x^{(k)} \in K$ mit $|f(x^{(k)})| > k$. Die Folge $(x^{(k)})_{k\in\mathbb{N}}$ aus der kompakten Menge K besitzt eine konvergente Teilfolge $(x^{(k_j)})_{j\in\mathbb{N}}$ mit Limes $x \in K$. Da f stetig ist, folgt

$$|f(x^{(k_j)})| \to |f(x)| < \infty \quad (j \to \infty),$$

im Widerspruch zur Annahme $|f(x^{(k)})| \to \infty \ (k \to \infty)$. Q.E.D.

Satz 2.2 (Extremum): *Eine stetige Funktion $f : D \subset \mathbb{K}^n \to \mathbb{R}$ nimmt auf jeder (nichtleeren) kompakten Menge $K \subset D$ ihr Maximum und Minimum an, d. h.: Es gibt Punkte $x^{\max}$ und $x^{\min}$, so dass*

$$f(x^{\max}) = \sup_{x\in K} f(x), \qquad f(x^{\min}) = \inf_{x\in K} f(x). \tag{2.1.2}$$

Beweis: Die Argumentation ist analog zum eindimensionalen Fall. Die auf K stetige Funktion f ist nach Satz 2.1 beschränkt, d. h.: Sie besitzt eine obere Grenze

$$\kappa := \sup_{x\in K} f(x) < \infty.$$

Dazu gibt es eine Folge $(x^{(k)})_{k\in\mathbb{N}}$ von Punkten aus K mit $f(x^{(k)}) \to \kappa \ (k \to \infty)$. Diese Folge besitzt wieder eine konvergente Teilfolge $(x^{(k_j)})_{j\in\mathbb{N}}$ mit Limes $x^{\max} \in K$. Da f stetig ist, folgt $f(x^{(k_j)}) \to f(x^{\max}) \ (j \to \infty)$, d. h.: Es gilt $f(x^{\max}) = \kappa$. Das Argument für die untere Grenze ist analog. Q.E.D.

Anwendung 2.1.1: Seien $K_1, K_2 \subset \mathbb{K}^n$ (nichtleere) kompakte Mengen. Dann ist die Menge $K_1 \times K_2$ kompakt im Produktraum $\mathbb{K}^n \times \mathbb{K}^n$. Die Funktion

$$f(x,y) := \|x - y\|$$

ist stetig auf der kompakten Menge $K_1 \times K_2 \subset \mathbb{K}^n \times \mathbb{K}^n$. Dies folgt aus der Abschätzung

$$\big|\|x - y\| - \|x' - y'\|\big| \leq \|x - y - x' + y'\| \leq \|x - x'\| + \|y - y'\|.$$

Dann gibt es Punkte $a \in K_1$ und $b \in K_2$ mit

$$\|a - b\| = \inf_{x\in K_1, y\in K_2} \|x - y\|,$$

d. h.: Damit ist der „Abstand“ $d(K_1, K_2) := \|a - b\|$ der Mengen K_1 und K_2 definiert. Im Fall $K_1 \cap K_2 = \emptyset$ folgt $\inf_{x\in K_1, y\in K_2} \|x - y\| > 0$ (Übungsaufgabe). Insbesondere für eine einpunktige Menge $K_1 = \{a\}$ ist dann $b \in K_2$ eine sog. „Projektion“ des Punktes a auf die Menge K_2. Diese Projektion ist i. Allg. nicht eindeutig bestimmt.

Satz 2.3 (Gleichmäßige Stetigkeit): *Eine stetige Funktion $f : D \subset \mathbb{K}^n \to \mathbb{K}$ ist auf einer kompakten Menge $K \subset D$ „gleichmäßig stetig", d. h.: Zu jedem $\varepsilon > 0$ gibt es ein $\delta > 0$, so dass für $x, y \in K$ gilt:*

$$\|x - y\| < \delta \quad \Rightarrow \quad |f(x) - f(y)| < \varepsilon. \tag{2.1.3}$$

Beweis: Die Argumentation ist analog zum eindimensionalen Fall. Angenommen, f sei nicht gleichmäßig stetig. Dann gibt es ein $\varepsilon > 0$ derart, dass zu jedem $k \in \mathbb{N}$ Punkte $x^{(k)}, y^{(k)} \in D$ existieren mit

$$\|x^{(k)} - y^{(k)}\| < \frac{1}{k}, \qquad |f(x^{(k)}) - f(y^{(k)})| \geq \varepsilon\,. \tag{2.1.4}$$

Wegen der Kompaktheit von K besitzt die Folge $(x^{(k)})_{k\in\mathbb{N}}$ eine konvergente Teilfolge $(x^{(k_j)})_{j\in\mathbb{N}}$ mit Limes $x \in K$. Wegen $|x^{(k)} - y^{(k)}| < 1/k$ ist auch $x = \lim_{j\to\infty} y^{(k_j)}$. Da f stetig ist, folgt daraus

$$|f(x^{(k_j)}) - f(y^{(k_j)})| \to |f(x) - f(x)| = 0 \quad (j \to \infty),$$

im Widerspruch zu (2.1.4). Q.E.D.

Definition 2.2: *Eine Folge von Funktionen $f_k : D \subset \mathbb{K}^n \to \mathbb{K}$, $k \in \mathbb{N}$ konvergiert „punktweise" gegen eine Funktion $f : D \to \mathbb{K}$, wenn für alle $x \in D$ gilt:*

$$f_k(x) \to f(x) \quad (k \to \infty).$$

Sie konvergiert „gleichmäßig", wenn gilt:

$$\sup_{x\in D} |f_k(x) - f(x)| \to 0 \quad (k \to \infty).$$

Satz 2.4 (Gleichmäßige Konvergenz): *Konvergiert eine Folge stetiger Funktionen $f_k : D \subset \mathbb{K}^n \to \mathbb{K}$, $k \in \mathbb{N}$, gleichmäßig gegen eine Funktion $f : D \to \mathbb{K}$, so ist auch diese stetig.*

Beweis: Die Argumentation ist analog zum eindimensionalen Fall. Seien ein Punkt $x \in D$ sowie ein $\varepsilon > 0$ beliebig vorgegeben. Wegen der gleichmäßigen Konvergenz gibt es ein $n = n(\varepsilon) \in \mathbb{N}$, so dass

$$\sup_{y\in D} |f_n(y) - f(y)| < \tfrac{1}{3}\varepsilon.$$

Da f_n stetig ist, gibt es ein $\delta > 0$, so dass für alle $y \in D$ mit $\|x - y\| < \delta$ gilt:

$$|f_n(x) - f_n(y)| < \tfrac{1}{3}\varepsilon.$$

Für alle solche $y \in D$ folgt damit

$$|f(x) - f(y)| \leq |f(x) - f_n(x)| + |f_n(x) - f_n(y)| + |f_n(y) - f(y)| < \varepsilon,$$

d. h.: Die Funktion f ist in x stetig. Q.E.D.

Bemerkung 2.1: Wir haben gesehen, dass die Beweise der Sätze von der Beschränktkeit, vom Extremum, der gleichmäßigen Stetigkeit sowie der gleichmäßigen Konvergenz für Funktionen in mehreren Variablen praktisch identisch sind mit den entsprechenden Beweisen für Funktionen in einer Variable. Dies legt nahe, dass es sich hierbei um Aussagen handelt, die in noch viel allgemeinerem Kontext gültig sind. Tatsächlich gelten analoge Sätze allgemein für Funktionen auf kompakten Mengen in einem normierten oder metrischen Raum $(V, \|\cdot\|)$ bzw. $(X, d(\cdot,\cdot))$. Dabei sind die Begriffe „offen“, „abgeschlossen“ und „kompakt“ ganz analog wie im normierten Raum $\mathbb{K}^n$ definiert. Eine ähnliche Allgemeingültigkeit hat auch der weiter unten formulierte Zwischenwertsatz.

Definition 2.3: *i) Eine Teilmenge $M \subset G \subset \mathbb{K}^n$ heißt „relativ-offen (bzgl. G)“, wenn zu jedem Punkt $a \in M$ eine Kugelumgebung $K_r(a)$ mit $K_r(a) \cap G \subset M$ existiert.*

ii) Eine Teilmenge $M \subset G \subset \mathbb{K}^n$ heißt „relativ-abgeschlossen (bzgl. G)“, wenn die Menge $M^c \cap G \subset G$ relativ offen bzgl. G ist.

iii) Eine Menge $G \subset \mathbb{K}^n$ heißt „zusammenhängend“, wenn es keine relativ-offene Zerlegung $G = U \cup V$ gibt mit $U, V \neq \emptyset$ und $U \cap V = \emptyset$.

iv) Eine offene und zusammenhängende Menge $G \subset \mathbb{K}^n$ heißt „Gebiet“.

v) Eine (beliebige) Teilmenge $M \subset \mathbb{K}^n$ heißt „konvex“, wenn mit je zwei Punkten $x, x' \in M$ auch jede Linearkombination der Art $\lambda x + (1-\lambda)x'$ für $\lambda \in [0,1]$ (d. h. geometrisch die gesamte „Verbindungslinie“ zwischen x und x') in M enthalten ist. Eine abgeschlossene Teilmenge $M \subset \mathbb{K}^n$ heißt „strikt konvex“, wenn jede der Linearkombinationen $\lambda x + (1-\lambda)x'$ für $\lambda \in (0,1)$ im offenen Kern M^o liegt.

Lemma 2.3 (Konvexe Mengen): *i) Die Einheitskugel $K_1(0)$ im $\mathbb{K}^n$ bzgl. einer beliebigen Vektornorm $\|\cdot\|$ is konvex.*

ii) Die abgeschlossene Einheitskugel $\overline{K_1(0)}$ im $\mathbb{K}^n$ bzgl. jeder der l_p-Normen $\|\cdot\|_p$ für $1 < p < \infty$ is strikt konvex. Für die Extremfälle $p = 1$ und $p = \infty$ ist $\overline{K_1(0)}$ nicht strikt konvex.

Beweis: i) Seien $x, x' \in K_1(0)$. Für $\lambda \in [0,1]$ gilt dann mit Hilfe der Dreiecksungleichung

$$\|\lambda x + (1-\lambda)x'\| \le \lambda\|x\| + (1-\lambda)\|x'\| = \lambda + (1-\lambda) = 1,$$

d. h.: Die Punkte $\lambda x + (1-\lambda)x'$ liegen in $K_1(0)$. Also ist $K_1(0)$ konvex.

ii) Für den Beweis wird auf die einschlägige Literatur verwiesen. Q.E.D.

Bemerkung 2.2: Der Begriff der „relativen Offenheit“ einer Menge M bzgl. einer Obermenge $G \subset \mathbb{K}^n$ wird benötigt, da wir „offen“ nur für Mengen im ganzen normierten Raum $\mathbb{K}^n$ definiert haben. Wird die Teilmenge $M \subset \mathbb{K}^n$ als eigenständiger metrischer Raum mit der Metrik $d(x,y) := \|x-y\|_2$ aufgefasst, so sind die „relativ-offenen“ Teilmengen $M \subset G \subset \mathbb{K}^n$ gerade die „offenen“ Teilmengen dieses metrischen Raumes. Als Beispiel betrachten wir die Einheitssphäre $S_1(0) := \{x \in \mathbb{K}^n : \|x\|_2 = 1\}$ im $\mathbb{K}^n$, welche als Teilmenge von $\mathbb{K}^n$ abgeschlossen ist. Für eine offene Menge $M \subset \mathbb{K}^n$ ist dann der nichtleere Schnitt $M \cap S_1(0)$ als Teilmenge von $\mathbb{K}^n$ weder offen noch abgeschlossen, aber als Teilmenge von $S_1(0)$ ist er relativ-offen. Das Extrembeispiel ist hier die Menge $M = S_1(0)$, welche, obwohl im $\mathbb{K}^n$ abgeschlossen, dennoch bzgl. ihrer selbst sowohl *relativ offen* als auch *relativ-abgeschlossen* ist. Der Schnitt $M \cap G$ einer *offene* Menge $M \subset \mathbb{K}^n$ mit $G \subset \mathbb{K}^n$ ist stets *relativ-offen* bzgl. G. Umgekehrt ist auch der Schnitt $M \cap G$ einer *abgeschlossenen* Menge $M \subset \mathbb{K}^n$ mit $G \subset \mathbb{K}^n$ stets *relativ-abgeschlossen* bzgl. G.

Bemerkung 2.3: Die obige Definition der Eigenschaft „zusammenhängend" von Mengen wird üblicherweise auch mit „topologisch zusammenhängend" bezeichnet. Damit unterscheidet man diesen Zusammenhangsbegriff von der intuitiv zunächst naheliegenderen Eigenschaft „wegzusammenhängend". Dabei nennt man eine Teilmenge $M \subset \mathbb{K}^n$ „wegzusammenhängend", wenn es zu je zwei Punkten $x, x' \in M$ einen verbindenden „Weg" (bzw. „parametrisierte Kurve") gibt, der ganz in M verläuft. Man kann im $\mathbb{R}^2$ Beispiele von Mengen angeben, die zwar topologisch zusammenhängend aber *nicht* wezusammenhängend sind (Übungsaufgabe).

Bemerkung 2.4: Bei der Verwendung der Begriffe „abgeschlossen" und „relativ-abgeschlossen" für allgemeine normierte Räume $(V, \|\cdot\|)$ oder metrische Räume $(X, d(\cdot,\cdot))$ ist etwas Vorsicht geboten. Die Definitionen dieser Begriffe können zwar direkt vom $\mathbb{K}^n$ übernommen werden, aber bei der Charakterisierung dieser Eigenschaften über Folgenkonvergenz muss beachtet werden, dass der zugrunde liegende normierte Raum $(V, \|\cdot\|)$ eventuell *nicht vollständig* ist, d. h. dass nicht jede Cauchy-Folge in ihm einen Limes hat. Für eine *abgeschlossene* oder „relativ-abgeschlossene" Teilmenge $A \subset V$ muss daher nur der Limes einer solchen Cauchy-Folge aus A auch in A enthalten sein, für welche überhaupt ein Limes in V existiert. Im endlich dimensionalen (und damit automatisch *vollständigen*) Raum $\mathbb{K}^n$ besteht diese Unterscheidung natürlich nicht; ebenso nicht im unendlich dimensionalen (vollständigen) Banach-Raum $(C[a,b], \|\cdot\|_\infty)$ mit der Maximumnorm $\|\cdot\|_\infty$. Dagegen ist der normierte Raum $(C[a,b], \|\cdot\|_2)$ mit der L^2-Norm $\|\cdot\|_2$ bekanntlich *nicht* vollständig, so dass in seinen *abgeschlossenen* Teilmengen nicht jede Cauchy-Folge einen Limes zu haben braucht.

Bemerkung 2.5: Mengen $M \subset \mathbb{K}^n$ mit disjunkten Komponenten, welche einen positiven Abstand haben, können offenbar nicht zusammenhängend sein:

$$M = M_1 \cup M_2, \quad M_1, M_2 \neq \emptyset, \quad d(M_1, M_2) = \inf_{x \in M_1, y \in M_2} \|x - y\| > 0.$$

Bei sich „berührenden" Mengen können beide Situationen auftreten. Die Menge bestehend aus den beiden (offenen) Einheitskugeln

$$M := K_1(0) \cup K_1(2) \subset \mathbb{K}^2$$

ist, obwohl $d(K_1(0), K_1(2)) = 0$, *nicht* zusammenhängend, da ihr der „verbindende" Punkt $(1,0)$ fehlt. Dagegen ist die Vereinigung der zugehörigen Abschlüsse

$$M := \overline{K_1(0)} \cup \overline{K_1(2)} \subset \mathbb{K}^2$$

zusammenhängend.

Lemma 2.4: *Für stetige Funktionen* $f : \overline{D} \subset \mathbb{K}^n \to \mathbb{K}$ *gilt:*

i) Das Urbild $f^{-1}(O)$ *einer relativ-offenen Menge* $O \subset f(D)$ *ist relativ-offen in* D *.*

ii) Das Urbild $f^{-1}(A)$ *einer abgeschlossenen Menge* $A \subset f(\overline{D})$ *ist abgeschlossenen.*

iii) Das Bild $f(K)$ *einer kompakten Menge* $K \subset D$ *ist kompakt.*

iv) Das Bild $f(G)$ *einer zusammenhängenden Menge* $G \subset D$ *ist zusammenhängend.*

Beweis: i) Eine relativ-offene Menge $O \subset f(D)$ ist (relative) Umgebung eines jeden ihrer Punkte $f(a)$, d. h.: Es gibt eine (relative) Kugelumgebung $K_\varepsilon(f(a)) \cap f(D) \subset O$. Zu diesem $\varepsilon > 0$ gibt es aufgrund der Stetigkeit von f ein $\delta > 0$, so dass für die (relative) Kugelumgebung $K_\delta(a) \cap D$ gilt

$$f(K_\delta(a) \cap D) \subset K_\varepsilon(f(a)) \cap f(D) \subset O.$$

Also ist $K_\delta(a) \cap D \subset f^{-1}(O)$ und $f^{-1}(O)$ demnach relativ-offen.

ii) Wir verwenden die Charakterisierung von „abgeschlossen" über die Folgenkonvergenz. Sei $(x^{(k)})_{k\in\mathbb{N}}$ irgendeine konvergente Folge in $f^{-1}(A)$ mit Limes $x \in \overline{D}$. Dann ist die Bildfolge $(f(x^{(k)}))_{k\in\mathbb{N}}$ konvergent mit $f(x^{(k)}) \to f(x)$ $(k \to \infty)$. Wegen der Abgeschlossenheit von A in $f(\overline{D})$ ist $f(x) \in A$, d. h.: $x \in f^{-1}(A)$. Also ist $f^{-1}(A)$ abgeschlossen.

iii) Wir zeigen, dass $f(K) \subset \mathbb{K}$ beschränkt und abgeschlossen und damit nach dem Satz von Bolzano-Weierstraß auch kompakt ist. Satz 2.1 ergibt die Beschränktheit von $f(K)$. Zum Beweis der Abgeschlossenheit betrachten wir eine beliebige konvergente Folge $(y^{(k)})_{k\in\mathbb{N}}$ aus $f(K)$ mit Limes $y \in \mathbb{K}$. Die Urbildfolge $(x^{(k)})_{k\in\mathbb{N}}$ hat dann wegen der Kompaktheit von K eine konvergente Teilfolge $(x^{(k_j)})_{j\in\mathbb{N}}$ mit Limes $x \in K$. Wegen der Stetigkeit von f ist $f(x) = \lim_{j\to\infty} f(x^{(k_j)}) = y$ und somit $y \in f(K)$. Also ist $f(K)$ abgeschlossen.

Bemerkung: Eine etwas elegantere Beweisführung verwendet den Heine-Borelschen Überdeckungssatz wie folgt: Sei $\{O_\lambda\}_{\lambda\in\Lambda}$ irgendeine offene Überdeckung von $f(K)$. Dann bilden die relativ-offenen Mengen

$$O'_\lambda := \{x \in D : f(x) \in O_\lambda\} \subset D$$

eine Überdeckung von K. Nach dem Satz von Heine-Borel (für relativ-offene Überdeckungen) wird die kompakte Menge K bereits durch endlich viele der O'_λ überdeckt. Dasselbe gilt dann auch für $f(K)$, d. h.: $f(K)$ ist kompakt.

iv) Wäre $f(G)$ nicht zusammenhängend, so gäbe es nicht leere, relativ-offene Mengen $U, V \subset \mathbb{K}$ mit $f(G) = U \cup V$ und $U \cap V = \emptyset$. Die Urbildmengen $U' := \{x \in G : f(x) \in U\}$ und $V' := \{x \in G : f(x) \in V\}$ sind dann ebenfalls disjunkt, nicht leer, nach (i) relativ-offen, und es gilt $G = U' \cup V'$, im Widerspruch zur Annahme, dass G zusammenhängend ist. Folglich ist $f(G)$ zusammenhängend. Q.E.D.

Satz 2.5 (Zwischenwertsatz): *Sei* $f : D \subset \mathbb{K}^n \to \mathbb{R}$ *stetig und* D *zusammenhängend. Dann nimmt* f *für je zwei Punkte* $a, b \in D$ *jeden Wert zwischen* $f(a)$ *und* $f(b)$ *an. Insbesondere hat* f *im Falle* $f(a)f(b) < 0$ *also eine Nullstelle in* D *.*

Beweis: Das Resultat von Lemma 2.4 Teil (iv) impliziert, dass mit D auch der Bildbereich $f(D) \subset \mathbb{R}$ zusammenhängend ist. Wir wollen zeigen, dass $f(D)$ dann notwendig ein (zusammenhängendes) Intervall ist. Hieraus ergibt sich dann unmittelbar die Richtigkeit der Behauptungen. Angenommen, $f(D)$ ist kein Intervall. Dann gibt es Punkte $f(x), f(y) \in f(D)$ und zwischen diesen einen Punkt $z \notin f(D)$. Die Mengen $U := f(D) \cap (-\infty, z)$ und $V := f(D) \cap (z, \infty)$ sind disjunkt, nicht leer und relativ zu $f(D)$ offen, und es gilt $U \cup V = f(D)$. Somit ist $f(D)$ nicht zusammenhängend, im Widerspruch zur Annahme . Q.E.D.

2.2 Vektor- und matrixwertige Funktionen

Im Folgenden betrachten wir Funktionen (bzw. Abbildungen)

$$f : D \subset \mathbb{K}^n \to \mathbb{K}^m, \quad f : D \subset \mathbb{K}^n \to \mathbb{K}^{r \times s}, \quad f : D \subset \mathbb{K}^{m \times n} \to \mathbb{K}^{r \times s}.$$

Beispiel 2.2: Einfachste Beispiele vektor- und matrixwertiger Funktionen sind:

i) Translation um Vektor $b \in \mathbb{R}^2$ und anschließende Drehung um Winkel $\varphi \in (0, 2\pi]$ (im Uhrzeigersinn) in der Ebene $\mathbb{R}^2$:

$$f(x) := \begin{pmatrix} b_1 \\ b_2 \end{pmatrix} + \begin{pmatrix} \cos(\varphi) & \sin(\varphi) \\ -\sin(\varphi) & \cos(\varphi) \end{pmatrix} \begin{pmatrix} x_1 \\ x_2 \end{pmatrix}.$$

ii) Dyadisches Produkt $f : \mathbb{K}^n \to \mathbb{K}^{n \times n}$ eines Vektors $v \in \mathbb{K}^n$ mit sich selbst:

$$f(v) := (v_i \bar{v}_j)_{i,j=1}^n.$$

iii) Quadrierung $f : \mathbb{K}^{n \times n} \to \mathbb{K}^{n \times n}$ von Matrizen $A = (a_{ij})_{i,j=1}^n$:

$$f(A) := A^2 = \Big(\sum_{k=1}^n a_{ik} a_{kj} \Big)_{i,j=1}^n.$$

Mit Hilfe von Normen auf $\mathbb{K}^n$ und $\mathbb{K}^{n \times n}$ lassen sich die Begriffe „beschränkt“ und „stetig“ für solche Abbildungen ganz analog wie oben für Funktionen $f : D \subset \mathbb{K}^n \to \mathbb{K}$ definieren. Insbesondere gelten sinngemäß die Sätze von der Beschränktheit und gleichmäßigen Stetigkeit, d. h.: Solche stetige Abbildungen sind auf kompakten Mengen gleichmäßig stetig und beschränkt. Wir stellen fest, dass eine Abbildung $f : D \subset \mathbb{K}^n \to \mathbb{K}^m$ oder $f : D \subset \mathbb{K}^n \to \mathbb{K}^{r \times s}$ genau dann stetig ist, wenn alle ihre Komponentenfunktionen $f_k : D \to \mathbb{K}$ bzw. $f_{jk} : D \to \mathbb{K}$ stetig sind. Im Folgenden sei $\|\cdot\|$ irgendeine Norm auf $\mathbb{K}^n$.

Lemma 2.5: *Für stetige Funktionen $g : D \subset \mathbb{K}^n \to B \subset \mathbb{K}^m$ und $f : B \to \mathbb{K}^r$ ist auch die Komposition $f \circ g : D \subset \mathbb{K}^n \to \mathbb{K}^r$ stetig.*

Beweis: Die Argumentation ist wieder analog zum eindimensionalen Fall. Sei $x \in D$ und $x^{(k)} \in D$ mit $x^{(k)} \to x \ (k \to \infty)$. Wegen der Stetigkeit von g konvergiert $y^{(k)} = g(x^{(k)}) \to g(x) = y \ (k \to \infty)$ und dann wegen der Stetigkeit von f:

$$(f \circ g)(x^{(k)}) = f(g(x^{(k)})) = f(y^{(k)}) \to f(y) \quad (x^{(k)} \to x).$$

Mit $f(y) = f(g(x)) = (f \circ g)(x)$ ergibt sich die Behauptung. Q.E.D.

Lemma 2.6: *Die auf einer beschränkten, abgeschlossenen (d. h. kompakten) Teilmenge $D \subset \mathbb{K}^n$ definierte Funktion $f : D \to B \subset \mathbb{K}^n$ sei injektiv und stetig. Dann ist auch ihre Umkehrfunktion $f^{-1} : B \to D$ stetig.*

Beweis: Die Argumentation ist wieder analog zum eindimensionalen Fall. Sei $(y^{(k)})_{k\in\mathbb{N}}$ eine Folge in B mit $y^{(k)} \to y \in B \ (k \to \infty)$. Wir haben zu zeigen, dass dann $x^{(k)} := f^{-1}(y^{(k)}) \to f^{-1}(y) =: x \ (k \to \infty)$. Die Urbildfolge $(x^{(k)})_{k\in\mathbb{N}}$ ist beschränkt, da in der beschränkten Menge D enthalten. Sei $(x^{(k_j)})_{j\in\mathbb{N}}$ eine konvergente Teilfolge mit $x^{(k_j)} \to \xi \in D$. Wegen der Stetigkeit von f konvergiert dann $f(x^{(k_j)}) \to f(\xi)$. Es gilt aber auch $f(x^{(k_j)}) = y^{(k_j)} \to y$, d. h.: $f(x) = f(\xi)$. Wegen der Injektivität von f folgt $\xi = x$. Also sind alle Häufungswerte der (beschränkten) Folge $(x^{(k)})_{k\in\mathbb{N}}$ gleich x, so dass notwendig $x^{(k)} \to x \ (k \to \infty)$. Q.E.D.

Bemerkung 2.6: In physikalischer Sprache werden skalarwertige Abbildungen $f : \mathbb{R}^n \to \mathbb{R}$ „Skalarfelder“ (oder „Tensorfelder 0-ter Stufe“), vektorwertige Abbildungen $f : \mathbb{R}^n \to \mathbb{R}^n$ „Vektorfelder“ (oder „Tensorfelder 1-ter Stufe“) und matrixwertige Abbildungen $f : \mathbb{R}^n \to \mathbb{R}^{n\times n}$ „Tensorfelder“ (oder „Tensorfelder 2-ter Stufe“)“ genannt. Beispiele für Skalarfelder sind „Temperatur“, „Dichte“ und „Druck“; „Geschwindigkeit, „Schwerkraft“ und „elektrische Feldstärke“ sind Vektorfelder, während „Verzerrungen“ und „Spannungen“ durch Tensorfelder 2-ter Stufe beschrieben werden. Abbildungen $f : \mathbb{R}^{n\times n} \to \mathbb{R}^{n\times n}$ treten z. B. als sog. „Materialtensoren“ in der Elastizitätstheorie auf. Die Bezeichnung „Tensor“ kommt dabei eigentlich den durch diese Skalar-, Vektor- und Matrizenfeldern bzgl. des willkürlich gewählten, kartesischen Koordinatensystems dargestellten Abbildungen zu. Da letztere aber nicht von der Wahl des Koordinatensystems abhängen dürfen, gehören zur Tensoreigenschaft von Skalar-, Vektor- und Matrizenfeldern noch gewisse Invarianzeigenschaften gegenüber Koordinatentransformationen (→ Lineare Algebra).

2.2.1 Lineare und nichtlineare Gleichungssysteme

Wir betrachten allgemeine (quadratische) Gleichungssystme der Form

$$\begin{aligned} f_1(x_1,\dots,x_n) &= b_1, \\ &\vdots \\ f_n(x_1,\dots,x_n) &= b_n, \end{aligned} \tag{2.2.5}$$

bzw. in kompakter Schreibweise

$$f(x) = b, \tag{2.2.6}$$

mit der Abbildung $f = (f_1, \dots, f_n) : D \subset \mathbb{K}^n \to \mathbb{K}^n$ und der vorgegebenen rechten Seite $b = (b_1, \dots, b_n) \in \mathbb{K}^n$. Für Gleichungssysteme dieser Art lassen sich in der Regel keine Lösungen in expliziter Form $x = f^{-1}(b)$ angeben. Man kann vielmehr nur hoffen, eine Folge von Vektoren $x^{(k)}$ zu konstruieren, welche gegen eine Lösung konvergiert. Als Ausgangspunkt für eine solche Iteration macht man den Ansatz

$$g(x) := x - \sigma(f(x) - b) = x,$$

mit einem geeigneten $\sigma \in \mathbb{K} \setminus \{0\}$ d. h.: man sucht einen sog. „Fixpunkt" der neuen Abbildung $g : D \to \mathbb{K}^n$. Dies motiviert eine sog. „Fixpunktiteration" (oder „sukzessive Approximation")

$$x^{(k)} = g(x^{(k-1)}), \quad k \in \mathbb{N}, \tag{2.2.7}$$

welche mit einem geeigneten Startvektor $x^{(0)} \in D$ beginnt. Mit f ist auch g stetig. Im Falle der Konvergenz $x^{(k)} \to x$ $(k \to \infty)$ konvergiert also $g(x^{(k-1)}) \to g(x)$ $(k \to \infty)$, d. h. der Limes x ist Fixpunkt,

$$x = g(x) = x - \sigma(f(x) - b),$$

und löst damit die Gleichung $f(x) = b$. Die Frage ist also, unter welchen Bedingungen die Konvergenz der Fixpunktiteration garantiert werden kann.

Definition 2.4: *Eine Abbildung $g : D \subset \mathbb{K}^n \to \mathbb{K}^n$ heißt „Lipschitz-stetig", wenn mit einer Konstante $L > 0$, der sog. „Lipschitz-Konstante", gilt:*

$$\|g(x) - g(y)\| \le L\|x - y\|, \quad x, y \in D. \tag{2.2.8}$$

Im Falle $L < 1$ heißt g „Kontraktion" (bzgl. der gewählten Norm $\|\cdot\|$).

Für Kontraktionen gilt der folgende fundamentale „Banachsche Fixpunktsatz", der für eine großen Klasse nichtlinearer Gleichungen neben einer Existenzaussage für Lösungen vor allem auch ein Verfahren zu deren näherungsweisen Berechnung liefert. Dieser Satz kann ganz allgemein in Banachschen Räumen (oder sogar in vollständigen metrischen Räumen) formuliert werden. Wir beschränken uns hier aber auf seine einfache Variante im $\mathbb{K}^n$ und verlagern Verallgemeinerungen in Übungsaufgaben.

Satz 2.6 (Banachscher Fixpunktsatz): *Sei $g : D \subset \mathbb{K}^n \to \mathbb{K}^n$ eine Abbildung, für welche die folgenden Bedingungen erfüllt sind:*

i) g bildet eine abgeschlossene Teilmenge $M \subset D$ in sich ab.

ii) Auf M ist g eine Kontraktion mit Lipschitz-Konstante $q \in (0, 1)$.

Dann besitzt g in M genau einen Fixpunkt x^*, und für jeden Startpunkt $x^{(0)} \in M$ konvergiert die Folge der durch (2.2.7) definierten Iterierten $x^{(k)} \in M$ gegen diesen Fixpunkt $x^* \in M$ mit der Fehlerabschätzung

$$\|x^{(k)} - x^*\| \le \frac{q^k}{1-q}\|x^{(1)} - x^{(0)}\|. \tag{2.2.9}$$

Beweis: i) Wir zeigen zunächst die Eindeutigkeit des Fixpunktes (falls er existiert). Seien $x, x' \in M$ zwei Fixpunkte. Dann gilt wegen der Kontraktionseigenschaft

$$\|x - x'\| = \|g(x) - g(x')\| \le q\|x - x'\|,$$

was wegen $q < 1$ notwendig $x = x'$ impliziert.

ii) Da g die Menge M in sich abbildet, sind für jeden Startpunkt $x^{(0)}$ die Iterierten $x^{(k)}$, $k \in \mathbb{N}$, wohl definiert. Wir wollen zeigen, dass die Folge $(x^{(k)})_{k\in\mathbb{N}}$ eine Cauchy-Folge ist. Dann hat sie einen Limes $x^* \in \mathbb{K}^n$, der wegen der Abgeschlossenheit von M auch in M liegt. Wegen der Stetigkeit von g folgt

$$x^* = \lim_{k\to\infty} x^{(k)} = \lim_{k\to\infty} g(x^{(k-1)}) = g(\lim_{k\to\infty} x^{(k-1)}) = g(x^*),$$

d. h.: $x^* \in M$ ist Fixpunkt von g. Für beliebige $k, m \in \mathbb{N}$ gilt:

$$\begin{aligned}
\|x^{(k+m)} - x^{(k)}\| &= \|x^{(k+m)} - x^{(k+m-1)} + \ldots + x^{(k+1)} - x^{(k)}\| \\
&\le \|x^{(k+m)} - x^{(k+m-1)}\| + \cdots + \|x^{(k+1)} - x^{(k)}\| \\
&= \|g^{m-1}(x^{(k+1)}) - g^{m-1}(x^{(k)})\| + \cdots + \|x^{(k+1)} - x^{(k)}\| \\
&\le (q^{m-1} + q^{m-2} + \cdots + 1)\|x^{(k+1)} - x^{(k)}\| \\
&= (q^{m-1} + q^{m-2} + \cdots + 1)\|g^k(x^{(1)}) - g^k(x^{(0)})\| \\
&\le (q^{m-1} + q^{m-2} + \cdots + 1)q^k\|x^{(1)} - x^{(0)}\| \\
&= \frac{1-q^m}{1-q} q^k\, \|x^{(1)} - x^{(0)}\| \le \frac{q^k}{1-q}\, \|x^{(1)} - x^{(0)}\|.
\end{aligned}$$

Wegen $q < 1$ wird die rechte Seite kleiner als jedes vorgegebene $\varepsilon > 0$, wenn nur k groß genug ist. Also ist $(x^{(k)})_{k\in\mathbb{N}}$ eine Cauchy-Folge.

iii) Zum Nachweis der Fehlerabschätzung (2.2.9) betrachten wir in der obigen Abschätzung den Grenzprozess $m \to \infty$ und erhalten wegen $x^{(k+m)} \to x^*$ $(m \to \infty)$ das gewünschte Ergebnis. Q.E.D.

Bemerkung 2.7: Im Beweis des Banachschen Fixpunktsatzes werden die endliche Dimension sowie im Prinzip auch die Vektorraumstruktur des zugrunde liegenden normierten Raumes nicht verwendet. Er lässt sich also ohne Probleme auf die Situation eines allgemeinen normierten Raumes $(V, \|\cdot\|)$ oder sogar metrischen Raumes $(X, d(\cdot,\cdot))$ übertragen. Allerdings muss der Grundraum *vollständig* sein, damit für die Folge der sukzessiven Approximationen überhaupt die Existenz eines Limes gesichert ist. (Übungsaufgabe)

Bemerkung 2.8: Die Anwendung des obigen Fixpunktprinzips für die Lösung konkreter nichtlinearer Gleichungssysteme ist Gegenstand von Texten zur „Numerischen Mathematik“. Eine Schwierigkeit ist dabei überhaupt die Bestimmung einer abgeschlossenen Teilmenge $M \subset D$, welche von g in sich abgebildet wird. Dies erübrigt sich aber in dem Fall, dass g sogar auf ganz $\mathbb{K}^n$ definiert ist. Liegt dann auch noch die Kontraktionseigenschaft vor, so ist wegen der Vollständigkeit von $\mathbb{K}^n$ der Banachsche Fixpunktsatz direkt anwendbar. Im Folgenden werden wir zwei Klassen von Problemen kennenlernen, bei denen diese Idealsituation vorliegt.

Anwendung 2.2.1 (Lineare Gleichungssysteme): Wir betrachten zunächst als einfachsten Spezialfall ein *lineares* Gleichungssystem

$$\begin{aligned} a_{11}x_1 + \cdots + a_{1n}x_n &= b_1 \\ &\vdots \\ a_{n1}x_1 + \cdots + a_{nn}x_n &= b_n. \end{aligned} \tag{2.2.10}$$

mit gegebener rechter Seite $b = (b_i)_{i=1}^n \in \mathbb{K}^n$ und Koeffizientenmatrix $A = (a_{ij})_{i,j=1}^n \in \mathbb{K}^{n\times n}$. In kompakter Form lautet dies

$$Ax = b. \tag{2.2.11}$$

Die Matrix A sei als regulär angenommen, so dass eine eindeutig Lösung existiert. Der obigen Philosophie folgend machen wir den Ansatz einer Fixpunktgleichung

$$g(x) := x - \sigma(Ax - b) = x$$

mit einem $\sigma \in \mathbb{K} \setminus \{0\}$. Die zugehörige Fixpunktiteration

$$x^{(k)} = x^{(k-1)} - \sigma(Ax^{(k-1)} - b), \quad k \in \mathbb{N},$$

konvergiert dann nach dem Banachschen Fixpunktsatz für jeden Startvektor $x^{(0)} \in \mathbb{K}^n$ gegen einen Fixpunkt von g bzw. gegen die Lösung des Gleichungssystems, wenn g eine Kontraktion ist. Wir verwenden jetzt die euklidische Norm $\|\cdot\|_2$. Wegen

$$\begin{aligned} \|g(x) - g(y)\|_2 &= \|x - \sigma(Ax - b) - y + \sigma(Ay - b)\|_2 \\ &= \|(I - \sigma A)(x - y)\|_2 \le \|I - \sigma A\|_2 \, \|x - y\|_2 \end{aligned}$$

ist dies der Fall, wenn $q := \|I - \sigma A\|_2 < 1$ ist.

Korollar 2.1: *Seien $A \in \mathbb{K}^{n\times n}$ hermitesch und positiv definit (und damit regulär) und $b \in \mathbb{K}^n$ gegeben. Dann konvergiert die Fixpunktiteration (sog. „Richardson[1]-Iteration“)*

$$x^{(k)} = x^{(k-1)} - \|A\|_\infty^{-1}\big(Ax^{(k-1)} - b\big), \quad k \in \mathbb{N}, \tag{2.2.12}$$

für jeden Startwert $x^{(0)}$ gegen die Lösung des Gleichungssystems

$$Ax = b. \tag{2.2.13}$$

[1] Lewis Fry Richardson (1881–1953): Englischer Mathematiker und Physiker; wirkte an verschiedenen Institutionen in England und Schottland; typischer „angewandter Mathematiker“; leistete Pionierbeiträge zur Modellierung und Numerik in der Wettervorhersage.

Beweis: Die Eigenwerte der Matrix A sind positiv und beschränkt: $0 < \lambda \leq \|A\|_\infty$. Folglich gilt für die Eigenwerte der Matrix $I - \|A\|_\infty^{-1} A$:

$$0 \leq 1 - \|A\|_\infty^{-1} \lambda < 1.$$

Dies impliziert dann für die Spektralnorm

$$\big\|I - \|A\|_\infty^{-1} A\big\|_2 < 1.$$

Satz 2.6 liefert daher die behauptete Konvergenzaussage. Q.E.D.

Korollar 2.1 zeigt einen einfachen Weg zur sukzessiven Approximation von Lösungen von Gleichungssystemen mit hermitescher, positiv definiter Koeffizientenmatrix. Dieses ist der proto-typische, aber auch langsamste Vertreter einer großen Klasse von sog. „iterativen“ Lösungsverfahren (im Gegensatz zu sog. „direkten“ Verfahren wie z. B. der Gauß-Elimination). Für nicht-hermitesche oder indefinite Matrizen ist die einfache Richardson-Iteration i. Allg. nicht geeignet; in diesen Fällen sind raffiniertere Iterationen erforderlich. Die Konstruktion und Analyse solcher Verfahren ist Gegenstand von Texten zur „Numerischen Mathematik“.

Anwendung 2.2.2 (Nichtlineare Gleichungssysteme): Die Lösung *nichtlinearer* Gleichungssysteme ist i. Allg. viel schwieriger als die *linearer* Systeme. Um ein entsprechendes Analogon zu Korollar 2.1 zu erhalten, führen wir den Begriff der „monotonen“ Abbildung ein. Dies ist eine direkte Verallgemeinerung der Eigenschaft „positiv definit“ für Matrizen auf nichtlineare Abbildungen.

Definition 2.5: *Eine Abbildung $f: D \subset \mathbb{R}^n \to \mathbb{R}^n$ heißt „stark monoton“, wenn es eine Konstante $m > 0$ gibt, so dass für $x, y \in D$ gilt:*

$$(f(x) - f(y), x - y)_2 \geq m\|x - y\|_2^2. \tag{2.2.14}$$

Für Funktionen $f: \mathbb{R} \to \mathbb{R}$ impliziert die eben definierte „starke Monotonie“ die Gültigkeit der Beziehung

$$(f(x) - f(y))(x - y) > 0,$$

woraus im Fall $x > y$ notwendig $f(x) > f(y)$ folgt, d. h. die „strenge“ Monotonie von f im ursprünglichen Sinne.

Korollar 2.2: *Seien $f: \mathbb{R}^n \to \mathbb{R}^n$ eine Lipschitz-stetige, stark monotone Abbildung mit Lipschitz-Konstante L und Monotoniekonstante $m > 0$ sowie ein $b \in \mathbb{R}^n$ gegeben. Dann hat die Gleichung*

$$f(x) = b \tag{2.2.15}$$

eine eindeutige Lösung x^*. Für jeden Startpunkt $x^{(0)}$ konvergiert die sukzessive Iteration

$$x^{(k)} = x^{(k-1)} - \theta\big(f(x^{(k-1)}) - b\big) \tag{2.2.16}$$

für jedes $\theta \in (0, 2m/L^2)$ gegen x^*.

Beweis: i) Wir zeigen zunächst die Eindeutigkeit der Lösung (sofern sie existiert). Seien x, x' zwei Lösungen. Für diese gilt dann:

$$0 = (f(x) - b + b - f(x'), x - x')_2 = (f(x) - f(x'), x - x')_2 \geq m\|x - x'\|_2^2,$$

woraus $x = x'$ folgt.

ii) Die Existenz einer Lösung wird mit Hilfe des Banachschen Fixpunktsatzes gezeigt. Wir betrachten die zur gestellten Gleichung äquivalente Fixpunktgleichung

$$g(x) := x - \theta(f(x) - b) = x.$$

Wir wollen zeigen, dass die Abbildung $g : \mathbb{R}^n \to \mathbb{R}^n$ eine Kontraktion ist. Dann folgt über den Banachschen Fixpunktsatz die Existenz eines eindeutig bestimmten Fixpunktes x^*, der nach Konstruktion auch Lösung der Aufgabe (2.2.15) ist. Für beliebige $x, y \in \mathbb{R}^n$ betrachten wir

$$\begin{aligned}
\|g(x) - g(y)\|_2^2 &= \|x - \theta f(x) - y + \theta f(y)\|_2^2 \\
&= \|x - y\|_2^2 - 2\theta(x - y, f(x) - f(y))_2 + \theta^2\|f(x) - f(y)\|_2^2 \\
&\leq (1 - 2m\theta + L^2\theta^2)\|x - y\|_2^2
\end{aligned}$$

Für $\theta \in (0, 2m/L^2)$ ist also g eine Kontraktion. Diese Lösung ist Limes der durch die sukzessive Iteration

$$x^{(k)} = g(x^{(k-1)})$$

erzeugten Folge $(x^{(k)})_{k\in\mathbb{N}}$ für beliebigen Startpunkt $x^{(0)} \in \mathbb{R}^n$. Q.E.D.

2.2.2 Matrixfunktionen

Mit Hilfe der Normkonvergenz von Matrixfolgen lassen sich sog. „Matrixfunktionen“ definieren, welche z. B. eine wichtige Rolle bei der Analyse von approximativen Lösungsverfahren von Differentialgleichungen spielen.

Matrixpolynome und rationale Funktionen

Für eine Matrix $A \in \mathbb{K}^{n\times n}$ und ein Polynom $p(x) = \sum_{k=0}^r a_k x^k$ vom Grad $r \geq 0$ ist das Matrixpolynom

$$p(A) := \sum_{k=0}^r a_k A^k.$$

definiert. Sei $\lambda \in \mathbb{C}$ ein Eigenwert von A mit Eigenvektor $z \in \mathbb{C}^n$, $z \neq 0$. Dann gilt

$$p(A)z = \sum_{k=0}^r a_k A^k z = \sum_{k=0}^r a_k \lambda^k z = p(\lambda)z. \tag{2.2.17}$$

Also ist $p(\lambda)$ Eigenwert von $p(A)$ mit demselben Eigenvektor z.

Lemma 2.7: *Sei $A \in \mathbb{K}^{n\times n}$ eine hermitesche Matrix mit (ihrer Vielheiten entsprechend oft gezählten) Eigenwerten $\lambda_1,\dots,\lambda_n \in \mathbb{R}$ und p ein Polynom. Die Matrix $p(A)$ ist genau dann regulär, wenn keiner der Eigenwerte von A Nullstelle von p ist.*

Beweis: Ist ein Eigenwert λ von A mit Eigenvektor $z \in \mathbb{K}^n \setminus \{0\}$ Nullstelle von p, so folgt wegen (2.2.17) $p(A)z = 0$, d. h.: Die Matrix $p(A)$ ist singulär. Ist umgekehrt $p(A)$ singulär, so gibt es ein $z \neq 0$ mit $p(A)z = 0$. Sei $\{z^{(i)}, i = 1,\dots,n\}$ eine zu den Eigenwerten $\lambda_i, i = 1,\dots,n$, gehörende Orthonormalbasis von Eigenvektoren von A. Damit gilt

$$
\begin{aligned}
0 = \|p(A)z\|_2^2 &= \Big\| p(A)\sum_{i=1}^n (z,z^{(i)})_2\, z^{(i)}\Big\|_2^2 = \Big\|\sum_{i=1}^n (z,z^{(i)})_2\, p(A)z^{(i)}\Big\|_2^2 \\
&= \Big\|\sum_{i=1}^n (z,z^{(i)})_2\, p(\lambda_i)z^{(i)}\Big\|_2^2 = \sum_{i=1}^n |(z,z^{(i)})_2|^2\, |p(\lambda_i)|^2.
\end{aligned}
$$

Da wegen $z \neq 0$ nicht alle Produkte $(z,z^{(i)})_2$ Null sein können, muss mindestens für ein $i \in \{1,\dots,n\}$ der Eigenwert λ_i Nullstelle von p sein. Q.E.D.

Als Folgerung aus Lemma 2.7 sehen wir, dass für eine rationale Funktion $r(x) = p(x)/q(x)$ mit Polynomen $p(x)$ und $q(x)$ und eine hermitesche Matrix $A \in \mathbb{K}^{n\times n}$ die zugehörige Matrixfunktion

$$
r(A) = p(A)q(A)^{-1} = q(A)^{-1}p(A)
$$

wohl definiert ist, wenn kein Eigenwert von A Nullstelle des Nennerpolynoms q ist. Unter modifizierten Bedingungen lässt sich dies auch für nichthermitesche Matrizen definieren.

Wurzelfunktion

Auf analogem Wege lassen sich auch allgemeinere, nicht rationale Matrixfunktionen definieren. Z. B. erhält man für eine hermitesche, positiv-definite Matrix $A \in \mathbb{K}^{n\times n}$ mit Eigenwerten $\lambda_i \in \mathbb{R}_+$ und zugehöriger Orthonormalbasis von Eigenvektoren $\{z^{(i)}, i = 1,\dots,n\}$ durch

$$
\mathcal{B}x := \sum_{i=1}^n \lambda_i^{1/2}(x,z^{(i)})_2 z^{(i)}, \quad x \in \mathbb{K}^n, \tag{2.2.18}
$$

eine lineare Abbildung $\mathcal{B}: \mathbb{K}^n \to \mathbb{K}^n$ mit der Eigenschaft

$$
\mathcal{B}^2 x = \sum_{i=1}^n \lambda_i (x,z^{(i)})_2 z^{(i)} = Ax, \quad x \in \mathbb{K}^n,
$$

Bei dieser Schreibweise wird die Matrix A ebenfalls als lineare Abbildung in $\mathbb{K}^n$ aufgefasst, wobei hier „Punkt im $\mathbb{K}^n$“ und zugehöriger „kartesischer Koordinatenvektor“

identifiziert werden. Die Abbildung $\mathcal{B}$ hat die Eigenschaften einer (positiven) Quadratwurzel von A. Aus der Darstellung (2.2.18) gewinnt man auch eine Matrixdarstellung $B = (b_{jk})_{j,k=1}^n$ der Abbildung $\mathcal{B}$, indem man mit den kartesischen Basisvektoren $e^{(j)}$, $j = 1,\dots,n$, bildet:

$$b_{jk} := (\mathcal{B}e^{(j)}, e^{(k)})_2 = \sum_{i=1}^n \lambda_i^{1/2}(e^{(j)}, z^{(i)})_2(z^{(i)}, e^{(k)})_2, \quad j,k = 1,\dots,n.$$

Dass diese Matrix B tatsächlich dieselbe Wirkung auf einen kartesischen Vektor $x = (x_1,\dots,x_n)$ hat wie die Abbildung $\mathcal{B} : \mathbb{R}^n \to \mathbb{R}^n$, sieht man wie folgt:

$$\begin{aligned}(Bx)_j &= \sum_{k=1}^n b_{jk}x_k = \sum_{k=1}^n \sum_{i=1}^n \lambda_i^{1/2}(e^{(j)}, z^{(i)})_2(z^{(i)}, e^{(k)})_2 x_k \\ &= \sum_{k=1}^n \sum_{i=1}^n \lambda_i^{1/2} z_j^{(i)} z_k^{(i)} x_k = \sum_{i=1}^n \lambda_i^{1/2}(x, z^{(i)})_2 z_j^{(i)}.\end{aligned}$$

Es gibt noch weitere Matrizen $\tilde{B} \in \mathbb{R}^{n\times n}$ mit der Eigenschaft $\tilde{B}^2 = A$, z. B. die Matrix $\tilde{B} := -A^{1/2}$. Die „positive Wurzel“ $B = A^{1/2}$ ist aber die einzige symmetrische und positiv definite. Für eine zweite „positive Wurzel“ $\tilde{B}$ gilt $\tilde{B}A = \tilde{B}^3 = A\tilde{B}$, d. h. sie kommutiert mit A. Nach Lemma 2.8 (s. weiter unten) besitzen folglich $\tilde{B}$ und A eine gemeinsame Orthonormalbasis $\{z^{(i)}, i = 1,\dots,n\}$ von Eigenvektoren. Die Eigenwerte von $\tilde{B}$ sind dann gerade $\lambda_i^{1/2} > 0$. Damit gilt für alle $x \in \mathbb{R}^n$:

$$\tilde{B}x = \sum_{i=1}^n \lambda_i^{1/2}(x, z^{(i)})_2 z^{(i)} = A^{1/2}x,$$

d. h. $\tilde{B}$ und $A^{1/2}$ stimmen überein.

Bemerkung 2.9: Für große Matrizen ist die Darstellung (2.2.18) kaum zur praktischen Berechnung der Quadratwurzel $B =: A^{1/2}$ geeignet, da man dazu alle Eigenwerte von A kennen müsste. Stattdessen kann man sich der Fixpunktiteration

$$X^k := \tfrac{1}{2}\big(X^{(k-1)} + (X^{(k-1)})^{-1}A\big), \quad k \in \mathbb{N},$$

mit einem geeigneten Startwert, z. B.: $X^{(0)} = A$, bedienen, welche beliebig gute Approximationen zu $A^{1/2}$ liefert (Übungsaufgabe). Deren Durchführung erfordert „nur“ Matrixinvertierungen.

Analytische Funktionen

Ein allgemeinerer, mehr analytischer Weg zur Definition von Matrixfunktionen bedient sich der Taylor-Entwicklung. Die Potenzreihe

$$s_\infty(x) = \sum_{k=0}^\infty a_k x^k, \quad x \in \mathbb{R},$$

habe den Konvergenzradius $\rho > 0$. Im Falle $x := \|A\|_2 < \rho$ folgt aus der Abschätzung

$$\Big\| \sum_{k=r}^{m} a_k A^k \Big\|_2 \le \sum_{k=r}^{m} |a_k| \, \|A\|_2^k \le \sum_{k=r}^{m} |a_k| x^k,$$

dass die Folge der Partialsummen $s_m(A) := \sum_{k=0}^{m} a_k A^k$ eine Cauchy-Folge in $\mathbb{K}^{n\times n}$ ist. Ihr Limes wird geschrieben als

$$s_\infty(A) := \lim_{m\to\infty} s_m(A) = \sum_{k=0}^{\infty} a_k A^k.$$

In diesem Sinne definieren wir nun die Matrixfunktionen e^A, $\cos(A)$ und $\sin(A)$ durch formales Einsetzen der Matrix A in die Taylor-Reihe der entsprechenden Funktion:

$$e^A := \sum_{k=0}^{\infty} \frac{1}{k!} A^k, \quad \cos(A) := \sum_{k=0}^{\infty} (-1)^k \frac{1}{(2k)!} A^{2k}, \quad \sin(A) := \sum_{k=0}^{\infty} (-1)^k \frac{1}{(2k+1)!} A^{2k+1}.$$

Die Konvergenz der Partialsummenfolgen in $\mathbb{K}^{n\times n}$ ergibt sich dabei nach obiger Argumentation aus der absoluten Konvergenz der jeweiligen Taylor-Reihen mit Konvergenzradius $\rho = \infty$.

Bemerkung 2.10: Für die skalare Exponentialfunktion e^x gilt

$$e^{x+y} = e^x e^y.$$

Beim Beweis dieser Beziehung über die Multiplikationsregel für Potenzreihen wird die Kommutativität der Multiplikation in $\mathbb{K}$ verwendet, d. h.: $xy = yx$. Für die Multiplikation von Matrizen gilt i. Allg. $AB \neq BA$, so dass in diesem Fall auch die obige Funktionalgleichung i. Allg. nicht gilt:

$$e^{A+B} \neq e^A e^B.$$

Wir illustrieren dies durch ein Beispiel:

$$A = \begin{bmatrix} 1 & 0 \\ 0 & 0 \end{bmatrix}, \quad B = \begin{bmatrix} 0 & 1 \\ 0 & 0 \end{bmatrix}, \quad AB = \begin{bmatrix} 0 & 1 \\ 0 & 0 \end{bmatrix} \neq \begin{bmatrix} 0 & 0 \\ 0 & 0 \end{bmatrix} = BA.$$

$$e^A e^B = \Big(\sum_{k=0}^{\infty} \frac{1}{k!} A^k\Big)\Big(\sum_{k=0}^{\infty} \frac{1}{k!} B^k\Big) = \begin{bmatrix} e & e \\ 0 & 1 \end{bmatrix} \neq \begin{bmatrix} e & e-1 \\ 0 & 1 \end{bmatrix} = \sum_{k=0}^{\infty} \frac{1}{k!} (A+B)^k = e^{A+B}.$$

Es gilt aber stets $e^{A+A} = e^A e^A$ und allgemeiner $e^{A+B} = e^A e^B$, wenn $AB = BA$ (Übungsaufgabe).

Lemma 2.8: *Zwei hermitesche Matrizen $A, B \in \mathbb{K}^{n\times n}$ kommutieren, d. h. erfüllen $AB = BA$, genau dann, wenn sie eine gemeinsame Orthonormalbasis von Eigenvektoren besitzen.*

Beweis: i) Sei $\{z^{(i)},\, i=1,\dots,n\}$ ein gemeinsames Orthonormalsystem von Eigenvektoren von A und B mit zugehörigen Eigenwerten λ_i bzw. μ_i. Dann gilt für jedes $x\in\mathbb{K}^n$:

$$ABx=\sum_{i=1}^n (x,z^{(i)})_2 ABz^{(i)}=\sum_{i=1}^n \lambda_i\mu_i(x,z^{(i)})_2 z^{(i)}=\sum_{i=1}^n (x,z^{(i)})_2 BAz^{(i)}=BAx,$$

d. h.: Es ist $AB=BA$.

ii) Sei nun umgekehrt $AB=BA$. Dann gilt mit den Eigenwerten λ_i und einem zugehörigen Orthonormalsystem $\{z^{(i)},\, i=1,\dots,n\}$ von Eigenvektoren von A:

$$ABz^{(i)}=BAz^{(i)}=\lambda_i Bz^{(i)},$$

d. h. $Bz^{(i)}$ ist Eigenvektor von A zum Eigenwert λ_i. Folglich lässt B den zu λ_i gehörenden Eigenraum $E_A(\lambda_i)$ invariant: $BE_A(\lambda_i)\subset E_A(\lambda_i)$. Seien $\mu_{i,j},\ j=1,\dots,m_i$, die Eigenwerte von $B|_{E_A(\lambda_i)}$ und $\{z^{(i,j)},\, j=1,\dots,m_i\}$, ein zugehöriges Orthonormalsystem in $E_A(\lambda_i)$ von Eigenvektoren. Dann sind konstruktionsgemäß alle diese Eigenvektoren $z^{(i,j)}\in E_A(\lambda_i)$ von B auch Eigenvektoren von A. Die Vereinigung $\cup_i\{z^{(i,j)},\, j=1,\dots,m_i\}$ ist dann ein gemeinsames Orthonormalsystem von Eigenvektoren von B und A. Q.E.D.

Anwendung 2.2.3: Wir stellen uns die Aufgabe, für eine Matrix $A\in\mathbb{K}^{n\times n}$ mit Norm $\rho:=\|A\|_2<1$ die Inverse $(I-A)^{-1}$ näherungsweise zu berechnen. Nach Lemma 1.16 ist die Matrix $I-A$ regulär. Wir betrachten die Potenzreihenentwicklung

$$\frac{1}{1-x}=\sum_{k=0}^\infty x^k,$$

welche für alle $x\in\mathbb{R}$ mit $|x|<1$ absolut konvergiert. Dann gilt auch

$$(I-A)^{-1}=s_\infty(A):=\sum_{k=0}^\infty A^k,$$

wobei die Reihe rechts im oben definierten Sinne in $\mathbb{K}^{n\times n}$ konvergiert. Diese wird „Neumannsche[2] Reihe“ genannt. Zur Approximation von $(I-A)^{-1}$ haben wir also Partialsummen $s_n(A)$ dieser Reihe auszuwerten, was lediglich Matrixmultiplikationen und Additionen erfordert. Die Frage ist nun, wie groß muß n gewählt werden, um eine vorgegebene

[2]John von Neumann (1903–1957): US-amerikanischer Mathematiker ungarischer Abstammung; wirkte hauptsächlich am Institute for Advanced Studies in Princeton (zus. mit A. Einstein u. a.) und gilt als mathematisches Genie; lieferte fundamentale Beiträge zu den mathematischen Grundlagen der Quantenmechanik, zur Operatortheorie, zur Spieltheorie, zur Gruppentheorie und zur Theorie der partiellen Differentialgleichungen; Pionier der Automatentheorie und „Theoretischen Informatik“.

Genauigkeit ε zu erreichen. Dazu betrachten wir den Fehler:

$$\Big\|(I-A)^{-1}-\sum_{k=0}^{m}A^k\Big\|_2=\Big\|\sum_{k=m+1}^{\infty}A^k\Big\|_2=\lim_{r\to\infty}\Big\|\sum_{k=m+1}^{r}A^k\Big\|_2$$
$$\le\lim_{r\to\infty}\sum_{k=n+1}^{r}\|A\|_2^k=\sum_{k=n+1}^{\infty}\|A\|_2^k$$
$$=\|A\|_2^{n+1}\sum_{k=0}^{\infty}\|A\|_2^k=\frac{\rho^{n+1}}{1-\rho}.$$

Also ist der Fehler in der gewählten Norm im Falle

$$n\ge\frac{\ln(\varepsilon(1-\rho))}{\ln(\rho)}-1$$

höchstens gleich ε.

2.3 Übungen

Übung 2.1: Für welche $x\in\mathbb{R}^n$ sind die folgenden Funktionen definiert und stetig:

$$a)\quad f(x):=\ln\ln(\|x\|_2),\qquad b)\quad f(x):=\begin{cases}\|x\|_2, & \|x\|_2\le 1\\ 1, & \|x\|_2>1\end{cases}.$$

Übung 2.2: Der Produktraum $\mathbb{K}^n\times\mathbb{K}^n$ sei mit der natürlichen Norm $\|\{x,y\}\|_2:=\big(\|x\|_2^2+\|y\|_2^2\big)^{1/2}$ versehen. Man zeige, dass jedes Skalarprodukt $(\cdot,\cdot)$ auf $\mathbb{K}^n$ eine stetige Funktion

$$f(x,y):=(x,y)$$

auf $\mathbb{K}^n\times\mathbb{K}^n$ ist. Ist diese Funktion auch Lipschitz-stetig?

Übung 2.3: Man untersuche, ob die folgenden Mengen im normierten Raum $(\mathbb{R}^2,\|\cdot\|_2)$ zusammenhängend sind:

$$a)\quad M:=\partial\{K_1(0)\setminus\{0\}\},\qquad b)\quad M:=\overline{K_1(0)\cap K_1(2)},$$

$$c)\quad M:=\cup_{a\in\mathbb{R}^2,a_i\in\mathbb{Z}}\overline{K_{1/2}(a)},\qquad d)\quad M:=\big\{x\in\mathbb{R}^2\,|\,x_1\in\mathbb{R}_+,x_2=\sin(1/x_1)\big\}\cup\{0\}.$$

Übung 2.4: Für eine nichtleere Teilmenge $M\subset\mathbb{R}^n$ sei die „Abstandsfunktion" $d_M:\mathbb{R}^n\to\mathbb{R}$ definiert durch

$$d_M(x)=\operatorname{dist}(x,M):=\inf_{y\in M}\|x-y\|.$$

a) Man zeige, dass $d_M(\cdot)$ Lipschitz-stetig ist. Wie groß ist die Lipschitz-Konstante?

b) Sei $M \subset \mathbb{R}^n$ ein Untervektorraum und $d_M(\cdot)$ der euklidische Abstand. Man zeige, dass zu jedem $x \in \mathbb{R}^n$ eine eindeutig bestimmte sog. „Bestapproximation“ $x_M \in M$ existiert mit den Eigenschaften

$$d_M(x) = \|x - x_M\|_2, \qquad (x - x_M, y)_2 = 0 \quad \forall y \in M.$$

Übung 2.5: Seien $K_1, K_2 \subset \mathbb{K}^n$ (nichtleere) kompakte Mengen. Man beweise:

a) Die Menge $K_1 \times K_2$ ist kompakt im Produktraum $\mathbb{K}^n \times \mathbb{K}^n$ und die Funktion $f(x,y) := \|x - y\|$ ist stetig auf $K_1 \times K_2$.

b) Es gibt Punkte $a \in K_1$ und $b \in K_2$ mit

$$\|a - b\| = \inf_{x \in K_1, y \in K_2} \|x - y\|,$$

d. h.: $\|a - b\|$ ist der „Abstand“ der Mengen K_1 und K_2.

c) Im Fall $K_1 \cap K_2 = \emptyset$ ist $\inf_{x \in K_1, y \in K_2} \|x - y\| > 0$. Insbesondere für eine einpunktige Menge $K_1 = \{a\} \not\subset K_2$ ist dann $b \in K_2$ eine sog. „Projektion“ des Punktes a auf die Menge K_2. Man mache sich durch eine geometrische Überlegung klar, dass diese Projektion i. Allg. nicht eindeutig bestimmt ist.

d) Zusatzaufgabe für Anspruchsvolle: Welche Zusatzbedingung an die Menge $K_2 \subset \mathbb{K}^n$ würde die Eindeutigkeit der in c) definierten „Projektion“ von $a \notin K_2$ auf K_2 garantieren?

Übung 2.6: a) Sei $(V, \|\cdot\|)$ ein allgemeiner Banach-Raum, d. h. ein *vollständiger* normierter Raum. Man formuliere in diesem Kontext den Banachschen Fixpunktsatz für eine Lipschitz-stetige Abbildung $g : D \subset V \to V$ und die Fehlerabschätzung für die zugehörige Fixpunktiteration. Gilt der Banachsche Fixpunktsatz auch im normierten Funktionenraum $(C[a,b], \|\cdot\|_2)$ mit der L^2-Norm $\|\cdot\|_2$?

b) Ist die durch

$$g(x) := Ax + b, \qquad A := \begin{pmatrix} 2/3 & 1/3 \\ 1/3 & -2/3 \end{pmatrix}, \quad b = \begin{pmatrix} 1 \\ 1 \end{pmatrix},$$

definierte lineare Abbildung eine Kontraktion auf $\mathbb{R}^2$? (Hinweis: Man bestimme die zugehörigen Lipschitz-Konstanten bzgl. geeignet erscheinender Matrixnormen; z. B.: Maximumnorm, l_1-Norm, Spektralnorm, ...)

c) Zusatzaufgabe für Anspruchsvolle: Man gebe eine Version des Banachschen Fixpunktsatzes in einem allgemeinen metrischen Raum $(X, d(\cdot,\cdot))$ an und übertrage den Beweis für den $\mathbb{K}^n$ aus dem Text auf diese Situation.

Übung 2.7: Man beweise die folgende Verallgemeinerung des Banachschen Fixpunktsatzes: Für eine Lipschitz-stetige Selbstabbildung g einer abgeschlossenen Menge $M \subset \mathbb{K}^n$

seien mit L_k die Lipschitz-Konstanten der iterierten Abbildungen g^k bezeichnet. Unter der Bedingung

$$(*) \qquad \sum_{k=1}^{\infty} L_k < \infty$$

besitzt dann g in M genau einen Fixpunkt. Dieser wird als Limes der folgenden sukzessiven Iteration erhalten:

$$x^{(k)} = g(x^{(k-1)}), \quad k \in \mathbb{N}, \quad x^{(0)} \in M.$$

(Die Bedingung $(*)$ ist automatisch erfüllt, wenn g eine Kontraktion ist.)

Übung 2.8: Man zeige, dass jedes Polynom ungeraden Grades auf dem $\mathbb{R}^n$ mindestens eine reelle Nullstelle besitzt.

Übung 2.9: Die Oberfläche der Erdkugel sei als Kugelsphäre $\partial K_R(0) := \{x \in \mathbb{R}^3 : \|x\|_2 = R\}$ angenommen und die (momentane) Oberflächentemperatur $T(x)$ als stetige Funktion

$$T : \partial K_R(0) \to \mathbb{R}.$$

a) Man zeige mit Hilfe des Zwischenwertsatzes, dass es dann zwei „gegenüberliegende“ Punkte $x, -x \in \partial K_R(0)$ gibt mit der Eigenschaft

$$T(x) = T(-x).$$

(Hinweis: Man betrachte auf $\partial K_R(0)$ die Funktion $f(x) := T(x) - T(-x)$.)

b) Zusatzaufgabe für Anspruchsvolle: Wie muss die Aussage von Teil a) modifiziert werden, wenn zur Definition der Kugelsphäre eine andere Norm verwendet wird, z. B. eine gewichtete l_2-Norm, etwa um der tatsächlichen, leicht abgeplatteten Gestalt der Erde gerecht zu werden? Man skizziere die zugehörige Argumentation.

Übung 2.10: Sei $A \in \mathbb{K}^{n\times n}$ eine hermitesche Matrix mit Eigenwerten $\lambda_k \in \mathbb{R}$, ihrer Vielheit entsprechend oft gezählt. Man zeige für rationale Funktionen $r(x) = p(x)/q(x)$ die Abschätzung:

$$\|r(A)\|_2 \le \max_{k=1,\dots,n} |r(\lambda_k)|,$$

vorausgesetzt $q(\lambda_i) \neq 0,\ i = 1,\dots,n$. (Hinweis: Die hermitesche Matrix A besitzt eine Orthonormalbasis von Eigenvektoren.)

Übung 2.11: Sei $A \in \mathbb{K}^{n\times n}$ hermitesch und positiv-definit. Man zeige, dass für die Startmatrix $X^{(0)} = A$ die Folge der Marizen

$$X^{(k)} := \tfrac{1}{2}\big(X^{(k-1)} + (X^{(k-1)})^{-1}A\big), \quad k \in \mathbb{N},$$

gegen die Quadratwurzel $A^{1/2}$ konvergiert.
(Hinweis: Ein analoge Iteration ist zur Berechnung der Quadratwurzel einer Zahl $a \in \mathbb{R}_+$ verwendet worden. Man versuche diesen Beweis für Matrizen zu übertragen. Dazu zeige man, dass alle Iterierten $X^{(k)}$ ein gemeinsames Orthonormalsystem von Eigenvektoren mit A besitzen und folglich kommutieren.)

Übung 2.12: Sei $A \in \mathbb{R}^{n\times n}$ eine reelle symmetrische Matrix.

a) Wie sind dann die Matrizen $e^{iA}, \sin(A), \cos(A)$ definiert? Man gebe Darstellungen mit Hilfe der Eigenwerte und Eigenvektoren von A an.

b) Man zeige für diese Situation die Eulersche Identität

$$e^{iA} = \cos(A) + i\sin(A).$$

c) Bezüglicher welcher Matrixnorm $\|\cdot\|$ auf $\mathbb{R}^2$ gilt dann wie zu erwarten

$$\|\sin(A)\| \le 1, \qquad \|\cos(A)\| \le 1\,?$$

(Hinweis: Man beachte, dass symmetrische Matrizen eine Orthonormalbasis von Eigenvektoren besitzen.)

3 Differenzierbare Funktionen

In diesem Kapitel entwickeln wir die Differentialrechnung für Funktionen und Abbildungen in mehreren Variablen. Da sich alle im Folgenden betrachteten Beispiele und Anwendungen auf reellwertige Funktionen beziehen, beschränken wir uns auf diesen Fall, d. h. auf $\mathbb{K} = \mathbb{R}$.

3.1 Partielle und totale Ableitung

Definition 3.1 (Partielle Ableitung): *i) Sei $D \subset \mathbb{R}^n$ eine offene Menge. Eine Funktion $f : D \to \mathbb{R}$ heißt in einem Punkt $x \in D$ „partiell differenzierbar" bzgl. der i-ten Koordinatenrichtung ($e^{(i)}$ der entsprechende kartesische Richtungsvektor), falls der Limes*

$$\lim_{h \to 0} \frac{f(x + he^{(i)}) - f(x)}{h} =: \frac{\partial f}{\partial x_i}(x) =: \partial_i f(x)$$

existiert; dieser heißt die „partielle Ableitung bzgl. x_i" von f in x.

ii) Existieren in allen Punkten $x \in D$ alle partiellen Ableitungen so heißt f „partiell differenzierbar". Sind alle partiellen Ableitungen stetige Funktionen auf D, so heißt f „stetig partiell differenzierbar".

iii) Eine vektorwertige Funktion $f = (f_1, \dots, f_m) : D \to \mathbb{R}^m$ heißt „(stetig) partiell differenzierbar", wenn alle ihre Komponenten f_i (stetig) partiell differenzierbar sind.

Die partielle Ableitung kann als gewöhnliche Ableitung interpretiert werden. Bei der Funktion $f(x) = f(x_1, \dots, x_n)$ seien alle bis auf das i-te Argument festgehalten und die Funktion $\tilde{f}(\xi) := f(x_1, \dots, x_{i-1}, \xi, x_{i+1}, \dots, x_n)$ als Funktion von ξ allein betrachtet. Die *partielle* Ableitung von f bzgl. x_i ist dann gerade die gewöhnliche Ableitung von $\tilde{f}$:

$$\frac{\partial f}{\partial x_i}(x) = \frac{d\tilde{f}}{d\xi}(\xi).$$

Deshalb gelten für die partielle Ableitung analoge Regeln wie für die gewöhnliche Ableitung, insbesondere die Produkt- und Quotientenregel:

$$\partial_i(fg) = g\partial_i f + f\partial_i g, \qquad \partial_i\Big(\frac{f}{g}\Big) = \frac{g\partial_i f - f\partial_i g}{g^2}. \tag{3.1.1}$$

Für eine partiell differenzierbare Funktion $f : D \subset \mathbb{R}^n \to \mathbb{R}$ und eine differenzierbare Funktion $F : I \to \mathbb{R}$ mit $f(D) \subset I$ gilt die einfache Kettenregel

$$\partial_i F(f(x)) = F'(f(x))\partial_i f(x), \quad x \in D. \tag{3.1.2}$$

Eine weitere Verallgemeinerung der Kettenregel werden wir später kennenlernen.

Beispiel 3.1: Wir betrachten einige elementare Beispiele:

i) Das quadratische Polynom

$$p(x) := a_{20}x_1^2 + 2a_{11}x_1x_2 + a_{02}x_2^2 + a_{10}x_1 + a_{01}x_2 + a_{00}$$

ist auf ganz $\mathbb{R}^n$ stetig partiell differenzierbar und hat die partiellen Ableitungen

$$\partial_1 p(x) = 2a_{20}x_1 + 2a_{11}x_2 + a_{10}, \qquad \partial_2 p(x) = 2a_{11}x_1 + 2a_{02}x_2 + a_{01}.$$

ii) Die Abstandsfunktion

$$r(x) := \|x\|_2 = (x_1^2 + \cdots + x_n^2)^{1/2}$$

ist in $D = \mathbb{R}^n \setminus \{0\}$ stetig partiell differenzierbar mit den partiellen Ableitungen (Anwendung der gewöhnlichen Kettenregel):

$$\partial_i r(\dots, x_i, \dots) = \frac{1}{2} \frac{2x_i}{(\cdots + x_i^2 + \dots)^{1/2}} = \frac{x_i}{r(x)}.$$

iii) Sei $F : \mathbb{R}_+ \to \mathbb{R}$ eine beliebige, differenzierbare Funktion. Dann ist die zusammengesetzte Funktion $f(x) := F(r(x))$ auf ganz $D = \mathbb{R}^n \setminus \{0\}$ definiert und dort partiell differenzierbar. Ihre partielle Ableitungen erhält man mit der Kettenregel als

$$\partial_i f(x) = F'(r(x)) \frac{x_i}{r(x)}, \qquad i = 1, \dots, n.$$

Z. B. hat die Funktion $f(x) = \ln(r(x))$ die partiellen Ableitungen

$$\partial_i f(x) = \frac{x_i}{r(x)^2}, \qquad i = 1, \dots, n.$$

iv) Wir betrachten die folgende auf $\mathbb{R}^2$ definierte Funktion:

$$f(x) := \frac{x_1 x_2}{r(x)^4}, \quad x \neq 0, \qquad f(0) := 0.$$

Diese ist partiell differenzierbar. Für $x \neq 0$ erhalten wir ihre partiellen Ableitungen wieder mit Hilfe der Produkt- und Kettenregel als

$$\begin{aligned} \partial_1 f(x) &= \partial_1(x_1x_2) r(x)^{-4} + x_1x_2 \partial_i \big(r(x)^{-4}\big) \\ &= x_2\, r(x)^{-4} + x_1x_2(-4) r(x)^{-5} x_1 r^{-1} = x_2 r(x)^{-4} - 4x_1^2 x_2 r(x)^{-6} \end{aligned}$$

und analog für $i = 2$. Im Punkt $x = 0$ ist wegen $f(he^{(i)}) = f(0) = 0$:

$$\lim_{h \to 0} \frac{f(he^{(i)}) - f(0)}{h} = 0, \quad i = 1, 2.$$

Die Funktion f ist aber in $x = 0$ nicht stetig, denn für die Punkte $x_\varepsilon := (\varepsilon, \varepsilon)$ gilt $\|x_\varepsilon\| \to 0$ $(\varepsilon \to 0)$ aber wegen $r(x_\varepsilon) = \sqrt{2}\varepsilon$:

$$f(x_\varepsilon) = \frac{\varepsilon^2}{4\varepsilon^4} \to \infty \quad (\varepsilon \to 0).$$

Wir sehen, dass für Funktionen in mehreren Variablen, im Gegensatz zum Fall $n = 1$, die partielle Differenzierbarkeit (im obigen Sinne) nicht notwendig die Stetigkeit erfordert. In diesem Beispiel sind aber die partiellen Ableitungen nicht gleichmäßig beschränkt.

Satz 3.1: *Sei* $D \subset \mathbb{R}^n$ *offen. Die Funktion* $f : D \to \mathbb{R}$ *habe in einer Kugelumgebung* $K_r(x) \subset D$ *eines Punktes* $x \in D$ *beschränkte partielle Ableitungen (oder* f *sei überhaupt in* $K_r(x)$ *stetig partiell differenzierbar):*

$$\sup_{x \in K_r(x)} |\partial_i f(x)| \le M, \quad i = 1, \dots, n.$$

Dann ist f *stetig im Punkt* x *.*

Beweis: Wir geben den Beweis nur für den Fall $n = 2$. Seine Übertragbarkeit auf den allgemeinen Fall $n \in \mathbb{N}$ ist offensichtlich. Zunächst gilt für $y = (y_1, y_2) \in K_r(x)$:

$$f(y_1, y_2) - f(x_1, x_2) = f(y_1, y_2) - f(x_1, y_2) + f(x_1, y_2) - f(x_1, x_2).$$

Nach dem Mittelwertsatz der Differentialrechnung existieren Zwischenstellen $\xi = \xi(y_2)$, $\eta = \eta(x_1)$ zwischen x_1 und y_1 bzw. x_2 und y_2, so dass

$$f(y_1, y_2) - f(x_1, x_2) = \partial_1 f(\xi, y_2)(y_1 - x_1) + \partial_2 f(x_1, \eta)(y_2 - x_2).$$

Wegen der Beschränktheit der partiellen Ableitungen in $K_r(x)$ folgt

$$|f(y_1, y_2) - f(x_1, x_2)| \le M\big(|y_1 - x_1| + |y_2 - x_2|\big).$$

Für beliebiges $\varepsilon \in (0, r]$ gilt also $|f(y) - f(x)| < \varepsilon$ für $\|y - x\|_1 < \delta := \varepsilon / M$, d.h.: f ist stetig in x (genauer sogar Lipschitz-stetig). Q.E.D.

Sind für eine partiell differenzierbare Funktion $f : D \subset \mathbb{R}^n \to \mathbb{R}$ die partiellen Ableitungen $\partial_i f : D \to \mathbb{R}$ wieder partiell differenzierbar, so heißt f „zweimal partiell differenzierbar“ mit den partiellen Ableitungen zweiter Ordnung

$$\partial_i \partial_j f(x) := \frac{\partial^2 f}{\partial x_i \partial x_j}(x) := \frac{\partial}{\partial x_i}\Big(\frac{\partial f}{\partial x_j}(x)\Big).$$

Allgemein kann man partielle Ableitungen k-ter Ordnung bilden, welche mit

$$\partial_{i_1} \dots \partial_{i_k} f(x) = \frac{\partial}{\partial x_{i_1}} \cdots \frac{\partial}{\partial x_{i_k}} f(x)$$

bezeichnet werden. Eine Funktion heißt dann „k-mal stetig partiell differenzierbar“, wenn alle partiellen Ableitungen k-ter Ordnung von f existieren und stetig sind.

Beispiel 3.2: Die durch

$$f(x_1, x_2) := \frac{x_1^3 x_2 - x_1 x_2^3}{x_1^2 + x_2^2}, \qquad (x_1, x_2) \neq (0,0), \qquad f(0,0) := 0,$$

definierte Funktion $f : \mathbb{R}^2 \to \mathbb{R}$ zeigt, dass i. Allg. die Reihenfolge der partiellen Ableitungen nicht vertauschbar ist. In der Tat ist f überall zweimal partiell differenzierbar, es ist aber (Übungsaufgabe)

$$\partial_1 \partial_2 f(0,0) \neq \partial_2 \partial_1 f(0,0).$$

In $(x_1, x_2) = (0,0)$ sind die zweiten partiellen Ableitungen aber nicht stetig.

Satz 3.2 (Vertauschbarkeit der Differentiationsreihenfolge): *Sei $D \subset \mathbb{R}^n$ offen. Die Funktion $f : D \to \mathbb{R}$ sei in einer Umgebung $K_r(x) \subset D$ eines Punktes $x \in D$ zweimal stetig partiell differenzierbar. Dann gilt:*

$$\partial_i \partial_j f(x) = \partial_j \partial_i f(x), \quad i, j = 1, \dots, n. \tag{3.1.3}$$

Allgemein ist für eine k-mal stetig partiell differenzierbare Funktion die Reihenfolge der partiellen Ableitungen vertauschbar.

Beweis: i) Wir führen den Beweis wieder nur für den Fall $n = 2$. Sei

$$A := f(x_1 + h_1, x_2 + h_2) - f(x_1 + h_1, x_2) - f(x_1, x_2 + h_2) + f(x_1, x_2)$$

und $\varphi(x_1) := f(x_1, x_2 + h_2) - f(x_1, x_2)$. Dann ist

$$A = \varphi(x_1 + h_1) - \varphi(x_1).$$

Mit dem Mittelwertsatz bzgl. x_1 erhalten wir

$$A = h_1 \varphi'(x_1 + \theta_1 h_1), \quad \theta_1 \in (0, h_1).$$

Wegen $\varphi'(x_1) = \partial_1 f(x_1, x_2 + h_2) - \partial_1 f(x_1, x_2)$ folgt wieder mit dem Mittelwertsatz diesmal bzgl. x_2:

$$\varphi'(x_1) = h_2 \, \partial_2 \partial_1 f(x_1, x_2 + \theta_1' h_2), \quad \theta_1' \in (0, h_2).$$

Dies impliziert dann

$$\varphi'(x_1 + \theta_1 h_1) = h_2 \, \partial_2 \partial_1 f(x_1 + \theta_1 h_1, x_2 + \theta_1' h_2)$$

und somit

$$A = h_1 h_2 \, \partial_2 \partial_1 f(x_1 + \theta_1 h_1, x_2 + \theta_1' h_2).$$

Wir verfahren analog mit x_2 und erhalten für $\psi(x_2) := f(x_1 + h_1, x_2) - f(x_1, x_2)$:

$$A = \psi(x_2 + h_2) - \psi(x_2) = h_2 \psi'(x_2 + \theta_2 h_2) = h_1 h_2 \, \partial_1 \partial_2 f(x_1 + \theta_2 h_1, x_2 + \theta_2' h_2).$$

Damit wird

$$\partial_2 \partial_1 f(x_1 + \theta_1 h_1, x_2 + \theta_1' h_2) = \frac{A}{h_1 h_2} = \partial_1 \partial_2 f(x_1 + \theta_2 h_1, x_2 + \theta_2' h_2).$$

Wegen der Stetigkeit von $\partial_1 \partial_2 f$ und $\partial_2 \partial_1 f$ in $K_r(x)$ gilt für $h_1, h_2 \to 0$:

$$\partial_2 \partial_1 f(x_1, x_2) = \partial_1 \partial_2 f(x_1, x_2).$$

ii) Sei nun f k-mal stetig partiell differenzierbar. Die Identität

$$\partial_1 \dots \partial_k f(x) = \partial_{i_1} \dots \partial_{i_k} f(x)$$

für jede Permutation $(i_1, \dots, i_k)$ von $(1, \dots, k)$ folgt mit Hilfe von (i) durch Induktion nach k.
Q.E.D.

3.1.1 Begriffe der Vektoranalysis

Definition 3.2 (Gradient): *Sei $D \subset \mathbb{R}^n$ eine offene Menge und $f : D \to \mathbb{R}$ eine partiell differenzierbare Funktion. Der Vektor der ersten partiellen Ableitungen*

$$\mathrm{grad} f(x) := \big(\partial_1 f(x), \dots, \partial_n f(x)\big)^T \in \mathbb{R}^n$$

heißt der „Gradient" von f im Punkt $x \in D$. Man schreibt auch $\mathrm{grad} f(x) = \nabla f(x)$ *mit dem sog. „Nabla-Operator" (vektorieller Differentialoperator erster Ordnung)*

$$\nabla = \big(\partial_1, \dots, \partial_n\big)^T.$$

Definition 3.3 (Hesse-Matrix): *Sei $D \subset \mathbb{R}^n$ eine offene Menge und $f : D \to \mathbb{R}$ eine zweimal partiell differenzierbare Funktion. Die Matrix der zweiten partiellen Ableitungen*

$$\mathrm{H}_f(x) := \big(\partial_i \partial_j f(x)\big)_{i,j=1}^n \in \mathbb{R}^{n \times n}$$

heißt die „Hesse[1]-Matrix" von f im Punkt $x \in D$. Man schreibt auch $\mathrm{H}_f(x) = \nabla^2 f(x)$.

Definition 3.4 (Jacobi-Matrix): *Sei $D \subset \mathbb{R}^n$ eine offene Menge und $f : D \to \mathbb{R}^m$ eine partiell differenzierbare Vektorfunktion. Die Matrix der ersten partiellen Ableitungen*

$$\mathrm{J}_f(x) := \big(\partial_j f_i(x)\big)_{i=1,j=1}^{m,n} \in \mathbb{R}^{m \times n}$$

heißt die „Funktionalmatrix" (oder auch die „Jacobi[2]-Matrix") von f im Punkt $x \in D$. Man schreibt auch $\mathrm{J}_f(x) = \nabla f(x) = f'(x)$. *Im Fall $m = n$ wird die Determinante* $\det J_f(x)$ *von* $\mathrm{J}_f(x)$ *auch „Funktionaldeterminante" oder „Jacobi-Determinante" genannt. Die Zeilen von* $\mathrm{J}_f(x)$ *werden also gerade durch die (transponierten) Gradienten der Funktionen $f_i(x)$ gebildet.*

Beispiel 3.3: Die Abstandsfunktion $r(x) = \|x\|_2$ hat den Gradienten

$$\nabla r(x) = \Big(\partial_i \Big(\sum_{j=1}^n x_j^2\Big)^{1/2}\Big)_{i=1}^n = \Big(\frac{x_i}{r(x)}\Big)_{i=1}^n$$

und die Hesse-Matrix

$$\nabla^2 f(x) = \Big(\partial_j \frac{x_i}{r(x)}\Big)_{i,j=1}^n = \Big(\frac{\delta_{ij}}{r(x)} - \frac{x_i x_j}{r(x)^3}\Big)_{i,j=1}^n = \Big(\frac{\delta_{ij} r(x)^2 - x_i x_j}{r(x)^3}\Big)_{i,j=1}^n.$$

---

[1] Ludwig Otto Hesse (1811–1874): Deutscher Mathematiker; wirkte in Königsberg, Heidelberg und München; Beiträge zur Theorie der algebraischen Funktionen und Invarianten

[2] Carl Gustav Jakob Jacobi (1804–1851): Deutscher Mathematiker; schon als Kind hochbegabt; wirkte in Königsberg und Berlin; Beiträge zu vielen Bereichen der Mathematik: zur Zahlentheorie, zu elliptischer Funktionen, zu partiellen Differentialgleichungen, zu Funktionaldeterminanten und zur theoretischen Mechanik.

Diese Hesse-Matrix ist gerade die Jacobi-Matrix der Vektorfunktion $v(x) = x/r(x)$:

$$\mathrm{J}_v(x) = \big(\partial_j v_i(x)\big)_{i,j=1}^n = \Big(\frac{\delta_{ij} r(x)^2 - x_i x_j}{r(x)^3}\Big)_{i,j=1}^n .$$

Allgemein hat die partiell differenzierbare Funktion $f(x) = F(r(x))$ den Gradienten

$$\nabla f(x) = F'(r(x))\frac{x}{r(x)}.$$

Als Folgerung aus der Produktregel für die partielle Differentiation folgt für den Gradienten die Produktregel

$$\nabla(fg) = g\nabla f + f\nabla g. \tag{3.1.4}$$

Im Folgenden verwenden wir für die sog. „innere" Multiplikation zweier Vektoren $v, w \in \mathbb{R}^n$ je nach Situation die Bezeichnungen:

$$v \cdot w := v^T w = \sum_{i=1}^n v_i w_i = (v, w)_2.$$

Definition 3.5 (Divergenz): *Sei* $D \subset \mathbb{R}^n$ *eine offene Menge und* $v : D \to \mathbb{R}^n$ *eine partiell differenzierbare Abbildung. Die skalare Funktion*

$$\operatorname{div} v(x) := \partial_1 v_1(x) + \cdots + \partial_n v_n(x).$$

heißt die „Divergenz" von v *im Punkt* $x \in D$. *Mit dem Nabla-Operator schreiben wir auch (im Sinne der sog. „inneren" Vektormultiplikation)*

$$\operatorname{div} v(x) = \nabla \cdot v(x).$$

Als Folgerung aus der Produktregel für die partielle Differentiation folgt für die Divergenz des Produkts einer skalaren Funktion $f : D \to \mathbb{R}$ mit einer Vektorfunktion $g : D \to \mathbb{R}^n$:

$$\nabla \cdot (fg) = \nabla f \cdot g + f\nabla \cdot g. \tag{3.1.5}$$

Beispiel 3.4: Wir betrachten die Vektorfunktion $v(x) = x/r(x)$ auf $\mathbb{R}^n \setminus \{0\}$. Wegen

$$\operatorname{div} x = \sum_{i=1}^n \partial_i x_i = n, \qquad x \cdot x = r(x)^2,$$

hat sie die Divergenz

$$\nabla \cdot v(x) = \frac{\operatorname{div} x}{r(x)} + x \cdot \nabla\Big(\frac{1}{r(x)}\Big) = \frac{n}{r(x)} - x \cdot \frac{x}{r(x)}\frac{1}{r(x)^2} = \frac{n-1}{r(x)}.$$

Definition 3.6 (Rotation): *Sei $D \subset \mathbb{R}^3$ eine offene Menge und $v : D \to \mathbb{R}^3$ eine partiell differenzierbare Abbildung. Die Vektorfunktion*

$$\operatorname{rot} v(x) := \big(\partial_2 v_3(x) - \partial_3 v_2(x), \partial_3 v_1(x) - \partial_1 v_3(x), \partial_1 v_2(x) - \partial_2 v_1(x)\big)$$

heißt die „Rotation" von v im Punkt $x \in D$. Mit dem Nabla-Operator schreiben wir auch (im Sinne der sog. „äußeren" Vektormultiplikation)

$$\operatorname{rot} v(x) = \nabla \times v(x).$$

Beispiel 3.5: Wir berechnen die Rotation einiger einfacher Funktionen:

i) Die Rotation der Identitätsfunktion $v(x) = x$ ist $\operatorname{rot} x = 0$.

ii) Die Rotation der Funktion $v(x) = x/r(x)$ auf $\mathbb{R}^3 \setminus \{0\}$ erhalten wir über

$$\partial_i \frac{x_j}{r(x)} = \frac{r(x)\delta_{ij} - x_j x_i r(x)^{-1}}{r(x)^2} = \frac{r(x)^2\delta_{ij} - x_j x_i}{r(x)^3}, \quad i,j = 1,2,3,$$

zu

$$\Big(\operatorname{rot}\frac{x}{r(x)}\Big)_1 = \frac{r(x)^2\delta_{23} - x_3x_2}{r(x)^3} - \frac{r(x)^2\delta_{32} - x_2x_3}{r(x)^3} = 0,$$

und analog für die anderen beiden Komponenten.

iii) Für eine zweimal stetig partiell differenzierbare Funktion $f : D \subset \mathbb{R}^3 \to \mathbb{R}^3$ ist nach Satz 3.2 die Reihenfolge der partiellen Ableitungen vertauschbar, d. h.: Es gilt z. B.:

$$\partial_3\partial_2 f(x) - \partial_2\partial_3 f(x) = 0.$$

Dies impliziert

$$\operatorname{rot}\operatorname{grad} f(x) = \big(\partial_2\partial_3 f(x) - \partial_3\partial_2 f(x), \partial_3\partial_1 f(x) - \partial_1\partial_3 f(x), \partial_1\partial_2 f(x) - \partial_2\partial_1 f(x)\big) = 0.$$

Also ist die Rotation eines Gradienten Null. Dies bedeutet, dass eine Vektorfunktion v nur dann der Gradient einer skalaren Funktion sein kann, wenn ihre Rotation verschwindet.

Für eine zweimal stetig partiell differenzierbare Funktion $u : D \subset \mathbb{R}^n \to \mathbb{R}$ ist

$$\operatorname{div}\operatorname{grad} u(x) = \sum_{i=1}^n \partial_i^2 u(x) =: \Delta u(x),$$

mit dem sog. „Laplace-Operator" $\Delta := \operatorname{div}\operatorname{grad}$. Der Laplace-Operator spielt eine wichtige Rolle in den Differentialgleichungen der mathematischen Physik. Die partielle Differentialgleichung

$$\Delta u = 0 \tag{3.1.6}$$

heißt „Laplace-Gleichung" oder „Potentialgleichung" ; ihre Lösungen heißen „harmonische Funktionen". Ihr „inhomogenes" Gegenstück

$$\Delta u = f$$

mit einer gegebenen rechten Seite f wird „(inhomogene) Laplace-Gleichung“ oder „Poisson[3]-Gleichung“ genannt. Differentialgleichungen dieser Art werden im dritten Teil dieser Buchserie genauer besprochen.

Wir wollen eine „typische“ Klasse von Lösungen der Laplace-Gleichung in der Form $F(r(x))$ auf $\mathbb{R}^n \setminus \{0\}$ angeben. Es gilt

$$\operatorname{grad} F(r(x)) = F'(r(x))\frac{x}{r}, \qquad \Delta F(r(x)) = \operatorname{div}\big(\operatorname{grad} F(r(x))\big)$$

und folglich

$$\begin{aligned}\Delta F(r(x)) &= \operatorname{div}\Big(F'(r(x))\frac{x}{r}\Big) = \sum_{i=1}^{n}\Big\{F''(r(x))\frac{x_i}{r(x)}\frac{x_i}{r(x)} + F'(r(x))\partial_i\Big(\frac{x_i}{r}\Big)\Big\}\\ &= F''(r(x)) + \sum_{i=1}^{n} F'(r(x))\Big(\frac{1}{r(x)} - \frac{x_i^2}{r(x)^3}\Big)\\ &= F''(r(x)) + \frac{n-1}{r(x)}F'(r(x)).\end{aligned}$$

Dies impliziert in zwei Dimensionen auf $\mathbb{R}^2 \setminus \{0\}$:

$$\Delta \ln(r(x)) = -\frac{1}{r(x)^2} + \frac{1}{r(x)^2} = 0,$$

und allgemein in $n \geq 3$ Dimensionen auf $\mathbb{R}^n \setminus \{0\}$:

$$\Delta r(x)^{2-n} = \frac{(2-n)(1-n)}{r(x)^{-n}} + \frac{(n-1)(2-n)}{r(x)^{-n}} = 0.$$

Diese speziellen harmonischen Funktionen $\ln(r(x))$ in zwei und $r(x)^{2-n}$ in $n \geq 3$ Dimensionen heißen „Fundamentallösungen“ des Laplace-Operators. Sie spielen eine wichtige Rolle bei der expliziten Konstruktion von Lösungen der Laplace-Gleichung.

3.1.2 Totale Differenzierbarkeit

Die folgende Definition der „Ableitung“ einer Funktion in *mehreren* Variablen ist das Analogon der uns schon vertrauten Ableitung einer Funktion *einer* Variablen.

Definition 3.7: *Sei $D \subset \mathbb{R}^n$ eine offene Menge. Eine Abbildung $f : D \subset \mathbb{R}^n \to \mathbb{R}^m$ heißt in einem Punkt $x \in D$ „total differenzierbar“ (oder einfach „differenzierbar“), wenn sie im Punkt x linear approximierbar ist, d. h. wenn es eine lineare Abbildung $Df(x) : \mathbb{R}^n \to \mathbb{R}^m$ (das sog. „Differential“ von f) gibt, so dass in einer Umgebung von x gilt:*

$$f(x+h) = f(x) + Df(x)h + \omega(h), \quad h \in \mathbb{R}^n,\ x+h \in D, \tag{3.1.7}$$

[3]Siméon Denis Poisson (1781–1840): Französischer Mathematiker und Physiker; Prof. in Paris; Beiträge zur mathematischen Formulierung der Physik, zum Magnetismus, zur Himmelsmechanik und zur Wahscheinlichkeitsrechnung; einer der Begründer der Potentialtheorie.

mit einer Funktion $\omega : D \to \mathbb{R}^m$ *mit der Eigenschaft*

$$\lim_{x+h\in D, \|h\|_2\to 0} \frac{\|\omega(h)\|_2}{\|h\|_2} = 0. \tag{3.1.8}$$

Die Beziehung (3.1.8) schreiben wir auch abgekürzt in der Form $\omega(h) = o(\|h\|_2)$.

Bemerkung 3.1: Für $n = m = 1$ stimmt die Definition der „totalen Ableitung" mit der schon bekannten Definition der Ableitung von Funktionen einer Variablen überein.

Satz 3.3 (Differenzierbarkeit): *Sei* $D \subset \mathbb{R}^n$ *offen. Für Abbildungen* $f : D \to \mathbb{R}^m$ *gilt:*

a) Ist f *in* $x \in D$ *differenzierbar, so ist es in* x *auch partiell differenzierbar, und das Differential von* f *ist gerade die Funktional-Matrix* $Df(x) = J_f(x)$.

b) Ist f *partiell differenzierbar in einer Umgebung von* $x \in D$ *und sind die partiellen Ableitungen in* x *stetig, so ist* f *auch in* x *differenzierbar.*

Beweis: Wir geben den Beweis nur für $n = 2$ und $m = 1$.
a) Für differenzierbares f gilt für $i \in \{1,2\}$:

$$\lim_{h_i\to 0} \frac{f(x+he^{(i)}) - f(x)}{h_i} = \lim_{h_i\to 0} \big(Df(x)e^{(i)} + h_i^{-1}\omega(h_i)\big) = Df(x)e^{(i)},$$

d. h.: f ist partiell differenzierbar.

b) Für stetig partiell differenzierbares f gilt mit $h = (h_1, h_2)$:

$$f(x+h) - f(x) = f(x_1+h_1, x_2+h_2) - f(x_1+h_1, x_2) + f(x_1+h_1, x_2) - f(x_1, x_2).$$

Mit Hilfe des Mittelwertsatzes der Differentialrechnung ergibt sich

$$\begin{aligned} f(x+h) - f(x) &= h_2\partial_2 f(x_1+h_1, x_2+\theta_2 h_2) + h_1\partial_1 f(x_1+\theta_1 h_1, x_2) \\ &= h_2\big(\partial_2 f(x_1,x_2) + \omega_2(h_1,h_2)\big) + h_1\big(\partial_1 f(x_1,x_2) + \omega_1(h_1,h_2)\big) \end{aligned}$$

mit den Abkürzungen

$$\begin{aligned} \omega_1(h_1,h_2) &= \partial_1 f(x_1+\theta_1 h_1, x_2) - \partial_1 f(x_1,x_2) \\ \omega_2(h_1,h_2) &= \partial_2 f(x_1+h_1, x_2+\theta_2 h_2) - \partial_2 f(x_1,x_2). \end{aligned}$$

Wegen der Stetigkeit der partiellen Ableitungen gilt

$$\lim_{h_1,h_2\to 0} \omega_1(h_1,h_2) = \lim_{h_1,h_2\to 0} \omega_2(h_1,h_2) = 0.$$

Also ist f differenzierbar mit der totalen Ableitung $Df(x) := \nabla f(x)$. Q.E.D.

Bemerkung 3.2: Aufgrund der obigen Resultate gelten die folgenden Implikationen:

stetig partiell differenzierbar $\Rightarrow$ *(total) differenzierbar* $\Rightarrow$ *partiell differenzierbar.*

Die umgekehrten Implikationen gelten i. Allg. nicht. Die erste Implikation erlaubt es, bei der k-maligen stetigen *partiellen* Differenzierbarkeit von Funktionen den Zusatz „partiell" wegzulassen, da die Stetigkeit der k-ten partiellen Ableitungen die *totale* Differenzierbarkeit der $(k-1)$-ten Ableitungen impliziert. Wir sprechen daher im Folgenden kurz von „k-maliger stetiger Differenzierbarkeit", wenn eine Funktion k-mal stetig partiell differenzierbar ist. Differentiale höherer Ordnung werden wir bei der Ableitung der n-dimensionalen Taylor-Formel kennenlernen.

Lemma 3.1 (Richtungsableitung): *Sei $D \subset \mathbb{R}^n$ offen und $f : D \to \mathbb{R}$ im Punkt $x \in D$ differenzierbar. Dann existiert für jeden Vektor $v \in \mathbb{R}^n$ mit $\|v\|_2 = 1$ die Ableitung in Richtung v (sog. „Richtungsableitung")*

$$\frac{\partial f}{\partial v}(x) := \lim_{t \searrow 0} \frac{f(x+tv) - f(x)}{t}.$$

und lässt sich schreiben als

$$\partial_v f(x) := \frac{\partial f}{\partial v}(x) = \nabla f(x) \cdot v.$$

Beweis: Für $x \in D$ definieren wir die Funktion $\xi(t) := x + tv$. Für genügend kleines $\varepsilon > 0$ ist $\xi(t) \in D$ für $t \in [0, \varepsilon)$. Also ist die Komposition $h := f \circ \xi : [0, \varepsilon) \to \mathbb{R}$ definiert. Nach Definition der Richtungsableitung ist

$$\frac{\partial f}{\partial v}(x) = \lim_{t \searrow 0} \frac{f(x+tv) - f(x)}{t} = \frac{d}{dt} f(x+tv)\Big|_{t=0} = \frac{dh}{dt}(0) = h'(0).$$

Mit Hilfe der Kettenregel folgt

$$h'(t) = \sum_{i=1}^{n} \frac{\partial f}{\partial x_i}(\xi(t))\xi_i'(t).$$

Beachtung von $\xi_i'(t) = v_i$ ergibt dann

$$h'(0) = \sum_{i=1}^{n} \frac{\partial f}{\partial x_i}(x) v_i = \nabla f \cdot v,$$

was zu zeigen war. Q.E.D.

Anwendung 3.1.1: Im Fall $\nabla f(x) \neq 0$ ist der Winkel θ zwischen den Vektoren $v \in \mathbb{R}^n$ mit $\|v\|_2 = 1$ und $\nabla f(x) \in \mathbb{R}^n$ definiert durch

$$\cos(\theta) = \frac{\nabla f(x) \cdot v}{\|\nabla f(x)\|_2 \|v\|_2}.$$

Damit finden wir

$$\frac{\partial f}{\partial v}(x) = \nabla f(x) \cdot v = \|\nabla f(x)\|_2 \|v\|_2 \cos(\theta) = \|\nabla f(x)\|_2 \cos(\theta).$$

Folglich ist die Richtungsableitung maximal, wenn v und $\nabla f(x)$ die gleiche Richtung haben, d. h.: *Der Vektor $\nabla f(x)$ gibt die Richtung des stärksten Anstiegs von f im Punkt x an.*

Beispiel 3.6: Zur Illustration von Satz 3.3 geben wir die folgenden Beispiele:

i) *Eine Funktion, für die alle Richtungsableitungen existieren, die aber dennoch nicht total differenzierbar ist:* Sei $f : \mathbb{R}^2 \to \mathbb{R}$ definiert durch

$$f(x) := \frac{x_1^2 x_2}{x_1^4 + x_2^2}, \quad x \neq (0,0), \qquad f(0) := 0.$$

Die Funktion f ist in $\mathbb{R}^2 \setminus \{0\}$ beliebig of stetig differenzierbar. Sei $v = (v_1, v_2)$, ein beliebiger Richtungseinheitsvektor. Auf der Geraden $\{x = tv : t \in \mathbb{R}\}$ hat f die Werte

$$f(tv) = \frac{t^3 v_1^2 v_2}{t^4 v_1^4 + t^2 v_2^2} = \frac{t v_1^2 v_2}{t^2 v_1^4 + v_2^2}.$$

Die Ableitung von f im Punkt $x = 0$ in Richtung v existiert also im Fall $v_2 \neq 0$ und ist:

$$\partial_v f(0) := \lim_{t \searrow 0} \frac{f(tv) - f(0)}{t} = \lim_{t \searrow 0} \frac{v_1^2 v_2}{t^2 v_1^4 + v_2^2} = \frac{v_1^2}{v_2}.$$

Im Fall $v_2 = 0$ ist $\partial_v = \partial_2$. Auf den Koordinatenachsen ist aber $f(x_1, 0) \equiv f(0, x_2) \equiv 0$, so dass f in 0 partiell differenzierbar ist und zwar mit Gradient $\nabla f(0) = (0,0)$. In diesem Fall gilt also die Formel

$$\partial_v f(0) = \nabla f(0) \cdot v$$

für die Berechnung der Richtungsableitungen differenzierbarer Funktionen nicht, so dass f in 0 nicht total differenzierbar sein kann. Dies liegt an der Unstetigkeit der Funktion f und ihrer partiellen Ableitungen in $x = 0$:

$$\lim_{\varepsilon \searrow 0} f(\varepsilon, \varepsilon^2) = \lim_{\varepsilon \searrow 0} \frac{\varepsilon^4}{2\varepsilon^4} = \frac{1}{2} \neq 0 = f(0,0).$$

ii) *Eine stetige und partiell differenzierbare, aber nicht total differenzierbare Funktion:* Sei $f : \mathbb{R}^2 \to \mathbb{R}$ definiert durch

$$f(x) := \frac{x_1 x_2}{\sqrt{x_1^2 + x_2^2}}, \quad x \neq 0, \qquad f(0) := 0.$$

Die Funktion f ist in $\mathbb{R}^2 \setminus \{0\}$ beliebig of stetig differenzierbar. Für $x \to 0$ gilt:

$$|f(x)| = \frac{|x_1 x_2|}{\sqrt{x_1^2 + x_2^2}} \leq \frac{1}{2} \frac{x_1^2 + x_2^2}{\sqrt{x_1^2 + x_2^2}} \to 0;$$

also ist f stetig in 0. Auf den Koordinatenachsen ist $f(x_1, 0) = 0$ und $f(0, x_2) = 0$, so dass f in 0 partiell differenzierbar ist mit den Ableitungen $\partial_x f(0) = \partial_y f(0) = 0$. Als Differential von f in 0 kommt daher nur der Gradient $\nabla f(0) = (0,0)$ in Frage. Es gilt aber z. B. für $x_1 = x_2 \to 0$:

$$\frac{|f(x) - f(0) - \nabla f(0) \cdot (x_1, x_2)|}{\|x\|_2} = \frac{|x_1 x_2|}{x_1^2 + x_2^2} = \frac{x_1^2}{2x_1^2} \not\to 0,$$

d. h.: f ist in 0 nicht total differenzierbar.

Satz 3.4 (Kettenregel): *Seien $D_f \subset \mathbb{R}^n$ und $D_g \subset \mathbb{R}^m$ offene Mengen und $g : D_g \to \mathbb{R}^n$ und $f : D_f \to \mathbb{R}^r$ Abbildungen. Ist die Abbildung g im Punkt $x \in D_g$ und die Abbildung f im Punkt $y = g(x) \in D_f$ differenzierbar, so ist die Komposition $h = f \circ g$ im Punkt x differenzierbar, und für die Differentiale gilt:*

$$D_x h(x) = D_y f(g(x)) \cdot D_x g(x). \tag{3.1.9}$$

Dabei ist $D_x h(x) \in \mathbb{R}^{r\times m}$, $D_y f(y) \in \mathbb{R}^{r\times n}$, $D_x g(x) \in \mathbb{R}^{n\times m}$, und der Punkt „$\cdot$“ steht für die entsprechende Matrix-Matrix-Multiplikation.

Beweis: Nach Voraussetzung ist mit $x \in D_g$ und $y = g(x) \in D_f$:

$$g(x+h) = g(x) + D_x g(x)h + \omega_g(h), \qquad f(y+\eta) = f(y) + D_y f(y)\eta + \omega_f(\eta),$$

mit

$$\lim_{x+h\in D, \|h\|_2\to 0} \frac{\|\omega_g(h)\|_2}{\|h\|_2} = 0, \qquad \lim_{x+\eta\in D, \|\eta\|_2\to 0} \frac{\|\omega_f(\eta)\|_2}{\|\eta\|_2} = 0.$$

Setzen wir $\eta := D_x g(x)h + \omega_g(h)$, so ergibt sich mit $y = g(x)$:

$$\begin{aligned}(f\circ g)(x+h) &= f(g(x+h)) = f(y+\eta)\\ &= f(y) + D_y f(y)\eta + \omega_f(\eta)\\ &= f(y) + D_y f(y) \cdot D_x g(x)h + D_y f(y)\omega_g(h) + \omega_f\big(D_x g(x)h + \omega_g(h)\big)\\ &= (f\circ g)(x) + D_y f(y) \cdot D_x g(x)h + \omega_{f\circ g}(h)\end{aligned}$$

mit

$$\omega_{f\circ g}(h) := D_y f(y)\omega_g(h) + \omega_f(D_x g(x)h + \omega_g(h)).$$

Wir haben zu zeigen, dass $\omega_{f\circ g}(h) = o(\|h\|)$. Mit $\omega_g(h) = o(\|h\|)$ ist auch $D_y f(y)\omega_g(h) = o(\|h\|)$. Ferner gilt mit einer Konstante $c > 0$

$$\|\omega_g(h)\|_2 \le c\|h\|_2,$$

und wegen $\omega_g(\eta) = o(\|\eta\|)$ ist

$$\omega_f(\eta) = \|\eta\|_2\, \tilde{\omega}_f(\eta), \quad \lim_{\eta\to 0} \tilde{\omega}_f(\eta) = 0.$$

Damit folgt

$$\begin{aligned}\|\omega_f(D_xg(x)h+\omega_g(h))\|_2 &\le \|D_xg(x)h+\omega_g(h)\|_2\,\|\tilde\omega_f(D_xg(x)h+\omega_g(h))\|_2\\ &\le (\|D_xg(x)\|_2+c)\|h\|_2\,\|\tilde\omega_f(D_xg(x)h+\omega_g(h))\|_2.\end{aligned}$$

Zuammen mit dem vorher Gezeigten folgt also

$$\frac{\|\omega_{f\circ g}(h)\|_2}{\|h\|_2}\to 0 \quad (h\to 0),$$

was den Beweis vervollständigt. Q.E.D.

Bemerkung 3.3: Die Matrixidentität (3.1.9) lautet komponentenweise für $i=1,\dots,m$ und $j=1,\dots,r$:

$$\frac{\partial h_j}{\partial x_i}(x_1,\dots,x_m)=\sum_{k=1}^{n}\frac{\partial f_j}{\partial y_k}\big(g_1(x),\dots,g_n(x)\big)\frac{\partial g_k}{\partial x_i}(x_1,\dots,x_m). \tag{3.1.10}$$

Im Spezialfall $m=r=1$, d.h. $g:D_g\subset\mathbb{R}\to\mathbb{R}^n$ und $f:D_f\subset\mathbb{R}^n\to\mathbb{R}$, ist also

$$h'(x)=\frac{d}{dx}f(g(x))=\sum_{k=1}^{n}\frac{\partial}{\partial y_k}f(g_1(x),\dots,g_n(x))\frac{d}{dx}g_k(x)=\nabla_y f(g(x))\cdot g'(x). \tag{3.1.11}$$

3.1.3 Mittelwertsatz

Für differenzierbare Funktionen $f:[a,b]\to\mathbb{R}$ auf einem Intervall $[a,b]\subset\mathbb{R}$ gilt nach dem Fundamentalsatz die Beziehung

$$f(x+h)-f(x)=\int_0^1\frac{d}{ds}f(x+sh)\,ds=\int_0^1 f'(x+sh)h\,ds=\Big(\int_0^1 f'(x+sh)\,ds\Big)h$$

und weiter nach dem 1. Mittelwertsatz der Differentialrechnung

$$f(x+h)-f(x)=f'(x+\tau h)h$$

mit einer Zwischenstelle $\tau\in(0,1)$. Die Verallgemeinerung dieser Beziehungen für Funktionen $f:D\subset\mathbb{R}^n\to\mathbb{R}$ und Abbildungen $f:D\subset\mathbb{R}^n\to\mathbb{R}^m$ erfordert die Verwendung von vektor- bzw. matrix-wertigen Integralen. Für eine matrix-wertige, stetige Funktion $A=(a_{ij})_{i=1,j=1}^{m,n}:[a,b]\to\mathbb{R}^{m\times n}$ ist z.B.:

$$\int_a^b A(s)\,ds:=\Big(\int_a^b a_{ij}(s)\,ds\Big)_{i,j=1}^{m,n}.$$

Satz 3.5 (Mittelwertsatz): *Sei $D\subset\mathbb{R}^n$ offen und $f:D\to\mathbb{R}$ stetig differenzierbar. Ferner sei $x\in D$ und $h\in\mathbb{R}^n$, so dass $x+sh\in D$ für $0\le s\le 1$. Dann gilt:*

$$f(x+h)-f(x)=\Big(\int_0^1\nabla f(x+sh)\,ds\Big)\cdot h. \tag{3.1.12}$$

Ist $f : D \subset \mathbb{R}^n \to \mathbb{R}^m$ *stetig differenzierbar mit Jacobi-Matrix* $J_f(x)$, *so gilt*

$$f(x+h) - f(x) = \Big(\int_0^1 J_f(x+sh)\,ds\Big)h. \tag{3.1.13}$$

Beweis: Wir betrachten gleich den allgemeinen Fall einer Abbildung $f : D \to \mathbb{R}^m$. Für die durch $g_j(s) := f_j(x+sh)$ definierten Funktionen $g_j : [0,1] \to \mathbb{R}$ gilt nach der Kettenregel:

$$f_j(x+sh) - f_j(x) = g_j(1) - g_j(0) = \int_0^1 g_j'(s)\,ds = \int_0^1 \sum_{i=1}^n \partial_i f_j(x+sh)h_i\,ds.$$

Dies ist für $m = 1$ die Beziehung (3.1.12) und für $m \geq 2$ die Beziehung (3.1.13). Q.E.D.

Bemerkung 3.4: Für eine stetig differenzierbare Funktion $f : D \subset \mathbb{R}^n \to \mathbb{R}$ folgt aus (3.1.12) mit Hilfe des 1. Mittelwertsatzes der Integralrechnung die Beziehung

$$f(x+h) - f(x) = \int_0^1 \nabla f(x+sh) \cdot h\,ds = \nabla f(x+\tau h) \cdot h. \tag{3.1.14}$$

mit einem Zwischenwert $\tau \in (0,1)$. Die mehrdimensionale Mittelwertaussage (3.1.13) hat keine analoge differentielle Form. Für $m > 1$ ist die naheliegend erscheinende Beziehung $f(x+h) - f(x) = J_f(x+\tau h)h$ i. Allg. *nicht* gültig, denn der skalare Parameterwert $\tau \in [0,1]$ kann nicht für alle Komponenten f_i als derselbe angenommen werden.

Lemma 3.2: *Für stetige vektorwertige und matrixwertige Funktionen* $v : [a,b] \to \mathbb{R}^n$ *bzw.* $A : [a,b] \to \mathbb{R}^{m\times n}$ *gilt:*

$$\Big\| \int_a^b v(s)\,ds \Big\|_2 \leq \int_a^b \|v(s)\|_2\,ds, \tag{3.1.15}$$

$$\Big\| \int_a^b A(s)\,ds \Big\|_2 \leq \int_a^b \|A(s)\|_2\,ds. \tag{3.1.16}$$

Beweis: Mit der Setzung $w := \int_a^b v(s)\,ds$ erhalten wir

$$\Big\| \int_a^b v(s)\,ds \Big\|_2^2 = \int_a^b (v(s), w)_2\,ds \leq \int_a^b \|v(s\|_2\,ds \|w\|_2.$$

Dies impliziert (3.1.15). Zum Beweis von (3.1.16) setzen wir $w := \int_a^b A(s)\,ds$ und verfahren analog wie zuvor. Q.E.D.

Korollar 3.1: *Sei* $D \subset \mathbb{R}^n$ *offen und* $f : D \to \mathbb{R}^m$ *stetig differenzierbar. Ferner sei* $x \in D$ *mit* $K_r(x) \subset D$ *für ein* $r > 0$ *. Dann gilt:*

$$\|f(y) - f(x)\|_2 \le M\|y - x\|_2, \quad y \in K_r(x), \tag{3.1.17}$$

mit $M := \sup_{z \in K_r(x)} \|J_f(z)\|_2$ *, d. h.: Die Abbildung* f *ist in* D *lokal Lipschitz-stetig. Insbesondere gilt für konvexes* D *:*

$$\|f(x) - f(y)\|_2 \le M\|x - y\|_2, \quad x, y \in D, \tag{3.1.18}$$

mit $M := \sup_{z \in D} \|J_f(z)\|_2$ *, d. h.: Die Abbildung* f *ist auf ganz* D *Lipschitz-stetig.*

Beweis: Nach dem Mittelwertsatz 3.5 gilt mit $h := y - x$:

$$\|f(y) - f(x)\|_2 = \|f(x + h) - f(x)\|_2 = \Big\| \int_0^1 J_f(x + sh)h \, ds\Big\|_2,$$

und mit Lemma 3.2 folgt

$$\begin{aligned}\Big\| \int_0^1 J_f(x + sh)h \, ds\Big\|_2 &\le \int_0^1 \|J_f(x + sh)h\|_2 \, ds \le \int_0^1 \|J_f(x + sh)\|_2 \|h\|_2 \, ds \\ &\le \sup_{0<s<1} \|J_f(x + sh)\|_2 \, \|h\|_2.\end{aligned}$$

Dies beweist die erste Abschätzung. der Beweis der zweiten sei als Übungsaufgabe gestellt.
Q.E.D.

3.2 Taylor-Entwicklung und Extremwerte

Für eine $r+1$-mal stetig differenzierbare Funktion $f : (a, b) \to \mathbb{R}$ besteht um jeden Punkt $x \in (a, b)$ die Taylor-Approximation

$$f(x + h) = \sum_{k=0}^{r} \frac{f^{(k)}(x)}{k!} h^k + R^f_{r+1}(x; h), \tag{3.2.19}$$

mit dem Restglied $R^f_{r+1}(x; h)$ in differentieller Form

$$R^f_{r+1}(x; h) = \frac{f^{(r+1)}(x + \theta h)}{(n + 1)!} h^{r+1}, \quad \theta \in (0, 1),$$

oder in integraler Form

$$R^f_{r+1}(x; h) = \frac{h^{r+1}}{r!} \int_0^1 f^{(r+1)}(x + th)(1 - t)^r \, dt.$$

Diese Restglieddarstellungen ergeben sich aus den in Abschnitt 5.3 des Bandes Analysis 1 hergeleiteten durch geeignete Variablensubstitution (Übungsaufgabe). Im Folgenden wollen wir dies für Funktionen in mehreren Variablen verallgemeinern. Als Anwendung gewinnen wir dann auch wieder notwendige und hinreichende Bedingungen für die Existenz lokaler Extrema.

3.2.1 Taylor-Entwicklung im $\mathbb{R}^n$

Definition 3.8 (Multiindex-Notation): *Ein n-dimensionaler „Multiindex" ist ein n-Tupel $\alpha = (\alpha_1, \dots, \alpha_n)$ mit Komponenten $\alpha_i \in \mathbb{N}_0$. Für Multiindizes sind eine „Ordnung" $|\alpha|$ und die „Fakultät" $\alpha!$ definiert durch*

$$|\alpha| := \alpha_1 + \dots + \alpha_n, \qquad \alpha! := \alpha_1! \cdot \ldots \cdot \alpha_n!.$$

Für $x = (x_1, \dots, x_n) \in \mathbb{R}^n$ wird gesetzt:

$$x^\alpha := x_1^{\alpha_1} \cdots x_n^{\alpha_n}.$$

Für eine $|\alpha|$-mal stetig differenzierbare Funktion wird gesetzt:

$$\partial^\alpha f := \partial_1^{\alpha_1} \cdot \ldots \cdot \partial_n^{\alpha_n} f = \frac{\partial^{|\alpha|} f}{\partial x_1^{\alpha_1} \cdot \ldots \cdot \partial x_n^{\alpha_n}}.$$

Wegen der Stetigkeit der Ableitungen ist dieser Ausdruck unabhängig von der Reihenfolge der partiellen Ableitungen. Summen über multiindizierte Größen werden abgekürzt geschrieben in der Form

$$\sum_{|\alpha|=0}^{r} a_\alpha := \sum_{k=0}^{r} \sum_{\alpha \in \mathbb{N}_0^n,\, |\alpha|=k} a_\alpha.$$

Beispiel 3.7: Zur Illustration der Multiindex-Schreibweise betrachten wir den repräsentativen Fall $n = 3$. Dann sind die Multiindizes $\alpha = (\alpha_1, \alpha_2, \alpha_3)$ der Ordnung $|\alpha| = 2$ gegeben durch

$$(2,0,0),\ (0,2,0),\ (0,0,2),\ (1,1,0),\ (1,0,1),\ (0,1,1).$$

Die Fakultäten dieser Multiindizes sind der Reihe nach ($0! := 1$) $\alpha! = 2,\ 2,\ 2,\ 1,\ 1,\ 1$. Die zugehörigen partiellen Ableitungen sind

$$\partial^\alpha f = \partial_1^2 f,\ \partial_2^2 f,\ \partial_3^2 f,\ \partial_1\partial_2 f,\ \partial_1\partial_3 f,\ \partial_2\partial_3 f.$$

Schließlich ist

$$\sum_{|\alpha|=2} \partial^\alpha f = \partial_1^2 f + \partial_2^2 f + \partial_3^2 f + \partial_1\partial_2 f + \partial_1\partial_3 f + \partial_2\partial_3 f.$$

Satz 3.6 (Taylor-Formel): *Sei $D \subset \mathbb{R}^n$ eine offene Menge und $f : D \to \mathbb{R}$ eine $(r+1)$-mal stetig differenzierbare Funktion. Dann gilt für jeden Vektor $h \in \mathbb{R}^n$ mit $x + sh \in D$, $s \in [0,1]$, die „Taylor-Formel"*

$$f(x+h) = \sum_{|\alpha| \le r} \frac{\partial^\alpha f(x)}{\alpha!} h^\alpha + R_{r+1}^f(x;h), \qquad (3.2.20)$$

mit dem Taylor-Restglied $R^f_{r+1}(x;h)$ *in differentieller Form*

$$R^f_{r+1}(x;h) = \sum_{|\alpha|=r+1} \frac{\partial^\alpha f(x+\theta h)}{\alpha!} h^\alpha, \quad \theta \in (0,1),$$

oder in integraler Form

$$R^f_{r+1}(x;h) = (r+1) \int_0^1 \sum_{|\alpha|=r+1} \frac{\partial^\alpha f(x+th)}{\alpha!} h^\alpha \, (1-t)^r \, dt.$$

Beweis: i) Wir betrachten die durch $g(t) := f(x+th)$ definierte Funktion $g : [0,1] \to \mathbb{R}$. Diese ist $(r+1)$-mal stetig differenzierbar mit den k-ten Ableitungen

$$g^{(k)}(t) = \sum_{i_1,\dots,i_k=1}^{n} \partial_{i_k} \dots \partial_{i_1} f(x+th) h_{i_1} \dots h_{i_k}. \tag{3.2.21}$$

Wir zeigen dies durch Induktion nach k mit Hilfe der Kettenregel. Für $k = 1$ gilt zunächst:

$$g'(t) = \frac{d}{dt} f(x_1 + th_1, \dots, x_n + th_n) = \sum_{i=1}^{n} \partial_i f(x+th) h_i.$$

Sei die Behauptung als richtig angenommen für $k-1 \geq 1$. Dann gilt:

$$\begin{aligned} g^{(k)}(t) &= \frac{d}{dt} g^{(k-1)}(t) = \frac{d}{dt} \Big(\sum_{i_1,\dots,i_{k-1}=1}^{n} \partial_{i_{k-1}} \dots \partial_{i_1} f(x+th) h_{i_1} \dots h_{i_{k-1}} \Big) \\ &= \sum_{i=1}^{n} \partial_i \Big(\sum_{i_1,\dots,i_{k-1}=1}^{n} \partial_{i_{k-1}} \dots \partial_{i_1} f(x+th) h_{i_1} \dots h_{i_{k-1}} \Big) h_i \\ &= \sum_{i_1,\dots,i_k=1}^{n} \partial_{i_k} \dots \partial_{i_1} f(x+th) h_{i_1} \dots h_{i_k}. \end{aligned}$$

Kommt unter den Indizes $i_1, \dots, i_k$ der Index $i \in \{1, \dots, n\}$ genau α_i-mal vor, so gilt wegen der Vertauschbarkeit der Ableitungen:

$$\partial_{i_k} \dots \partial_{i_1} f(x+th) h_{i_1} \dots h_{i_k} = \partial_1^{\alpha_1} \dots \partial_n^{\alpha_n} f(x+th) h_1^{\alpha_1} \dots h_n^{\alpha_n}.$$

Die Anzahl der k-Tupel $(i_1, \dots, i_k)$ von Zahlen $i_j \in \{1, \dots, n\}$, bei denen die Zahl $i \in \{1, \dots, n\}$ genau α_i-mal vorkommt mit $\alpha_1 + \dots + \alpha_n = k$ ist nach Lemma 3.3 (s. unten)

$$\frac{k!}{\alpha_1! \cdots \alpha_n!}.$$

Dies ergibt

$$\begin{aligned} g^{(k)}(t) &= \sum_{i_1,\ldots,i_k=1}^{n} \partial_{i_k} \ldots \partial_{i_1} f(x+th) h_{i_1} \ldots h_{i_k} \\ &= \sum_{|\alpha|=k} \frac{k!}{\alpha_1! \ldots \alpha_n!} \partial_1^{\alpha_1} \ldots \partial_n^{\alpha_n} f(x+th) h_1^{\alpha_1} \ldots h_n^{\alpha_n} \\ &= \sum_{|\alpha|=k} \frac{k!}{\alpha!} \partial^\alpha f(x+th) h^\alpha . \end{aligned}$$

ii) Als nächstes wenden wir die eindimensionale Taylor-Formel auf die Funktion $g(t)$ an. Es gibt ein $\theta \in [0,1]$, so dass

$$g(1) = \sum_{r=0}^{r} \frac{g^{(k)}(0)}{k!} + \frac{g^{(r+1)}(\theta)}{(r+1)!} = \sum_{k=0}^{r} \frac{g^{(k)}(0)}{k!} + \frac{1}{r!} \int_0^1 g^{(r+1)}(t)(1-t)^r \, dt.$$

Nach (i) ist

$$\frac{g^{(k)}(0)}{k!} = \sum_{|\alpha|=k} \frac{\partial^\alpha f(x)}{\alpha!} h^\alpha$$

und

$$\frac{g^{(r+1)}(\theta)}{(r+1)!} = \sum_{|\alpha|=r+1} \frac{\partial^\alpha f(x+\theta h)}{\alpha!} h^\alpha ,$$

$$\frac{1}{r!} \int_0^1 g^{(r+1)}(t)(1-t)^r \, dt = (r+1) \int_0^1 \sum_{|\alpha|=r+1} \frac{\partial^\alpha f(x+th)}{\alpha!} h^\alpha \, (1-t)^r \, dt.$$

Dies impliziert die Taylor-Formel (3.2.20) mit den Restgliedern in differentieller und integraler Form. Q.E.D.

Lemma 3.3: *Sei $\alpha = (\alpha_1, \ldots, \alpha_n)$ mit $|\alpha| = k \geq 1$ gegeben. Dann ist die Anzahl $N_\alpha(k)$ der k-Tupel $(i_1, \ldots, i_k)$ von Zahlen $i_j \in \{1, \ldots, n\}$, bei denen die Zahl $i \in \{1, \ldots, n\}$ genau α_i-mal vorkommt, bestimmt durch*

$$N_\alpha(k) = \frac{k!}{\alpha_1! \cdots \alpha_n!}. \tag{3.2.22}$$

Beweis: Wir ordnen die Indizes in dem k-Tupel gemäß

$$(i_1, \ldots, i_k) = (\underbrace{1, \ldots, 1}_{\alpha_1-\text{mal}}, \underbrace{2, \ldots, 2}_{\alpha_2-\text{mal}}, \ldots, \underbrace{n, \ldots, n}_{\alpha_n-\text{mal}}), \quad \alpha_1 + \cdots + \alpha_n = k.$$

Die Anzahl der möglichen Permutationen der k Elemente des k-Tupels ist $k!$. Das k-Tupel bleibt aber unverändert, wenn bei einer Permutation die α_i Elemente i nur unter sich vertauscht werden. Die Anzahl dieser Permutationen ist $\alpha_1! \cdot \ldots \cdot \alpha_n! = \alpha!$. Dabei wird im Fall $\alpha_i = 0$ die Konvention $0! := 1$ verwendet. Insgesamt gibt es also $N_\alpha(k) = k!/\alpha!$ verschiedene Permutationen des k-Tupels. Q.E.D.

Korollar 3.2: *Sei $D \subset \mathbb{R}^n$ eine offene Menge und $f: D \to \mathbb{R}$ eine $r+1$-mal stetig differenzierbare Funktion. Dann gilt für $x \in D$ und $h \in \mathbb{R}^n$ mit $x + sh \in D$, $s \in [0,1]$:*

$$f(x+h) = \sum_{|\alpha| \le r+1} \frac{\partial^\alpha f(x)}{\alpha!} h^\alpha + \omega_{r+1}(x;h), \tag{3.2.23}$$

mit Funktionen $\omega_{r+1}(x;\cdot)$ mit den Eigenschaften $\omega_{r+1}(x;0) = 0$ und

$$\omega_{r+1}(x;h) = o(\|h\|_2^{r+1}).$$

Speziell im Fall $r = 0$ gilt mit dem Gradienten ∇f von f:

$$f(x+h) = f(x) + (\nabla f(x), h)_2 + \omega_1(x;h), \tag{3.2.24}$$

und im Fall $r = 1$ gilt weiter mit der Hesse-Matrix H_f von f:

$$f(x+h) = f(x) + (\nabla f(x), h)_2 + \tfrac{1}{2}(H_f(x)h, h)_2 + \omega_2(x;h). \tag{3.2.25}$$

Beweis: i) Unter Verwendung der Taylor-Formel (3.2.20) mit ihrem Restglied in differentieller Form ergibt sich

$$\begin{aligned} f(x+h) &= \sum_{|\alpha| \le r} \frac{\partial^\alpha f(x)}{\alpha!} h^\alpha + \sum_{|\alpha| = r+1} \frac{\partial^\alpha f(x+\theta h)}{\alpha!} h^\alpha \\ &= \sum_{|\alpha| \le r+1} \frac{\partial^\alpha f(x)}{\alpha!} h^\alpha + \sum_{|\alpha| = r+1} r_\alpha(x;h) h^\alpha \end{aligned}$$

mit

$$r_\alpha(x;h) := \frac{\partial^\alpha f(x+\theta h) - D^\alpha f(x)}{\alpha!}.$$

Wegen der Stetigkeit von $D^\alpha f$ für $|\alpha| = r+1$ gilt $\lim_{h\to 0} r_\alpha(x;h) = 0$. Setzen wir

$$\omega_{r+1}(x;h) := \sum_{|\alpha| = r} r_\alpha(x;h) h^\alpha,$$

so folgt wegen

$$\frac{|h^\alpha|}{\|h\|_2^\alpha} = \frac{|h_1^{\alpha_1} \cdots h_n^{\alpha_n}|}{\|h\|_2^{\alpha_1} \cdots \|h\|_2^{\alpha_n}} \le 1, \quad |\alpha| = r+1,$$

die postulierte Konvergenz

$$\lim_{h \to 0} \frac{\omega(h)}{\|h\|_2^{r+1}} = 0.$$

Dies vervollständigt den Beweis der Taylor-Formel (3.2.23).

ii) Für $r = 0$ gilt:

$$\begin{aligned} f(x+h) &= \sum_{|\alpha| \le 1} \frac{\partial^\alpha f(x)}{\alpha!} h^\alpha + \omega_1(x;h) = f(x) + \sum_{|\alpha| = 1} \frac{\partial^\alpha f(x)}{\alpha!} h^\alpha + \omega_1(x;h) \\ &= f(x) + \sum_{i=1}^n \partial_i f(x) h_i + \omega_1(x;h) = f(x) + (\nabla f(x), h)_2 + \omega_1(x;h), \end{aligned}$$

und für $r=1$ mit elementarer Rechnung:

$$\begin{aligned}
f(x+h) &= \sum_{|\alpha|\le 2} \frac{\partial^\alpha f(x)}{\alpha!} h^\alpha + \omega_2(x;h) = f(x) + \sum_{|\alpha|=1} \frac{\partial^\alpha f(x)}{\alpha!} h^\alpha + \sum_{|\alpha|=2} \frac{\partial^\alpha f(x)}{\alpha!} h^\alpha + \omega_2(x;h) \\
&= f(x) + \sum_{i=1}^n \partial_i f(x) h_i + \frac{1}{2} \sum_{i,j=1}^n \partial_i\partial_j f(x) h_i h_j + \omega_2(x;h) \\
&= f(x) + (\nabla f(x), h)_2 + \tfrac{1}{2}(H_f(x)h, h)_2 + \omega_2(x;h).
\end{aligned}$$

Dies vervollständigt den Beweis. Q.E.D.

Definition 3.9: *Für eine beliebig oft partiell differenzierbare Funktion* $f: D \subset \mathbb{R}^n \to \mathbb{R}$ *und einem Punkt* $x \in D$ *heißt die Reihe*

$$T_\infty^f(x+h) = \sum_{|\alpha|=0}^{\infty} \frac{\partial^\alpha f(x)}{\alpha!} h^\alpha$$

die „Taylor-Reihe" von f *in* x *.*

Korollar 3.3: *Sei* $D \subset \mathbb{R}^n$ *eine offene Menge und* $f: D \to \mathbb{R}$ *eine beliebig oft differenzierbare Funktion. Dann konvergiert die Taylor-Reihe von* f *und stellt* f *dar, wenn*

$$R_{r+1}^f(x,h) \to 0 \quad (r \to \infty), \quad x \in D. \tag{3.2.26}$$

Hinreichend dafür ist, dass die partiellen Ableitungen von f *gleichmäßig beschränkt sind:*

$$\sup_{|\alpha|\ge 0} \sup_{x\in D} |\partial^\alpha f(x)| < \infty.$$

Beweis: Mit der differentiellen Darstellung des Taylor-Restglieds folgt

$$\begin{aligned}
\|R_{r+1}^f(x;h)\|_\infty &\le \sum_{|\alpha|=r+1} \frac{|\partial^\alpha f(x+\theta h)|}{\alpha!} \|h\|_\infty^{|\alpha|}, \quad \theta \in (0,1), \\
&\le M(f) \sum_{|\alpha|=r+1} \frac{1}{\alpha!} \|h\|_\infty^{|\alpha|} \to 0 \quad (r \to \infty).
\end{aligned}$$

Man beachte, dass hier $\|\cdot\|_\infty$ je nach Zusammenhang die Supremumnorm auf $C_b(D)$ (Vektorraum der auf D stetigen und beschränkten Funktionen) oder die Maximumnorm auf $\mathbb{R}^n$ bedeutet. Der detaillierte Beweis der letzten Konvergenzaussage wird als Übungsaufgabe gestellt. Q.E.D.

Das folgende Lemma bietet ein handliches Kriterium zur expliziten Bestimmung von Taylor-Reihen.

Lemma 3.4: *Wird eine beliebig oft stetig differenzierbare Funktion $f : D \subset \mathbb{R}^n \to \mathbb{R}$ in einer Umgebung $K_r(x) \subset D$ durch eine Reihe homogener Polynome $P_k(x;h) = \sum_{|\alpha|=k} a_\alpha(x)h^\alpha$ auf $\mathbb{R}^n$ mit Grad $k \geq 0$ dargestellt,*

$$f(x+h) = \sum_{k=0}^{\infty} P_k(x;h), \quad x+h \in K_r(x), \tag{3.2.27}$$

so ist dies die Taylor-Reihe von f in x.

Beweis: Wir betrachten die durch $g(t) := f(x+th)$ definierte Funktion $g : [0,1] \to \mathbb{R}$. Aufgrund der Homogenität der P_k gilt:

$$g(t) = \sum_{k=0}^{\infty} P_k(x;th) = \sum_{k=0}^{\infty} t^k P_k(x;h).$$

Die Ableitungen von $g(t)$ erhält man durch gliedweise Differentiation dieser Potenzreihe innerhalb ihres Konvergenzbereichs. Auswertung der k-ten Ableitung bei $t = 0$ ergibt $g^k(0) = k!P_k(x;h)$ und somit unter Verwendung des Arguments im Beweis von Satz 3.6:

$$\sum_{k=0}^{\infty} P_k(x;h) = \sum_{k=0}^{\infty} \frac{g^{(k)}(0)}{k!} = \sum_{k=0}^{\infty} \sum_{|\alpha|=k} \frac{k!}{\alpha!k!} D^\alpha f(x)h^\alpha = \sum_{|\alpha|=0}^{\infty} \frac{\partial^\alpha f(x)}{\alpha!} h^\alpha.$$

Q.E.D.

Beispiel 3.8: Für die auf $D = \{x \in \mathbb{R}^2 : x \neq 0\}$ durch

$$f(x_1,x_2) = \frac{1}{1-x_1-x_2}$$

definierte Funktion $f : D \to \mathbb{R}$ in $x = 0$ erhält man mit der geometrischen Reihe

$$\frac{1}{1-(x_1+x_2)} = \sum_{k=0}^{\infty} (x_1+x_2)^k.$$

Diese Reihe konvergiert genau in dem Streifen $S = \{x \in \mathbb{R}^2 : |x_1+x_2| < 1\}$. Nach Lemma 3.4 ist dies die Taylor-Reihe von f, wie man vom Eindimensionalen her vielleicht vermuten könnte.

3.2.2 Extremwertaufgaben

Definition 3.10: *Eine Funktion $f : D \to \mathbb{R}$ hat in einem Punkt $x \in D \subset \mathbb{R}^n$ ein „lokales Extremum", wenn auf einer Kugelumgebung $K_\delta(x) \subset \mathbb{R}^n$ gilt:*

$$f(x) = \sup_{y \in K_\delta(x)\cap D} f(y) \qquad \text{oder} \qquad f(x) = \inf_{y \in K_\delta(x)\cap D} f(y).$$

Das Extremum heißt „strikt", wenn es in $K_\delta(x) \cap D$ nur im Punkt x angenommen wird. Das Extremum heißt „global", wenn gilt

$$f(x) = \sup_{y \in D} f(y) \qquad \text{oder} \qquad f(x) = \inf_{y \in D} f(y).$$

Satz 3.7 (Notwenige Extremalbedingung): *Sei $D \subset \mathbb{R}^n$ offen und $f : D \to \mathbb{R}$ stetig differenzierbar. Hat f in einem Punkt $\hat{x} \in D$ ein lokales Extremum, so gilt*

$$\nabla f(\hat{x}) = 0. \tag{3.2.28}$$

Beweis: Die Funktion $f : D \to \mathbb{R}$ habe in $x \in D$ ein lokales Extremum. Mit den kartesischen Einheitsvektoren $e^{(i)}$ im $\mathbb{R}^n$ betrachten wir die Funktionen

$$g_i(t) := f(\hat{x} + te^{(i)}), \quad i = 1, \dots, n.$$

Dann ist g_i auf einem nichtleeren Intervall $(-\delta_i, \delta_i) \subset \mathbb{R}$ definiert und differenzierbar. Ferner hat g_i in $t = 0$ ein lokales Extremum. Folglich muss $g_i'(0) = 0$ sein. Dies ist wegen der (totalen) Differenzierbarkeit von f nach der Kettenregel gleichbedeutend mit

$$0 = g_i'(0) = \sum_{j=1}^{n} \partial_j f(\hat{x})\delta_{ij} = \partial_i f(\hat{x}), \quad i = 1, \dots, n.$$

Q.E.D.

Satz 3.8 (Hinreichende Extremalbedingung): *Sei $D \subset \mathbb{R}^n$ offen und $f : D \to \mathbb{R}$ zweimal stetig differenzierbar, und es sei in einem Punkt $\hat{x} \in D$*

$$\nabla f(\hat{x}) = 0. \tag{3.2.29}$$

Ist die (symmetrische) Hesse-Matrix $H_f(x)$ in $\hat{x}$ positiv definit, so liegt in $\hat{x}$ ein striktes lokales Minimum, ist sie negativ definit, so liegt in $\hat{x}$ ein striktes lokales Maximum, und ist sie indefinit, d. h. hat sie sowohl positive als auch negative Eigenwerte, so kann in $\hat{x}$ überhaupt kein lokales Extremum vorliegen.

Beweis: Nach Korollar 3.2 gilt mit der Hesse-Matrix $H_f(x)$:

$$f(x+h) = f(x) + (\nabla f(x), h)_2 + \tfrac{1}{2}(H_f(x)h, h)_2 + \omega_2(x; h),$$

wobei $\lim_{h\to 0,\, h\neq 0} \omega_2(h)/\|h\|_2^2 = 0$. Wegen $\nabla f(\hat{x}) = 0$ gilt also:

$$f(\hat{x}+h) - f(\hat{x}) = \tfrac{1}{2}(H_f(\hat{x})h, h)_2 + \omega_2(\hat{x}; h).$$

i) Ist $H_f(\hat{x})$ positiv definit, so gilt mit seinem kleinsten Eigenwert $\lambda > 0$:

$$(H_f(\hat{x})h, h)_2 \geq \lambda \|h\|_2^2, \quad h \in \mathbb{R}^n.$$

Folglich ist

$$f(\hat{x}+h) - f(\hat{x}) \geq \tfrac{1}{2}\lambda\|h\|_2^2 + \omega_2(\hat{x}; h).$$

Für genügend kleines $\|h\|_2 < \delta,\ h \neq 0$, ist nach Voraussetzung $|\omega_2(h)| < \frac{1}{2}\lambda\|h\|_2^2$ und somit

$$f(\hat{x}+h) - f(\hat{x}) > \tfrac{1}{2}\lambda\|h\|_2^2 - \tfrac{1}{2}\lambda\|h\|_2^2 = 0,$$

d. h. in $\hat{x}$ liegt also ein striktes lokales Minimum vor.

ii) Ist $H_f(\hat{x})$ negativ definit, so sehen wir mit einer analogen Argumentation, dass in $\hat{x}$ ein striktes lokales Maximum vorliegt.

iii) Ist dagegen $H_f(\hat{x})$ indefinit, so gilt mit den Eigenvektoren z_+ und z_- zu einem positiven Eigenwert λ_+ und einem negativen Eigenwert λ_- von $H_f(\hat{x})$:

$$(H_f(\hat{x})z_+, z_+)_2 = \lambda_+\|z_+\|_2^2 > 0, \qquad (H_f(\hat{x})z_-, z_-)_2 = \lambda_-\|z_-\|_2^2 < 0.$$

Für genügend kleines $t > 0$ gilt dann

$$f(\hat{x} + tz_+) - f(\hat{x}) > \tfrac{1}{2}\lambda_+ t^2\|z_+\|_2^2 - \tfrac{1}{2}\lambda_+ t^2\|z_+\|_2^2 = 0.$$

sowie

$$f(\hat{x} + tz_-) - f(\hat{x}) < \tfrac{1}{2}\lambda_- t^2\|z_-\|_2^2 - \tfrac{1}{2}\lambda_- t^2\|z_-\|_2^2 = 0.$$

Also liegt in $\hat{x}$ weder ein lokales Maximum noch ein lokales Minimum vor. Q.E.D.

Beispiel 3.9: Wir geben drei einfache Beispiele im Spezialfall $n = 2$. Die Funktionen

$$f_1(x) = a + x_1^2 + x_2^2, \quad f_2(x) = a - x_1^2 - x_2^2, \quad f_3(x) = x_1^2 - x_2^2,$$

haben die Gradienten

$$\nabla f_1(x) = (2x_1, 2x_2), \quad \nabla f_2(x) = (-2x_1, -2x_2), \quad \nabla f_3(x) = (2x_1, -2x_2),$$

und folglich möglicherweise in $\hat{x} = 0$ Extrema. Die zugehörigen Hesse-Matrizen sind

$$H_{f_1}(x) = \begin{pmatrix} 2 & 0 \\ 0 & 2 \end{pmatrix}, \quad H_{f_2}(x) = \begin{pmatrix} -2 & 0 \\ 0 & -2 \end{pmatrix}, \quad H_{f_3}(x) = \begin{pmatrix} 2 & 0 \\ 0 & -2 \end{pmatrix}.$$

Da $H_{f_1}(0)$ positiv und $H_{f_2}(0)$ negativ definit sind, liegt in $\hat{x} = 0$ für f_1 ein striktes lokales Minimum und für f_2 ein striktes lokales Maximum vor. Dagegen ist $H_{f_3}(0)$ indefinit, so dass f_3 in $\hat{x} = 0$ einen sog. „Sattelpunkt“ hat.

Beispiel 3.10: Ist die Hesse-Matrix in einer Nullstelle des Gradienten nur semidefinit, so lassen sich keine allgemeine Aussagen über lokale Extrema machen. Dies zeigen die folgenden Beispiele auf dem $\mathbb{R}^2$:

$$f_1(x) = x_1^2 + x_2^4, \qquad f_2(x) = x_1^2, \qquad f_3(x) = x_1^2 + x_2^3.$$

Für alle drei Funktionen ist $\nabla f_i(0) = 0$ und die Hesse-Matrizen

$$H_{f_i}(0) = \begin{pmatrix} 2 & 0 \\ 0 & 0 \end{pmatrix}$$

sind offenbar positiv semidefinit. Die drei Funktionen zeigen aber in $\hat{x} = 0$ unterschiedliches Verhalten. Die Funktion f_1 hat dort ein striktes lokales Minimum; die Funktion f_2 ein (nicht striktes) lokales Minimum, und die Funktion f_3 hat überhaupt kein lokales Extremum (Sattelpunkt).

Bemerkung 3.5: Zur praktischen Berechnung einer Extremalstelle, etwa eines Minimums, $\hat{x}$ einer differenzierbaren Funktion $f : D \to \mathbb{R}$ kann man das sog. „Gradientenverfahren“ verwenden. Dabei wird ausgenutzt, dass in einem Punkt $x \in D$ die Funktion f den steilsten Abstieg in Richtung des negativen Gradienden $-\nabla f(x)$ hat. Ausgehend von einem Startpunkt $x^{(0)} \in D$ werden danach Iterierte $x^{(k)}$ erzeugt aus der Vorschrift

$$x^{(k)} = x^{(k-1)} - \lambda_k \nabla f(x^{(k-1)}), \tag{3.2.30}$$

wobei der Schrittweite $\lambda_k > 0$ aus der folgenden eindimensionalen Optimierungsbedingung (sog. „line search“) bestimmt wird:

$$f(x^{(k-1)} - \lambda_k \nabla f(x^{(k-1)})) = \min_{\lambda > 0} f(x^{(k-1)} - \lambda \nabla f(x^{(k-1)})).$$

Im Falle $\lambda_k \geq \lambda_* > 0$ und einer konvergenten Folge $(x^{(k)})_{k \in \mathbb{N}}$ gilt für deren Limes $\hat{x}$ dann $\nabla f(\hat{x}) = 0$, d. h.: $\hat{x}$ ist ein möglicher Extremalpunkt. Kriterien für die tatsächliche Konvergenz des Gradientenverfahrens werden in Texten zur Numerik abgeleitet.

3.2.3 Das Newton-Verfahren im $\mathbb{R}^n$

Als Anwendung der bisher bereitgestellten Begriffe und Resultate betrachten wir das sog. „Newton-Verfahren“ zur Lösung nicht linearer Gleichungssysteme im $\mathbb{K}^n$,

$$f(x) = 0 \tag{3.2.31}$$

mit stetig differenzierbaren Abbildungen $f : D \subset \mathbb{R}^n \to \mathbb{R}^n$. In Anlehnung an die Newton-Iteration im $\mathbb{R}^1$,

$$x_k = x_{k-1} - \frac{f(x_{k-1})}{f'(x_{k-1})},$$

welche geometrisch motiviert ist, wird die Newton-Iteration im $\mathbb{R}^n$ wie folgt angesetzt:

$$x^{(k)} = x^{(k-1)} - J_f(x^{(k-1)})^{-1} f(x^{(k-1)}), \quad k \in \mathbb{N}, \tag{3.2.32}$$

mit der Jacobi-Matrix $J_f(\cdot)$ von f. In jedem Iterationsschritt ergibt sich ein lineares $(n \times n)$-Gleichungssystem mit $J_f(x^{(t)})$ als Koeffizientenmatrix. Dies macht das Newton-Verfahren wesentlich aufwendiger als die einfache Fixpunktiteration; dafür konvergiert es aber in der Regel auch sehr viel schneller.

Zum Nachweis der Konvergenz des Newton-Verfahrens nehmen wir an, dass die Abbildung f auf einer offenen (konvexen) Teilmenge $D \subset \mathbb{R}^n$ definiert ist, und dort stetige und beschränkte partielle Ableitungen bis zur zweiten Ordnung besitzt. Ferner wird der Einfachheit halber angenommen, dass eine Nullstelle z von f in D existiert mit der Eigenschaft

$$f(z) = 0, \qquad |J_f(z)| \neq 0, \tag{3.2.33}$$

d. h.: $J_f(z)$ ist regulär. Wir verwenden wieder die Taylor-Formel

$$f(y) = f(x) + J_f(x)(y - x) + R(x; y), \quad x, y, \in G, \tag{3.2.34}$$

mit dem Restglied $R(x;y) = (R_j(x;y))_{j=1,\dots,n}$, wobei

$$R_j(x;y) = \sum_{k,l=1}^{n} (y_k - x_k)(y_l - x_l) \int_0^1 \frac{\partial^2 f_j}{\partial x_k \partial x_l}(x + s(y-x))(1-s)\, ds .$$

Aufgrund der Voraussetzungen an f gilt

$$\|R(x;y)\|_\infty \le \frac{M}{2}\|y-x\|_\infty^2, \quad M := \max_{1\le j\le n} \sup_{\zeta\in G} \sum_{k,l=1}^{n} \Big|\frac{\partial^2 f_j}{\partial x_k \partial x_l}(\zeta)\Big| . \tag{3.2.35}$$

Für jedes x aus einer Umgebung $K_r(z) = \{x \in \mathbb{R}^n : \|x-z\|_2 \le r\} \subset D$ der Nullstelle z gilt aufgrund der Taylor-Formel

$$J_f(x) = J_f(z) + S(z;x) = J_f(z)\{I - J_f(z)^{-1}S(z;x)\},$$

mit dem Restglied $S(x;y) = (S_{jk}(x;y))_{j,k=1,\dots,n}$, wobei

$$S_{jk}(z;x) := \sum_{l=1}^{n} (x_l - z_l) \int_0^1 \frac{\partial^2 f_j}{\partial x_k \partial x_l}(z + s(x-z))\, ds .$$

Mit der oben definierten Konstante M gilt

$$\|S(z;x)\|_\infty \le \max_{1\le j\le n} \sup_{\zeta\in G} \sum_{k,l=1}^{n} \Big|\frac{\partial^2 f_j}{\partial x_k \partial x_l}(\zeta)\Big| \, \|x-z\|_\infty \le Mr .$$

Also ist für $x \in K_r(z)$:

$$\|J_f(z)^{-1}\, S(z;x)\|_\infty \le \|J_f(z)^{-1}\|_\infty\, Mr .$$

Für hinreichend kleine Wahl von r,

$$r < \frac{1}{\|J_f(z)^{-1}\|_\infty\, M}, \tag{3.2.36}$$

existiert dann nach Lemma 1.16 die Inverse $(I - J_f(z)^{-1}S(z;x))^{-1}$ und genügt der Abschätzung

$$\|\, [I - J_f(z)^{-1}S(z;x)]^{-1}\, \|_\infty \le \frac{1}{1 - \|J_f(z)^{-1}\|_\infty\, Mr} .$$

Also existiert $J_f(x)^{-1} = [I - J_f(z)^{-1}S(z;x)]^{-1} J_f(z)^{-1}$ für alle $x \in K_r(z)$, r wie oben gewählt, und es gilt

$$\frac{1}{m} := \sup_{x\in K_r(z)} \|J_f(x)^{-1}\|_\infty \le \frac{\|J_f(z)^{-1}\|_\infty}{1 - \|J_f(z)^{-1}\|_\infty\, Mr} .$$

Satz 3.9 (Newton-Verfahren): *Es seien die obigen Voraussetzungen erfüllt und r gemäß (3.2.36) bestimmt. Ferner sei $\rho \in (0,r]$ so gewählt, dass*

$$q := \frac{M}{2m}\,\rho < 1\,. \tag{3.2.37}$$

Dann sind für jeden Startwert $x^{(0)} \in K_\rho(z)$ die Newton-Iterierten $x^{(k)} \in K_\rho(z)$ wohl definiert und konvergieren gegen die Nullstelle z von f. Dabei gilt die Fehlerabschätzung

$$\|x^{(k)} - z\|_\infty \le \frac{2m}{M}\,q^{(2^k)}\,, \quad k \in \mathbb{N}\,, \tag{3.2.38}$$

d. h.; Das Newton-Verfahren konvergiert „quadratisch" (im Gegensatz zur nur „linear' kovergierenden einfachen Fixpunktiteration).

Beweis: i) Für jede Iterierte $x^{(k)} \in K_r(z)$ existiert $J_f(x^{(k)})^{-1}$ so dass auch $x^{(k+1)}$ definiert ist. Mit Hilfe der Taylor-Formel (3.2.34) für $x = x^{(k)}$ und $y = z$ sieht man

$$x^{(k+1)} - z = -J_f(x^{(k)})^{-1}\left\{f(x^{(k)}) + J_f(x^{(k)})(z - x^{(k)})\right\} = J_f(x^{(k)})^{-1}\,R(x^{(k)};z)$$

und somit

$$\|x^{(k+1)} - z\|_\infty \le \frac{M}{2m}\,\|x^{(k)} - z\|_\infty^2\,.$$

Im Falle $x^{(k)} \in K_\rho(z)$ folgt

$$\|x^{(k+1)} - z\|_\infty \le \frac{M}{2m}\,\rho^2 \le \rho\,,$$

d. h.: $x^{(k+1)} \in K_\rho(z)$.

ii) Mit der Abkürzung $\rho_t := \frac{M}{2m}\,\|x^{(k)} - z\|_\infty$ gilt wieder

$$\rho_k \le \rho_{k-1}^2 \le \ldots \le \rho_0^{(2^k)}\,.$$

Die Abschätzung

$$\rho_0 = \frac{M}{2m}\,\|x^{(0)} - z\|_\infty \le \frac{M}{2m}\,\rho = q$$

ergibt dann die gewünschte Abschätzung sowie die Konvergenz $x^{(k)} \to z\ (k \to \infty)$.

Q.E.D.

Bemerkung 3.6: Bei der Durchführung des Newton-Verfahrens zur Lösung nichtlinearer Gleichungssysteme ist die Hauptschwierigkeit die Konstruktion eines „guten" Startpunktes $x^{(0)}$. Zur Vergrößerung des Konvergenzbereiches des Newton-Verfahrens führt man eine „Dämpfung" ein,

$$x^{(k+1)} = x^{(k)} - \lambda_k J_f(x^{(k)})^{-1} f(x^{(k)})\,, \tag{3.2.39}$$

wobei der Parameter $\lambda_k \in (0,1]$ zu Beginn klein gewählt wird und dann nach endlich vielen Schritten gemäß einer geeigneten Dämpfungsstrategie $\lambda_k = 1$ gesetzt wird ($\Rightarrow$ Numerische Mathematik).

Beispiel 3.11: Zur Bestimmung der Inversen $Z = A^{-1}$ einer regulären Matrix $A \in \mathbb{R}^{n\times n}$ wird gesetzt

$$f(X) := X^{-1} - A\,,$$

für $X \in \mathbb{R}^{n\times n}$ regulär. Eine Nullstelle dieser Abbildung $f(\cdot) : \mathbb{R}^{n\times n} \to \mathbb{R}^{n\times n}$ ist gerade die Inverse $Z = A^{-1}$. Diese soll mit dem Newton-Verfahren berechnet werden. Dazu ist zunächst eine Umgebung von A bzw. von A^{-1} zu bestimmen, auf der $f(\cdot)$ definiert und differenzierbar ist. Für $X \in K_\rho(A)$ mit $\rho < \|A^{-1}\|_2^{-1}$ folgt aus

$$X = A - A + X = A(I - A^{-1}(A - X))$$

die Beziehung

$$\|A^{-1}(A - X)\|_2 \leq \|A^{-1}\|_2\,\|A - X\|_2 \leq \rho\|A^{-1}\|_2 < 1\,,$$

d. h.: $I - A^{-1}(A - X)$ und damit auch X sind regulär. Als nächstes ist die Jacobi-Matrix $f'(\cdot)$ von $f(\cdot)$ als Abbildung von $\mathbb{R}^{n\times n}$ in sich zu bestimmen. Für die Durchführung des Newton-Verfahrens genügt es offensichtlich, die Wirkung von $f'(\cdot)$ auf Matrizen $Y \in \mathbb{R}^{n\times n}$ zu bestimmen. Wir wollen zeigen , dass

$$J_f(X)Y = -X^{-1}YX^{-1}\,, \quad Y \in \mathbb{R}^{n\times n}\,.$$

Dies sieht man wie folgt: Aus $f(X) = X^{-1} - A$ folgt $Xf(X) = I - XA$. Für die Jacobi-Matrizen der rechten und linken Seite gilt

$$\begin{aligned}
\big([Xf(X)]'Y\big)_{j,k} &= \sum_{pq} \frac{\partial}{\partial x_{pq}} \sum_l x_{jl} f_{lk}(X)\, y_{pq} \\
&= \sum_{p,q}\sum_l \Big\{ \underbrace{\frac{\partial x_{jl}}{\partial x_{pq}}}_{\delta_{jp}\cdot\delta_{lq}} f_{lk}(X) + x_{jl}\frac{\partial f_{lk}}{\partial x_{pq}}(X)\Big\} y_{pq} \\
&= \sum_q f_{qk}(X) y_{jq} + \sum_{p,q}\sum_l x_{jl}\frac{\partial f_{lk}}{\partial x_{pq}}(X) y_{pq} = \big(Yf(X) + Xf'(X)Y\big)_{jk}
\end{aligned}$$

und analog

$$[I - XA]'Y = -YA\,.$$

Also ist

$$-YA = Yf(X) + XJ_f(X)Y = YX^{-1} - YA - XJ_f(X)Y$$

bzw.

$$J_f(X)Y = -X^{-1}YX^{-1}\,.$$

Das Newton-Verfahren

$$J_f(X^{(t)})X^{(t+1)} = J_f(X^{(t)})X^{(t)} - f(X^{(t)})$$

erhält in diesem Fall also die Gestalt

$$-X^{(t)^{-1}}X^{(t+1)}X^{(t)^{-1}} = -X^{(t)^{-1}}\underbrace{X^{(t)}X^{(t)^{-1}}}_{=I} - X^{(t)^{-1}} + A$$

bzw.

$$X^{(t+1)} = 2X^{(t)} - X^{(t)}AX^{(t)} = X^{(t)}\{2I - AX^{(t)}\}.$$

Diese Iteration ist das mehrdimensionale Analogen der Iteration $x_{t+1} = x_t(2 - ax_t)$ im skalaren Fall zur divisionsfreien Berechnung des Kehrwertes $1/a$ einer Zahl $a \neq 0$. Über die Identität

$$X^{(t+1)} - Z = 2X^{(t)} - X^{(t)}AX^{(t)} - Z = -(X^{(t)} - Z)A(X^{(t)} - Z)$$

gewinnt man die Fehlerabschätzung

$$\|X^{(t+1)} - Z\|_2 \le \|A\|_2 \, \|X^{(t)} - Z\|_2^2.$$

Der Einzugsbereich der quadratischen Konvergenz für das Newton-Verfahren ist in diesem Fall also die Menge

$$\{X \in \mathbb{R}^{n\times n} |\, \|X - Z\|_2 < \|A\|_2^{-1}\}.$$

3.3 Implizite Funktionen und Umkehrabbildung

Häufig sind Funktionen nicht in der *expliziten* Form $y = f(x)$ gegeben sondern *implizit* durch eine Gleichung der Form $F(x, y) = 0$. Als illustrierendes Beispiel betrachten wir die Gleichung

$$F(x, y) := x^2 + y^2 - 1 = 0,$$

welche die Punkte des Einheitskreises $\partial K_1(0)$ in der Ebene $\mathbb{R}^2$ charakterisiert. Diese Gleichung lässt sich formal nach y auflösen:

$$y = f_\pm(x) := \pm\sqrt{1 - x^2}.$$

Offenbar gibt es in keiner ganzen Umgebung von $x = \pm 1 \in \mathbb{R}^1$ eine (reelle) Lösung $y = f(x)$. Anhand dieses Beispiels sehen wir, dass die Funktion $y = f(x)$ nicht überall zu existieren und, wenn sie existiert, nicht global eindeutig bestimmt zu sein braucht.

Die allgemeine Fragestellung lautet also wie folgt: Sei $D = D^x \times D^y$ eine offene Menge im Produktraum $\mathbb{R}^n \times \mathbb{R}^m$ und $F : D \to \mathbb{R}$ eine stetige Funktion. Wir wollen untersuchen, inwieweit durch die Gleichung

$$F(x, y) = 0, \quad x \in D^x,\ y \in D^y,$$

implizit eine Funktion $f : D^x \to D^y$ definiert ist, so dass

$$F(x, f(x)) = 0, \quad x \in D^x.$$

Ein wichtiger Spezialfall dieser Situation ist die Gleichung

$$F(x, y) = g(y) - x = 0.$$

In diesem Fall bedeutet die Auflösung nach der Variable y gerade die Bestimmung der „Umkehrabbildung“ $y = g^{-1}(x)$.

3.3.1 Implizite Funktionen

Satz 3.10 (Implizite Funktionen): *Seien $D^x \in \mathbb{R}^n$ und $D^y \in \mathbb{R}^m$ offene Mengen und $F : D^x \times D^y \to \mathbb{R}^m$ eine stetig differenzierbare Abbildung. Ferner sei $(\hat{x}, \hat{y}) \in D^x \times D^y$ ein Punkt, in dem*

$$F(\hat{x}, \hat{y}) = 0 \tag{3.3.40}$$

gilt und die Jacobi-Matrix $D_y F(\hat{x}, \hat{y}) \in \mathbb{R}^{m\times m}$ regulär ist.

i) Dann gibt es eine offene Umgebung $U(\hat{x}) \times U(\hat{y}) \subset D^x \times D^y$ und eine stetige Funktion $f : U(\hat{x}) \to U(\hat{y})$, so dass

$$F(x, f(x)) = 0, \quad x \in U(\hat{x}). \tag{3.3.41}$$

ii) Die Funktion f ist eindeutig bestimmt, d. h.: Ist $(x, y) \in U(\hat{x}) \times U(\hat{y})$ ein Punkt mit $F(x, y) = 0$, so ist $y = f(x)$.

iii) Die Funktion f ist im Punkt $\hat{x}$ stetig differenzierbar, und ihre Jacobi-Matrix $J_f(\hat{x}) = D_x f(\hat{x}) \in \mathbb{R}^{m\times n}$ ist gegeben durch

$$J_f(\hat{x}) = -D_y F(\hat{x}, \hat{y})^{-1} D_x F(\hat{x}, \hat{y}). \tag{3.3.42}$$

Beweis: Wir führen den Beweis in mehreren Schritten.

ia) O.B.d.A. sei $(\hat{x}, \hat{y}) = (0, 0)$. Die Matrix $J_y := D_y F(0, 0)$ ist gemäß Voraussetzung regulär, so dass durch

$$G(x, y) := y - J_y^{-1} F(x, y)$$

eine stetig differenzierbare Abbildung $G : D^x \times D^y \to \mathbb{R}^m$ definiert ist. Offenbar ist $G(0, 0) = 0$, und es gilt:

$$F(x, y) = 0 \quad \Leftrightarrow \quad G(x, y) = y.$$

Die Jacobi-Matrix von G bzgl. der Variable y (I die Einheitsmatrix von $\mathbb{R}^{m\times m}$) erfüllt

$$D_y G(0, 0) = I - J_y^{-1} D_y F(0, 0) = 0.$$

Wegen der vorausgesetzten stetigen Differenzierbarkeit von f ist die Matrix-Funktion $D_y G(x, y)$ stetig. Folglich gibt es eine Kugelumgebung $K_r^x(0) \times K_r^y(0) \subset D^x \times D^y$ mit Radius $r > 0$, so daß

$$\|D_y G(x, y)\|_2 \le \tfrac{1}{2}, \quad (x, y) \in K_r^x(0) \times K_r^y(0). \tag{3.3.43}$$

Wegen $G(0, 0) = 0$ gibt es ferner eine weitere offene Kugelumgebung $K_s^x(0) \subset K_r^x(0)$ mit Radius $0 < s \le r$, so dass

$$\|G(x, 0)\|_2 < \tfrac{1}{2} r, \quad x \in K_s^x(0). \tag{3.3.44}$$

ib) Wir wollen nun eine stetige Funktion $f : K_s^x(0) \to K_r^y(0)$ mit $G(x, f(x)) = f(x)$ bzw. $F(x, f(x)) = 0$ konstruieren. Dazu betrachten wir für beliebiges $x \in K_s^x(0)$ die Fixpunktgleichung

$$G(x, y) = y. \tag{3.3.45}$$

Für Punkte $(x, y_1), (x, y_2) \in K_s^x(0) \times K_r^y(0)$ folgt mit dem Mittelwertsatz

$$\|G(x, y_1) - G(x, y_2)\|_2 \le \sup_{(x,y)\in K_r^x(0)\times K_r^y(0)} \|D_y G(x, y)\|_2 \, \|y_1 - y_2\|_2 \le \tfrac{1}{2}\|y_1 - y_2\|_2.$$

Weiter gilt dann für $y \in K_r^y(0)$

$$\|G(x, y)\|_2 \le \|G(x, y) - G(x, 0)\|_2 + \|G(x, 0)\|_2 \le \tfrac{1}{2}\|y\|_2 + \tfrac{1}{2}r < r,$$

d. h.: $G(x, \cdot)$ ist eine Selbstabbildung der abgeschlossenen Kugel $K_r^y(0)$ und außerdem eine Kontraktion mit Lipschitz-Konstante $q = \frac{1}{2}$. Nach dem Banachschen Fixpunktsatz gibt es somit zu jedem $x \in K_s^x(0)$ genau einen Fixpunkt $y(x) \in K_r^y(0)$ von $G(x, \cdot)$. Dieser wird ausgehend von dem Startpunkt $y^{(0)}(x) := 0$ als Limes der Iteration

$$y^{(k)}(x) = G(x, y^{(k-1)}(x)), \quad k \in \mathbb{N},$$

gewonnen. Dabei gilt die Fehlerabschätzung

$$\|y(x) - y^{(k)}(x)\|_2 \le 2^{-k}\|y^{(1)} - y^{(0)}\|_2 = 2^{-k}\|G(x, 0)\|_2 \le 2^{-k-1}r, \quad x \in K_s^x(0). \tag{3.3.46}$$

Mit der Beziehung

$$y^{(k)}(x) = G(x, y^{(k-1)}(x)) = y^{(k-1)}(x) - J_y^{-1}F(x, y^{(k-1)}(x))$$

und der Stetigkeit von $F(x, y)$ erschließen wir induktiv, dass die $y^{(k)}$ stetige Funktionen von $x \in K_s^x(0)$ sind. Durch $f(x) := y(x)$ erhalten wir eine Funktion $f : K_s^x(0) \to K_r^y(0)$, für die nach Konstruktion gilt:

$$G(x, f(x)) = f(x), \quad x \in K_s^x(0).$$

Die Abschätzung (3.3.46) kann so interpretiert werden, dass die stetigen Funktionen $y^{(k)}$ auf $K_s^x(0)$ gleichmäßig gegen die Funktion f konvergieren, so dass letztere ebenfalls stetig ist. Die Richtigkeit der ersten Behauptung für den Fall $(\hat{x}, \hat{y}) = (0, 0)$ folgt also mit den offenen Umgebungen $U(\hat{x}) := K_s^x(0)$ und $U(\hat{y}) := K_r^y(0)$.

ii) Die Eindeutige Bestimmtheit der Funktion $y = f(x)$ folgt aus der Tatsache, dass für $x \in K_s(\hat{x})$ der Fixpunkt $y = f(x)$ der Gleichung $G(x, y) = y$ eindeutig bestimmt ist.

iiia) Aus der Definition der Differenzierbarkeit von $F(\cdot, \cdot)$ in $(0, 0)$ folgt ($J_y := D_y F(0, 0)$)

$$F(x, y) = D_x F(0, 0)x + J_y y + \omega(x, y)$$

mit einer Funktion $\omega : K_r^r(0) \times K_r^y(0) \to \mathbb{R}^m$ mit der Eigenschaft $\|\omega(x, y)\|_2 = o(\|(x, y)\|_2)$. Nach dem eben Gezeigten gilt $F(x, f(x)) = 0$ auf $K_s^x(0)$ und folglich

$$f(x) = -J_y^{-1}D_x F(0, 0)x - J_y^{-1}\omega(x, f(x)).$$

Setzen wir $\psi(x) := -J_y^{-1}\omega(x, f(x))$, so ergibt sich

$$f(x) = -J_y^{-1} D_x F(0,0)x + \psi(x). \tag{3.3.47}$$

Gemäß der Definition der totalen Differenzierbarkeit bedeutet dies, dass f in $x = 0$ differenzierbar ist, wenn wir zeigen können, dass $\psi(x) = o(\|x\|_2)$, d. h.:

$$\lim_{x \to 0} \frac{\psi(x)}{\|x\|_2} = 0.$$

Um dies zu zeigen, verwenden wir

$$\|\psi(x)\|_2 \le \|J_y^{-1}\|_2 \, \|\omega(x, f(x))\|_2 = o(\|(x, f(x))\|_2).$$

Die Behauptung ist also bewiesen, wenn wir zeigen können, dass

$$\|f(x)\|_2 \le \gamma \|x\|_2, \quad x \in K_\delta(0),$$

für hinreichend kleines $\delta > 0$. Dazu setzen wir

$$c_1 := \|J_y^{-1} D_x F(0,0)\|_2, \qquad c_2 := \|J_y^{-1}\|_2.$$

Es gibt Konstanten $\delta_i \in (0, r)$, so dass aus $\|x\| \le \delta_1$ und $\|y\| \le \delta_2$ folgt

$$\|\omega(x,y)\|_2 \le \frac{1}{2c_2}\|(x,y)\|_2 \le \frac{1}{2c_2}(\|x\|_2 + \|y\|_2).$$

Wegen der Stetigkeit von f gibt es ein $\delta \in (0, \delta_1]$, so dass für $\|x\|_2 \le \delta$ gilt:

$$\|f(x)\|_2 \le \delta_2.$$

Deshalb ist für $\|x\|_2 \le \delta$

$$\|\omega(x, f(x))\|_2 \le \frac{1}{2c_2}(\|x\|_2 + \|f(x)\|_2).$$

Die Gleichung (3.3.47) liefert nun

$$\|f(x)\|_2 \le c_1\|x\|_2 + c_2\|\omega(x, f(x))\|_2 \le (c_1 + \tfrac{1}{2})\|x\|_2 + \tfrac{1}{2}\|f(x)\|_2.$$

Daraus folgt $\|f(x)\|_2 \le (2c_1 + 1)\|x\|_2$, d. h. die gewünschte Abschätzung mit $\gamma := 2c_1 + 1$.

iiib) Es bleibt, die Existenz der Ableitung $D_x f(x)$ in einer Umgebung $K_\delta^x(0) \subset K_s^x(0)$ und ihre Stetigkeit in $x = 0$ zu zeigen. Dies ergibt sich aus den vorausgesetzten Eigenschaften der Abbildung $F(x,y)$ und dem bereits bekannten Störungssatz für reguläre Matrizen. Für hinreichend kleines $\delta > 0$ gilt für Punkte $(x,y) \in K_\delta^x(0) \times K_\delta^y(0) \subset K_s^x(0) \times K_r^y(0)$

$$\|D_y F(x,y) - D_y F(0,0)\|_2 < \frac{1}{\|D_y F(0,0)^{-1}\|_2}.$$

Nach Lemma 1.16 und dem nachfolgenden Korollar ist dann auch die Jacobi-Matrix $D_yF(x,y)$ regulär bzw. ihre Determinante $\det D_yF(x,y) \neq 0$. Die Elemente der inversen Matrix $D_yF(x,y)^{-1}$ sind daher nach der Cramerschen Regel stetige Funktionen der Elemente von $D_yF(x,y)$. Also konvergiert für $\|(x,y)\|_2 \to 0$:

$$\|D_yF(x,y)^{-1}D_xF(x,y) - D_yF(0,0)^{-1}D_xF(0,0)\|_2 \to 0.$$

Mit dem obigen Argument, diesmal angewendet für Punkte $(x,y) \in K_\delta^x(0) \times K_\delta^y(0)$ anstelle von $(0,0)$, ergibt sich die Beziehung

$$f(x+h) - f(x) = -D_yF(x,y)^{-1}D_xF(x,y)h + \omega(x;h)$$

mit einem Restglied $\omega(x;h) = o(\|h\|_2)$. Die Ableitung

$$D_xf(x) = -D_yF(x,f(x))^{-1}D_xF(x,f(x))$$

von f ist also stetig in $x=0$. Q.E.D.

Bemerkung 3.7: Die Funktion $f(x)$ entsteht quasi durch „Auflösung" der Gleichung $F(x,y)=0$ nach y. Für die Gültigkeit von Satz 3.10 ist wesentlich, dass die Umgebung $D^x \times D^y$ verkleinert wird; in ganz $D^x \times D^y$ könnte es zu einem gegebenen x mehrere y-Werte (oder auch gar keine) geben, die der Gleichung $F(x,y)=0$ genügen (s. Abbildung).

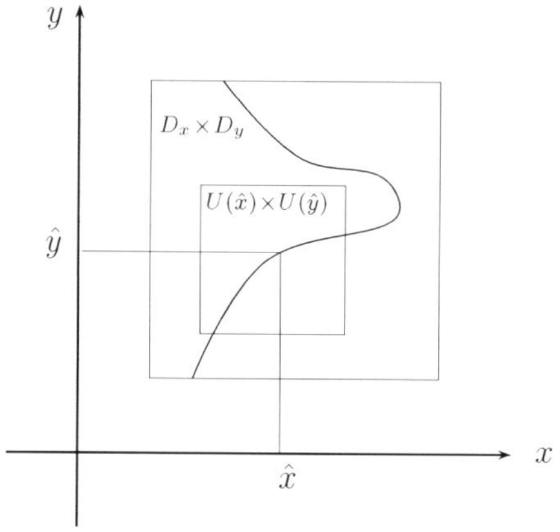

Beispiel 3.12: 1) Wir betrachten wieder die Gleichung

$$F(x,y) := x^2 + y^2 - 1 = 0$$

vom Anfang dieses Kapitels. Es ist $D_yF(x,y) = 2y$, so dass sich nach Satz 3.10 die Gleichung in der Umgebung eines jeden Punktes $(\hat{x},\hat{y})$ mit $\hat{x}^2 + \hat{y}^2 - 1 = 0$ und $\hat{y} \neq 0$ (d. h.: $\hat{x} \neq \pm 1$) eindeutig durch $y = \sqrt{1-x^2}$ oder $y = -\sqrt{1-x^2}$ nach y auflösen lässt.

2) Wir betrachten die Gleichung

$$F(x,y) = (x-y)(\tfrac{1}{2}x - y) = 0.$$

Die Ableitung ist $D_yF(x,y) = (y - \frac{1}{2}x) + (y - x)$. Wegen $D_yF(0,0) = 0$ ist Satz 3.10 nicht anwendbar. In der Tat ergibt formales Auflösen nach y:

$$y_\pm = \tfrac{3}{4}x \pm \tfrac{1}{4}x,$$

und wir sehen, dass die Funktion $y = y(x)$ bei $(x,y) = (0,0)$ gerade ihren Zweig wechselt, d. h.: Sie ist dort nicht eindeutig bestimmt.

3.3.2 Reguläre Abbildungen

Wir beschäftigen uns jetzt mit der Invertierbarkeit von Abbildungen $f : D \subset \mathbb{R}^n \to \mathbb{R}^n$, d. h. mit der Existenz der Umkehrabbildung $f^{-1} : B_f \to \mathbb{R}^n$. In einer Dimension folgt für eine stetig differenzierbare Funktion $f : I \subset \mathbb{R} \to \mathbb{R}$ auf einem Intervall I aus der strikten Monotonie,

$$f'(x) \neq 0, \quad x \in D,$$

die Existenz der Umkehrfunktion $f^{-1} : B_f \to \mathbb{R}$, welche auch wieder stetig differenzierbar ist. Ein ähnliches Resultat gilt auch für Abbildungen in höheren Dimensionen.

Beispiel 3.13: Die (offene) Teilmenge $D := \{(r,\theta),\, r \in \mathbb{R}_+, \theta \in \mathbb{R}\}$ der (r,θ)-Ebene wird durch die stetige Abbildung

$$x_1 = f_1(r,\theta) := r\cos\theta, \quad x_2 = f_2(r,\theta) := r\sin\theta,$$

in die (x_1, x_2)-Ebene abgebildet. Diese Abbildung kann nur *lokal* injektiv sein (im Streifen $G := \{(r,\theta),\, r \in \mathbb{R}_+, \theta \in [0, 2\pi)\}$), aber nicht im Großen, da die (x_1, x_2)-Ebene wegen der Periodizität von Sinus und Kosinus mehrfach überdeckt wird. Für $r = 0$ tritt ein Problem auf, da offenbar alle Punkte der Form $(0,\theta)$, $\theta \in \mathbb{R}$, in den Nullpunkt $x = (0,0)$ abgebildet werden, was der Injektivität widerspäche.

Definition 3.11: *Sei $D \subset \mathbb{R}^n$ offen. Eine Abbildung $f : D \to \mathbb{R}^n$ heißt „regulär“ in einem Punkt $\hat{x} \in D$, wenn sie in einer Umgebung $K_\delta(\hat{x}) \subset D$ von $\hat{x}$ stetig differenzierbar ist, und die Funktionalmatrix $J_f(\hat{x})$ regulär ist. Sie heißt „regulär in D“, wenn sie in jedem Punkt $\hat{x} \in D$ regulär ist.*

Satz 3.11 (Umkehrabbildung): *Sei $D \subset \mathbb{R}^n$ offen und $f : D \to \mathbb{R}^n$ regulär in einem Punkt $\hat{x} \in D$. Dann gibt es eine offene Umgebung $V(\hat{x}) \subset D$ von $\hat{x}$, die von f bijektiv auf eine offene Umgebung $U(\hat{y}) \subset \mathbb{R}^n$ von $\hat{y} := f(\hat{x})$ abgebildet wird. Die Unkehrabbildung $f^{-1} : U(\hat{y}) \to V(\hat{x})$ ist ebenfalls regulär in $\hat{y}$, und für ihre Funktionalmatrix und Funktionaldeterminante gilt:*

$$J_{f^{-1}}(\hat{y}) = J_f(\hat{x})^{-1}, \qquad \det J_{f^{-1}}(\hat{y}) = \frac{1}{\det J_f(\hat{x})}. \tag{3.3.48}$$

Beweis: Als Illustration des Beweises dient folgendes Bild:

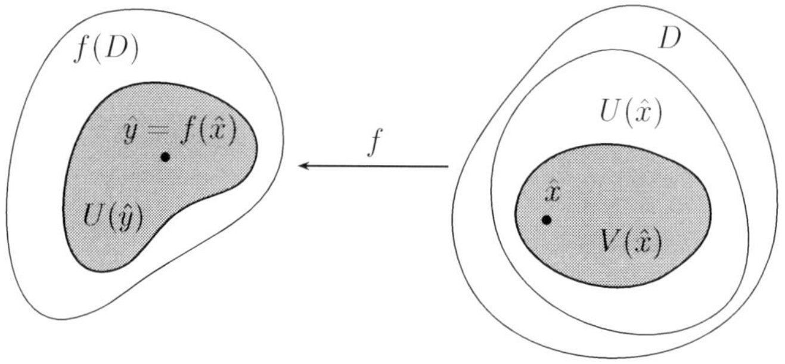

Sei $\hat{x} \in D$ und $\hat{y} := f(\hat{x}) \in f(D)$. Wir betrachten die durch

$$F(y,x) := y - f(x)$$

definierte Abbildung $F : \mathbb{R}^n \times D \to \mathbb{R}^n$. Offenbar ist $F(\hat{y},\hat{x}) = 0$. Ferner ist die Jacobi-Matrix $D_xF(y,x) = -J_f(x)$ gemäß Voraussetung regulär in $\hat{x}$. Nach Satz 3.10 (angewendet mit vertauschten Rollen von x und y) gibt es also (offene) Umgebungen $U(\hat{y})$ von $\hat{y}$ und $U(\hat{x})$ von $\hat{x}$ sowie eine (eindeutig bestimmte) stetig differenzierbare Funktion $g : U(\hat{y}) \to U(\hat{x})$, so dass

$$0 = F(y, g(y)) = y - f(g(y)), \quad y \in U(\hat{y}).$$

Folglich gibt es zu jedem $y \in U(\hat{y})$ genau ein $x = g(y) \in U(\hat{x})$ mit $y = f(x)$. Wir setzen nun

$$V(\hat{x}) := U(\hat{x}) \cap f^{-1}(U(\hat{y})) = \{x \in U(\hat{x}) : f(x) \in U(\hat{y})\}.$$

Da $U(\hat{x})$ und $f^{-1}(U(\hat{y}))$ offen sind, ist $V(\hat{x})$ eine offene Umgebung von $\hat{x}$. Ferner wird $V(\hat{x})$ von f bijektiv auf $U(\hat{y})$ abgebildet. Die zugehörige Umkehrabbildung ist gerade $f^{-1} = g$. Wegen $J_{f\circ f^{-1}}(\cdot) = J_{\mathrm{id}}(\cdot) = I$ folgt mit der Kettenregel

$$J_f(x)J_{f^{-1}}(f(x)) = I, \qquad J_{f^{-1}}(f(x)) = J_f(x)^{-1}$$

und weiter mit dem Determinantensatz $\det J_{f^{-1}}(f(x)) = (\det J_f(x))^{-1}$. Q.E.D.

Korollar 3.4 (Offene Abbildung): *Ist die Abbildung $f : D \subset \mathbb{R}^n \to \mathbb{R}^n$ regulär, so ist für jede offene Menge $O \subset D$ auch die Bildmenge $f(O)$ offen. Solche Abbildungen werden auch als „offen“ bezeichnet.*

Beweis: Sei $O \subset D$ offen und $y \in f(O)$ beliebig mit $y = f(x)$, $x \in O$. Nach Satz 3.11 gibt es zu y Kugelumgebungen $K_r(y) \subset f(O)$ sowie $K_s(x) \subset O$, so dass $K_r(y) \subset f(K_s(x))$. Folglich ist $f(O)$ offen. Q.E.D.

Bemerkung 3.8: Satz 3.11 garantiert nur die *lokale* Umkehrbarkeit der Abbildung f. Für die *globale* Umkehrbarkeit gibt es nur wenig brauchbare Kriterien. Dazu bräuchte man, dass die implizite Funktion f im Satz 3.10 global eindeutig bestimmt ist, was nur unter sehr einschränkenden Bedingungen zu garantieren ist.

Bemerkung 3.9: Eine eineindeutige stetige Abbildung f einer offenen Menge $D \subset \mathbb{R}^n$ auf eine offene Menge $f(D) \subset \mathbb{R}^n$ mit stetiger Umkehrabbildung f^{-1} wird „Homöomorphismus" genannt. Sind sowohl f als auch f^{-1} stetig differenzierbar, so spricht man von einem „Diffeomorphismus" .

Beispiel 3.14: Wir betrachten die durch

$$(x_1, x_2) = f(r, \theta) := (r\cos\theta, r\sin\theta)$$

definierte Abbildung $f : \mathbb{R}_+ \times \mathbb{R} \to \mathbb{R}^2$. Dies ist die Transformation der sog. „Polarkoordinaten (r, θ) auf kartesischen Koordinaten (x_1, x_2). Die Jacobi-Matrix von f ist

$$J_f(r, \theta) = \begin{pmatrix} \partial_r f_1 & \partial_\theta f_1 \\ \partial_r f_2 & \partial_\theta f_2 \end{pmatrix} = \begin{pmatrix} \cos\theta & -r\sin\theta \\ \sin\theta & r\cos\theta \end{pmatrix},$$

und die zugehörige Jacobi-Determinate ist $\det J_f(r, \theta) = r > 0$. Die Abbildung f ist also auf ganz $D = \mathbb{R}_+ \times \mathbb{R}$ regulär. Nach Satz 3.11 ist f also überall in D lokal umkehrbar. Die Jacobi-Matrix der lokalen Umkehrabbildung $f^{-1}(x_1, x_2)$ lautet

$$J_{f^{-1}}(x_1, x_2) = J_f(r, \theta)^{-1} = \begin{pmatrix} \cos\theta & \sin\theta \\ -r^{-1}\sin\theta & r^{-1}\cos\theta \end{pmatrix}.$$

Zur Umrechnung in die Variablen $(x_1, x_2) = (r\cos\theta, r\sin\theta)$ formen wir um:

$$r = \sqrt{x_1^2 + x_2^2}, \quad r^{-1}x = \cos\theta, \quad r^{-1}y = \sin\theta.$$

Damit ergibt sich

$$J_{f^{-1}}(x_1, x_2) = \frac{1}{\sqrt{x_1^2 + x_2^2}} \begin{pmatrix} x_1\sqrt{x_1^2 + x_2^2} & x_2\sqrt{x_1^2 + x_2^2} \\ -x_2 & x_1 \end{pmatrix}.$$

Wir kennen also die Jacobi-Matrix $J_{f^{-1}}(x_1, x_2)$ der Umkehrabbildung, ohne sie selbst explizit berechnet zu haben. Letzteres ist im vorliegenden Fall aber möglich. Bzgl. der Mengen

$$U := \mathbb{R}_+ \times (-\tfrac{1}{2}\pi, \tfrac{1}{2}\pi), \quad V := \mathbb{R}_+ \times \mathbb{R},$$

ist die Abbildung $f : U \to V$ bijektiv mit der Umkehrabbildung

$$f^{-1}(x, y) = \big(\sqrt{x_1^2 + x_2^2}, \arctan(x_1/x_2)\big).$$

Durch Berechnung der partiellen Ableitungen dieser Abbildung kann die obige Form ihrer Jakobi-Matrix bestätigt werden. Die Abbildung f bildet $\mathbb{R}_+ \times \mathbb{R}$ auf $\mathbb{R}^2 \setminus \{0\}$ ab, sie ist aber wegen $f(r, \theta) = f(r, \theta + 2k\pi)$, $k \in \mathbb{Z}$, nicht global injektiv.

3.3.3 Extremalaufgaben mit Nebenbedingungen

Im Folgenden betrachten wir sog. „restringierte“ Optimierungsaufgaben , speziell solche mit Gleichungsnebenbedingungen. Seien $f : D \to \mathbb{R}$ und $g : D \to \mathbb{R}$ differenzierbare Funktionen auf einer offenen Menge $D \subset \mathbb{R}^n$. Wir suchen einen Punkt $\hat{x} \in D$ mit der Eigenschaft

$$f(\hat{x}) = \inf \big\{ f(x),\, x \in U(\hat{x}),\, g(\hat{x}) = 0 \big\}, \tag{3.3.49}$$

oder analog $f(\hat{x}) = \sup \big\{ f(x),\, x \in U(\hat{x}),\, g(\hat{x}) = 0 \big\}$, für eine Umgebung $U(\hat{x})$. Analog kann auch die Maximierung von f betrachtet werden. Der folgende Satz gibt uns ein notwendiges Kriterium für eine Lösung dieser Aufgabe.

Satz 3.12 (Lagrange-Multiplikatoren): *Sei $D \subset \mathbb{R}^n$ offen und $f, g : D \to \mathbb{R}$ zwei stetig differenzierbare Abbildungen. Ferner sei $\hat{x} \in D$ ein Punkt, in dem F ein lokales Extremum unter der Nebenbedingung $g(\hat{x}) = 0$ besitzt, d. h.: Mit der Menge*

$$N_g := \{ x \in D : \, g(x) = 0 \}$$

gilt auf einer Umgebung $U(\hat{x}) \subset D$:

$$f(\hat{x}) = \inf_{x \in U \cap N_g} f(x) \qquad \textit{oder} \qquad f(\hat{x}) = \sup_{x \in U \cap N_g} f(x). \tag{3.3.50}$$

Ist dann $\nabla g(\hat{x}) \neq 0$, so gibt es ein $\hat{\lambda} \in \mathbb{R}$, so dass

$$\nabla f(\hat{x}) = \hat{\lambda} \nabla g(\hat{x}). \tag{3.3.51}$$

Der Parameter $\hat{\lambda}$ wird „Lagrange-Multiplikator“ genannt.

Beweis: Wegen der Voraussetzung $\nabla g(\hat{x}) \neq 0$ können wir nach eventueller Umnummerierung der Koordinaten annehmen, dass $\partial_n g(\hat{x}) \neq 0$. Wir setzen

$$\hat{x} := (\hat{x}', \hat{x}_n) \in \mathbb{R}^n, \quad \hat{x}' = (\hat{x}_1, \dots, \hat{x}_{n-1}) \in \mathbb{R}^{n-1}.$$

Satz 3.10, angewendet auf die Gleichung

$$F(x', x_n) := g(x) = 0,$$

liefert die Existenz von Umgebungen $U(\hat{x}') \subset \mathbb{R}^{n-1}$ von $\hat{x}'$ und $U(\hat{x}_n) \subset \mathbb{R}$ von $\hat{x}_n$ mit $U(\hat{x}') \times U(\hat{x}_n) \subset D$, sowie einer (eindeutig bestimmten) stetig differenzierbaren Funktion $\varphi : U(\hat{x}') \to U(\hat{x}_n)$, so dass

$$F(x', \varphi(x')) = 0, \quad x' \in U(\hat{x}'), \tag{3.3.52}$$

und

$$N_g \cap (U(\hat{x}_n) \times U(\hat{x}')) = \{ x \in U(\hat{x}_n) \times U(\hat{x}') : \, x_n = \varphi(x') \}.$$

Mit Hilfe der Kettenregel folgt aus (3.3.52):

$$\partial_i g(\hat{x}) + \partial_n g(\hat{x}) \partial_i \varphi(\hat{x}') = 0, \quad i = 1, \dots, n-1. \tag{3.3.53}$$

Da f auf N_g im Punkt $\hat{x}$ ein lokales Extremum besitzt, hat die Funktion

$$\tilde{f}(x') := F(x', \varphi(x'))$$

auf $U(\hat{x}')$ im Punkt $\hat{x}'$ ein lokales Extremum. Nach Satz 3.7 gilt also notwendigerweise

$$0 = \partial_i \tilde{f}(\hat{x}') = \partial_i f(\hat{x}) + \partial_n f(\hat{x}) \partial_i \varphi(\hat{x}'), \quad i = 1, \dots, n-1. \tag{3.3.54}$$

Definieren wir nun

$$\hat{\lambda} := \partial_n f(\hat{x}) \partial_n g(\hat{x})^{-1} \qquad \text{bzw.} \qquad \partial_n f(\hat{x}) = \hat{\lambda} \partial_n g(\hat{x}),$$

so ergibt sich zusammen mit (3.3.53) und (3.3.54)

$$\partial_i f(\hat{x}) = \hat{\lambda} \partial_i g(\hat{x}), \quad i = 1, \dots, n,$$

bzw.

$$\nabla f(\hat{x}) = \hat{\lambda} \nabla g(\hat{x}).$$

Q.E.D.

Bemerkung 3.10: Die Aussage von Satz 3.12 kann auch so interpretiert werden, dass jeder lokale Minimalpunkt $\hat{x}$ der Funktion F unter der Nebenbedingung $g(\hat{x}) = 0$ notwendig zu einem sog. „stationären Punkt“ der Lagrange-Funktion

$$\mathcal{L}(x, \lambda) := f(x) - \lambda g(x), \quad (x, \lambda) \in D \times \mathbb{R},$$

korrespondiert, d. h. zu einem Punkt $(\hat{x}, \hat{\lambda})$ mit

$$\nabla_{(x,\lambda)} \mathcal{L}(\hat{x}, \hat{\lambda}) = \begin{pmatrix} \nabla_x f(\hat{x}) - \hat{\lambda} \nabla_x g(\hat{x}) \\ g(\hat{x}) \end{pmatrix} = 0. \tag{3.3.55}$$

Dieser Lösungsansatz für Optimierungsprobleme mit Gleichungsnebenbedingungen wird „Euler-Lagrange-Formalismus“ (oder auch „indirekte“ Lösungsmethode) genannt. Im Gegensatz dazu wird bei der „direkten“ Lösungsmethode die Nebenbedingung $g(x) = 0$ explizit z. B. nach $x_n = \varphi(x_1, \dots, x_{n-1})$ aufgelöst und dann die reduzierte, unrestringierte Optimierungsaufgabe

$$f(x_1, \dots, x_{n-1}, \varphi(x_1, \dots, x_{n-1})) \to \min.$$

gelöst. In der Praxis ist diese explizite Auflösung aber häufig schwierig, so dass die indirekte Methode trotz der damit verbundenen Dimensionserhöhung meist vorgezogen wird.

Beispiel 3.15: Sei $A = (a_{ij})_{i,j=1}^n \in \mathbb{R}^{n\times n}$ eine symmetrische Matrix und $a(\cdot)$ die zugehörige quadratische Form

$$f(x) := (x, Ax)_2 = \sum_{i,j=1}^n a_{ij}x_ix_j.$$

Wir wollen die Extrema von $a(x)$ unter der Nebenbedingung $\|x\|_2 = 1$ bestimmen. Wir definieren:

$$g(x) := \|x\|_2^2 - 1, \qquad N_g := \{x \in \mathbb{R}^n : g(x) = 0\}.$$

Wegen $\nabla g(x) = 2x$ ist $\nabla g(x) \neq 0$ für $x \in N_g$. Weiter gilt wegen $a_{ij} = a_{ji}$:

$$\begin{aligned}\partial_k f(x) &= \sum_{i,j=1}^n a_{ij}\delta_{ik}x_j + \sum_{i,j=1}^n a_{ij}x_i\delta_{jk} \\ &= \sum_{j=1}^n a_{kj}x_j + \sum_{i=1}^n a_{ik}x_i = 2\sum_{i=1}^n a_{ki}x_i.\end{aligned}$$

In kompakter Schreibweise heißt dies $\nabla f(x) = 2Ax$. Auf der kompakten Menge N_g nimmt die stetige Funktion f ihr Maximum an. Nach Satz 3.12 gibt es ein $\hat\lambda \in \mathbb{R}$, so dass

$$A\hat x = \hat\lambda \hat x.$$

Dies bedeutet, dass λ Eigenwert der Matrix A mit dem Eigenvektor $\hat x$ ist. Wegen

$$f(\hat x) = (\hat x, A\hat x)_2 = (\hat x, \hat\lambda\hat x)_2 = \hat\lambda$$

wird das Minimum bei einem Eigenvektor zum kleinsten Eigenwert $\lambda_{\min}$ angenommen. Für diesen gilt dann offenbar

$$\lambda_{\min} = \min_{x\in\mathbb{R}^n} \frac{(x, Ax)_2}{\|x\|_2^2},$$

d. h. er ist charakerisiert als das Minimum des sog. „Rayley-Quotienten“

$$\mathcal{R}(x) := \frac{(x, Ax)_2}{\|x\|_2^2}$$

der Matrix A auf $\mathbb{R}^n$. Analog sieht man, dass der maximale Eigenwert $\lambda_{\max}$ entsprechend als das Maximum des Rayley-Quotienten charakterisiert ist.

Beispiel 3.16: Wir wollen das Maximum der auf $\mathbb{R}^n$ definierten Funktion

$$f(x) := (x_1 \cdot \ldots \cdot x_n)^2$$

auf der Sphäre $S_1 = \{x \in \mathbb{R}^2 : \|x\|_2 = 1\}$ bestimmen. Die Funktion f und die Funktion g in der Nebenbedingung

$$g(x) := \sum_{i=1}^n x_i^2 - 1 = 0 \tag{3.3.56}$$

sind offenbar Polynome und damit stetig differenzierbar. Da die Sphäre $S_1 \subset \mathbb{R}^n$, kompakt ist, nimmt f auf S_1 sein Maximum und Minimum an, wobei offenbar $\min_{x\in S_1} f(x) = 0$ und $\max_{x\in S_1} f(x) > 0$. Ferner ist $\nabla g(x) = 2x \neq 0$ für $x \in S_1$. Nach Satz 3.12 sind die Extremalpunkte also unter den Lösungen $(x,\lambda) \in \mathbb{R}^n \times \mathbb{R}$ des Gleichungssystems

$$\partial_i f(x) = \lambda \partial_i g(x), \quad i = 1,\dots,n,$$

zu suchen. Dieses ist äquivalent zu

$$\frac{2(x_1\cdot\ldots\cdot x_n)^2}{x_i} = 2\lambda x_i \qquad \text{bzw.} \qquad (x_1\cdot\ldots\cdot x_n)^2 = \lambda x_i^2, \quad i = 1,\dots,n.$$

Wegen $\max_{x\in S_1} f(x) > 0$, können wir $x_i \neq 0$ annehmen und erhalten ebenfalls $\lambda \neq 0$. Summation über $i = 1,\dots,n$ und Berücksichtigung der Nebenbedingung (3.3.56) liefert daher

$$n(x_1\cdot\ldots\cdot x_n)^2 = \lambda \sum_{i=1}^n x_i^2 = \lambda,$$

und damit weiter

$$(x_1\cdot\ldots\cdot x_n)^2 = n(x_1\cdot\ldots\cdot x_n)^2 x_i^2, \quad i = 1,\dots,n,$$

bzw.

$$x_i^2 = \frac{1}{n}, \quad i = 1,\dots,n.$$

Dies beschreibt alle möglichen (nicht trivialen) Lösungen $(\hat{x},\hat{\lambda})$ des Euler-Lagrange-Systems, d. h. möglicher lokaler Extrema, wobei die zugehörigen Funktionswerte $f(\hat{x}) = n^{-n}$ offenbar alle gleich sind. Damit ergibt sich folgendes Resultat: Das (globale) Maximum von f auf der Sphäre S_1 wird u. a. in dem Punkt

$$\hat{x} = (n^{-1/2},\dots,n^{-1/2}), \qquad f(\hat{x}) = n^{-n},$$

angenommen. Für alle Punkte $x = (x_1,\dots,x_n) \in \mathbb{R}^n$ mit der Eigenschaft $x_1^2+\cdots+x_n^2 = 1$ gilt also die Ungleichung

$$(x_1\cdot\ldots\cdot x_n)^2 \le n^{-n}. \tag{3.3.57}$$

Wendet man diese Ungleichung auf die zu einem beliebigen $x = (x_1,\dots,x_n) \in \mathbb{R}^n_+$ gebildeten Werte $\xi_i := \sqrt{x_i}/(\sum_{i=1}^n x_i)^{1/2}$ an, so erhält man die bekannte Beziehung zwischen geometrischem und arithmetischem Mittel positiver Zahlen $x_i > 0$:

$$\sqrt[n]{x_1\cdot\ldots\cdot x_n} \le \frac{x_1+\cdots+x_n}{n}. \tag{3.3.58}$$

3.4 Übungen

Übung 3.1: Man berechne die partiellen Ableitungen $\partial_i f$ der folgenden Funktionen $f:\mathbb{R}^n \setminus \{0\}$, wobei $r(x) := \|x\|_2$ bezeichnet:

$$a) \quad f(x) = r(x)^{-n}, \qquad b) \quad f(x) = e^{-1/r(x)^2}.$$

Übung 3.2: Die Funktion $f : \mathbb{R}^2 \to \mathbb{R}$ sei definiert durch

$$f(x,y) := \frac{x^3y - xy^3}{x^2+y^2}, \quad (x,y) \neq 0, \qquad f(0,0) := 0.$$

Man zeige:

a) f ist auf ganz $\mathbb{R}^2$ zweimal partiell differenzierbar, d. h.: Die zugehörige Hesse-Matrix $\nabla^2 f$ existiert überall.

b) f und ∇f sind stetig auf $\mathbb{R}^2$.

c) Die Hesse-Matrix $\nabla^2 f$ ist stetig auf $\mathbb{R}^2 \setminus \{0\}$; es ist aber $\partial_x\partial_y f(0,0) \neq \partial_y\partial_x f(0,0)$, d. h.: Die Hesse-Matrix ist in $(x,y) = (0,0)$ nicht symmetrisch.

Übung 3.3: a) Man berechne den Gradienten $\nabla f = (\partial_i f)_{i=1}^n$ und die Hesse-Matrix $\nabla^2 f := (\partial_i\partial_j f)_{i,j=1}^n$ der folgenden Funktionen $f_i : \mathbb{R}^n \to \mathbb{R}$ für $\varepsilon \in \mathbb{R}_+$:

$$(i) \quad f_1(x) = (\|x\|_2^2 + \varepsilon)^{-1}, \qquad (ii) \quad f_2(x) = e^{\|x\|_2^2}.$$

b) Man diskutiere die Eigenschaften der Hesse-Matrizen dieser Funktionen im $\mathbb{R}^2$.

Übung 3.4: a) Man berechne den Gradienten und die Hesse-Matrix der durch

$$f(x) = \|x\|_2^3 - 1, \quad x \in \overline{K_1(0)} = \{x \in \mathbb{R}^n : \|x\|_2 \leq 1\},$$

gegebenen Funktion $f : \overline{K_1(0)} \to \mathbb{R}$.

b) Wo liegen die Maximal- und Minimalstellen der Funktion f?

Übung 3.5: Man berechne die Jacobi-Matrix und die Jacobi-Determinante der durch

$$v(r,\theta,\varphi) := \begin{pmatrix} r\cos\theta\sin\varphi \\ r\sin\theta\sin\varphi \\ r\cos\varphi \end{pmatrix}$$

definierten Abbildung $v : \mathbb{R}^3 \to \mathbb{R}^3$. In welchen Punkten (r,θ,φ) ist $J_v(r,\theta,\varphi)$ regulär?

Übung 3.6: Punkte $(x_1,x_2) \in \mathbb{R}^2$ haben die „Polarkoordinatendarstellung“

$$x_1 = r\cos\theta, \quad x_2 = r\sin\theta.$$

mit dem Radius $r = \|x\|_2 \in \mathbb{R}_+ \cup \{0\}$ und dem Winkel $\theta \in (0, 2\pi]$ zwischen dem Ortsvektor x und der x_1-Achse. Jede Funktion $f : \mathbb{R}^2 \to \mathbb{R}$ lässt sich als Funktion bzgl. dieser Polarkoordinaten schreiben:

$$f(x_1,x_2) = f(r\cos\theta, r\sin\theta) =: F(r,\theta).$$

i) Man zeige, dass der Laplace-Operator $\Delta = \operatorname{div}\operatorname{grad}$ für solche Funktionen $F(r,\theta)$ die folgende Form hat:

$$\Delta f(x_1,x_2) = (\partial_1^2 + \partial_2^2) f(x_1,x_2) = (\partial_r^2 + r^{-1}\partial_r + r^{-2}\partial_\theta^2) F(r,\theta).$$

ii) Man zeige, dass für $\omega \in (0,2\pi]$ die auf dem Sektor $S_\omega := \{(r,\theta) : r \geq 0, \theta \in [0,\omega]\}$ der (x,y)-Ebene definierte Funktion

$$s_\omega(r,\theta) := r^{\pi/\omega}\sin(\theta\pi/\omega)$$

in S_ω^o harmonisch ist, d. h. $\Delta s_\omega \equiv 0$ erfüllt, und den „Randbedingungen" $s_\omega(r,0) = s_\omega(r,\omega) = 0$ genügt.

Übung 3.7: Bei der Untersuchung spezieller Funktionen ist es häufig nützlich, ihrer Struktur besonderes gut angepasste Kordinatensysteme zu verwenden. Dazu gehören z. B. die sog. „Kugelkoordinaten" (auch „Polarkoordinaten" in zwei Dimensionen):

$$n=2: \quad \begin{bmatrix} x_1 \\ x_2 \end{bmatrix} = \begin{bmatrix} r\cos(\theta) \\ r\sin(\theta) \end{bmatrix}, \qquad n=3: \quad \begin{bmatrix} x_1 \\ x_2 \\ x_3 \end{bmatrix} = \begin{bmatrix} r\cos(\theta)\sin(\varphi) \\ r\sin(\theta)\sin(\varphi) \\ r\cos(\varphi) \end{bmatrix}.$$

mit dem Radius $r = \|x\|_2 \in \mathbb{R}_+ \cup \{0\}$ und den Winkeln $\theta \in [0,2\pi)$ zwischen dem Ortsvektor x und der x_1-Achse sowie, in drei Dimensionen, $\varphi \in [0,\pi]$ zwischen dem Ortsvektor x und der x_3-Achse. Jede Funktion $f : \mathbb{R}^n \to \mathbb{R}$ $(n=2,3)$ lässt sich als Funktion bzgl. dieser Kugelkoordinaten schreiben:

$$\begin{aligned} n=2: &\quad f(x_1,x_2) = f(r\cos(\theta), r\sin(\theta)) =: F(r,\theta), \\ n=3: &\quad f(x_1,x_2,x_3) = f(r\cos(\theta)\sin(\varphi), r\sin(\theta)\sin\varphi, r\cos(\varphi)) =: F(r,\theta,\varphi). \end{aligned}$$

a) Man zeige, dass der Laplace-Operator $\Delta = \operatorname{div}\operatorname{grad} = \sum_{i=1}^n \partial_i^2$ für solche Funktionen $F(r,\theta)$ bzw. $F(r,\theta,\varphi)$ die folgende Form hat:

$$\begin{aligned} n=2: &\quad \Delta f(x_1,x_2) = (\partial_r^2 + r^{-1}\partial_r + r^{-2}\partial_\theta^2) F(r,\theta), \\ n=3: &\quad \Delta f(x_1,x_2,x_3) = \Big(\partial_r^2 + \frac{2}{r}\partial_r + \frac{1}{r^2\sin^2(\varphi)}\partial_\theta^2 + r^{-2}\partial_\varphi^2 + \frac{\cos(\varphi)}{r^2\sin(\varphi)}\partial_\varphi\Big) F(r,\theta,\varphi) \end{aligned}$$

b) Man bestimme für den Laplace-Operator $\Delta := \operatorname{div}\operatorname{grad}$ im $\mathbb{R}^n \setminus \{0\}$:

$$n=2: \quad \Delta\log(\|x\|_2) = ?, \qquad n=3: \quad \Delta(\|x\|_2^{-1}) = ?$$

c) Man berechne die Jacobi-Matrix und die Jacobi-Determinante für die durch

$$i) \quad v(r,\theta,\varphi) := \begin{pmatrix} r\cos(\theta)\sin(\varphi) \\ r\sin(\theta)\sin(\varphi) \\ r\cos(\varphi) \end{pmatrix}, \qquad ii) \quad v(r,\theta,z) := \begin{pmatrix} r\cos(\theta) \\ r\sin(\theta) \\ z \end{pmatrix},$$

definierten Abbildungen $v : \mathbb{R}^3 \to \mathbb{R}^3$. Zwischen welchen Teilmengen Urbild- und Bildbereich sind diese Abbildungen jeweils bijektiv? In welchen Punkten ist J_v jeweils irregulär? (Bemerkung: Die Abbildung (i) entspricht gerade den o. a. Kugelkoordinaten im $\mathbb{R}^3$, während die Abbildung (ii) zu den sog. „Zylinderkoordinaten" im $\mathbb{R}^3$ gehört.)

Übung 3.8: Wo ist die durch

$$f(x,y) = |xy|$$

definierte Funktion $f : \mathbb{R}^2 \to \mathbb{R}$ partiell bzw. total differenzierbar?

Übung 3.9: Für welche Argumente $x = (x_1, x_2, x_3) \in \mathbb{R}^3$ sind die durch

$$i) \quad f_1(x) = |x_1 x_2| + |x_3|, \qquad ii) \quad f_2(x) = |x_1 x_2 x_3|^{1/3}$$

definierten Funktionen $f_i : \mathbb{R}^3 \to \mathbb{R}$ partiell bzw. total differenzierbar?

Übung 3.10: Sei $M \subset \mathbb{R}^n$ eine offene Menge und $f : M \to \mathbb{R}^n$ eine Lipschitz-stetige Abbildung mit Lipschitz-Konstante L. Man zeige:

i) Die Abbildung f besitzt eine Lipschitz-stetige Fortsetzung $\overline{f}$ auf $\overline{M}$, d. h. eine Abbildung $\overline{f} : \overline{M} \to \mathbb{R}^n$ mit $\overline{f}(x) = f(x)$ für $x \in M$ und

$$\|\overline{f}(x) - \overline{f}(y)\| \le L\|x - y\|, \quad x, y \in \overline{M}.$$

ii) Ist M beschränkt, so ist der Bildbereich $\overline{f}(\overline{M}) \subset \mathbb{R}^n$ abgeschlossen.

Übung 3.11: a) Sei $D \subset \mathbb{R}^n$ eine offene und konvexe Menge und $f : D \to \mathbb{R}^n$ eine differenzierbare Abbildung mit gleichmäßig beschränkter Jacobi-Matrix

$$\sup_{x \in D} \|J_f(x)\|_2 \le K_2 < \infty.$$

Man zeige, dass f dann in D Lipschitz-stetig ist, d. h.:

$$\|f(y) - f(x)\|_2 \le K_2\|y - x\|_2, \quad x, y \in D.$$

b) Gilt eine analoge Aussage auch, wenn man die Spektralnorm $\|\cdot\|_2$ durch eine beliebige andere (natürliche) Matrixnorm $\|\cdot\|$ ersetzt?

c) Zusatzaufgabe für Anspruchsvolle: Mit den von der l_∞- und der l_1-Norm erzeugten natürlichen Matrixnormen $\|\cdot\|_\infty$ ("maximale Zeilensumme") bzw. $\|\cdot\|_1$ („maximale Spaltensumme") gelte

$$\sup_{x \in D} \|J_f(x)\|_\infty \le K_\infty, \qquad \sup_{x \in D} \|J_f(x)\|_1 \le K_1.$$

Man zeige, dass dann

$$\|f(y) - f(x)\|_2 \le \sqrt{K_\infty K_1}\, \|y - x\|_2, \quad x, y \in D.$$

Übung 3.12: Im Band Analysis 1 (Abschnitt 5.3) wird gezeigt, dass für eine $r+1$-mal stetig differenzierbare Funktion $f : (a,b) \to \mathbb{R}$ um jeden Punkt $x_0 \in (a,b)$ die Taylor-Approximation

$$f(x) = \sum_{k=0}^{r} \frac{f^{(k)}(x_0)}{k!}\,(x - x_0)^k + R_{r+1}^f(x_0; x - x_0),$$

besteht, mit dem Restglied $R^f_{r+1}(x_0; x - x_0)$ in integraler und differentieller Form

$$R^f_{r+1}(x_0; x - x_0) = \frac{1}{r!} \int_{x_0}^{x} (x-t)^r f^{(r+1)}(t)\, dt = \frac{f^{(r+1)}(\xi)}{(r+1)!}(x - x_0)^{r+1}, \quad \xi \in (x_0, x).$$

Man leite durch eine Variablentransformation hieraus die folgenden Darstellungen ab:

$$f(x_0 + h) = \sum_{k=0}^{r} \frac{f^{(k)}(x_0)}{k!} h^k + R^f_{r+1}(x_0; h),$$

mit dem Restglied $R^f_{r+1}(x_0; x_0 + h)$ in intregraler und differentieller Form

$$R^f_{r+1}(x_0; h) = \frac{h^{r+1}}{r!} \int_0^1 (1-s)^r f^{(r+1)}(x_0 + sh)\, ds = \frac{f^{(r+1)}(x_0 + \theta h)}{(r+1)!} h^{r+1}, \quad \theta \in (0, 1),$$

(Hinweis: Man versuche es mit der Transformation $s := (t - x_0)/h$.)

Übung 3.13: Man gebe die Taylor-Entwicklung der durch

$$f(x) = \frac{x_1 - x_2}{x_1 + x_2}$$

definierten Funktion $f : \mathbb{R}^2_+ \to \mathbb{R}$ um den Punkt $x = (1, 1)$ bis zum Restglied $R^f_3(x; h)$ 3-ter Ordnung an (Das Restglied selbst braucht nicht berechnet zu werden.).

Übung 3.14: Man zeige, dass die durch

$$f(x) := \ln(1 + x_2 - x_1), \quad x \in D = \{y \in \mathbb{R}^2 : y_2 - y_1 > -1\},$$

definierte Funktion $f : D \to \mathbb{R}$ die folgende Taylor-Reihe um den Punkt $x = 0$ hat:

$$T^f_\infty(x) = \sum_{k=1}^{\infty} \frac{(-1)^{k-1}}{k} (x_2 - x_1)^k$$

Wie sieht der Konvergenzbereich dieser Reihe aus, und stellt sie die Funktion dort dar?

Übung 3.15: Man betrachte die durch

$$f(x_1, x_2) = 2x_1^2 - 3x_1x_2^2 + x_2^4$$

definierte Funktion $f : \mathbb{R}^2 \to \mathbb{R}$.

a) Man zeige, dass f entlang jeder Geraden durch den Nullpunkt in $(0, 0)$ ein (relatives) Minimum besitzt.

b) Man zeige, dass f im Nullpunkt $(0, 0)$ aber kein lokales Minimum in $\mathbb{R}^2$ besitzt.

(Bem.: Dieses warnende Beispiel sollte man sich ganz klar machen.)

Übung 3.16: Seien $a^{(j)} \in \mathbb{R}^n$, $j = 1, \ldots, m$, gegebene Punkte. Man bestimme die lokalen und globalen Minima der durch

$$f(x) := \sum_{j=1}^{m} \|x - a^{(j)}\|_2^2$$

definierten Funktion $f : \mathbb{R}^2 \to \mathbb{R}$.

Übung 3.17: Man bestimme die Extrema der folgenden Funktionen auf $\mathbb{R}^2$:

$$a) \quad f(x) = x_1^3 + x_2^3 - 9x_1x_2 + 27; \qquad b) \quad f(x) = x_1^2 + x_2^2 - 2x_1x_2 + 1.$$

Übung 3.18: Man zeige, dass durch die Gleichung

$$F(x, y, z) = z^3 + (x^2 + y^2)z + 1 = 0$$

eindeutig eine Funktion $z = f(x, y)$ auf ganz $\mathbb{R}^2$ bestimmt ist, welche stetig differenzierbar ist.

Übung 3.19: Man untersuche mit Hilfe des Satzes über implizite Funktionen, ob die Gleichung

$$x^y = y^x$$

in der Nähe der Punkte $(2, 4)$ und (e, e) nach einer der beiden Variablen auflösbar ist.

Übung 3.20: Man untersuche die Abbildung

$$u = e^x \cos(y), \qquad v = e^x \sin(y),$$

der Menge $M := \{(x, y) \in \mathbb{R}^2 : x \in [0, 1], y \in [-\frac{1}{2}\pi, \frac{1}{2}\pi]\}$ nach $\mathbb{R}^2$, bestimme ihren Bildbereich und gegebenenfalls die inverse Abbildung. Ist die Abbildung im Großen, d. h. als Abbildung von $\mathbb{R}^2$ nach $\mathbb{R}^2$ umkehrbar?

Übung 3.21: Die reelle Zahl $a > 0$ ist so in drei positive Summanden zu zerlegen, dass deren Produkt maximal ist. (Hinweis: Man formuliere dies als eine Optimierungsaufgabe mit Gleichungsrestriktion und benutze zu deren Lösung den Lagrange-Ansatz.)

Übung 3.22: Man bestimme die Maxima und Minimima des Polynoms

$$f(x, y) = 4x^2 - 3xy$$

auf der Kreisscheibe $K := \{(x, y) \in \mathbb{R}^2 : x^2 + y^2 \leq 1\}$.
(Hinweis: Man berechne zunächst die lokalen Extrema von f im Innern von K und dann auf dem Rand von K, d. h. unter der Gleichungsnebenbedingung $x^2 + y^2 = 1$.)

Übung 3.23: Sei $D \subset \mathbb{R}^n$ eine offene Menge und $f : D \to \mathbb{R}$ eine unendlich oft differenzierbare Funktion mit gleichmäßig beschränkten partiellen Ableitungen, d. h.: In der üblichen Multi-Indexschreibweise gilt:

$$\sup_{|\alpha|\ge 0}\Big(\sup_{x\in D}|\partial^\alpha f(x)|\Big) < \infty.$$

a) Man zeige, dass dann die Taylor-Reihe von f,

$$T_\infty^f(x+h) := \sum_{|\alpha|=0}^{\infty} \frac{\partial^\alpha f(x)}{\alpha!} h^\alpha, \qquad x \in D,$$

für Inkremente $h \in \mathbb{R}^n$ mit $x + th \in D$, $t \in [0,1]$, absolut konvergiert und die Funktion f dort darstellt:

$$f(x+h) = T_\infty^f(x+h), \qquad x \in D.$$

b) Man bestimme die formale Taylor-Reihe um den Punkt $x = (1,0,0)$ der durch

$$f(x) := e^{1+x_1+x_2+x_3}$$

definierten Funktion $f : \mathbb{R}^3 \to \mathbb{R}$. Was ist der Konvergenzbereich dieser Reihe und wo stellt sie die Funktion f dar?

Übung 3.24: Man bestimme die Extrema der folgenden Funktionen auf $\mathbb{R}^2$:

$$\begin{aligned} &a) \quad f(x) = x_1^3 + x_2^3 - 16x_1x_2 + 1;\\ &b) \quad f(x) = (x_1 - x_2)^4 + (x_2 - 1)^4. \end{aligned}$$

Man diskutiere, ob die gefundenen Extrema auch „global" sind.

Übung 3.25: Man betrachte die durch

$$u(x,y) := \tfrac{1}{2}\ln(x^2+y^2), \qquad v(x,y) := \begin{cases} \arctan(y/x), & x \ne 0,\\ -\frac{\pi}{2}, & x = 0, \end{cases}$$

definierte Abbildung der Menge $M := \{(x,y) \in \mathbb{R}^2 : 1 \le x^2 + y^2 \le e^2,\, x \le 0\}$ nach $\mathbb{R}^2$.

a) Man bestimme die Jacobi-Matrix und -Determinante dieser Abbildung; ist die Abbildung regulär?

b) Man bestimme den Bildbereich und gegebenenfalls die zugehörige inverse Abbildung.

Übung 3.26: Man beschreibe das Prinzip des Lagrange-Formalismus und wende diesen an zur Bestimmung der Maxima und Minimima des Polynoms

$$f(x,y) = x - y$$

auf der Kreislinie $K := \{(x,y) \in \mathbb{R}^2 : x^2 + y^2 = 1\}$.

Übung 3.27: Man bestimme mit Hilfe des Lagrange-Formalismus den euklidischen Abstand des Punktes $x^* := (1, -1, 0) \in \mathbb{R}^3$ zum Rotationshyperboloid

$$M := \{x = (x_1, x_2, x_3) \in \mathbb{R}^3 \,|\, x_1^2 + x_2^2 - x_3^2 = 1\}$$

(Hinweis: Der euklidische Abstand zweier Punkte $x, y \in \mathbb{R}^3$ ist definiert durch $d(x, y) := \|x - y\|_2$.)

4 Systeme gewöhnlicher Differentialgleichungen

In diesem Kapitel werden die Grundlagen der Theorie der sog. „gewöhnlichen Differentialgleichungen“ entwickelt, soweit das mit den bisher bereitgestellten analytischen Mitteln möglich ist. Im Zusammenhang mit gewöhnlichen Differentialgleichungen treten meist sog. „Anfangswertaufgaben“ auf, bei denen Werte der gesuchten Funktion zu einem Anfangszeitpunkt t_0 vorgeschrieben sind. Mir diesen wollen wir uns im Folgenden auch ausschließlich beschäftigen. Daneben gibt auch sog. „Randwertaufgaben“, bei denen Werte der gesuchten Funktion in Rand- oder Zwischenpunkten des zugrunde liegenden Definitionsintervalls vorgeschrieben sind.

4.1 Anfangswertaufgaben

Die allgemeinste (skalare) gewöhnliche Differentialgleichung d-ter Ordnung für eine d-mal differenzierbare Funktion $u(t)$ auf einem Intervall $I = [t_0, t_0+T]$ hat die *implizite* Gestalt

$$F(t, u(t), u'(t), ..., u^{(d)}(t)) = 0, \quad t \in I, \tag{4.1.1}$$

mit einer Funktion $F(t, x_0, x_1, ..., x_d)$. Im Fall $\partial F/\partial x_d \neq 0$ kann nach dem Satz über implizite Funktionen in (4.1.1) lokal nach $u^{(d)}$ aufgelöst werden, und man erhält eine *explizite* Differentialgleichung

$$u^{(d)}(t) = f(t, u, u', ..., u^{(d-1)}), \quad t \in I. \tag{4.1.2}$$

Durch Einführung der Hilfsfunktionen $u_1 := u, u_2 := u', \dots, u_d := u^{(d-1)}$ kann die Gleichung (4.1.2) d-ter Ordnung in ein dazu äquivalentes System von Gleichungen erster Ordnung überführt werden:

$$\begin{aligned} u_1'(t) &= u_2(t), \\ &\vdots \\ u_{d-1}'(t) &= u_d(t), \\ u_d'(t) &= f(t, u_1(t), \dots, u_d(t)). \end{aligned} \tag{4.1.3}$$

In kompakter Notation lautet dies

$$u'(t) = f(t, u(t)), \tag{4.1.4}$$

mit den Vektorfunktionen $u(t) = (u_1(t), \dots, u_d(t))^T$ und $f(t,x) = (f_1(t,x), \dots, f_d(t,x))^T$. Ausgehend von einem Anfangspunkt $(t_0, u^0) \in \mathbb{R}^1 \times \mathbb{R}^d$ werden Lösungen $u(t)$ auf dem „Zeit“-intervall $I = [t_0, t_0 + T]$ gesucht mit der Eigenschaft $u(t_0) = u_0$. Diese Aufgabenstellung wird in diesem Zusammenhang als „Anfangswertaufgabe“ bezeichnet. Hat die Vektorfunktion $f(t,x)$ die Form

$$f(t,x) = A(t)x + b(t)$$

mit einer Matrixfunktion $A(t) \in \mathbb{R}^{d \times d}$ und einer Vektorfunktion $b(t) \in \mathbb{R}^d$, so nennt man die Differentialgleichung bzw. die Anfangswertaufgabe „linear“. Diese Bezeichnung ist analog zu der bei *linearen* Gleichungssystemen $Ax = b$.

4.1.1 Beispiele gewöhnlicher Differentialgleichungen

Die folgenden Beispiele aus verschiedenen Wissenschaftsdisziplinen vermitteln einen Eindruck von der Vielfältigkeit der auftretenden Probleme.

Beispiel 4.1 (Zweikörperproblem): Gefragt ist nach der Bewegung zweier astronomischer Körper im wechselseitigen Schwerefeld. Sie werden dabei als Punkteinheitsmassen beschrieben. Das Koordinatensystem der Ebene $\mathbb{R}^2$ sei so gelegt, dass der Ursprung $(0,0)$ in dem einen Körper liegt. Die Position des zweiten Körpers ist dann eine Funktion der Zeit mit Koordinatenfunktionen, $(x(t), y(t))$, welche nach dem Newtonschen Gesetz dem folgenden System von Gleichungen genügen:

$$x''(t) = -\frac{\gamma}{r(t)^3}x(t), \quad y''(t) = -\frac{\gamma}{r(t)^3}y(t), \quad r(t) = \sqrt{x(t)^2 + y(t)^2)}. \tag{4.1.5}$$

Die „Anfangsbedingungen" sind z. B. $(0 \le \varepsilon < 1)$:

$$x(0) = 1 - \varepsilon, \quad x'(0) = 0, \qquad y(0) = 0, \quad y'(0) = \sqrt{\gamma(1+\varepsilon)/(1-\varepsilon)}.$$

Für diese als „Anfangswertproblem" bezeichnete Aufgabe existieren periodische Lösungen mit der Periode $\omega = 2\pi/\gamma$. Ihr Orbit ist eine Ellipse mit Exzentrizität ε und einem Brennpunkt in $(0,0)$.

Beispiel 4.2 (Populationsmodell): Die zeitliche Entwicklung einer gemischten Population von Füchsen, $f(t)$, und Kaninchen, $r(t)$, wird unter den Annahmen

- unbeschränkter Futtervorrat für Kaninchen,
- Kaninchen einzige Nahrung für Füchse,

durch das Modell beschrieben:

$$r'(t) = 2r(t) - \alpha r(t)f(t), \quad f'(t) = -f(t) + \alpha r(t)f(t), \tag{4.1.6}$$

wobei zum Anfangszeitpunkt $t = 0$ gewisse Werte für die Populationen angenommen werden, etwa $r(0) = r_0$ und $f(0) = f_0$. Im Falle $\alpha > 0$ dezimieren die Füchse die Kaninchen mit einer Rate proportional zum Produkt der Individuenzahlen und vermehren sich selbst mit derselben Rate. Für $\alpha = 0$ besteht keine Wechselwirkung zwischen Kaninchenpopulation und Fuchspopulation, und die Lösung ist

$$f(t) = f_0 e^{-t} \quad \text{(Aussterben)}, \qquad r(t) = r_0 e^{2t} \quad \text{(Bevölkerungsexplosion)}.$$

Beispiel 4.3 (Chemische Reaktionskinetik): In einem Gefäß befinden sich drei Chemikalien A_i, $i = 1,2,3$, mit Konzentrationen $c_i(t)$, welche wechselseitig miteinander reagieren mit Reaktionsraten k_i:

$$A_1 \overset{k_1}{\to} A_2, \quad A_2 + A_3 \overset{k_2}{\to} A_1 + A_3, \quad 2A_2 \overset{k_3}{\to} A_3.$$

Bei Vorgabe der Anfangskonzentrationen $c_i(0)$ ist die zeitliche Entwicklung von c_i bestimmt durch die Differentialgleichungen:

$$\begin{aligned} c_1'(t) &= -k_1 c_1(t) + k_2 c_2(t) c_3(t) \\ c_2'(t) &= k_1 c_1(t) - k_2 c_2(t) c_3(t) - 2k_3 c_2(t) \\ c_3'(t) &= 2k_3 c_2(t) . \end{aligned} \tag{4.1.7}$$

Beispiel 4.4 (Lorenz-System): Der Meteorologe und Mathematiker E. N. Lorenz[1] hat 1963 das folgende System von gewöhnlichen Differentialgleichungen angegeben, um die Unmöglichkeit einer Langzeitwettervorhersage zu illustrieren:

$$\begin{aligned} x'(t) &= \sigma x(t) + \sigma y(t) , \\ y'(t) &= r x(t) - y(t) - x(t) z(t) , \\ z'(t) &= x(t) y(t) - b z(t) , \end{aligned} \tag{4.1.8}$$

mit den Anfangswerten $x_0 = 1$, $y_0 = 0$, $z_0 = 0$. Tatsächlich hat er dieses System durch mehrere stark vereinfachende Annahmen aus den Grundgleichungen der Strömungsmechanik, den sog. Navier-Stokes-Gleichungen, welche u. a. auch die Luftströmungen in der Erdatmosphäre beschreiben, abgeleitet.

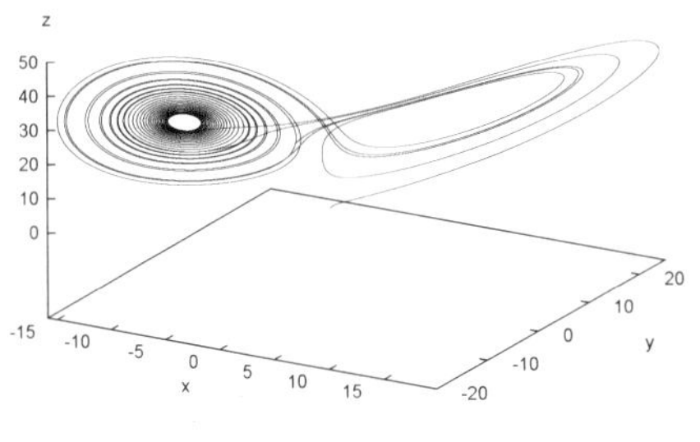

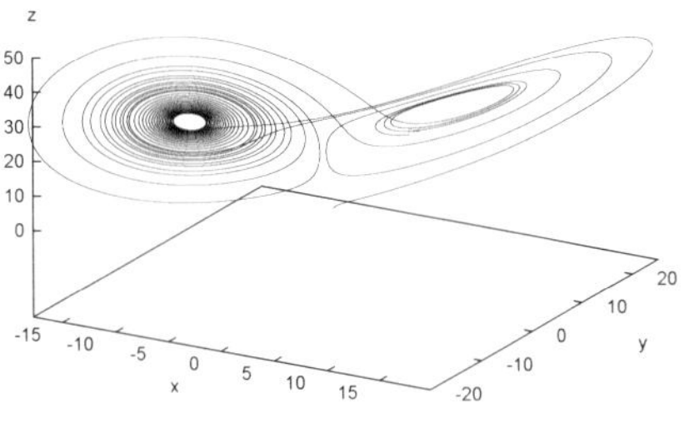

Abbildung 4.1: *Numerisch berechnete Lösungstrajektorie für das Lorenz-System auf dem Intervall $I = [0, 25]$: qualitativ korrekte Approximation (links) und qualitativ falsches Resultat (rechts).*

Für die Parameterwerte

$$\sigma = 10, \quad b = 8/3, \quad r = 28,$$

besitzt das *Lorenz-System* eine eindeutige Lösung, die aber extrem sensitiv gegenüber Störungen der Anfangsdaten ist. Kleine Störungen in diesen werden z. B. über das verhältnismäßig kurze Zeitintervall $I = [0, 25]$ bereits mit einem Faktor $\approx 10^8$ verstärkt.

[1]Edward N. Lorenz (1916–...): US-amerikanischer Mathematiker und Meteorologe; Prof.em. am MIT in Boston; fundamentale Beiträge zur Theorie dynamischer Systeme („deterministisches Chaos").

In Abb. 4.1 sind zwei Approximationen der Lösungstrajektorie über das Zeitintervall $I = [0, 25]$ dargestellt, wie sie mit verschiedenen numerischen Verfahren berechnet worden sind; das linke Ergebnis ist das qualitativ korrekte. Man erkennt zwei Zentren im $\mathbb{R}^3$, um welche der Lösungspunkt $(x(t), y(t), z(t))$ mit fortlaufender Zeit kreist, wobei gelegentlich ein Wechsel von dem einen Orbit in den anderen erfolgt.

4.1.2 Konstruktion von Lösungen

Eine skalare Differentialgleichung $u' = f(t, u)$ bestimmt ein „Richtungsfeld“, d. h.: In jedem Punkt $(t, x) \in \mathbb{R}^{1+d}$ wird durch $u' = f(t, x)$ eine Steigung gegeben; s. Abb. 4.2 und 4.3. Gesucht sind differenzierbare Funktionen $u(t)$ deren Graph $G(u) := \{(t, x) : x = u(t)\}$ in jedem seiner Punkte gerade die vorgegebene Steigung hat.

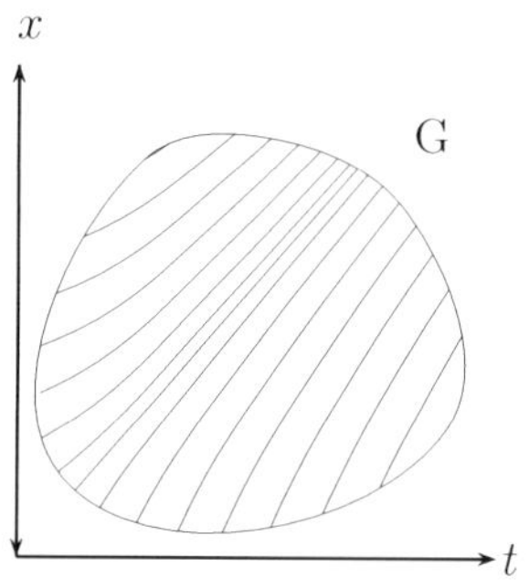

Abbildung 4.2: *Richtungsfeld einer gewöhnlichen Differentialgleichung* $u' = f(t, u)$.

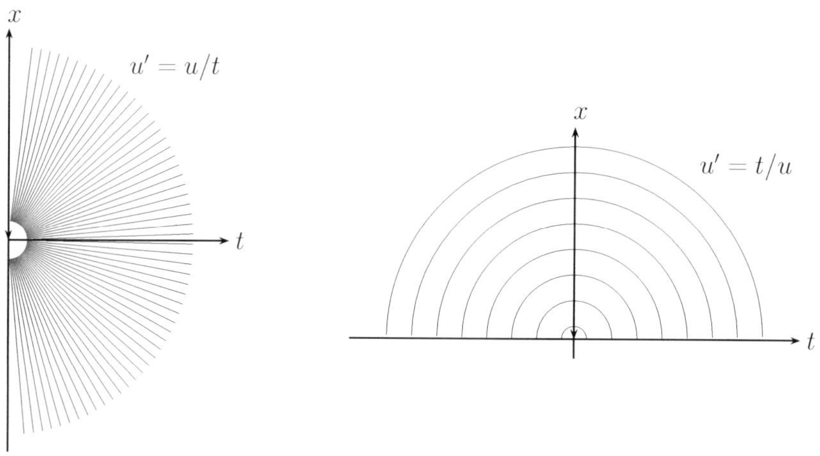

Abbildung 4.3: *Richtungsfelder der Differentialgleichgungen* $u' = u/t$ *(links) und* $u' = -t/u$ *(rechts).*

In einfachen Fällen kann man aus ihrem Richtungsfeld die möglichen Lösungen einer Differentialgleichungen ersehen. So besitzt die Differentialgleichung

$$u'(t) = \frac{u(t)}{t}$$

die Geraden $u(t) = ct$ als Lösungen. Als Lösungen der Differentialgleichung

$$u'(t) = -\frac{t}{u(t)}$$

ergeben sich die Funktionen (Halbkreise) $u(t) = \sqrt{c - t^2}$, $|t| < \sqrt{c}$.

A) Methode der „Trennung der Variablen“

Wir betrachten die „separable“ Differentialgleichung

$$u'(t) = f(t, u(t)) = a(t)g(u(t)),$$

bei der in der rechten Seite die Variablen t und u separiert auftreten. Sei u eine Lösung. Im Fall $g(u(t)) \neq 0$ gilt dann

$$\int_{t_0}^{t} \frac{u'(s)}{g(u(s))}\, ds = \int_{t_0}^{t} a(s)\, ds.$$

Mit Hilfe der Substitution $z := u(s)$ im linken Integral ergibt sich mit $dz = u'(s)\, ds$:

$$\int_{u_0}^{u(t)} \frac{1}{g(z)}\, dz = \int_{t_0}^{t} a(s)\, ds.$$

Hieraus lässt sich in konkreten Fällen häufig eine Lösung $u(t)$ berechnen. Z. B. ergibt sich für die Differentialgleichung

$$u'(t) = u(t)^2$$

durch den Ansatz

$$t - t_0 = \int_{u_0}^{u(t)} \frac{1}{z^2}\, dz = -\frac{1}{z}\Big|_{u_0}^{u(t)} = \frac{1}{u_0} - \frac{1}{u(t)}$$

eine Lösung der Form

$$u(t) = \frac{u_0}{1 - u_0(t - t_0)}.$$

Diese existiert nicht für alle $t \geq t_0$ (Singulariät bei $t = t_0 + u_0^{-1}$), obwohl die Funktion $f(x) = x^2$ ein Polynom ist. Speziell für $t_0 = 0$ und $u_0 = 1$ ist

$$u(t) = \frac{1}{1 - t}, \quad 0 \leq t < 1.$$

B) Methode der „Variation der Konstanten“

Wir betrachten die lineare Differentialgleichung

$$u'(t) = a(t)u(t) + b(t), \quad t \in I := [t_0, t_0 + T] \subset \mathbb{R}, \tag{4.1.9}$$

mit stetigen Funktionen $a, b : I \to \mathbb{R}$. Die zugehörige „homogene“ Differentialgleichung

$$v'(t) = a(t)v(t), \quad t \in I \subset \mathbb{R},$$

hat eine Lösung der Form

$$v(t) := c \exp\Big(\int_{t_0}^t a(s)\,ds\Big),$$

mit einer freien Konstante $c \in \mathbb{R}$, was man direkt nachrechnet. Sei $v(t)$ eine Lösung mit $c = 1$. Zur Bestimmung einer Lösung der „inhomogenen“ Differentialgleichung (4.1.9) wird c als Funktion von t angesetzt und so bestimmt, dass $u(t) := c(t)v(t)$ die Differentialgleichung erfüllt, d. h.:

$$u'(t) = c(t)v'(t) + c'(t)v(t) = a(t)u(t) + b(t).$$

Daher wird diese Methode auch „Variation der Konstante“ genannt. Wegen $c(t)v'(t) = c(t)a(t)v(t) = a(t)u(t)$ ergibt sich die Bedingung

$$c'(t)v(t) = b(t)$$

bzw.

$$c(t) = \int_{t_0}^t \exp\Big(-\int_{t_0}^\tau a(s)\,ds\Big) b(\tau)\,d\tau + \gamma$$

mit einer freien Konstante $\gamma \in \mathbb{R}$. Damit wird

$$u(t) = \exp\Big(\int_{t_0}^t a(s)\,ds\Big) \int_{t_0}^t \exp\Big(-\int_{t_0}^\tau a(s)\,ds\Big) b(\tau)\,d\tau + \gamma \exp\Big(\int_{t_0}^t a(s)\,ds\Big).$$

Durch Wahl der Konstante $\gamma = u_0$ kann erreicht werden, dass die Funktion $u(t)$ einen gegebenen Anfangswert $u(t_0) = u_0$ annimmt. Entsprechend schreiben wir

$$u(t) = \exp\Big(\int_{t_0}^t a(s)\,ds\Big)\Big[u_0 + \int_{t_0}^t \exp\Big(-\int_{t_0}^\tau a(s)\,ds\Big) b(\tau)\,d\tau\Big]. \tag{4.1.10}$$

Diese Funktion erfüllt dann die lineare Differentialgleichung (4.1.9). Wir werden im Folgenden sehen, dass diese Lösung durch die Vorgabe eines Anfangswertes $u(t_0) = u_0$ eindeutig festgelegt ist. Im einfachsten Fall konstanter Koeffizienten hat die homogene Differentialgleichung

$$u'(t) = au(t)$$

eine Lösung der Form $u(t) = ce^{at}$. Diese hat das asymptotische Verhalten

$$\begin{aligned} a < 0: &\quad |u(t)| \to 0 \quad (t \to \infty), \\ a = 0: &\quad |u(t)| = |c|, \\ a > 0: &\quad |u(t)| \to \infty \quad (t \to \infty). \end{aligned}$$

Die inhomogene Differentialgleichung

$$u'(t) = au(t) + b(t)$$

hat nach dem oben Gezeigten eine Lösung der Form

$$u(t) = e^{at}u_0 + \int_{t_0}^{t} e^{a(t-\tau)}b(\tau)\,d\tau. \tag{4.1.11}$$

Jede dieser Lösungen ist, wie wir später sehen werden, durch ihren „Anfangswert" $u(t_0) = u_0$ eindeutig bestimmt.

4.1.3 Existenz von Lösungen

Wir betrachten im folgenden allgemeine Systeme gewöhnlicher Differentialgleichungen erster Ordnung der oben beschriebenen Form

$$u'(t) = f(t, u(t))\,. \tag{4.1.12}$$

Die Vektorfunktion $f(t,x)$ sei auf einem abgeschlossenen Bereich $D = I \times \Omega \subset \mathbb{R}^1 \times \mathbb{R}^d$ des (t,x)-Raumes, welcher den Punkt (t_0, u_0) enthält, definiert und dort stetig. Weiterhin werden die Standardnotationen für das euklidische Skalarprodukt $(\cdot,\cdot)$ und Norm $\|\cdot\|$ auf dem Vektorraum $\mathbb{R}^d$, sowie für die zugehörige natürliche Matrizennorm $\|A\|$ („Spektralnorm") verwendet. Ferner werden partielle Ableitungen einer Funktion $f(t,x)$ nach t und x_i wieder mit $\partial_t f := \partial f/\partial t$ bzw. $\partial_i f := \partial f/\partial x_i$, $i = 1, \dots, d$, abgekürzt.

Definition 4.1 (AWA): *Bei einer „Anfangswertaufgabe" (kurz AWA) zum Differentialgleichungssystem (4.1.12) ist zu einem gegebenen Punkt $(t_0, u_0) \in D$ eine differenzierbare Funktion $u : I \to \mathbb{R}^d$ gesucht mit den Eigenschaften:*

i) $\mathrm{Graph}(u) := \{(t, u(t)), t \in I\} \subset D$,

ii) $u'(t) = f(t, u(t)), \quad t \in I$,

iii) $u(t_0) = u_0$ *(„Anfangsbedingung").*

Im Folgenden bezeichnen wir mit AWA stets eine Situation mit diesen Gegebenheiten.

Aufgrund des Fundamentalsatzes der Differential- und Integralrechnung ist eine stetige Funktion $u : I \to \mathbb{R}^d$ offenbar genau dann Lösung der AWA, wenn $\mathrm{Graph}(u) \subset D$ ist, und u die „Integralgleichung"

$$u(t) = u_0 + \int_{t_0}^{t} f(s, u(s))\,ds, \quad t \in I, \tag{4.1.13}$$

erfüllt. Im Spezialfall $f(t,x) = f(t)$ ist damit die Lösung der AWA äquivalent zur Bestimmung eines Integrals:

$$u(t) = u_0 + \int_{t_0}^{t} f(s)\,ds.$$

Im allgemeinen Fall ist die Lösung nicht so einfach aus (4.1.13) bestimmbar. Trotzdem ist diese Integraldarstellung der Ausgangspunkt zum Nachweis der Existenz von Lösung der AWA.

Bemerkung 4.1: Die Integralgleichung (4.1.13) ist ein Spezialfall einer sog. „Volterraschen[2] Integralgleichung“

$$u(t) = g(t) + \int_{t_0}^{t} k(t,s,u(s))\,ds, \qquad t \in [t_0, t_1], \tag{4.1.14}$$

mit gegebener „Inhomogenität“ $g(t)$ und „Integralkern“ $k(t,s,x)$. Ist die obere Integrationsgrenze fest gegeben,

$$u(t) = g(t) + \int_{t_0}^{t_1} k(t,s,u(s))\,ds, \qquad t \in [t_0, t_1],$$

spricht man von einer „Fredholmschen[3] Integralgleichung“.

Eine allgemeine Aussage über die *lokale* Existenz von Lösungen der AWA macht der folgende fundamentale Satz von Peano[4]:

Satz 4.1 (Existenzsatz von Peano): *Die Funktion* $f(t,x)$ *sei stetig auf dem* $(d+1)$*-dimensionalen Zylinder*

$$D = \{(t,x) \in \mathbb{R}^1 \times \mathbb{R}^d : |t - t_0| \le \alpha\,, \|x - u_0\| \le \beta\}\,.$$

Dann existiert eine Lösung $u(t)$ *der* AWA *auf dem Intervall* $I := [t_0 - T, t_0 + T]$, *wobei*

$$T := \min\Big(\alpha, \frac{\beta}{M}\Big), \qquad M := \max_{(t,x)\in D} \|f(t,x)\|.$$

Beweis: Zum Beweis konstruieren wir mit Hilfe einer „Differenzenmethode“ eine Folge von stückweise linearen Funktionen, welche eine Teilfolge besitzt, die (gleichmäßig) gegen eine Lösung der AWA konvergiert. O.B.d.A. genügt es, das Halbintervall $I = [t_0, t_0 + T]$ zu betrachten. Zu einem Schrittweitenparameter $h > 0\,(h \to 0)$ wird eine äquidistante Unterteilung des Intervalls I gewählt:

$$t_0 < \ldots < t_n < \ldots < t_N = t_0 + T\,, \qquad h = |t_n - t_{n-1}|\,.$$

Ausgehend von $u_0^h := u_0$ erzeugt dann das sog. „Eulersche Polygonzugverfahren“ Werte u_n^h durch die sukzessive Vorschrift

$$u_n^h = u_{n-1}^h + hf(t_{n-1}, u_{n-1}^h)\,, \qquad n \ge 1\,. \tag{4.1.15}$$

[2]Vito Volterra (1860–1940): Italienischer Mathematiker; Prof. in Pisa, Turin und Rom; Beiträge zur Analysis, Differential- und Integralgleichungen, zu Problemen der mathematischen Physik und Biologie.

[3]Erik Ivar Fredholm (1866–1927): Schwedischer Mathematiker; Prof. in Stockholm; Beiträge zur Analysis, Integralgleichungen, Potentialtheorie und Spektraltheorie.

[4]Guiseppe Peano (1858–1932): Italienischer Mathematiker; Prof. in Turin; Beiträge zur Analysis, gewöhnlichen Differentialgleichungen, einer der Väter der Mathematischen Logik

Diese *diskreten* Funktionswerte werden linear interpoliert zu einer stetigen Funktion:

$$u^h(t) := u^h_{n-1} + (t - t_{n-1}) f(t_{n-1}, u^h_{n-1}), \quad t_{n-1} \le t \le t_n .$$

i) Wir zeigen zunächst, dass diese Konstruktion durchführbar ist, d. h.: $\text{Graph}(u^h) \subset D$. Sei $(t, u^h(t)) \in D$ für $t_0 \le t \le t_{k-1}$. Offenbar ist $u^{h\prime}(t) \equiv f(t_{k-1}, u^h_{k-1}), t \in [t_{k-1}, t_k]$. Nach Konstruktion gilt dann für $t \in [t_{k-1}, t_k]$

$$\begin{aligned} u^h(t) - u_0 &= u^h(t) - u^h_{k-1} + \sum_{i=1}^{k-1} \{u^h_i - u^h_{i-1}\} \\ &= (t - t_{k-1}) f(t_{k-1}, u^h_{k-1}) + h \sum_{i=1}^{k-1} f(t_{i-1}, u^h_{i-1}) \end{aligned}$$

und folglich

$$\|u^h(t) - u_0\| \le (t - t_{k-1}) M + (t_{k-1} - t_0) M = (t - t_0) M \le \beta .$$

Also ist $(t, u^h(t)) \in D$ für $0 \le t \le t_k$. Durch Induktion folgt $\text{Graph}(u^h) \subset D$.

ii) Wir zeigen als nächstes, dass die Funktionenfamilie $\{u^h\}_{h>0}$ *gleichgradig* stetig ist. Seien dazu $t, t' \in I$, $t' \le t$ beliebig mit $t \in [t_{k-1}, t_k]$, $t' \in [t_{j-1}, t_j,]$ für gewisse $t_j \le t_k$. Im Fall $t, t' \in [t_{k-1}, t_k]$ ist

$$\begin{aligned} u^h(t) - u^h(t') &= u^h_{k-1} + (t - t_{k-1}) f(t_{k-1}, u^h(t_{k-1})) - u^h_{k-1} - (t' - t_{k-1}) f(t_{k-1}, u^h(t_{k-1})) \\ &= (t - t') f(t_{k-1}, u^h(t_{k-1})) \end{aligned}$$

und somit $\|u^h(t) - u^h(t')\| \le M|t - t'|$. Im Fall $t_j < t_k$ ist

$$\begin{aligned} u^h(t) - u^h(t') &= u^h(t) - u^h_{k-1} + \sum_{i=j}^{k-1} \{u^h_i - u^h_{i-1}\} + u^h_{j-1} - u^h(t') \\ &= (t - t_{k-1}) f(t_{k-1}, u^h_{k-1}) + h \sum_{i=j}^{k-1} f(t_{i-1}, u^h_{i-1}) + (t_{j-1} - t') f(t_{j-1}, u^h_{j-1}) \\ &= (t - t_{k-1}) f(t_{k-1}, u^h_{k-1}) + h \sum_{i=j+1}^{k-1} f(t_{i-1}, u^h_{i-1}) + (h + t_{j-1} - t') f(t_{j-1}, u^h_{j-1}) \end{aligned}$$

und folglich

$$\|u^h(t) - u^h(t')\| \le M\big\{(t - t_{k-1}) + (t_{k-1} - t_j) + (t_j - t')\big\} \le M|t - t'| .$$

Also ist die Familie $\{u^h\}_{h>0}$ gleichgradig stetig (sogar gleichgradig Lipschitz-stetig). Ferner sind die Funktionen u^h wegen der gemeinsamen Anfangswerte $u^h(t_0) = u_0$ auch gleichmäßig beschränkt:

$$\|u^h(t)\| \le \|u^h(t) - u_0\| + \|u_0\| \le MT + \|u_0\|, \quad t \in]t_0, t_0 + T].$$

Nach dem Satz von Arzelà-Ascoli (s. Kapitel 4 im Band Analysis 1) existiert dann eine Nullfolge $(h_i)_{i\in\mathbb{N}}$ und eine stetige Funktion u auf I, so dass

$$\max_{t\in I} \|u^{h_i}(t) - u(t)\| \to 0 \;\; (i \to \infty). \tag{4.1.16}$$

Offenbar ist dann auch $\mathrm{Graph}(u) \subset D$.

iii) Es bleibt zu zeigen, dass die Limesfunktion u die Integralgleichung (4.1.13) erfüllt. Für $t \in [t_{k-1}, t_k] \subset I$ setzen wir $u^i(t) := u^{h_i}(t)$. Für jedes i gilt zunächst

$$\begin{aligned}
u^i(t) &= u^i_{k-1} + (t - t_{k-1}) f(t_{k-1}, u^i_{k-1}) \\
&= u^i_{k-2} + (t_{k-1} - t_{k-2}) f(t_{k-2}, u^i_{k-2}) + (t - t_{k-1}) f(t_{k-1}, u^i_{k-1}) \\
&\;\;\vdots \\
&= u_0 + \sum_{j=1}^{k} (t_j - t_{j-1}) f(t_{j-1}, u^i_{j-1}) + (t - t_{k-1}) f(t_{k-1}, u^i_{k-1}) \\
&= u_0 + \sum_{j=1}^{k} \int_{t_{j-1}}^{t_j} f(t_{j-1}, u^i_{j-1})\, ds + \int_{t_{k-1}}^{t} f(t_{k-1}, u^i_{k-1})\, ds \\
&= u_0 + \sum_{j=1}^{k} \int_{t_{j-1}}^{t_j} \big\{ f(t_{j-1}, u^i_{j-1}) - f(s, u^i(s)) \big\}\, ds \\
&\quad + \int_{t_k}^{t} \big\{ f(t_{k-1}, u^i_{k-1}) - f(s, u^i(s)) \big\}\, ds + \int_{t_0}^{t} f(s, u^i(s))\, ds .
\end{aligned}$$

Auf der kompakten Menge D ist die stetige Funktion $f(t,x)$ auch gleichmäßig stetig. Ferner sind die Funktionen der Folge $(u^i)_{i\in\mathbb{N}}$ gleichgradig stetig. Zu beliebig gegebenen $\varepsilon > 0$ gibt es also ein δ_ε, so dass für $|t - t'| < \delta_\varepsilon$ gilt:

$$\|u^i(t) - u^i(t')\| \le \varepsilon' \le \varepsilon,$$

und weiter für $|t - t'| < \delta_\varepsilon,\ \|x - x'\| < \varepsilon'$:

$$\|f(t,x) - f(t', x')\| < \varepsilon.$$

Für hinreichend großes $i \ge i_\varepsilon$, d. h. hinreichend kleines h_i, folgt damit

$$\max_{s\in[t_{k-1}, t_k]} \|f(t_{k-1}, u^i(t_{k-1})) - f(s, u^i(s))\| \le \varepsilon .$$

Dies ergibt

$$\Big| u^i(t) - u_0 - \int_{t_0}^{t} f(s, u^i(s))\, ds \Big| \le \varepsilon |t - t_0|, \quad i \ge i_\varepsilon.$$

Die gleichmäßige Konvergenz $u^i \to u$ auf I impliziert auch die gleichmäßige Konvergenz

$$f(\cdot, u^i(\cdot)) \to f(\cdot, u(\cdot)) \quad (i \to \infty).$$

Für hinreichend großes $i \geq i_\varepsilon$ ergibt sich damit

$$\left| u(t) - u_0 - \int_{t_0}^{t} f(s, u(s))\, ds \right| \leq \varepsilon |t - t_0|.$$

Wegen der beliebigen Wahl von ε folgt, dass die Limesfunktion u die Integralgleichung (4.1.13) erfüllt, was zu zeigen war. Q.E.D.

Wenn die AWA höchstens eine Lösung u auf I hat, erschließt man durch ein Widerspruchsargument, dass für jede Nullfolge des Schrittweitenparameters h die ganze vom Eulerschen Polygonzugverfahren gelieferte Folge $(u^h)_h$ für $h \to 0$ gegen u konvergiert (Übungsaufgabe).

Der Beweis von Satz 4.1 zeigt, dass das Existenzintervall $I = [t_0 - T, t_0 + T]$ der durch den Existenzsatz von Peano gelieferten lokalen Lösung im wesentlichen nur von den Stetigkeitseigenschaften der Funktion $f(t, x)$ abhängt. Durch wiederholte Anwendung dieses Argumentes ergibt sich die folgende Aussage.

Satz 4.2 (Fortsetzungssatz): *Sei die Funktion $f(t, x)$ stetig auf einem abgeschlossenen Bereich D des $\mathbb{R}^1 \times \mathbb{R}^d$, welcher den Punkt (t_0, u_0) enthält, und sei u eine Lösung der* AWA *auf einem Intervall $I = [t_0 - T, t_0 + T]$. Dann ist die lokale Lösung u nach rechts und links über jeden Zeitpunkt hinaus auf ein „maximales" Existenzintervall $I_{\max} = (t_0 - T_*, t_0 + T^*)$ (stetig differenzierbar) fortsetzbar, solange der Graph von u nicht an den Rand von D stößt. Dabei kann* $\mathrm{Graph}(u) := \{(t, u(t)), t \in I_{\max}\}$ *unbeschränkt sein sowohl durch $t \to t_0 + T^* = \infty$ als auch durch $\|u(t)\| \to \infty$ $(t \to t_0 + T^*)$.*

Beweis: O.B.d.A. wird nur die Fortsetzbarkeit der lokalen Lösung auf das rechtsseitige Intervall $[t_0, t_0 + T^*)$ betrachtet. Anwendung des Existenzsatzes von Peano liefert zunächst die Existenz einer Lösung u^0 der AWA auf einem Anfangsintervall $[t_0, t_1]$, $t_1 := t_0 + T_0$ der Länge

$$T_0 := \min(\alpha_0, \beta_0 / M_0).$$

Dabei hängt T_0 über die Konstanten α_0, β_0 nur von der Schranke M_0 für die Funktion $f(t, x)$ auf dem Zylinderbereich

$$Z_0 := \{(t, x) \in D,\ |t - t_0| \leq \alpha_0,\ \|x - u_0\| \leq \beta_0\}$$

ab. Da $(t_1, u(t_1))$ nicht auf dem Rand ∂D liegt, kann ausgehend von t_1 und dem Anfangswert $u_1 = u(t_1)$ der Satz von Peano erneut angewendet werden und liefert die Existenz einer Lösung u^1 dieser AWA auf einem Intervall $[t_1, t_2]$, $t_2 := t_1 + T_1$ der Länge $T_1 := \min(\alpha_1, \beta_1 / M_1)$. Dabei ist M_1 eine Schranke für $f(t, x)$ auf dem Zylinderbereich

$$Z_1 := \{(t, x) \in D,\ |t - t_0| \leq \alpha_1,\ \|x - u_1\| \leq \beta_1\}$$

Die so gewonnenen Lösungsstücke u^0, u^1 ergeben zusammengesetzt eine stetige und wegen der Stetigkeit von $f(t, x)$ sogar eine stetig differenzierbare Funktion $u(t)$ auf dem

Intervall $[t_0, t_0 + T_0 + T_1]$; im Übergangspunkt t_1 gilt für die rechts- bzw. linksseitigen Ableitungen:

$$u^{0\prime}(t_1) = f(t, u^0(t_1)) = f(t, u^1(t_1)) = u^{1\prime}(t_1).$$

Nach Konstruktion ist u daher (lokale) Lösung der AWA. Dieser Prozeß lässt sich offensichtlich fortsetzen, solange der Graph der Lösung nicht an den Rand von D stößt. Dabei kann es nicht passieren, dass die gewonnene Folge $(t_k, u(t_k)) \in D$ eine Teilfolge hat, welche gegen einen inneren Punkt (t_*, x_*) von D konvergiert, denn dann könnte man für diesen Punkt als Startpunkt wieder den Satz von Peano anwenden und so das Existenzintervall der Lösung über den Zeitpunkt t_* hinaus erweitern, was der Annahme widerspräche. Q.E.D.

Korollar 4.1 (Globale Existenz): *Sei die Funktion $f(t,x)$ in der AWA auf ganz $\mathbb{R}^1 \times \mathbb{R}^d$ definiert und stetig. Besteht dann für jede durch den Satz von Peano gelieferte „lokale" Lösung $u(t)$ eine Abschätzung der Form*

$$\|u(t)\| \le \rho(t), \quad t \in [t_0 - T, t_0 + T], \tag{4.1.17}$$

mit einer festen stetigen Funktion $\rho : \mathbb{R} \to \mathbb{R}$, so lässt sich u zu einer „globalen" Lösung auf ganz $\mathbb{R}$ fortsetzen.

Beweis: Wegen der Schranke (4.1.17) für alle möglichen lokalen Lösungen kann keine von diesen auf einem beschränkten Zeitintervall einen unbeschränkten Graphen haben. Also impliziert der Fortsetzungssatz die Existenz einer globalen Lösung. Q.E.D.

Beispiel 4.5: Die skalare AWA

$$u'(t) = u(t)^{1/3}, t \ge 0, \quad u(0) = 0, \tag{4.1.18}$$

besitzt für beliebiges $c \ge 0$ eine Lösung der Form

$$u_c(t) = \begin{cases} 0 & , \quad 0 \le t \le c \\ \left[\frac{2}{3}(t-c)\right]^{3/2} & , \quad c < t. \end{cases}$$

Das Eulersche Polygonzugverfahren liefert für alle $c > 0$ die Lösung $u_c(t) \equiv 0$. Die anderen (überabzählbar vielen!) Lösungen können also so nicht approximiert werden.

Beispiel 4.6: Die AWA

$$u'(t) = u(t)^2, \quad 0 \le t < 1, \quad u(0) = 1, \tag{4.1.19}$$

besitzt eine (lokale) Lösung der Form $u(t) = (1-t)^{-1}$. Obwohl $f(t,x) = x^2$ eine glatte Funktion ist, wird die Lösung $u(t)$ für $t \to 1$ singulär.

Beispiel 4.7: Die Leistungsfähigkeit des Satzes von Peano sieht man z. B. anhand der stark nichtlinearen d-dimensionalen AWA

$$u'(t) = e^{-\|u(t)\|} \prod_{i=1}^{d} \sin(u_i(t)), \quad t \geq 0, \quad u(0) = 1. \tag{4.1.20}$$

Der Definitionsbereich der zugehörigen Funktion $f(t,x) = e^{-\|x\|} \prod_{i=1}^{d} \sin(x_i)$ ist der ganze $\mathbb{R}^1 \times \mathbb{R}^d$, und die Funktion f ist auf diesem gleichmäßig beschränkt. Folglich existiert (mindestens) eine Lösung u auf ganz $\mathbb{R}$, was anhand der Form der Differentialgleichung nicht so einfach direkt zu sehen ist.

Aus der Integralgleichungsdarstellung (4.1.13) ergibt sich unmittelbar die folgende Aussage über die Regularität von Lösungen der AWA.

Satz 4.3 (Regularitätssatz): *Sei u eine Lösung der AWA in Definition 4.1 auf dem Intervall I. Im Falle $f \in C^m(D)$, für ein $m \geq 1$, ist dann $u \in C^{m+1}(I)$.*

Beweis: Aus der Beziehung

$$u(t) = u_0 + \int_{t_0}^{t} f(s, u(s))\, ds, \quad t \in I,$$

für die lokale Lösung u der AWA entnehmen wir, dass u im Falle $f \in C^1(D)$ zweimal stetig differenzierbar ist mit der Ableitung

$$u''(t) = d_t f(t, u(t)) = \partial_t f(t, u(t)) + \nabla_x f(t, u(t)) \cdot u'(t).$$

Durch wiederholte Anwendung dieses Arguments folgt dann die Richtigkeit der Behauptung für $m \geq 1$. Q.E.D.

4.1.4 Eindeutigkeit und lokale Stabilität

Wir wenden uns nun den Fragen nach der eindeutigen Bestimmtheit von Lösungen sowie ihrer Stabilität zu. Die Wichtigkeit der Kenntnis von Stabilität oder Instabilität von Lösungen wird durch das Beispiel des Lorenz-Systems illustriert.

Definition 4.2 (Lipschitz-Bedingung): *i) Die Funktion $f(t,x)$ genügt in $D \subset \mathbb{R} \times \mathbb{R}^d$ einer „Lipschitz-Bedingung", wenn mit einer stetigen Funktion $L(t) > 0$ (L-Konstante) gilt:*

$$\|f(t,x) - f(t,x')\| \leq L(t)\|x - x'\|, \quad (t,x), (t,x') \in D. \tag{4.1.21}$$

ii) Die Funktion $f(t,x)$ genügt in D einer „lokalen" Lipschitzbedingung, wenn $f(t,x)$ auf jeder beschränkten Teilmenge von D einer Lipschitz-Bedingung genügt (mit einer möglicherweise von dieser Teilmenge abhängigen Lipschitz-Konstante).

Bemerkung 4.2: Hat die Funktion $f(t,x)$ auf der *konvexen* Menge D stetige und beschränkte partielle Ableitungen nach x, so folgt aus dem Mittelwertsatz, dass mit der Konstante $L(t) := \sup_{x\in D} \|\nabla_x f(t,x)\|$ gilt:

$$\|f(t,x) - f(t,y)\| \le L(t)\|x-y\|, \quad (t,x),(t,y) \in D. \tag{4.1.22}$$

Satz 4.4 (Stabilitäts und Eindeutigkeitssatz): *i) Die Funktion $f(t,x)$ sei stetig auf $D \subset \mathbb{R}^1 \times \mathbb{R}^d$ und genüge einer lokalen Lipschitz-Bedingung. Dann gilt für zwei beliebige Lösungen u, v der Differentialgleichung*

$$u'(t) = f(t,u(t)), \quad t \in I, \tag{4.1.23}$$

auf einem gemeinsamen Existenzintervall I :

$$\|u(t) - v(t)\| \le e^{L(t-t_0)}\|u(t_0) - v(t_0)\|, \quad t \in I, \tag{4.1.24}$$

mit der L-Konstante $L = L_K$ von $f(t,x)$ auf einer beschränkten Teilmenge $K \subset D$, welche die Graphen von u und v enthält.

ii) Aus der Stabilitätsungleichung (4.1.24) folgt, dass die durch den Existenzsatz von Peano und den Fortsetzungssatz gelieferte lokale Lösung u der AWA eindeutig bestimmt ist.

Beweis: i) Sei $K \subset D$ eine beschränkte Teilmenge, welche die Graphen von u und v enthält. Für die Differenz $e(t) = u(t) - v(t)$ gilt

$$e(t) = \int_{t_0}^{t} \big\{f(s,u(s)) - f(s,v(s))\big\}\,ds + u(t_0) - v(t_0).$$

Hieraus folgt

$$\|e(t)\| \le L_K \int_{t_0}^{t} \|e(s)\|\,ds + \|u(t_0) - v(t_0)\|,$$

d. h.: Die (stetige) Funktion $w(t) = \|e(t)\|$ genügt einer linearen Integralungleichung. Mit Hilfe des Lemmas von Gronwall[5] (Hilfssatz 4.1) ergibt sich daraus die gewünschte Abschätzung (4.1.24).

ii) Seien $u(t)$ und $v(t)$ zwei Lösungen der AWA auf einem Intervall $I = [t_0, t_0 + T]$ mit demselben Anfangswert $u(t_0) = v(t_0)$. Aufgrund der Abschätzung (4.1.24) gilt dann mit der L-Konstante L von $f(t,\cdot)$ auf K:

$$\|u(t) - v(t)\| \le e^{L(t-t_0)}\|u(t_0) - v(t_0)\| = 0, \quad t \in I.$$

Also ist $u(t) = v(t)$ auf dem gemeinsamen Existenzintervall I. Q.E.D.

[5] T. H. Gronwall (Hakon Grönwall) (1877–1932): Schwedisch-amerikanischer Mathematiker und Ingenieur, zeitweise in Princeton (1913–1914); Beiträge zur komplexen Funktionentheorie, Zahlentheorie und Differentialgleichungen, aber auch zur physikalischen Chemie.

Lemma 4.1 (Gronwallsches Lemma): *Die stückweise stetige Funktion $w(t) \geq 0$ genüge mit zwei Konstanten $a, b \geq 0$ der Integralungleichung*

$$w(t) \leq a \int_{t_0}^{t} w(s)\, ds + b, \quad t \geq t_0. \tag{4.1.25}$$

Dann gilt die Abschätzung

$$w(t) \leq e^{a(t-t_0)} b, \quad t \geq t_0\,. \tag{4.1.26}$$

Beweis: Für die Funktion

$$\psi(t) := a \int_{t_0}^{t} w(t)\, ds + b$$

gilt $\psi'(t) = aw(t)$ und somit gemäß Voraussetzung $\psi'(t) \leq a\psi(t)$. Dies impliziert

$$\big(e^{-at}\psi(t)\big)' = e^{-at}\big(\psi'(t) - a\psi(t)\big) \leq 0,$$

d. h.: Die Funktion ist $e^{-at}\psi(t)$ ist monoton fallend. Dies bedeutet, dass

$$e^{-at}w(t) \leq e^{-at}\psi(t) \leq \psi(t_0)e^{-at_0} = be^{-at_0}, \quad t \geq t_0,$$

woraus die behauptete Ungleichung folgt. Q.E.D.

Bemerkung 4.3: Die Abschätzung (4.1.26) im Gronwallschen Lemma lässt verschiedene Verallgemeinerungen zu. Besteht z. B. eine Beziehung der Form

$$w(t) \leq \int_{t_0}^{t} a(s)w(s)\, ds + b(t), \quad t \geq t_0,$$

mit einer stetigen Funktion $a(t) \geq 0$ und einer nichtfallenden Funktion $b(t) \geq 0$, so folgt (Übungsaufgabe)

$$w(t) \leq \exp\Big(\int_{t_0}^{t} a(s)\, ds\Big) b(t), \quad t \geq t_0. \tag{4.1.27}$$

Beispiel 4.8: Die Funktion $f(t,x) = x^{1/3}$ $(d = 1)$ aus Beispiel 4.5 ist auf dem Intervall $I = [0,1]$ in $x = 0$ nicht Lipschitz-stetig, woraus sich die Mehrdeutigkeit der Lösung der zugehörigen AWA erklärt. Für die Anfangsbedingung $u(0) = 1$ ergibt sich dagegen die Lösung $u(t) = [\frac{2}{3}t + 1]^{3/2}$, welche eindeutig ist, da die Funktion $f(t,x) = x^{1/3}$ bei $x = 1$ Lipschitz-stetig ist.

Beispiel 4.9: Die Funktion $f(t,x) = x^2$ $(d = 1)$ aus Beispiel 4.6 ist nur „lokal" Lipschitz-stetig, d. h. nur für beschränkte Argumente:

$$|x^2 - y^2| = |x + y||x - y| \leq L|x - y|$$

mit $L = \max\{|x + y|\,,\, x, y \in D\}$. Solange die Lösung der zugehörigen AWA existiert, ist sie also eindeutig.

Korollar 4.2: *Wir betrachten eine skalare Differentialgleichung d-ter Ordnung der Form*

$$u^{(d)}(t) = f(t, u(t), \dots, u^{(d-1)}(t)), \tag{4.1.28}$$

mit einer stetigen Funktion $f : I \times \mathbb{R}^d \to \mathbb{R}$, *welche bezüglich der letzten* d *Argumente einer lokalen Lipschitz-Bedingung genügt. Dann existiert für jeden Satz von* d *Werten* $u_0, \dots, u_{d-1} \in \mathbb{R}$, *genau eine lokale Lösung* $u \in C^d[t_0 - \varepsilon, t_0 + \varepsilon]$ *der Gleichung (4.1.28), welche den Anfangsbedingungen genügt:*

$$u(t_0) = u_0,\ u'(t_0) = u_1,\ \dots,\ u^{(d-1)}(t_0) = u_{d-1}.$$

Beweis: Die Behauptung ergibt sich unmittelbar aus den vorangegangenen Resultaten angewendet auf das zu der Gleichung (4.1.28) d-ter Ordnung äquivalente System 1-ter Ordnung:

$$\begin{aligned} u_1'(t) &= u_2(t)\,, \\ &\ \vdots \\ u_{d-1}'(t) &= u_d(t)\,, \\ u_d'(t) &= f(t, u_1(t), \dots, u_d(t)), \end{aligned}$$

wobei $u_1 := u, u_2 := u^{(1)}, \dots, u_d := u^{(d-1)}$. Die zugehörige Vektorfunktion $F(t, u_1, \dots, u_d)$ ist offensichtlich stetig und genügt der Lipschitz-Bedingung. Q.E.D.

Beispiel 4.10: Die lineare Differentialgleichung 2-ter Ordnung (harmonischer Oszillator)

$$u''(t) + ku(t) = 0$$

mit einem festen $k \in \mathbb{R}_+$ besitzt die beiden auf ganz $\mathbb{R}$ definierten Lösungen $u_1(t) = \cos(\sqrt{k}t)$ und $u_2(t) = \sin(\sqrt{k}t)$. Für beliebig gegebene $c_0, c_1 \in \mathbb{R}$ ist auch die Linearkombination $u(t) = c_0u_1(t) + c_1u_2(t)$ Lösung. Wegen $u(0) = c_0$ und $u'(0) = c_1\sqrt{k}$ ist $u(t)$ nach Korollar 4.2 die eindeutig bestimmte Lösung der Differentialgleichung zu diesen Anfangswerten. Die Lösung zu den Anfangsdaten $c_0 = 0$ und $u'(0) = c_1$ ist

$$u(t) = \frac{c_1}{\sqrt{k}} \sin(\sqrt{k}t) = A \sin\Big(\frac{2\pi}{T}t\Big),$$

d. h. eine Sinusschwingung mit der Schwingungsdauer $T = 2\pi/\sqrt{k}$ und der Amplitude $A = c_1/\sqrt{k}$

Der Existenzsatz von Peano zusammen mit dem Eindeutigkeitsaussage von Satz 4.4 enthält einen Teil der Aussagen des klassischen Existenzsatzes von Picard[6]-Lindelöf[7], den wir im Folgenden formulieren.

[6] Charles Emile Picard (1856–1941): Französischer Mathematiker; Prof. in Toulouse und Paris; Beiträge zu Analysis, Funktionentheorie, Differentialgleichungen und Analytische Geometrie.

[7] Ernst Leonhard Lindelöf (1870–1946): Finnischer Mathematiker; Prof. in Helsinki; Beiträge zu Analysis, Differentialgleichungen und Funktionentheorie.

Satz 4.5 (Existenzsatz von Picard-Lindelöf): *Die stetige Funktion $f : D \to \mathbb{R}^d$ genüge einer lokalen Lipschitz-Bedingung. Dann gibt es zu jedem Paar $(t_0, u_0) \in D$ ein $\varepsilon > 0$ und eine Lösung $u : I = [t_0 - \varepsilon, t_0 + \varepsilon] \to \mathbb{R}^d$ der AWA*

$$u'(t) = f(t, u(t)), \quad t \in I, \quad u(t_0) = u_0. \tag{4.1.29}$$

Beweis: Wir führen einen Beweis, der unabhängig vom Satz von Peano ist und auf dem Banachschen Fixpunktsatz basiert. Ausgangspunkt ist wieder die zur AWA äquivalente Integralgleichung (4.1.13):

$$u(t) = u_0 + \int_{t_0}^{t} f(s, u(s))\, ds.$$

i) Es gibt ein $\delta > 0$, so dass

$$K := \big\{(t, x) \in \mathbb{R} \times \mathbb{R}^n : |t - t_0| \le \delta,\ \|x - u_0\| \le \delta\big\} \subset D.$$

Auf K erfüllt $f(t, x)$ eine Lipschitz-Bedingung mit Konstante L_K:

$$\|f(t, x) - f(t, y)\| \le L_K \|x - y\|, \quad (t, x), (t, y) \in K.$$

Da K kompakt und f stetig ist, gibt es eine Konstante $M > 0$, so dass

$$\|f(t, x)\| \le M, \quad (t, x) \in K.$$

Wir setzen

$$\varepsilon := \min\Big(\delta, \frac{\delta}{M}, \frac{1}{2L_K}\Big), \qquad I_\varepsilon := [t_0 - \varepsilon, t_0 + \varepsilon],$$

und definieren den Vektorraum $V := C[t_0 - \varepsilon, t_0 + \varepsilon]$; dieser ist versehen mit der Norm

$$\|u\|_\infty = \max_{t \in [t_0 - \varepsilon, t_0 + \varepsilon]} \|u(t)\|$$

ein Banach-Raum.

ii) Auf dem Banach-Raum V definieren wir die Abbildung $g : V \to V$ durch

$$g(u)(t) := u_0 + \int_{t_0}^{t} f(s, u(s))\, ds, \quad t \in I_\varepsilon.$$

Für Funktionen u aus der abgeschlossenen Teilmenge

$$V_0 := \{v \in V : \max_{t \in I_\varepsilon} \|v(t) - u_0\| \le \delta\} \subset V$$

gilt für $t \in I_\varepsilon$:

$$\|g(u)(t) - u_0\| \le \int_{t_0}^{t} \|f(s, u(s))\|\, ds \le M|t - t_0| \le M\varepsilon \le \delta,$$

d. h.: Die Abbildung g bildet die Teilmenge $V_0 \subset V$ in sich ab. Weiter gilt für je zwei Funktionen $u, v \in V_0$ aufgrund der L-Stetigkeit von $f(t,\cdot)$:

$$\begin{aligned} \|g(u)(t) - g(v)(t)\| &\le \int_{t_0}^{t} \|f(s,u(s)) - f(s,v(s))\|\,ds \\ &\le L|t-t_0|\|u-v\|_\infty \le L\varepsilon\|u-v\|_\infty. \end{aligned}$$

Dies impliziert

$$\|g(u) - g(v)\|_\infty \le \tfrac{1}{2}\|u-v\|_\infty,$$

d. h. g ist auf V_0 eine Kontraktion. Nach dem Banachschen Fixpunktsatz hat g in V_0 genau einen Fixpunkt u^*, d. h.:

$$u^*(t) = g(u^*)(t) = u_0 + \int_{t_0}^{t} f(s,u^*(s))\,ds, \quad t \in I_\varepsilon.$$

Wegen der Äquivalenz dieser Integralbeziehung zur AWA ergibt sich die Behauptung des Satzes. Q.E.D.

Die im Beweis des Satzes von Picard-Lindelöf konstruierte Lösung u^* der Integralgleichung (4.1.13) erhält man durch die im Banach-Raum $V = C[I_\varepsilon]$ konvergente Fixpunktiteration (sog. „sukzessive Approximation“)

$$u^k(t) := u_0 + \int_{t_0}^{t} f(s,u^{k-1}(s))\,ds, \quad t \in I_\varepsilon, \tag{4.1.30}$$

für irgendeine Startfunktion $u^0 \in M$. Dieses Iterationsverfahren kann in einfachen Situationen zur tatsächlichen Berechnung der Lösung der AWA verwendet werden.

Beispiel 4.11: Zur Lösung der AWA

$$u'(t) = 1 + u(t)^2, \quad t \ge 0, \qquad u(0) = 0,$$

wird die Fixpunktiteration mit der Startfunktion $u^0 \equiv 0$ verwendet:

$$u^k(t) = \int_0^t \big(1 + u^{k-1}(s)^2\big)\,ds, \quad t \ge 0.$$

Wir finden

$$\begin{aligned} u^1(t) &= \int_0^t ds = t, \quad u^2(t) = \int_0^t (1+s^2)\,ds = t + \tfrac{1}{3}t^3 \\ u^3(t) &= \int_0^t (1 + s^2 + \tfrac{2}{3}t^4 + \tfrac{1}{9}s^6)\,ds = t + \tfrac{1}{3}t^3 + \tfrac{2}{15}t^5 + \tfrac{1}{63}t^7 \\ u^4(t) &= \int_0^t (1 + s^2 + \tfrac{2}{3}s^4 + (\tfrac{1}{9}+\tfrac{4}{15})s^6 + \tfrac{1}{63}s^8 + \dots)\,ds \\ &= t + \tfrac{1}{3}t^3 + \tfrac{2}{15}t^5 + (\tfrac{1}{63} + \tfrac{1}{105})t^7 + \tfrac{1}{567}t^9 + \dots \\ u^5(t) &= \int_0^t (1 + s^2 + \tfrac{2}{3}s^4 + (\tfrac{1}{9}+\tfrac{4}{15})s^6 + \tfrac{4}{45}s^8 + \dots)\,ds \\ &= t + \tfrac{1}{3}t^3 + \tfrac{2}{15}t^5 + (\tfrac{1}{63} + \tfrac{4}{105})t^7 + \dots . \end{aligned}$$

Dies scheint die Taylor-Reihe der Funktion $u(t) = \tan(t)$ zu ergeben:

$$\tan(t) = t + \tfrac{1}{3}t^3 + \tfrac{2}{15}t^5 + \tfrac{17}{315}t^7 + \dots .$$

Dies ist tatsächlich die (eindeutig bestimmte) Lösung der AWA, da

$$\tan'(t) = \frac{1}{\cos^2(t)} = \frac{\cos^2(t) + \sin^2(t)}{\cos^2(t)} = 1 + \tan^2(t), \quad \tan(0) = 0.$$

4.1.5 Globale Stabilität

Wir wenden uns nun der Frage nach der „globalen“ Stabilität von Lösungen von AWAn zu. Neben der Lipschitz-Bedingung (L) wird dazu noch eine weitere Struktureigenschaft der Funktion $f(t,x)$ benötigt.

Definition 4.3 (Monotone AWA): *Die Funktion $f(t,x)$ genügt einer „Monotoniebedingung“, wenn mit einer Konstanten $\lambda > 0$ (bzgl. euklidischem Skalarprodukt und Norm) gilt:*

$$-(f(t,x) - f(t,y), x - y) \ge \lambda \|x - y\|^2, \quad (t,x), (t,y) \in D. \tag{4.1.31}$$

Eine AWA der Form (4.1), die einer Lipschitzbedingung bzw. der Monotoniebedingung genügt nennen wir kurz „L-stetig“ und „(stark) monoton“. Ihre Lösungen haben besonders starke Stabilitätseigenschaften.

Definition 4.4 (Exponentielle Stabilität): *Eine globale Lösung $u(t)$ einer* AWA *wird „exponentiell stabil“ genannt, wenn es positive Konstanten δ, α, A gibt, so dass folgendes gilt: Zu jedem Zeitpunkt $t_* \ge t_0$ und zu jedem $w_* \in \mathbb{R}^d$ mit $\|w_*\| < \delta$ hat die gestörte* AWA

$$v'(t) = f(t, v(t)), \quad t \ge t_*, \quad v(t_*) = u(t_*) + w_*, \tag{4.1.32}$$

eine ebenfalls globale Lösung $v(t)$, und es gilt

$$\|v(t) - u(t)\| \le A\, e^{-\alpha(t-t_*)} \|w_*\|, \quad t \ge t_*. \tag{4.1.33}$$

Neben dem Begriff der „exponentiellen“ Stabilität findet man in der Literatur noch eine Reihe anderer (schwächerer) Stabilitätsdefinitionen, z. B.: „asymptotische“ Stabilität.

Satz 4.6 (Globaler Stabilitätssatz): *Alle Lösungen einer L-stetigen und monotonen* AWA *sind global und exponentiell stabil mit δ beliebig und $\alpha = \lambda$, $A = 1$. Im Falle $\sup_{t>0} \|f(t,0)\| < \infty$ sind alle Lösungen gleichmäßig beschränkt.*

Beweis: i) Nach Voraussetzung gilt

$$\|f(t,x)\| \le \|f(t,x) - f(t,0)\| + \|f(t,0)\| \le L\|x\| + \|f(t,0)\|,$$

d. h.: Die Funktion $f(t,x)$ ist linear beschränkt. Folglich existieren sowohl für die AWA

$$u'(t) = f(t,u(t)), \quad t \ge t_0, \quad u(t_0) = u_0,$$

als auch für jede gestörte AWA

$$v'(t) = f(t,v(t)), \quad t \ge t_*, \quad v(t_*) = u(t_*) + w_*,$$

eindeutige, globale Lösungen (Übungsaufgabe). Subtraktion der beiden Gleichungen und skalare Multiplikation mit $w(t) := v(t) - u(t)$ ergibt

$$(w'(t), w(t)) = \frac{1}{2}\frac{d}{dt}\|w(t)\|^2 - (f(t,v(t)) - f(t,u(t)), w(t)) = 0$$

und, unter Ausnutzung der Monotonieeigenschaft,

$$\frac{d}{dt}\|w(t)\|^2 + 2\lambda\|w(t)\|^2 \le 0\,.$$

Wir multiplizieren dies mit $e^{2\lambda(t-t_*)}$ und erhalten

$$\frac{d}{dt}\Big[e^{2\lambda(t-t_*)}\|w(t)\|^2\Big] = e^{2\lambda(t-t_*)}\frac{d}{dt}\|w(t)\|^2 + 2\lambda e^{2\lambda(t-t_*)}\|w(t)\|^2 \le 0,$$

bzw. nach Integration über $[t_*, t]$,

$$\|w(t)\| \le e^{-\lambda(t-t_*)}\|w_*\|, \quad t \ge t_*\,.$$

ii) Schließlich zeigen wir die gleichmäßige Beschränktheit der Lösung. Dazu multiplizieren wir die Gleichung

$$u'(t) - f(t,u(t)) + f(t,0) = f(t,0)$$

mit $u(t)$ und erhalten

$$\frac{1}{2}\frac{d}{dt}\|u(t)\|^2 - (f(t,u(t)) - f(t,0), u(t) - 0) = (f(t,0), u(t)).$$

Ausnutzung der Monotonieeigenschaft ergibt (verwende die Ungleichung $ab \le \frac{1}{2}a^2 + \frac{1}{2}b^2$)

$$\frac{1}{2}\frac{d}{dt}\|u(t)\|^2 + \lambda\|u(t)\|^2 \le \|f(t,0)\|\|u(t)\| \le \frac{1}{2\lambda}\|f(t,0)\|^2 + \frac{\lambda}{2}\|u(t)\|^2$$

und somit

$$\frac{d}{dt}\|u(t)\|^2 + \lambda\|u(t)\|^2 \le \frac{1}{\lambda}\|f(t,0)\|^2.$$

Wir multiplizieren nun diese Ungleichung mit $e^{\lambda(t-t_0)}$ und erhalten

$$\frac{d}{dt}\Big[e^{\lambda(t-t_0)}\|u(t)\|^2\Big] \le e^{\lambda(t-t_0)}\frac{d}{dt}\|u(t)\|^2 + \lambda e^{\lambda(t-t_0)}\|u(t)\|^2 \le \frac{1}{\lambda}e^{\lambda(t-t_0)}\|f(t,0)\|^2.$$

Integration über $[t_0, t]$ ergibt

$$e^{\lambda(t-t_0)}\|u(t)\|^2 \le \|u_0\|^2 + \frac{1}{\lambda}\int_{t_0}^t \big\{e^{\lambda(s-t_0)}\|f(s,0)\|^2\big\}\, ds,$$

und folglich

$$\|u(t)\|^2 \le e^{-\lambda(t-t_0)}\|u_0\|^2 + \frac{1}{\lambda}\max_{s\in[t_0,t]}\|f(s,0)\|^2 e^{-\lambda(t-t_0)}\int_{t_0}^t e^{\lambda(s-t_0)}\, ds.$$

Wegen

$$e^{-\lambda(t-t_0)}\int_{t_0}^t e^{\lambda(s-t_0)}\, ds = \frac{1}{\lambda}\big\{1 - e^{-\lambda(t-t_0)}\big\},$$

erhalten wir schließlich die Abschätzung

$$\|u(t)\|^2 \le e^{-\lambda(t-t_0)}\|u_0\|^2 + \frac{1}{\lambda^2}\max_{s\in[t_0,t]}\|f(s,0)\|^2, \quad t \ge t_0, \tag{4.1.34}$$

welche die Beschränktheit der Lösung bedeutet. Q.E.D.

4.1.6 Lineare Systeme

Wir betrachten nun *lineare* Differentialgleichungssysteme mit rechten Seiten der Form

$$f(t,x) = A(t)x + b(t)$$

mit Matrixfunktionen $A(\cdot) : I \to \mathbb{R}^{n\times n}$ und Vektorfunktionen $b(\cdot) : I \to \mathbb{R}^n$.

Satz 4.7 (Lineare AWA): *Die Matrixfunktion $A : [t_0,\infty) \to \mathbb{R}^{d\times d}$ und die Vektorfunktion $b : [t_0,\infty) \to \mathbb{R}^d$ seien stetig.*

i) Dann besitzt die lineare AWA

$$u'(t) = A(t)u(t) + b(t), \quad t \ge t_0, \quad u(t_0) = u_0, \tag{4.1.35}$$

eine eindeutige „globale“ Lösung $u : [t_0,\infty) \to \mathbb{R}^d$.

ii) Ist auf $[t_0,\infty)$ die Matrixfunktion $A(\cdot)$ gleichmäßig negativ definit und die Funktion $b(\cdot)$ beschränkt, so ist die Lösung $u(t)$ beschränkt und exponentiell stabil.

Beweis: i) Für die durch den Peanoschen Satz gelieferte *lokale* Lösung u auf einem Intervall $I = [t_0, t_0 + T]$ gilt:

$$\|u(t)\| \le \|u_0\| + \int_{t_0}^t \big\{\|A(t)\|\|u(s)\| + \|b(s)\|\big\}\, ds, \quad t \in I.$$

Mit Hilfe des Gronwallschen Lemmas folgt die Abschätzung

$$\|u(t)\| \le \exp\Big(\int_{t_0}^t \|A(s)\|\, ds\Big)\Big\{\|u_0\| + \int_{t_0}^t \|b(s)\|\, ds\Big\}, \quad t \in I,$$

d. h.: $\|u(t)\|$ bleibt auf jedem Existenzintervall unterhalb einer nur von T und den Funktionen $A(t)$, $b(t)$ abhängigen Schranke. Nach Satz 4.2 lässt sich der Graph von u aber bis zum Rand von D fortsetzen. Folglich existiert u für alle $t \geq t_0$. Die Eindeutigkeitsaussage ergibt sich wegen der L-Stetigkeit der Funktion $f(t,x) := A(t)x + b(t)$,

$$\|f(t,x) - f(t,y)\| = \|A(t)x + b(t) - A(t)y - b(t)\| \leq \|A(t)\| \, \|x - y\|,$$

direkt aus Satz 4.4.

ii) Für eine negativ definite Koeffizientenmatrix $A(t)$ genügt die zugehörige Funktion $f(t,x)$ der Monotoniebedingung:

$$-(f(t,x) - f(t,y), x - y) = -(A(t)(x - y), x - y) \geq \lambda \|x - y\|^2,$$

mit einer Konstante $\lambda > 0$. Ferner ist

$$\sup_{t\in[t_0,\infty)} \|f(t,0)\| = \sup_{t\in[t_0,\infty)} \|b(t)\| < \infty.$$

Satz 4.6 liefert also die Beschränktheit sowie die exponentielle Stabilität der globalen Lösung u der linearen AWA. Q.E.D.

Satz 4.8 (Homogene lineare Systeme): *i) Die Menge der Lösungen des „homogenen“ d-dimensionalen lineare Differentialgleichungssystems*

$$u'(t) = A(t)u(t) \tag{4.1.36}$$

bildet einen Vektorraum.

ii) Zu jeder Basis $\{u_0^i, i = 1,\dots,d\}$ *des* $\mathbb{R}^d$ *erhält man mit den zugehörigen Lösungen der* d *AWAn*

$$u^{i\prime}(t) = A(t)u^i, \quad t \geq t_0, \qquad u^i(t_0) = u_0^i, \quad i = 1,\dots,d, \tag{4.1.37}$$

eine Basis $\{u^i, i = 1,\dots,d\}$ *dieses Lösungsraums, d. h.: Es ist* $\dim H = d$.

iii) Ist $\{u^i, i = 1,\dots,d\}$ *eine Basis des Lösungsraums, so bilden für jedes* $t \geq t_0$ *die Vektoren* $\{u^i(t), i = 1,\dots,d\}$ *eine Basis des* $\mathbb{R}^d$.

Beweis: i) Sei H die Menge der Lösungen der homogenen Gleichung (4.1.36). Offenbar ist die Nullfunktion in H, und jede Linearkombination $\alpha u + \beta v$ von Funktionen $u, v \in H$ ist wegen

$$(\alpha u + \beta v)' = \alpha u' + \beta v' = \alpha A(t)u + \beta A(t)v' = A(t)(\alpha u + \beta v)$$

ebenfalls in H. Also ist H ein Vektorraum.

ii) Sei $\{u_0^i, i = 1,\dots,d\}$ eine Basis des $\mathbb{R}^d$ und $\{u^i\}$ die nach Satz 4.7 eindeutigen globalen Lösungen der AWAn (4.1.37). Gibt es dann Koeffizienten $\alpha_i \in \mathbb{R}$ mit

$$\sum_{i=1}^d \alpha_i u^i(t) = 0, \quad t \geq t_0,$$

so folgt, da dies auch für $t = t_0$ gilt, notwendig $\alpha_1 = \cdots = \alpha_d = 0$. Die Funktionen $\{u^i, i = 1, \dots, d\}$ sind also linear unabhängig. Umgekehrt kann es nicht mehr als d linear unabhängige Funktionen in H geben, denn dann müssten auch deren Anfangswerte linear unabhängig sein, was nicht möglich ist. Also ist $\dim H = d$.

iii) Die Argumentation verläuft analog wie unter (ii). Q.E.D.

Definition 4.5: *Eine Basis $\{\varphi^i, \dots, \varphi^d\}$ des Lösungsraumes des linearen Differentialgleichungssystems (4.1.36) etwa zu den Anfangswerten $\varphi^i(t_0) = e^i$ wird „Fundamentalsystem" der Gleichung genannt. Die Matrix $\Phi = [\varphi^1, \dots, \varphi^d]$ der Spaltenvektoren φ^i heißt „Fundamentalmatrix" des Systems. Diese ist regulär und genügt der Matrix-AWA (komponentenweise zu verstehen)*

$$\Phi'(t) = A(t)\Phi(t), \quad t \geq t_0, \qquad \Phi(t_0) = I. \tag{4.1.38}$$

Satz 4.9 (Inhomogene lineare Systeme): *Die Matrixfunktion $A : [t_0, \infty) \to \mathbb{R}^{d\times d}$ und die Vektorfunktion $b : [t_0, \infty) \to \mathbb{R}^d$ seien stetig. Der Vektorraum der Lösungen der zugehörigen homogenen Systems sei mit H bezeichnet. Dann erhält man eine partikuläre Lösung der inhomogenen Gleichung*

$$u'(t) = A(t)u(t) + b(t) \tag{4.1.39}$$

in der Form

$$u_b(t) = \Phi(t)\Big(\int_{t_0}^t \Phi(s)^{-1}b(s)\,ds + c\Big), \tag{4.1.40}$$

mit einer beliebigen Konstante $c \in \mathbb{R}$. Jede andere Lösung der inhomogenen Gleichung hat die Gestalt $u(t) = u_b(t) + v(t)$ mit einer Funktion $v \in H$. Bei Wahl von $c = u_0$ erfüllt u die Anfangsbedingung $u_b(t_0) = u_0$.

Beweis: i) Wir setzen

$$\psi := \int_{t_0}^t \Phi^{-1}b\,ds + c, \qquad \psi' = \Phi^{-1}b.$$

Dann gilt für $u_b := \Phi\psi$ die Beziehung $u_b' = \Phi'\psi + \Phi\psi'$, woraus wegen $\Phi' = A\Phi$ folgt:

$$u_b' = A\Phi\psi + \Phi\psi' = Au_b + \Phi\psi' = Au_b + \Phi\Phi^{-1}b = Au_b + b.$$

Also ist u_b Lösung der inhomogenen Differentialgleichung und für $c = u_0$ auch Lösung der entsprechenden AWA.

ii) Sei u eine zweite Lösung der inhomogenen Gleichung. Dann erfüllt $w := u - u_b$ die Beziehung

$$w' = u' - u_b' = Au + b - Au_b - b = Aw,$$

d. h.: Es ist $w \in H$. Q.E.D.

Bemerkung 4.4: Die Aussagen dieses Abschnitts zeigt, dass zwischen der Theorie der Systeme linearer gewöhnlicher Differentialgleichungen und der linearer Gleichungssysteme in $\mathbb{R}^d$ eine weitgehende Analogie besteht.

Bemerkung 4.5: Die Darstellung

$$u(t) = \Phi(t)\Big(\int_{t_0}^t \Phi(s)^{-1}b(s)\,ds + u_0\Big),$$

der (eindeutigen) Lösung der linearen AWA

$$u'(t) = A(t)u(t) + b(t), \quad t \geq t_0,$$

entspricht der am Anfang dieses Kapitels für *skalare* lineare AWAn

$$u'(t) = a(t)u(t) + b(t), \quad t \geq t_0,$$

mit Hilfe der Methode der Variation der Konstante gefundenen Darstellung

$$u(t) = \exp\Big(\int_{t_0}^t a(s)\,ds\Big)\Big[u_0 + \int_{t_0}^t \exp\Big(-\int_{t_0}^\tau a(s)\,ds\Big)b(\tau)\,d\tau\Big].$$

Bemerkung 4.6: Für lineare Differentialgleichungssysteme mit *konstanten* Koeffizienten

$$u'(u) = Au(t) \tag{4.1.41}$$

bzw. skalare Gleichungen höherer Ordnung

$$u^{(d)}(t) = \sum_{i=0}^{d-1} a_i u^{(i)}(t) \tag{4.1.42}$$

gibt es eine vollständige Lösungstheorie, die sich weitgehend algebraischer Argumente bedient. Diese hat enge Beziehungen zu den sog. „orthogonalen“ Polynomem, welche in der Numerik eine große Rolle spielen (z. B. Gauß-Integration).

4.2 Randwertaufgaben

Die bisher betrachteten Anfangswertaufgaben können als Spezialfall der allgemeinen „Randwertaufgabe“ (abgekürzt: RWA)

$$u'(t) = f(t, u(t)), \quad t \in I = [a, b], \qquad r(u(a), u(b)) = 0, \tag{4.2.43}$$

aufgefasst werden. Dabei sind $f : I \times \mathbb{R}^d \to \mathbb{R}^d$ und $r : \mathbb{R}^d \times \mathbb{R}^d \to \mathbb{R}^d$ gegebene, i. Allg. vektorwertige Funktionen, welche im folgenden stets als stetig differenzierbar bzgl. aller ihrer Argumente vorausgesetzt sind, und gesucht ist eine stetig differenzierbare Funktion $u : I \to \mathbb{R}^d$. In der Literatur findet sich für (4.2.43) auch die Bezeichnung „Zweipunkt-Randwertaufgabe“ zur Abgrenzung von allgemeineren Problemen mit mehrpunktigen Nebenbedingungen der Form $r(u(t_1), \dots, u(t_k)) = 0$.

Beispiel 4.12: Wir geben zwei Beispiele von RWAn gewöhnlicher Differentialgleichungen mit unterschiedlichen Typen von Randbedingungen.

i) Ein wärmeleitfähiger Draht nehme das Intervall $I = [a,b]$ ein. Er werde durch eine Wärmequelle mit Temperaturdichte $f(t)$ (z. B. eine Streichholzflamme) erhitzt. Am linken und rechten Rand des Intervalls sei der Draht isoliert (d. h. kein Wärmefluss über den Rand). Ist dann $p(t)$ die „Wärmeleitfähigkeit“ des Drahtmaterials, so wird die Temperaturverteilung $u(t)$ näherungsweise beschrieben durch die lineare „Neumannsche“ RWA

$$-[pu']'(t) = f(t), \quad t \in I, \qquad u'(a) = u'(b) = 0. \tag{4.2.44}$$

ii) Eine Saite sei über der x-Achse zwischen zwei Punkten (a, g_a) und (b, g_b) eingespannt. Bei Ausübung einer vertikalen Kraft mit Dichte $f(t)$ (z. B. durch Zupfen mit dem Finger) erfährt diese eine als streng vertikal angenommene Auslenkung, die mit $u(t)$ bezeichnet sei. Diese wird näherungsweise durch die lineare „Dirichletsche“ Randwertaufgabe

$$-[pu']'(t) = f(t), \quad t \in I, \qquad u(a) = g_a, \ u(b) = g_b, \tag{4.2.45}$$

beschrieben, wobei $p(t) > 0$ eine durch das Material der Saite bestimmte Funktion ist.

4.2.1 Existenz von Lösungen

Im Gegensatz zu den AWAn existiert für RWAn keine allgemeine Existenztheorie; nur unter sehr einschränkenden Voraussetzungen lässt sich für nichtlineare Probleme die Existenz von Lösungen a priori garantieren. Da diese Voraussetzungen bei den in der Praxis auftretenden Problemen meist nicht erfüllt sind, wird hier auf die Darstellung solcher Resultate verzichtet. Für das Folgende begnügen wir uns mit der Annahme, dass die Aufgabe (4.2.43) eine Lösung $u(t)$ besitzt, welche wenigstens *lokal* eindeutig (bzw. *isoliert*) ist, d. h.: Es gibt eine Umgebung

$$U_R(u) := \{v \in C[a,b], \ \|u - v\|_\infty < R\}$$

von u, in der es keine zweite Lösung $\tilde{u} \neq u$ gibt. Bezeichnen

$$f'_x(t,x) = (\partial_j f_i(t,x))_{i,j=1}^d \,,$$

$$r'_x(x,y) = (\partial_j r_i(x,y))_{i,j=1}^d \,, \qquad r'_y(x,y) = (\partial_j r_i(x,y))_{i,j=1}^d$$

wieder die Jacobi-Matrizen der Vektorfunktionen $f(t,\cdot)$ und $r(\cdot,\cdot)$, so haben wir für die lokale Eindeutigkeit einer Lösung u von (4.2.43) die folgende Charakterisierung:

Satz 4.10 (Lokale Eindeutigkeit): *Eine Lösung u von Problem (4.2.43) ist genau dann lokal eindeutig, wenn die lineare, homogene RWA*

$$\begin{aligned} v'(t) - f'_x(t,u(t))\, v(t) &= 0\,, \quad t \in I \\ r'_x(u(a),u(b))\, v(a) + r'_y(u(a),u(b))\, v(b) &= 0 \end{aligned} \tag{4.2.46}$$

nur die triviale Lösung $v \equiv 0$ besitzt.

Zum Beweis von Satz 4.10 müssen wir uns zunächst mit der Lösbarkeit der linearen Aufgabe (4.2.46) beschäftigen; dafür existiert glücklicherweise eine vollständige Theorie. Wir betrachten die allgemeine inhomogene lineare RWA

$$\begin{aligned} u'(t) - A(t)u(t) &= f(t)\,, \quad t \in I \\ B_a u(a) + B_b u(b) &= g \end{aligned} \tag{4.2.47}$$

mit Matrizen $B_a, B_b \in \mathbb{R}^{d\times d}$, einer stetigen Matrixfunktion $A : I \to \mathbb{R}^{d\times d}$ sowie einer stetigen Funktion $f : [a,b] \to \mathbb{R}^d$ und einem Vektor $g \in \mathbb{R}^d$. Der RWA (4.2.47) werden die folgenden $d+1$ AWAn zugeordnet:

$$\begin{aligned} \varphi^{0\prime}(t) - A(t)\varphi^0(t) &= f(t)\,, \quad t \geq a\,, \quad \varphi^0(a) = 0\,, \\ \varphi^{i\prime}(t) - A(t)\varphi^i(t) &= 0\,, \quad t \geq a\,, \quad \varphi^i(a) = e^i\,, \quad i = 1, \dots, d\,, \end{aligned} \tag{4.2.48}$$

mit den kartesischen Einheitsvektoren $e^i \in \mathbb{R}^d$. Mit den eindeutigen Lösungen φ^0 und $\varphi^1, \dots, \varphi^d$ von (4.2.48) wird dann die „Fundamentalmatrix“

$$\Phi\,(t) \;:=\; \begin{bmatrix} \varphi_1^1(t) & \dots & \varphi_1^d(t) \\ \vdots & & \vdots \\ \varphi_d^1(t) & \dots & \varphi_d^d(t) \end{bmatrix}$$

des Systems (4.2.48) gebildet und der Lösungsansatz

$$u(t;s) = \varphi^0(t) + \sum_{i=1}^d s_i \varphi^i(t) = \varphi^0(t) + \Phi(t)s$$

gemacht. Offensichtlich genügt dieser Ansatz der Differentialgleichung

$$u'(t;s) - A(t)u(t;s) = f(t)\,, \quad t \geq a\,.$$

Es bleibt also, den Vektor $s \in \mathbb{R}^d$ so zu bestimmen, dass gilt:

$$B_a u(a;s) + B_b u(b;s) = g\,. \tag{4.2.49}$$

Dass dies nicht immer möglich ist, zeigt das folgende Beispiel.

Beispiel 4.13: Die Differentialgleichung

$$\begin{aligned} u''(t) + u(t) = 0 \quad &\Longleftrightarrow \quad u_1'(t) - u_2(t) = 0 \\ t \in [0, \pi] \quad & \quad\quad\;\; u_2'(t) + u_1(t) = 0 \end{aligned}$$

hat die allgemeine Lösung: $u(t) = c_1 \sin t + c_2 \cos t$. Für verschiedene Randbedingungen ergibt sich ein qualitativ unterschiedliches Lösbarkeitsverhalten.

i) $u(0) = u(\pi)$, $u'(0) = u'(\pi)$: $\quad u(t) \equiv 0 \quad$ (eindeutig bestimmt),

ii) $u(0) = u(\pi) = 0:$ $\qquad u(t) = c_1 \sin t$ (unendlich viele Lösungen),

iii) $u(0) = 0,\ u(\pi) = 1:$ $\qquad$ keine Lösung.

Die Randbedingung (4.2.49) kann durch Einsetzen des Ansatzes für $u(t)$ umgeschrieben werden in ein lineares Gleichungssystem für s:

$$B_a \underbrace{\varphi^0(a)}_{=0} + B_a \underbrace{\Phi(a)}_{=I} s + B_b\varphi^0(b) + B_b\Phi(b)s = g,$$

d. h.:

$$[B_a + B_b\Phi(b)]s = g - B_b\varphi^0(b). \tag{4.2.50}$$

Damit erhalten wir das folgende Resultat

Satz 4.11 (Existenzsatz für lineare RWAn): *Die lineare RWA (4.2.46) besitzt genau dann für beliebige Daten $f(t)$ und g eine eindeutige Lösung $u(t)$, wenn die Matrix $B_a + B_b\Phi(b) \in \mathbb{R}^{d\times d}$ regulär ist, bzw. wenn die zugehörige homogene RWA nur die triviale Lösung $u \equiv 0$ hat.*

Beweis: Ist die Matrix $B_a + B_b\Phi(b)$ regulär, so ist das System (4.2.50) eindeutig lösbar, und die zugehörige Funktion $u(t;s)$ löst dann nach unserer Konstruktion die RWA (4.2.47). Umgekehrt lässt sich aber jede Lösung $u(t)$ von (4.2.46) in der Form

$$u(t) = \varphi^0(t) + \Phi(t)s$$

mit einem $s \in \mathbb{R}^d$ darstellen, da der Lösungsraum der homogenen Differentialgleichung von den Funktionen $\{\varphi^1, \dots, \varphi^d\}$ aufgespannt wird. Die Regularität von $B_a + B_b\Phi(b)$ ist also notwendig und hinreichend für die Eindeutigkeit möglicher Lösungen von (4.2.47). Q.E.D.

Bemerkung 4.7: Die eigentliche Bedeutung von Satz 4.11 liegt darin, dass er eine starke Analogie zwischen *linearen* RWAn und *linearen* (quadratischen) Gleichungssystemen aufzeigt. Bei beiden Problemtypen genügt es zum Nachweis der Existenz von Lösungen zu zeigen, dass eventuell existierende Lösungen notwendig eindeutig sind.

Nach diesen Vorbereitungen können wir nun den Beweis von Satz 4.11 führen.

Beweis: [Beweis von Satz 4.10] Die Funktion $f(t,x)$ ist gleichmäßig Lipschitz-stetig auf einer Umgebung U_R des Graphen von $u(t)$. Daher gibt es ein $\rho > 0$, so dass für jede Lösung $v(t)$ der AWA

$$v'(t) = f(t, v(t)), \quad t \in I, \quad v(t_0) = v_0,$$

mit $t_0 \in I$, $\|v_0 - u(t_0)\| \le \rho$, notwendig gilt (Folgerung aus dem Stabilitätssatz 4.4):

$$\max_{t\in I} \|u(t) - v(t)\| \le R\,.$$

D. h.: Jede zweite Lösung $v(t)$ der RWA, deren Graph dem von $u(t)$ um weniger als ρ nahekommt, verläuft ganz in U_R. Sei nun $v(t)$ eine zweite Lösung der RWA mit $\text{Graph}(v) \subset U_R$. Dann gilt für $w := u - v$:

$$\begin{aligned} w'(t) &= f(t,u(t)) - f(t,v(t)) = \int_0^1 f'_x(t, v(t) + s(u-v)(t))w(t)\,ds \\ &= f'_x(t,u(t))w(t) + \underbrace{\Big(\int_0^1 \{f'_x(t,v(t)+sw(t)) - f'_x(t,u(t))\}\,ds\Big)}_{=:\,\alpha(t)} w(t)\,, \end{aligned}$$

$$\begin{aligned} 0 &= r(u(a),u(b)) - r(v(a),v(b)) \\ &= r(u(a),u(b)) - r(v(a),u(b)) + r(v(a),u(b)) - r(v(a),v(b)) \\ &= \int_0^1 r'_x(v(a)+sw(a),u(b))w(a)\,ds + \int_0^1 r'_y(v(a),v(b)+sw(b))w(b)\,ds \\ &= r'_x(u(a),u(b))\,w(a) + r'_y(u(a),u(b))w(b) \\ &\quad + \underbrace{\Big(\int_0^1 r'_x(v(a)+sw(a),u(b)) - r'_x(u(a),u(b))\,ds\Big)}_{=:\,\beta_a} w(a) \\ &\quad + \underbrace{\Big(\int_0^1 (r'_y(v(a),v(b)+sw(b)) - r'_y(u(a),u(b))\,ds\Big)}_{=:\,\beta_b} w(b)\,. \end{aligned}$$

Die Funktion w löst also die homogene lineare RWA

$$\begin{aligned} & w'(t) - [f'_x(t,u(t)) + \alpha(t)]\,w(t) = 0\,, \quad t \in I\,, \\ & [r'_x(u(a),u(b)) + \beta_a]\,w(a) + \big[r'_y(u(a),u(b)) + \beta_b\big]\,w(b) = 0\,. \end{aligned} \tag{4.2.51}$$

Wegen der angenommenen Lipschitz-Stetigkeit von $f'_x(t,\cdot), r'_x(\cdot,y)$ und $r'_y(x,\cdot)$ kann man die Matrizen $\alpha(t), \beta_a$ und β_b normmäßig beliebig klein machen durch hinreichend kleine Wahl von R. Im Hinblick auf den Stabilitätssatz 4.4 für AWAn kann damit auch die Abweichung der Matrix $\tilde{B}_a + \tilde{B}_b\,\tilde{\Phi}(b)$ von der zum System (4.2.51) gehörenden Matrix $B_a + B_b\,\Phi(b)$ klein gemacht werden. Da dieses System nur die triviale Lösung haben soll, ist nach Satz 4.11 notwendig $B_a + B_b\,\Phi(b)$ regulär. Für hinreichend kleines R ist dann auch $\tilde{B}_a + \tilde{B}_b\,\tilde{\Phi}(b)$ regulär und folglich wieder nach Satz 4.4 $w \equiv 0$ die einzige Lösung von (4.2.51).

Der Beweis der Umkehrung dieser Aussage kann hier nicht ausgeführt werden. Q.E.D.

4.2.2 Sturm-Liouville-Probleme

Wir wollen nun Satz 4.11 anwenden auf die für die Praxis wichtige Klasse der sog. „(regulären) Sturm-Liouville-Probleme“:

$$\begin{aligned} &-[p\,u']'(t)+q(t)u'(t)+r(t)u(t)=f(t)\,, \qquad t\in I=[a,b]\,,\\ &\alpha_1 u'(a)+\alpha_0 u(a)=g_a\,, \qquad \beta_1 u'(b)+\beta_0 u(b)=g_b\,. \end{aligned} \tag{4.2.52}$$

Dabei seien $p\in C^1(I)$, $q,r,f\in C(I)$ und $\alpha_0,\alpha_1,\beta_0,\beta_1,g_a,g_b\in\mathbb{R}$. Die Bezeichnung „regulär“ bezieht sich auf die Tatsache, dass die Koeffizienten p,q,r nicht singulär und das Intervall I als beschränkt vorausgesetzt sind.

Die RWA (4.2.52) ist von zweiter Ordnung und muss zunächst in ein System erster Ordnung umgeschrieben werden: $u_1\equiv u,\quad u_2\equiv u'$

$$\begin{aligned} &u_1'=u_2, \quad -[pu_2]'+qu_2+ru_1=f,\,, \quad t\in I\,,\\ &\alpha_1u_2(a)+\alpha_0u_1(a)=g_a\,, \quad \beta_1u_2(b)+\beta_0u_1(b)=g_b\,. \end{aligned}$$

Unter der Voraussetzung $p(t)\ge\rho>0$ ist dies äquivalent zu dem System

$$\begin{aligned} &\begin{pmatrix} u_1'\\ u_2' \end{pmatrix} - \begin{pmatrix} 0 & 1\\ r/p & (q-p')/p \end{pmatrix} \begin{pmatrix} u_1\\ u_2 \end{pmatrix} = \left[\begin{matrix} 0\\ -f/p \end{matrix}\right), \quad t\in[a,b]\,,\\ &\begin{pmatrix} \alpha_0 & \alpha_1\\ 0 & 0 \end{pmatrix} \begin{pmatrix} u_1(a)\\ u_2(a) \end{pmatrix} + \begin{pmatrix} 0 & 0\\ \beta_0 & \beta_1 \end{pmatrix} \begin{pmatrix} u_1(b)\\ u_2(b) \end{pmatrix} = \begin{pmatrix} g_a\\ g_b \end{pmatrix} \end{aligned} \tag{4.2.53}$$

in der Standardform (4.2.47). Für diese RWA lassen sich sehr allgemeine Existenzsätze beweisen. Wir beschränken uns hier auf den Spezialfall sog. „Dirichletscher“ Randbedingungen

$$u(a)=g_a\,, \quad u(b)=g_b\,. \tag{4.2.54}$$

Satz 4.12 (Sturm-Liouville-Probleme): *Es sei $p(t)\ge\rho$. Dann besitzt das Sturm-Liouville-Problem (4.2.52) mit Dirichletschen Randbedingungen (4.2.54) im Falle*

$$\rho+(b-a)^2\min_{t\in I}\Big\{r(t)-\frac{1}{2}q'(t)\Big\}>0, \quad t\in I, \tag{4.2.55}$$

eine eindeutige Lösung $u(t)\in C^2(I)$. Im Falle

$$\rho+(b-a)^2\min_{t\in I}\Big\{r(t)-\frac{1}{2}q'(t)\Big\}\ge\gamma>0, \quad t\in I, \tag{4.2.56}$$

mit einer Konstante γ gilt für diese die folgende a priori Abschätzung bzgl. der L^2-Norm:

$$\|u\|_2+\|u'\|_2+\|u''\|_2\le c\big\{\|f\|_2+|g_a|+|g_b|\big\}, \tag{4.2.57}$$

mit einer von u und f unabhängigen Konstante $c>0$.

Die Ungleichungsbedingungen (4.2.55) und (4.2.56) in Satz 4.12 sind z. B. erfüllt für

$$q(t) = q_0, \quad r(t) \geq 0, \quad t \in I. \tag{4.2.58}$$

Beweis: i) Wegen der Äquivalenz des Sturm-Liouville-Problems (4.2.52) mit der RWA (4.2.53) genügt es, im Hinblick auf Satz (4.11) zu zeigen, dass das homogene Problem (4.2.52) mit $f(t) \equiv 0$, $g_a = g_b = 0$ nur die triviale Lösung $u(t) \equiv 0$ besitzt. Sei also $u(t)$ die Lösung von

$$-[pu']' + qu' + ru = 0\,, \quad t \in I\,, \quad u(a) = u(b) = 0\,.$$

Multiplikation mit u und Integration über I ergibt

$$-\int_I [pu']'u\,dt + \frac{1}{2}\int_I qu^{2\prime}\,dt + \int_I ru^2\,dt = 0\,.$$

Durch partielle Integration folgt also bei Berücksichtigung der Randbedingungen

$$\int_I p|u'|^2\,dt - \underbrace{pu'u\Big|_a^b}_{=0} + \int_I \Big\{r - \frac{1}{2}q'\Big\}|u|^2\,dt + \underbrace{\frac{1}{2}qu^2\Big|_a^b}_{=0} = 0\,.$$

Also ist

$$\rho\int_I |u'|^2\,dt + \min_{t\in I}\Big\{r - \frac{q'}{2}\Big\}\int_I |u|^2\,dt \leq 0\,.$$

Aus der Identität

$$u(t) = \underbrace{u(a)}_{=0} + \int_a^t u'(s)\,ds$$

erschließt man die (eindimensionale) „Poincarésche Ungleichung"

$$\int_I |u|^2\,dt \leq \int_I \Big(\int_a^t u'\,ds\Big)^2\,dt \leq (b-a)^2\int_I |u'|^2\,dt\,.$$

Damit erhalten wir

$$(b-a)^{-2}\rho\int_I |u|^2\,dt + \min_{a\leq t\leq b}\Big\{r - \frac{1}{2}q'\Big\}\int_I |u|^2\,dt \leq 0\,.$$

Unter der Voraussetzung (4.2.55) folgt

$$\int_I |u|^2\,dt \leq 0$$

bzw. $u \equiv 0$.

iia) Zum Nachweis der a priori Abschätzung (4.2.57) schreiben wir die RWA zunächst in eine solche mit homogenen Dirichlet-Daten um. Die lineare Funktion (Lagrangesches Interpolationspolynom)

$$l(t) := \frac{t-b}{a-b}g_a + \frac{t-a}{b-a}g_b$$

erfüllt die Randbedingungen $l(a) = g_a$ und $l(b) = g_b$. Diese Funktion besitzt Schranken der Form

$$\int_I |l|^2\,dt + \int_I |l'|^2\,dt \le c_0\{|g_a|^2 + |g_b|^2\}$$

mit einer von g_a, g_b unabhängigen Konstante $c_0 > 0$. Wir führen nun die neue Funktion $v := u - l$ ein. Diese hat homogene Dirichlet-Randwerte $v(a) = v(b) = 0$ und genügt auf dem Intervall I der Differentialgleichung

$$-[p\,v']'(t) + q(t)v'(t) + r(t)v(t) = \tilde{f}(t) := f(t) - [p\,l']'(t) + q(t)l'(t) + r(t)l(t). \qquad (4.2.59)$$

Wir werden für v die folgende a priori Abschätzung zeigen

$$\int_I |v|^2\,dt + \int_I |v'|^2\,dt + \int_I |v''|^2\,dt \le c_1 \int_I |\tilde{f}|^2\,dt, \qquad (4.2.60)$$

mit einer von v und $\tilde{f}$ unabhängigen Konstante $c_1 > 0$. Wegen

$$\int_I |\tilde{f}|^2\,dt \le c_2\Big\{ \int_I |f|^2\,dt + |g_a|^2 + |g_b|^2\Big\}$$

ergibt dies dann in Verbindung mit den Schranken für l (bachte auch $l'' \equiv 0$)

$$\int_I |u|^2\,dt + \int_I |u'|^2\,dt + \int_I |u''|^2\,dt \le c\Big\{ \int_I |f|^2\,dt + |g_a|^2 + |g_b|^2\Big\}$$

mit einer neuen Kanstante $c > 0$.

iib) Zum Nachweis der Hilfsabschätzung (4.2.60) multiplizieren wir in der Gleichung (4.2.59) mit v, integrieren über I und erhalten analog wie in (i):

$$\rho \int_I |v'|^2\,dt + \int_I \Big\{r - \frac{1}{2}q'\Big\}|v|^2\,dt \le \int_I \tilde{f} v\,dt,$$

und weiter mit Hilfe der Poinceréschen Ungleichung:

$$\Big(\rho(b-a)^{-2} + \min_{a\le t\le b}\big\{r - \tfrac{1}{2}q'\big\}\Big) \int_I |v|^2\,dt \le \int_I \tilde{f} v\,dt.$$

Wegen der Hölderschen Abschätzung

$$\int_I \tilde{f} v\,dt \le \Big(\int_I |\tilde{f}|^2\,dt\Big)^{1/2}\Big(\int_I |v|^2\,dt\Big)^{1/2}$$

folgt aus den letzten beiden Abschätzungen:

$$\int_I |v|^2\,dt + \int_I |v'|^2\,dt \le c_3 \int_I |\tilde{f}|^2\,dt.$$

Ausnutzung der Differentialgleichung in der Form $-pv'' + (q - p')v' + rv = \tilde{f}$ ergibt

$$\rho \int_I |v''|^2\,dt \le c_4\Big\{ \int_I |v'|^2\,dt + \int_I |v|^2\,dt + \int_I |\tilde{f}|^2\,dt\Big\},$$

woraus in Verbindung mit den bereits gezeigten Abschätzungen die behauptete a priori Abschätzung folgt. Q.E.D.

Bemerkung 4.8: Unter den Voraussetzungen von Satz 4.12 gilt für die Lösung u der RWA auch eine a priori Abschätzung bzgl. der Maximumnorm:

$$\|u\|_\infty + \|u'\|_\infty + \|u''\|_\infty \le c\big\{\|f\|_\infty + |g_a| + |g_b|\big\}. \tag{4.2.61}$$

Diese erschließt man leicht mit Hilfe der (eindimensionalen) „Sobolewschen[8] Ungleichungen"

$$\|u\|_\infty \le (b-a)^{-1/2}\|u\|_2 + (b-a)^{1/2}\|u'\|_2, \tag{4.2.62}$$
$$\|u'\|_\infty \le (b-a)^{-1/2}\|u'\|_2 + (b-a)^{1/2}\|u''\|_2, \tag{4.2.63}$$

und der L^2-Abschätzung (4.2.57). Den Beweis der Sobolewschen Ungleichungen (ähnlich wie der der Poinaréschen Ungleichung) und der L^∞-Abschätzung wird als Übungsaufgabe gestellt.

4.3 Übungen

Übung 4.1: Man forme das System von Differentialgleichungen 4. Ordnung

$$v^{\text{iv}}(t) - au''(t) = f(t), \quad u''(t) + bv(t) = g(t),$$

in ein äquivalentes System erster Ordnung um.

Übung 4.2: a) Man forme die auf einem Intervall $[a,b] \subset \mathbb{R}$ gestellte skalare, lineare Randwertaufgabe zweiter Ordnung (sog. „Sturm-Liouville-Problem")

$$-[pu']'(t) + q(t)u'(t) + r(t)u(t) = f(t), \quad t \in (a,b), \quad u(a) = \alpha, \ u(b) = \beta,$$

in ein äquivalentes System erster Ordnung in expliziter Form um. Dabei sind $p \in C^1[a,b]$ mit $p > 0$ und $q, r, f \in C[a,b]$ gegebene Koeffizientenfunktionen.

b) Die skalare lineare Differentialgleichung zweiter Ordnung

$$u''(t) + u(t) = 1$$

hat die allgemeine Lösung $u(t) = A\sin t + B\cos t + 1$. Man verifiziere, dass

1. zu den Randbedingungen $u(0) = 0,\ u(\pi/2) = 0$ genau eine,
2. zu den Randbedingungen $u(0) = 0,\ u(\pi) = 1$ keine,
3. zu den Randbedingungen $u(0) = 1,\ u(\pi) = 1$ unendlich viele

[8] Sergei Lvovich Sobolew (1908–1989): Russischer Mathematiker; wirkte zunächst in Leningrad (St. Petersburg) und dann am berühmten Steklov-Institut für Mathematik der Akademie der Wissenschaften in Moskau; fundamentale Beiträge zur Theorie der partiellen Differentialgleichungen, Konzept der verallgemeinerten (distributionellen) Lösung, Sobolew-Räume; beschäftigte sich auch mit numerischen Methoden, numerische Quadratur.

Lösungen dieser Gestalt existieren. Dies demonstriert die Schwierigkeiten einer einheitlichen Existenztheorie für RWAn selbst im linearen Fall.

Übung 4.3: Man konstruiere mit Hilfe der Methode der Trennung der Variablen eine Lösung für die folgende AWA:

$$\begin{array}{ll} a) & u'(t) = u(t)^{1/4}, \quad t \geq 0, \quad u(0) = 1, \\ b) & u'(t) = -\sin(t)u(t)^2, \quad t \geq 0, \quad u(0) = 1. \end{array}$$

Man begründe, dass dies jeweils die einzigen Lösungen sind. Was passiert, wenn die Anfangsbedingung in a) bzw. in b) in $u(0) = 0$ geändert wird?

Übung 4.4: Der Beweis des Existenzsatzes von Peano aus der Vorlesung sichert die gleichmäßige Konvergenz der mit dem Eulerschen Verfahren konstruierten Polygonzüge u^h gegen eine lokale Lösung u der AWA

$$u'(t) = f(t, u(t)), \quad t \in [t_0, t_0 + T], \quad u(t_0) = u_0,$$

mit stetigem $f(t, x)$ für eine gewisse Schrittweitennullfolge $(h_i)_{i \in \mathbb{N}}$.

a) Seien $u^1(t)$ und $u^2(t)$ zwei durch den Satz von Peano gelieferte lokale Lösungen auf den Intervallen $I_1 = [t_0, t_1]$ bzw. $I_2 = [t_1, t_2]$ zu den Anfangswerten $u^1(t_0) = u_0$ bzw. $u^2(t_1) = u^1(t_1)$. Man begründe, warum dann die zusammengesetzte Funktion

$$u(t) := \begin{cases} u^1(t), & t \in [t_0, t_1], \\ u^2(t), & t \in [t_1, t_2], \end{cases}$$

eine (stetig differenzierbare) Lösung der AWA auf dem Intervall $I_1 \cup I_2 = [t_0, t_2]$ ist.

b) Man zeige durch ein Widerspruchsargument, dass im Falle der *eindeutigen* Lösbarkeit der AWA die gesamte Folge der u^h für $h \to 0$ gegen u konvergiert, d. h. dass für *jede* Nullfolge $(h_i)_{i \in \mathbb{N}}$ die zugehörigen Polygonzüge konvergieren: $u^{h_i} \to u$ $(i \to \mathbb{N})$.

Übung 4.5: Die Funktion $f(t, x)$ in der RWA

$$u'(t) = f(t, u(t)), \quad t \geq t_0, \quad u(t_0) = u_0,$$

sei auf $\mathbb{R}^1 \times \mathbb{R}^d$ stetig und „linear beschränkt", d. h.: Es gelte:

$$\|f(t, x)\| \leq A(t)\|x\| + B(t),$$

mit stetigen, nicht-negativen Funktionen $A(t)$, $B(t)$. Man zeige, dass dann die AWA eine globale, d.h. auf ganz $\mathbb{R}$ definierte Lösung besitzt. (Hinweis: Gronwallsches Lemma)

Übung 4.6: Man untersuche die folgenden AWA hinsichtlich Existenz von Lösungen, deren Eindeutigkeit und Existenzintervall, Beschränktheit und exponentielle Stabilität:

$$\begin{array}{ll} a) & u'(t) = -u(t)^5 - u(t), \quad t \geq 0, \quad u(0) = 1; \\ b) & u'(t) = \sin(u(t)) - 2u(t), \quad t \geq 0, \quad u(0) = 1. \end{array}$$

(Hinweis: Man wende die Sätze aus dem Text an.)

Übung 4.7: Man beweise die folgende Verallgemeinerung der Gronwallschen Ungleichung der Vorlesung: Besteht für eine stückweise stetige Funktion $w(t) \geq 0$ eine Beziehung der Form

$$w(t) \leq \int_{t_0}^t a(s)w(s)\,ds + b(t), \quad t \geq t_0,$$

mit einer integrierbaren Funktion $a(t) \geq 0$ und einer nichtfallenden Funktion $b(t) \geq 0$, so folgt

$$w(t) \leq \exp\Big(\int_{t_0}^t a(s)\,ds\Big)b(t), \quad t \geq t_0.$$

Übung 4.8: Die Funktion $f(t,x)$ in der AWA

$$u'(t) = f(t,u(t)), \ \ t \geq t_0, \quad u(t_0) = u_0,$$

sei auf $\mathbb{R}^1 \times \mathbb{R}^d$ stetig und „linear beschränkt", d. h. es gelte:

$$\|f(t,x)\| \leq \alpha(t)\|x\| + \beta(t), \quad t \in \mathbb{R},$$

mit auf ganz $\mathbb{R}$ stetigen, nicht-negativen Funktionen $\alpha(t)$, $\beta(t)$.

a) Man zeige, dass dann die AWA eine, nicht notwendig eindeutige, aber globale, d. h. auf ganz $\mathbb{R}$ definierte Lösung besitzt. (Hinweis: Gronwallsches Lemma)

b) Sind die folgenden Funktionen auf $\mathbb{R} \times \mathbb{R}^2$ linear-beschränkt,

$$f_1(t,x) = t|x_1|^{1/2} + \sin(t)x_2, \qquad f_2(t,x) = e^{-t^2|x_1|} + x_1(1+x_2^2)^{-1},$$

und wann sind die Lösungen der zugehörigen AWA eindeutig?

Übung 4.9: Gegeben sei die d-dimensionale lineare autonome AWA

$$u'(t) = Au(t) + b, \ \ t \geq t_0, \quad u(t_0) = u_0,$$

mit einer Matrix $A \in \mathbb{R}^{d\times d}$ und einem Vektor $b \in \mathbb{R}^d$ (unabhängig von t).

a) Man zeige, dass die eindeutige globale Lösung der AWA die Darstellung

$$u(t) = e^{(t-t_0)A}u_0 + \int_{t_0}^t e^{(t-s)A}b\,ds$$

besitzt, mit der durch ihre Taylor-Entwicklung definierten Matrix-Exponentialfunktion

$$e^{tA} := \sum_{k=0}^\infty \frac{t^k}{k!}A^k.$$

(Hinweis: Das Integral über eine Vektor- oder Matrix-Funktion ist im komponentenweisen Sinne definiert.)

b) Wie lautet die natürliche Verallgemeinerung dieser Lösungsformel für den nichtautonomen Fall mit t-abhängigen Matrix- und Vektorfunktionen $A(t)$, $b(t)$?

Übung 4.10: Gegeben sei die lineare AWA (d-dimensionales System)

$$u'(t) = A(t)u(t) + b(t), \quad t \geq t_0, \quad u(t_0) = u^0,$$

mit einer stetigen Matrix-Funktion $A(\cdot)$, $A(t) \in \mathbb{R}^{d\times d}$, und Vektorfunktion $b(\cdot)$, $b(t) \in \mathbb{R}^d$. Nach einem Resultat aus dem Text hat diese AWA eine eindeutig bestimmte, globale Lösung.

a) Man rekapituliere den Begriff (stark) monoton. Anschließend zeige man, dass diese AWA „(stark) monoton" ist, wenn die Matrix $-A(t)$ symmetrisch und gleichmäßig für t positiv definit ist, d. h.: $A(t) = A(t)^T$ und

$$(-A(t)x, x)_2 \geq \gamma \|x\|_2^2, \quad x \in \mathbb{R}^d,$$

mit einer Konstante $\gamma > 0$. Hier bezeichnen $(\cdot,\cdot)_2$ das euklidische Skalarprodukt und $\|\cdot\|_2$ die euklidische Norm. Dies ist gleichbedeutend damit, dass alle Eigenwerte der Matrizen $A(t)$ negativ und gleichmäßig von Null wegbeschränkt sind.

b) Man begründe, dass die Bedingung in a) für die Matrix mit den Elementen

$$a_{ii} = -50, \quad a_{i,i\pm 1} = 20, (i \pm 1 \in \{1,\dots,d\}) \; a_{ij} = 0 \;\text{ sonst } \quad (i,j = 1,\dots,d),$$

erfüllt ist.

c) Man begründe mit den Resultaten aus dem Text, dass die eindeutige Lösung der AWA dann für $t \to \infty$ gleichmäßig beschränkt ist, wenn

$$\sup_{t_0 \leq t < \infty} \|b(t)\|_2 < \infty.$$

Übung 4.11: Die lineare Differentialgleichung

$$u''(t) + u(t) = 1$$

hat die allgemeine Lösung $u(t) = A\sin t + B\cos t + 1$. Man verifiziere, dass

1. zu den Randbedingungen $u(0) = 0,\; u(\pi/2) = 0$ genau eine,
2. zu den Randbedingungen $u(0) = 0,\; u(\pi) = 1$ keine,
3. zu den Randbedingungen $u(0) = 1,\; u(\pi) = 1$ unendlich viele

Lösungen dieser Gestalt existieren. Dies demonstriert die Schwierigkeiten einer einheitlichen Existenztheorie für RWAn selbst im linearen Fall.

Übung 4.12: Man betrachte das spezielle (reguläre) Sturm-Liouville-Problem

$$-[pu']'(t) + q(t)u'(t) + r(t)u(t) = f(t), \quad t \in I = [a,b],$$

mit sog. „Neumannschen Randbedingungen"

$$u'(a) = g_a, \quad u'(b) = g_b.$$

Man formuliere eine Bedingung an die Koeffizienten q und r, unter der diese RWA für beliebige (regulären) Daten eine eindeutige Lösung besitzt.

Übung 4.13: Im Falle $p, q, r, f \in C^1[a,b]$ mit $p(t) \geq \rho > 0$ und

$$\rho + (b-a)^2 \min_{t\in I} \left\{ r(t) - \frac{1}{2} q'(t) \right\} > 0, \quad t \in I,$$

ist nach der Vorlesung jede Lösung u der RWA

$$-[pu']'(t) + q(t)u'(t) + r(t)u(t) = f(t), \quad t \in I = [a,b],$$

mit homogenen Dirichlet-Randbedingungen $u(a) = u(b) = 0$ in $C^2(I)$ und genügt der L^2-Abschätzung

$$\|u''\|_2 + \|u'\|_2 + \|u\|_2 \leq c\,\|f\|_2,$$

mit einer von u, f unabhängigen Konstante $c > 0$. Man beweise unter denselben Voraussetzungen die verwandte a priori Abschätzung

$$\|u''\|_\infty + \|u'\|_\infty + \|u\|_\infty \leq c\,\|f\|_\infty,$$

bzgl. der Maximumnorm $\|u\|_\infty := \max_I |u|$. (Hinweis: Man zeige zum Beweis die Sobolewschen Ungleichungen $\|u\|_\infty \leq c\{\|u\|_2 + \|u'\|_2\}$ und $\|u'\|_\infty \leq c\{\|u'\|_2 + \|u''\|_2$.)

5 Das n-dimensionale Riemann-Integral

In diesem Kapitel wollen wir die Integrationstheorie für Funktionen $f : D \subset \mathbb{R}^n \to \mathbb{R}$ entwickeln. Die Integration hat viel mit der Messung des Inhaltes von Punktmengen zu tun. In der Tat kann der „Inhalt" einer Menge $D \subset \mathbb{R}^n$ als das Integral über deren „charakteristische Funktion" χ_D auf einem n-dimensionalen Intervall $I \supset D$ definiert werden:

$$\chi_D(x) := \begin{cases} 1, & x \in D, \\ 0, & x \notin D, \end{cases} \qquad |D| = \int_I \chi_D(x)\, dx.$$

Diese Vorgehensweise hat den Vorteil der Kürze, erscheint aber weniger systematisch. Daher werden wir im Folgenden den klassischen Weg beschreiten und zunächst den „Inhalt" (bzw. das „Maß") einer Punktmenge des $\mathbb{R}^n$ definieren und darauf aufbauend das Riemann-Integral über derart „quadrierbare" (bzw. „meßbare") Mengen entwickeln.

5.1 Inhaltsmessung von Mengen des $\mathbb{R}^n$

Ziel der folgen Überlegungen ist es, für eine möglichst große Klasse von Teilmengen $M \subset \mathbb{R}^n$ so etwas wie einen „Inhalt" (oder „Maß") $|M|$ zu definieren. Dabei sollten die folgenden, aus der Anschauung abgeleiteten Eigenschaften vorliegen:

(I1) Positivität: $|M| \geq 0$.

(I2) Bewegungsinvarianz: $|M| = |M'|$, wenn M und M' isometrisch (kongruent) sind, (d. h. durch eine Abstandserhaltende Transformation wie Verschiebungen, Drehungen und Spiegelungen des $\mathbb{R}^n$ ineinander überführt werden können).

(I3) Normierung: Der Einheitswürfel $W_1 = [0,1]^n$ hat den Inhalt $|W_1| = 1$.

(I4) Additivität: $M \cap N = \emptyset \;\Rightarrow\; |M \cup N| = |M| + |N|$.

Bemerkung 5.1: Die optimale Lösung dieses „Inhaltsproblems" wäre es, wenn *jeder* Menge des $M \subset \mathbb{R}^n$ ein Inhalt $|M|$ mit den Eigenschaften (1)–(4) zugeordnet werden könnte. Es ist eines der gundlegenden Einsichten der sog. „Maßtheorie", dass dies zwar im $\mathbb{R}^1$ und $\mathbb{R}^2$ (Banach 1923) möglich ist, nicht aber im $\mathbb{R}^3$ (Hausdorf 1914). Wir müssen akzeptieren, dass es im $\mathbb{R}^3$ Mengen gibt, denen kein Inhalt zugeordnet werden kann. Derartige „Monster" spielen aber in praktischen Anwendungen der Analysis keine Rolle.

Zur Konstruktion der allgemeinen Inhaltsfunktion beginnen wir zunächst mit Mengen, für welche die Definition des Inhalts anschaulich klar ist, nämlich den (abgeschlossenen) n-dimensionalen „Intervallen" (Rechtecke in $\mathbb{R}^2$, Quader in $\mathbb{R}^3$, u.s.w.). Für Vektoren $a, b \in \mathbb{R}^n$ mit Komponenten $a_i \leq b_i$, $i = 1, \dots, n$, ist ein Intervall $I \subset R^n$ gegeben als Produktmenge der eindimensionalen Intervalle $I_i := [a_i, b_i]$, $i = 1, \dots, n$:

$$I := I_1 \times \cdots \times I_n.$$

Dabei ist auch der Fall $a_i = b_i$ für gewisse i zugelassen („degeneriertes" Intervall) bis hin zum Extremfall eines nur einpunktigen Intervalls. Der Inhalt eines n-dimensionalen Intervalls ist dann auf natürliche Weise definiert als

$$|I| := \prod_{i=1}^{n}(b_i - a_i).$$

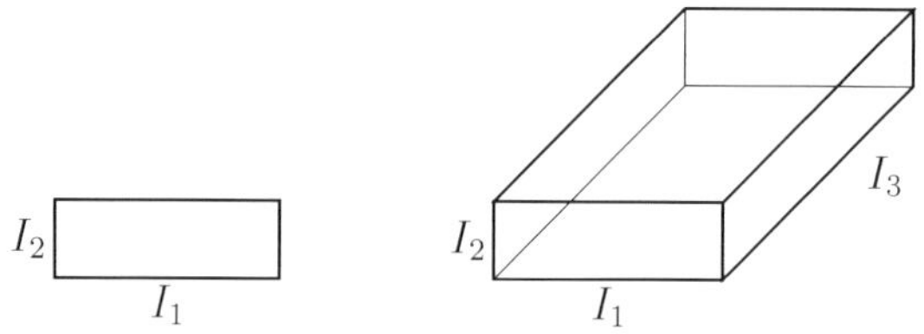

Abbildung 5.1: *Intervalle in* $\mathbb{R}^2$ *und* $\mathbb{R}^3$.

Für Intervalle hat die so definierte Inhaltsfunktion offenbar die geforderten Eigenschaften. „Zerlegungen" solcher Intervalle erhält man durch Zerlegung der eindimensionalen Intervalle $I_i = I_{i,1} \cup \cdots \cup I_{i,m_i}$, in Teilintervalle $I_{i,j}$ und Vereinigung der Produktintervalle $I_{i,j_i} \times I_{k,j_k}$. Die endliche Vereinigung von Intervallen wird „Intervallsumme" genannt. Die Menge aller Intervallsummen sei mit $\mathcal{S}$ bezeichnet. Eine Intervallsumme kann auf verschiedene Weise als Vereinigung von Intervallen dargestellt werden. Ausgezeichnet sind dabei die „nichtüberlappenden" Darstellungen $S = \cup_{k=1,\dots,m} I_k$, d. h solche, bei denen die beteiligten Intervalle paarweise disjunkte Innere haben, $I_k^o \cap I_j^o = \emptyset,\ k \neq j$. Zu jeder Intervallsumme gibt es offenbar eine solche Darstellung als Vereinigung von nichtüberlappenden Intervallen.

Definition 5.1 (Intervallsummen): *Für Intervallsummen* $S \in \mathcal{S}$ *mit einer nichtüberlappenden Darstellung* $S = \cup_{k=1,\dots,m} I_k$ *ist der Inhalt erklärt durch*

$$|S| := \sum_{k=1}^{m} |I_k|.$$

Man überlegt sich leicht, dass die Definition des Inhalts einer Intervallsumme unabhängig ist von der betrachteten Darstellung als nichtüberlappende Vereinigung von Intervallen. Für Intervallsummen folgt aus $S \subset S'$, dass $|S| \le |S'|$. Ferner ist stets $|S \cup S'| \le |S| + |S'|$ und speziell $|S \cup S'| = |S| + |S'|$, wenn S und S' sich nichtüberlappen.

5.1.1 Jordan-Inhalt

Definition 5.2 (Jordan-Inhalt und Nullmengen): *i) Für beschränkte (nicht leere) Mengen* $M \subset \mathbb{R}^n$ *sind der „innere Inhalt"* $|M|_i$ *und der „äußere Inhalt"* $|M|_a$ *definiert durch*

$$|M|_i := \sup_{S \in \mathcal{S},\, S \subset M} |S| \le \inf_{S \in \mathcal{S},\, M \subset S} |S| =: |M|_a.$$

Für die leere Menge wird gesetzt $|\emptyset|_i = |\emptyset|_a := 0$. *Im Fall*

$$|M|_i = |M|_a =: |M|$$

heißt die Menge „quadrierbar" (oder „messbar") im Jordanschen[1] *Sinne mit dem sog. „Jordan-Inhalt"* $|M|$.

ii) Mengen $M \subset \mathbb{R}^n$ *mit (äußerem) Inhalt* $|M|_a = 0$ *werden „Nullmengen" (genauer „Jordan-Nullmengen") genannt. Man sagt, dass eine Aussage „fast überall" gilt, wenn sie in allen Punkten bis auf die aus einer Nullmenge gilt.*

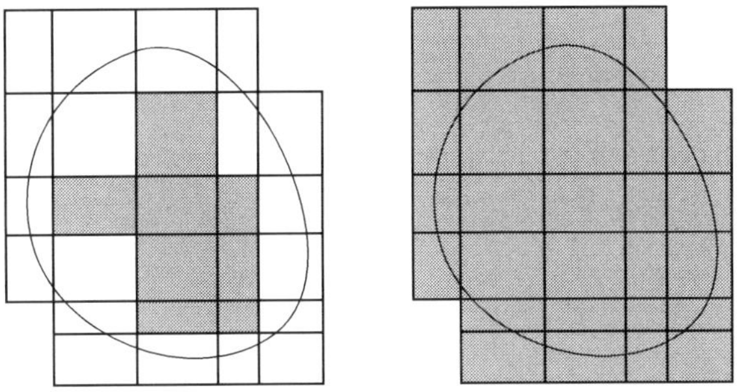

Abbildung 5.2: *Einbeschriebene und Umbeschriebene Intervallsummen.*

Diese Definition des Inhalts einer Menge ist verträglich mit der obigen, intuitiven Definition des Inhalts für Intervallsummen. Da auch degenerierte Intervalle zugelassen sind, enthält jede nichtleere Menge Intervalle, so dass der innere Inhalt stets definiert ist. Eine beschränkte Menge $M \subset \mathbb{R}^n$ ist gemäß dieser Definition genau dann quadrierbar, wenn es zu jedem $\varepsilon > 0$ Intervallsummen $S_\varepsilon, S^\varepsilon \in \mathcal{S}$ gibt mit

$$S_\varepsilon \subset M \subset S^\varepsilon, \qquad |S^\varepsilon| - |S_\varepsilon| < \varepsilon. \tag{5.1.1}$$

Im Folgenden schließt die Eigenschaft einer Menge „quadrierbar" zu sein ihre Beschränktheit mit ein.

Zum Beweis einiger wichtiger Aussagen über den Jordan-Inhalt ist es nützlich spezielle Intervallsummen, sog. „Würfelsummen", zu betrachten. Die Würfel im $\mathbb{R}^n$ mit Eckpunkten $2^{-k}p$, für $p \in \mathbb{Z}^n$, und Kantenlänge 2^{-k} und Inhalt 2^{-nk} bilden die Menge $\mathcal{W}_k$ der „Würfel k-ter Stufe". In diesem Sinne sind die Würfel 0-ter Stufe gerade die Einheitswürfel mit Eckpunkten $p \in \mathbb{Z}^n$. Die Vereinigung solcher Würfel heißt „Würfelsumme". Für eine beschränkte Menge $M \subset \mathbb{R}^n$ setzen wir

$$M_k := \cup\{W \in \mathcal{W}_k : W \subset M\}, \qquad M^k := \cup\{W \in \mathcal{W}_k : W \cap M \neq 0\}.$$

[1]Marie Ennemond Camille Jordan (1838–1922): Französischer Mathematiker; Prof. in Paris; Beiträge zur Algebra, Gruppentheorie, Analysis und Topologie.

Die Würfelsummen M_k und M^k sind als spezielle Intervallsummen quadrierbar. Aus dieser Definition ergeben sich sich direkt die folgenden Beziehungen:

$$M_k \subset M_{k+1} \subset M \subset M^{k+1} \subset M^k, \quad k \in \mathbb{N}, \tag{5.1.2}$$

für eine quadrierbare Menge M, sowie $|M_k| \le |M| \le |M^k|$.

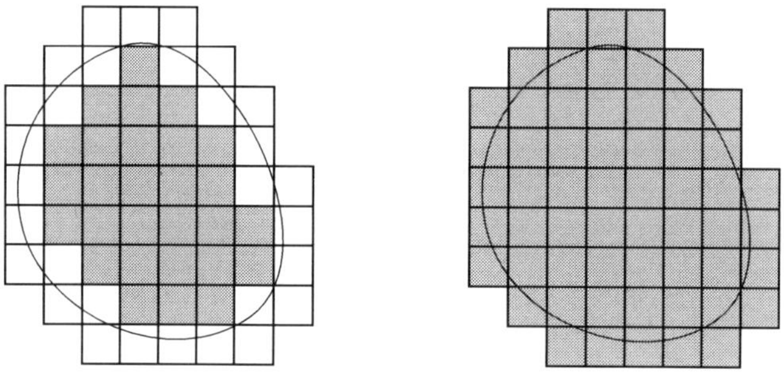

Abbildung 5.3: *Einbeschriebene und Umbeschriebene Würfelsummen.*

Lemma 5.1: *Für beschränkte Mengen $M \subset \mathbb{R}^n$ gilt*

$$|M|_i = \lim_{k\to\infty} |M_k|, \qquad |M|_a = \lim_{k\to\infty} |M^k|. \tag{5.1.3}$$

Beweis: Die Folge der Inhalte $|M_k|$ ist monoton wachsend, und aus (5.1.2) folgt $|M_k| \le |M|_i$. Ist umgekehrt $S \subset M$ eine Intervallsumme mit $|M|_i - |S| < \varepsilon$, so kann man durch geringfügige Verkleinerung der Intervalle von S erreichen, dass nur Eckpunkte der Form $2^{-k}p$, $p \in \mathbb{Z}^n$, auftreten, und die Ungleichung erhalten bleibt. Ist k_0 die größte bei den neuen Eckpunkten im Exponenten auftretende Zahl, so ist die abgeänderte Intervallsumme in M_{k_0} enthalten. Daraus folgt die Richtigkeit der Behauptung für den inneren Inhalt. Die Argumentation für den äußeren Inhalt verläuft analog. Q.E.D.

Das folgende Lemma fasst einige offensichtliche Eigenschaften des inneren und äußeren Inhalts zusammen. Dabei werden wieder die Bezeichnungen M^o für das „Innere“, $\overline{M}$ für den „Abschluss“, und ∂M für den „Rand“ einer Menge $M \subset \mathbb{R}^n$ verwendet. Ferner bezeichnet $M_\varepsilon := \{x \in \mathbb{R}^n : \text{dist}(x, M) < \varepsilon$ eine (offene) ε-Umgebung von M.

Lemma 5.2: *Für beschränkte Mengen $M, N \subset \mathbb{R}^n$ gilt:*

i) $M \subset N \;\Rightarrow\; |M|_a \le |N|_a, \;\; |M|_i \le |N|_i$.

ii) $|M|_a = |\overline{M}|_a, \;\; |M|_i = |M^o|_i$.

iii) $|M \cup N|_a \le |M|_a + |N|_a$.

iv) $M^o \cap N^o = \emptyset \;\Rightarrow\; |M \cup N|_i \ge |M|_i + |N|_i$.

v) $\lim_{\varepsilon\to 0} |M_\varepsilon|_a = |M|_a$.

Beweis: i) Für Intervallsummen mit $S \supset N$ ist auch $S \supset M$ und folglich

$$|M|_a = \inf_{S\in\mathcal{S},\, S\supset M} |S| \le \inf_{S\in\mathcal{S}, S\supset N} |S| = |N|_a.$$

Für Intervallsummen mit $S \subset M$ ist auch $S \subset N$ und folglich

$$|M|_i = \sup_{S\in\mathcal{S},\, S\subset M} |S| \le \sup_{S\in\mathcal{S}, S\subset N} |S| = |N|_i.$$

ii) Wegen der Abgeschlosenheit der Intervallsummen gilt $M \subset S \;\Leftrightarrow\; \overline{M} \subset S$ und folglich $|M|_a = |\overline{M}|_a$. Sei weiter $|M|_i > 0$ (andernfalls ist nichts zu zeigen). Sei $\varepsilon > 0$ beliebig. Für jede Intervallsumme $S \supset M$ mit $|S| - |M|_i < \varepsilon$ erhält man durch leichte Verkleinerung eine neue Intervallsumme $S' \supset M^o$ mit $|S| - |S'| < \varepsilon$. Damit folgt $|S'| - |M|_i \le |S'| - |S| + |S| - |M|_i < 2\varepsilon$. Da $\varepsilon > 0$ beliebig ist, ergibt sich $|M^o|_i = |M|_i$.

iii) Es ist $(M \cup N)^k = M^k \cup N^k$ und weiter $|(M \cup N)^k| \le |M^k| + |N^k|$. Für $k \to \infty$ folgt die Richtigkeit der Behauptung.

iv) Es ist $(M^o)_k \cap (N^o)_k = \emptyset$ und $(M^o)_k \cup (N^o)_k \subset (M \cup N)_k$. Also ist $|(M^o)_k| + |(N^o)_k| \le |(M \cup N)_k|$. Für $k \to \infty$ folgt die Richtigkeit der Behauptung.

v) Wegen $[a,b]_\varepsilon \subset [a_1-\varepsilon, b_1+\varepsilon] \times \cdots \times [a_n-\varepsilon, b_n+\varepsilon]$ gilt die Begauptung für Intervalle und damit auch für Intervallsummen. Ist $|M|_a < \alpha$, so gibt es eine Intervallsumme $T \supset M$ mit $|T| < \alpha$. Also ist $|T_\varepsilon|_a < \alpha$ und damit für hinreichend kleines $\varepsilon > 0$ auch $|M_\varepsilon|_a < \alpha$. Dies impliziert die Richtigkeit der Behauptung. Q.E.D.

Beispiel 5.1: Dass es auch nicht quadrierbare Mengen gibt, zeigt das Beispiel

$$M := \{x \in Q := [0,1]^2 \subset \mathbb{R}^2 : x_i \in \mathbb{Q},\, i = 1,2\}.$$

Wegen $|M|_a = |\overline{M}|_a = |[0,1]^2| = 1$ und $|M|_i = |M^o|_i = |\emptyset|_i = 0$ ist diese Menge nicht quadrierbar.

Lemma 5.3 (Nullmengen): *Für (Jordan)-Nullmengen gilt:*

i) Jede Teilmenge einer Nullmenge ist ebenfalls Nullmenge.

ii) Jede endliche Vereinigung von Nullmengen ist wieder Nullmenge; insbesondere sind endliche Mengen $M = \{x_i,\, i \in \mathbb{N}\} \subset \mathbb{R}^n$ Nullmengen.

iii) Jede in einem echten Untervektorraum von $\mathbb{R}^n$ enthaltene beschränkte Menge $M \subset \mathbb{R}^n$ ist Nullmenge.

iv) Ist $M \subset \mathbb{R}^n$ kompakt und $f : M \to \mathbb{R}$ eine stetige Funktion, so ist ihr Graph

$$G(f) := \{(x, f(x)) \in \mathbb{R}^{n+1} : x \in M\}$$

eine $(n+1)$-dimensionale Nullmenge.

Beweis: i) Für $N \subset M$ folgt nach Lemma 5.2(i) $|N|_a \le |M|_a$, d. h.: Mit M ist auch N Nullmenge.

ii) Seien M_k, $k = 1, \dots, m$, Nullmengen. Dann gibt es zu jedem $\varepsilon > 0$ Intervallsummen $S_k \in \mathcal{S}$ mit $M_k \subset S_k$ und $|S_k| < \varepsilon/m$. Die Vereinigun $S := \cup_{k=1,\dots,m} S_k$ ist dann ebenfalls Intervallsumme und enthält M. Ihr Inhalt ist $|S| \le \sum_{k=1,\dots,m} |S_k| < \varepsilon$. Da $\varepsilon > 0$ beliebig ist, folgt $|M|_a = 0$. Da jede einpunktige Menge $M = \{x\}$ den äußeren Inhalt Null hat, sind endliche Mengen also Nullmengen.

iii) O.B.d.A. können wir annehmen, dass die Menge M in dem $(n-1)$-dimensionalen Unterraum $V^{n-1} := \{x \in \mathbb{R}^n : x = (x_1, \dots, x_{n-1}, 0)\}$ enthalten ist. Ferner sei M in einem $(n-1)$-dimensionalen Intervall $I^{n-1} \subset V^{n-1}$ enthalten. Dann enthält die Intervallsumme $S := I^{n-1} \times [-k, k]$ die Menge M und hat den Inhalt $|S| = 2k|I_{n-1}|$. Für $k \to 0$ folgt also $|M|_a = 0$.

iv) Der Graph $G(f) \subset \mathbb{R}^{n+1}$ ist beschränkt und folglich in einem Intervall $I^{n+1} = [a, b]^{n+1}$ enthalten. Sei S^n, eine M überdeckende Intervallsumme in $\mathbb{R}^n$. Wir denken uns S^n zerlegt in endlich viele Würfel I_i, $i = 1, \dots, m$, mit maximaler Kantenlänge δ. Auf der kompakten Menge M ist f gleichmäßig stetig. Für beliebig gegebenes $\varepsilon > 0$ gilt daher, wenn δ klein genug gewählt ist:

$$\beta_i - \alpha_i \le \varepsilon, \qquad \beta_i := \sup_{x \in I_i \cap M} f(x), \quad \alpha_i := \inf_{x \in I_i \cap M} f(x).$$

Dann enthält die Intervallsumme $A := \cup_{i=1,\dots,m} I_i \times [\alpha_i, \beta_i]$ den Graphen $G(f)$, und es gilt:

$$|G(f)|_a \le \sum_{i=1}^{m} |I_i \times [\alpha_i, \beta_i]| = \sum_{i=1}^{m} |I_i|(\beta_i - \alpha_i) < \varepsilon \sum_{i=1}^{m} |I_i| = \varepsilon |S^n|.$$

Da ε beliebig klein gewählt werden kann, folgt $|G(f)|_a = 0$. Q.E.D.

Bemerkung 5.2: Wir haben gesehen, dass endliche Mengen im $\mathbb{R}^n$ Jordan-Nullmengen sind. Es stellt sich nun die Frage, ob auch allgemeiner abzählbare Mengen Nullmengen sind. Dies kann der Fall sein; z. B. zeigt man leicht, dass für jede konvergente Folge $(x^{(k)})_{k \in \mathbb{N}}$ in $\mathbb{R}^n$ die zugehörige Menge $M = \{x_k,\, k \in \mathbb{N}\}$ Jordan-Nullmenge ist. I. Allg. ist dies aber nicht der Fall. Das liegt daran, dass bei der Definition des äußeren Jordan-Inhalts nur *endliche* Intervallsummen zugelassen sind. Dies bedingt, dass z. B. die abzählbare Menge $M = \mathbb{Q}^n \cap [0, R]^n \subset \mathbb{R}^n$ den äußeren Inhalt $|M|_a = R^n$ hat. Würde man bei der Inhaltsdefinition auch (abzählbar) unendliche Vereinigungen von Intervallen zulassen, so ergäbe sich, dass jede abzählbare Menge $M = \{x_i,\, i \in \mathbb{N}\}$ äußeren Inhalt Null hat: Für beliebiges $\varepsilon > 0$ ist jeder Punkt x_k in einem Würfel I_k mit Inhalt $|I_k| = \varepsilon 2^{-nk}$ enthalten, woraus folgt:

$$|M|_a \le \sum_{k=1}^{\infty} |I_k| = \sum_{k=1}^{\infty} \varepsilon 2^{-nk} = \frac{\varepsilon}{1 - 2^{-n}},$$

d. h.: $|M|_a = 0$. Wir haben damit eine Schwäche des Jordan-Inhalts identifiziert. Diese wird durch den allgemeineren „Lebesgue-Inhalt“, den wir in Band 3 dieser Buchserie im Zusammenhang mit dem „Lebesgue-Intergal“ diskutieren werden, überwunden.

Satz 5.1: *Eine beschränkte Menge* $M \subset \mathbb{R}^n$ *ist genau dann quadrierbar, wenn ihr Rand* ∂M *Nullmenge ist.*

Beweis: Wir zeigen, dass $|M|_i + |\partial M|_a = |M|_a$, woraus sich unmittelbar die Richtigkeit der Behauptung ergibt. Ein Würfel $W \subset M^o$ kann keinen Punkt von ∂M enthalten. Jede Würfelsumme M^k kann zerlegt werden in $(M^o)_k$ und $(\partial M)^k$, so dass $M^k = (M^o)_k \cup (\partial M)^k$ und $(M^o)_k \cap (\partial M)^k = \emptyset$. Also ist $|(M^o)_k| + |(\partial M)^k| = |M^k|$. Für $k \to \infty$ ergibt sich die Richtigkeit der Behauptung. Q.E.D.

Lemma 5.4: *Für den Jordan-Inhalt gilt:*

i) Ist M *quadrierbar, so gilt* $|M| = |M^o| = |\overline{M}|$. *Insbesondere ist auch jedes beschränkte offene oder halboffene Intervall quadrierbar.*

ii) Für quadrierbare Mengen $M, N \subset \mathbb{R}^n$ *sind auch Vereinigung* $M \cup N$, *Schnitt* $M \cap N$ *und Differenz* $M \setminus N$ *quadrierbar.*

Beweis: i) Satz 5.1 impliziert, dass wegen $\partial M = \partial M^o = \partial \overline{M}$ mit M auch M^o bzw. $\overline{M}$ quadrierbar ist und umgekehrt. Dies impliziert dann auch $|M^o| = |M \setminus \partial M| = |M|$ sowie $|\overline{M}| = |M \cup \partial M| = |M^o \cup \partial M| = |M^o| = |M|$.

ii) Seien M, N quadrierbar und folglich $|\partial M| = |\partial N| = 0$. Ist A eine der Mengen $M \cup N$, $M \cap N$ oder $M \setminus N$, so ist $\partial A \subset \partial M \cup \partial N$ und folglich $|\partial A| = 0$. Also ist A quadrierbar. Q.E.D.

Weitere Eigenschaften des Jordan-Inhalts sind in folgendem Korollar zusammengefasst.

Korollar 5.1: *Für quadrierbare Mengen* $M, N \subset \mathbb{R}^n$ *gilt:*

i) $M \subset N \;\Rightarrow\; |M| \le |N|$ *(Monotonie).*

ii) $|M \cup N| \le |M| + |N|$ *(Subadditivität).*

iii) $M^o \cap N^o = \emptyset \;\Rightarrow\; |M \cup N| = |M| + |N|$ *(Additivität).*

iv) $M \subset N \;\Rightarrow\; |N \setminus M| = |N| - |M|$.

Beweis: i) Die Monotonie des Inhalts ergibt sich unmittelbar aus der entsprechenden Eigenschaft des äußeren und des inneren Inhalts (Lemma 5.2a).

ii) Die Subadditivität des Inhalts ergibt sich aus der Subadditivität des äußeren Inhalts (Lemma 5.2c).

iii) Die Additivität des Inhalts ergibt sich aus den Ungleichungen in Lemma 5.2c/d für den äußeren und inneren Inhalt.

iv) Anwendung der Additivität auf die disjunkte Darstellung $N = M \cup (N \setminus M)$ ergibt die Richtigkeit der Behauptung.

Q.E.D.

Als Ergebnis der bisherigen Analyse haben wir gesehen, dass der Jordan-Inhalt drei der gewünschten Eigenschaften besitzt: Positivität, Normierung und Additivität. Die vierte, die Bewegungsinvarianz, werden wir im nächsten Abschnitt ableiten.

5.1.2 Abbildungen von Mengen

Als nächstes beschäftigen wir uns mit der Frage, in wie weit Abbildungen $\Phi : \mathbb{R}^n \to \mathbb{R}^n$ Eigenschaften von Mengen wie „offen" und „quadrierbar" erhalten. Die Stetigkeit allein reicht hier als Kriterium nicht aus, da durch stetige Abbildungen offene Mengen in nicht offene und quadrierbare Mengen in nicht quadrierbare abbgebildet werden können. Man kann sogar zeigen, dass jede (nicht leere) beschränkte Menge $M \subset \mathbb{R}^2$ stetiges Bild einer Nullmenge ist. Die entscheidende Zusatzbedingung ist die Lipschitz-Stetigkeit der Abbildung.

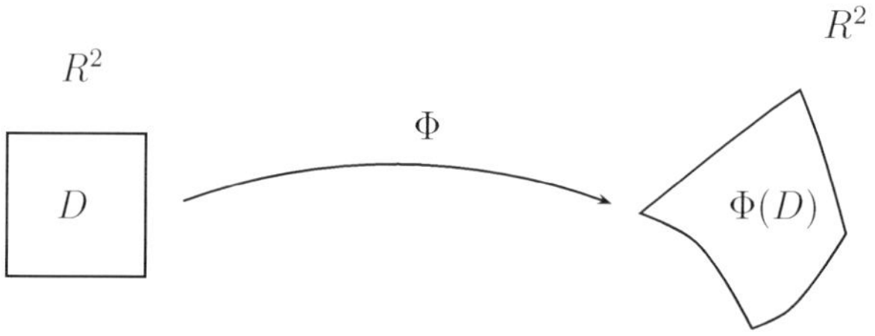

Abbildung 5.4: *Abbildung eines Quadrats in* $\mathbb{R}^2$.

Lemma 5.5: *Sei $D \subset \mathbb{R}^n$ (nicht leer) beschränkt und $\Phi : D \to \mathbb{R}^n$ eine Lipschitz-stetige Abbildung mit Lipschitz-Konstante L . Dann gilt für die Bildmenge $\Phi(D)$:*

$$|\Phi(D)|_a \le \alpha |D|_a, \qquad \alpha := (L\sqrt{n})^n. \tag{5.1.4}$$

Beweis: i) Für einen Würfel $W(x)$ mit Kantenlänge $2\mu > 0$ und Mittelpunkt $x \in D$ gilt

$$\|\Phi(x) - \Phi(y)\|_2 \le L\|x-y\|_2 \le L\mu\sqrt{n}, \quad y \in W(x) \cap D.$$

Also ist $\Phi(D \cap W(x))$ in einem achsenparallelen Würfel W' mit Mittelpunkt $\Phi(x)$, Kantenlänge $2\mu L\sqrt{n}$ und Inhalt $|W'| = \alpha|W(x)|$ enthalten.

ii) Ist nun $S = \cup W_i \supset D$ irgendeine Würfelsumme mit Inhalt $|S|$. Dann ist $\Phi(D)$ in der Vereinigung von Würfeln W_j' mit einem Inhalt

$$|W_j'| \le \alpha |W_j|$$

enthalten. Also ist

$$|\Phi(D)|_a \le |\cup W_j'| \le \sum_j |W_j'| \le \alpha \sum_j |W_j| = \alpha|S|.$$

Dies impliziert

$$|\Phi(D)|_a \leq \alpha \inf_{S\in\mathcal{S},S\subset D} |S| = \alpha|D|_a,$$

wie behauptet. Q.E.D.

Satz 5.2: *Sei $D \subset \mathbb{R}^n$ (nicht leer) offen und quadrierbar. Die Abbildung $\Phi : \overline{D} \to \mathbb{R}^n$ sei in $\overline{D}$ Lipschitz-stetig und in D regulär, d. h. stetig differenzierbar mit* $\det \Phi'(x) \neq 0$.

i) Die Bildmenge $\Phi(D)$ ist offen und quadrierbar, und es ist

$$\overline{\Phi(D)} = \Phi(\overline{D}), \qquad \partial\Phi(D) \subset \Phi(\partial D). \tag{5.1.5}$$

ii) Ist Φ in D injektiv, so gilt $\partial\Phi(D) = \Phi(\partial D)$. Ferner ist für jede quadrierbare Teilmenge $A \subset \overline{D}$ auch die Bildmenge $\Phi(A)$ quadrierbar.

Beweis: ia) Nach Korollar 3.4 ist das Bild $\Phi(D)$ der offenen Menge D unter der regulären Abbildung Φ wieder offen und wegen der Stetigkeit von Φ ist auch das Bild $\Phi(\overline{D})$ der beschränkten, abgeschlossenen Menge $\overline{D}$ abgeschlossen. Dies impliziert $\overline{\Phi(D)} \subset \Phi(\overline{D})$, da $\overline{\Phi(D)}$ nach Lemma 1.4 die kleinste abgeschlossenen Obermenge von $\Phi(D)$ ist. Hieraus folgt zunächst

$$\partial\Phi(D) = \overline{\Phi(D)} \setminus \Phi(D) \subset \Phi(\overline{D}) \setminus \Phi(D) \subset \Phi(\partial D).$$

Da D quadrierbar ist, muss $|\partial D|_a = 0$ sein. Nach Lemma 5.5 ist dann auch $|\Phi(\partial D)|_a = 0$ und damit $|\partial\Phi(D)|_a = 0$. Die Bildmenge $\Phi(D)$ ist also quadrierbar.

ib) Zu $x \in \overline{D}$ gibt es eine Folge $(x^{(k)})_{k\in\mathbb{N}}$ in D mit $x = \lim_{k\to\infty} x^{(k)}$. Für die Bilder ist dann $\Phi(x) = \lim_{k\to\infty} \Phi(x^{(k)})$. Dies und $\overline{\Phi(D)} \subset \Phi(\overline{D})$ impliziert schließlich $\Phi(\overline{D}) = \overline{\Phi(D)}$.

iia) Sei Φ zusätzlich injektiv auf D. Wir wählen $x \in \partial D$ und eine Folge $(x^{(k)})_{k\in\mathbb{N}}$ in D mit $x = \lim_{k\to\infty} x^{(k)}$ und $\Phi(x) = \lim_{k\to\infty} \Phi(x^{(k)})$. Zu zeigen ist

$$\Phi(x) \in \partial\Phi(D),$$

denn zusammen mit $\partial\Phi(D) \subset \Phi(\partial D)$ ergäbe dies $\partial\Phi(D) = \Phi(\partial D)$. Wäre $\Phi(x) \in \Phi(D)$, d. h. gäbe es ein $x' \in D$ mit $\Phi(x) = \Phi(x')$, so gäbe es wegen der Offenheit von $\Phi(D)$ eine Umgebung $V(\Phi(x)) \subset \Phi(D)$ und eine Umgebung $U(x') \subset D$ mit $\Phi(U(x')) = V(\Phi(x))$. Wegen $\lim_{k\to\infty} x^{(k)} = x \in \partial D$ ist dann aber $x_k \notin U(x')$ für hinreichend großes k und folglich $\Phi(x^{(k)}) \notin V(\Phi(x))$ im Widerspruch zu $\Phi(x') = \Phi(x) = \lim_{k\to\infty} \Phi(x^{(k)})$.

iib) Sei $A \subset D$ quadrierbar. Dann ist auch das Innere A^o quadrierbar und mit dem Argument von (ia) folgt, dass $\Phi(A^o)$ quadrierbar ist. Wegen $A \setminus A^o \subset \partial A$ ist $A \setminus A^o$ eine Nullmenge. Dann ist nach Lemma 5.5 auch $\Phi(A \setminus A^o)$ Nullmenge. Folglich ist nach Lemma 5.4(ii) $\Phi(A) = \Phi(A^o) \cup \Phi(A \setminus A^o)$ quadrierbar. Q.E.D.

Das folgende Lemma zeigt, dass Satz 5.2 auch anwendbar ist, wenn die Abbildung Φ nur auf D definiert und dort Lipschitz-stetig ist.

Lemma 5.6: *Sei $D \subset \mathbb{R}^n$ nicht leer und $\Phi : D \to \mathbb{R}^n$ eine Lipschitz-stetige Abbildung. Dann besitzt Φ eine Lipschitz-stetige Fortsetzung $\overline{\Phi} : \overline{D} \to \mathbb{R}^n$ mit $\overline{\Phi}|_D = \Phi$.*

Beweis: Sei $x \in \overline{D}$ und $(x^{(k)})_{k\in\mathbb{N}}$ eine Folge in D mit $x = \lim_{k\to\infty} x^{(k)}$. Wegen der Lipschitz-Stetigkeit von Φ auf D gilt

$$\|\Phi(x^{(k)}) - \Phi(x^{(l)})\| \le L\|x^{(k)} - x^{(l)}\|,$$

d. h.: Die Bildfolge $(\Phi(x^{(k)})_{k\in\mathbb{N}}$ ist eine Cauchy-Folge. Ihr Limes sei y. Im Falle $x \neq D$ setzen wir $\overline{\Phi(x)} := y$. Dadurch wird eine Funktion $\overline{\Phi} : \overline{D} \to \mathbb{R}^n$ definiert. Diese Definition ist eindeutig, da für jede zweite Folge $(\xi^{(k)})_{k\in\mathbb{N}}$ mit $x = \lim_{k\to\infty} \xi^{(k)}$ die zugehörige Bildfolge wegen $\|\Phi(x^{(k)}) - \Phi(\xi^{(k)})\| \le L\|x^{(k)} - \xi^{(k)}\|$ ebenfalls gegen y konvergiert. Ferner ist für $x \in D$ automatisch $\overline{\Phi}(x) = \Phi(x)$. Seien $x, \xi \in \overline{D}$ und $(x^{(k)})_{k\in\mathbb{N}}, (\xi^{(k)})_{k\in\mathbb{N}}$ approximierende Folgen in D. Dann gilt

$$\|\overline{\Phi}(x) - \overline{\Phi}(\xi)\| = \lim_{k\to\infty} \|\overline{\Phi}(x^{(k)}) - \overline{\Phi}(\xi^{(k)})\| \le L \lim_{k\to\infty} \|x^{(k)} - \xi^{(k)}\| = L\|x - \xi\|.$$

Die Fortsetzung $\overline{\Phi}$ ist also Lipschitz-stetig auf $\overline{D}$ mit derselben L-Konstante wie Φ.

Q.E.D.

Satz 5.3: *Es sei $D \subset \mathbb{R}^n$ eine quadrierbare Menge und $A \in \mathbb{R}^{n\times n}$ eine $(n \times n)$-Matrix und $b \in \mathbb{R}^n$ ein Vektor. Dann ist auch die Bildmenge $\Phi(D) \subset \mathbb{R}^n$ der durch $\Phi(x) := Ax + b$ definierten „affin-linearen" Abbildung quadrierbar, und es gilt*

$$|\Phi(D)| = |\det A|\,|D|. \tag{5.1.6}$$

Beweis: i) Wir betrachten zunächst die Translation $\Phi(x) = x + b$. Diese Abbildung überführt offenbar Intervalle bzw. Intervallsummen wieder in Intervalle bzw. Intervallsummen mit $|\Phi(S)| = |S|$. Ferner ist $A \subset B \subset C$ äquivalent zu $\Phi(A) \subset \Phi(B) \subset \Phi(C)$. Also ist für jede quadrierbare Menge $D \subset \mathbb{R}^n$:

$$\begin{aligned} |\Phi(D)|_i &= \lim_{k\to\infty} |\Phi(D)_k| = \lim_{k\to\infty} |D_k| = |D|_i \\ &= |D|_a = \lim_{k\to\infty} |D^k| = \lim_{k\to\infty} |\Phi(D)^k| = |\Phi(D)|_a. \end{aligned}$$

ii) Sei $\det(A) \neq 0$, d. h.: Die durch A gegebene affin-lineare Abbildung ist bijektiv. Nach Satz 5.2 ist dann das Bild $\Phi(W)$ eines jeden Würfels W quadrierbar. Es sei W_1 der Einheitswürfel (mit den Eckpunkten $e^{(i)}, i = 1, \dots, n$) und Inhalt $|W_1| = 1$ und $\alpha := |\Phi(W_1)|$. Für jeden skalierten und verschobenen Würfel $W = rW_1 + b$ ist dann ebenfalls

$$|\Phi(W)| = |\Phi(rW_1 + b)| = |\Phi(rW_1)| = r^n|\Phi(W_1)| = \alpha r^n|W_1| = \alpha|W|.$$

Dieselbe Aussage gilt dann auch für beliebige Würfelsummen. Insbesondere gilt für eine beliebige quadrierbare Menge $M \subset \mathbb{R}^n$:

$$|\Phi(M^k)| = \alpha|M^k|, \quad |\Phi(M_k)| = \alpha|M_k|.$$

Aus $\Phi(M_k) \subset \Phi(M) \subset \Phi(M^k)$ folgt dann

$$\alpha|M_k| = |\Phi(M_k)| \le |\Phi(M)|_i \le |\Phi(M)|_a \le |\Phi(M^k)| = \alpha|M^k|.$$

Durch Grenzübergang $k \to \infty$ ergibt sich

$$\alpha|M| \le |\Phi(M)|_i \le |\Phi(M)|_a \le \alpha|M|.$$

Folglich ist $\Phi(M)$ quadrierbar mit Inhalt $|\Phi(M)| = \alpha|M|$. Die Konstante α ist dieselbe für alle quadrierbare Mengen $M \subset \mathbb{R}^n$.

iii) Es bleibt $\alpha = |\det A|$ zu zeigen. Dazu verwenden wir, dass sich jede reguläre Matrix als Produkt in der Form $A = Q_1 \Lambda Q_2$ mit zwei orthonormalen Matrizen Q_1, Q_2 und einer Diagonalmatrix $\Lambda = \text{diag}(\lambda_1, \dots, \lambda_n)$ mit $\lambda_i > 0$ darstellen lässt (s. Lemma 1.15). Dann ist $\det A = \det Q_1 \cdot \det \Lambda \cdot \det Q_2 = \det \Lambda = \lambda_1 \cdot \ldots \cdot \lambda_n$. Die Einheitskugel $K := K_1(0)$ in $\mathbb{R}^n$ ist quadrierbar (Übungsaufgabe). Durch Anwendung der durch die orthonormalen Matrizen Q_1, Q_2 definierten Abbildungen wird jede Kugel auf sich selbst abgebildet; in diesem Fall ist also $\alpha = 1$. Anwendung der Matrix Λ auf den Würfel W_1 bedeutet eine Skalierung in die Koordinatenrichtungen; in diesem Fall ist also $\alpha = \lambda_1 \cdot \ldots \cdot \lambda_n$. Wir erhalten somit

$$|\Phi(K_1(0))| = |Q_1 D Q_2(K)| = |D Q_2(K)| = |\lambda_1 \ldots \lambda_n|\,|Q_2(K)| = |\lambda_1 \ldots \lambda_n|\,|K|.$$

Da $|\det A| = |\det(Q_1 D Q_2)| = |\det D| = |\lambda_1 \ldots \lambda_n|$, folgt auch im allgemeinen Fall $\alpha = |\det A|$.

iv) Im Falle $\det(A) = 0$ wird der $\mathbb{R}^n$ durch A in eine Hyperebene abgebildet. Die beschränkte Menge $\Phi(D)$ ist dann als Teilmenge einer Hyperebene eine Nullmenge, so dass die behauptete Beziehung auch in diesem Fall gilt. Q.E.D.

Korollar 5.2: *Der Jordan-Inhalt ist bewegungsinvariant, d. h.: Jede affin-lineare Abbildung der Form $\Phi(x) = Qx + b$ mit einer orthonormalen Matrix $Q \in \mathbb{R}^{n\times n}$ und einem Vektor $b \in \mathbb{R}^n$ führt quadrierbare Mengen in quadrierbare Mengen über und lässt den Inhalt unverändert.*

Beweis: Eine orthonormale Matrix $Q \in \mathbb{R}^{n\times n}$ erfüllt $Q^T = Q^{-1}$. Dann ist wegen

$$|\det Q| = |\det Q^T| = |\det Q^{-1}| = |\det Q|^{-1} > 0$$

auch $|\det Q| = 1$. Für jede quadrierbare Menge $M \subset \mathbb{R}^n$ ergibt demnach Satz 5.3 $|\Phi(M)| = |M|$. Q.E.D.

5.2 Das Riemann-Integral im $\mathbb{R}^n$

Im Folgenden sei $D \subset \mathbb{R}^n$ eine beliebige (beschränkte, nichtleere) quadrierbare Menge und $f : D \to \mathbb{R}$ eine beschränkte Funktion. Wir betrachten endliche Zerlegungen $Z = \{B_i, i = 1, \dots, m\}$ der Menge D in quadrierbare Teilmengen $B_i \subset M$, welche sich nichtüberlappen, d. h.:

$$D = \cup_{i=1}^m B_i, \qquad B_i^o \cap B_j^o = \emptyset, \;\; i \neq j.$$

Die Durchschnitte $B_i \cap B_j$ sind dann Nullmengen. Die Menge aller solcher Zerlegungen von D sei mit $\mathcal{Z}(D)$ bezeichnet. Für eine Zerlegung $Z = \{B_i\} \in \mathcal{Z}(D)$ ist analog zum eindimensionalen Fall die „Feinheit" $|Z|$ definiert durch

$$|Z| := \max_{B_i \in Z} \operatorname{diam}(B_i),$$

mit dem „Durchmesser" $\operatorname{diam}(B_i) := \sup_{x,x' \in B_i} \|x - x'\|_2$. Eine zweite Zerlegung $Z' = \{B_j'\}$ ist eine „Verfeinerung" von $Z = \{B_i\}$, wenn alle B_j' Teilmengen gewisser der B_i sind; in Symbolen wird dies durch $Z \subset Z'$ ausgedrückt. Für zwei Zerlegungen $Z = \{B_i\}$, $Z' = \{B_j'\} \in \mathcal{Z}(D)$ bezeichnet

$$Z \cup Z' := \{B_i \cap B_j'\}$$

die durch Überlagerung entstehende gemeinsame Verfeinerung.

Sei nun $f : D \to \mathbb{R}$ eine beschränkte Funktion und $Z = \{B_i, i = 1, \dots, m\}$ eine Zerlegung von D. Wir definieren eine zugehörige „Untersumme" und „Obersumme"

$$\underline{S}_Z(f) := \sum_{i=1}^m \inf_{x \in B_i} f(x)|B_i|, \qquad \overline{S}_Z(f) := \sum_{i=1}^m \sup_{x \in B_i} f(x)|B_i|,$$

sowie mit gewissen Punkten $\xi_i \in B_i, i = 1, \dots, m$, die „Riemannschen Summe"

$$RS_Z(f) := \sum_{i=1}^m f(\xi_i)|B_i|.$$

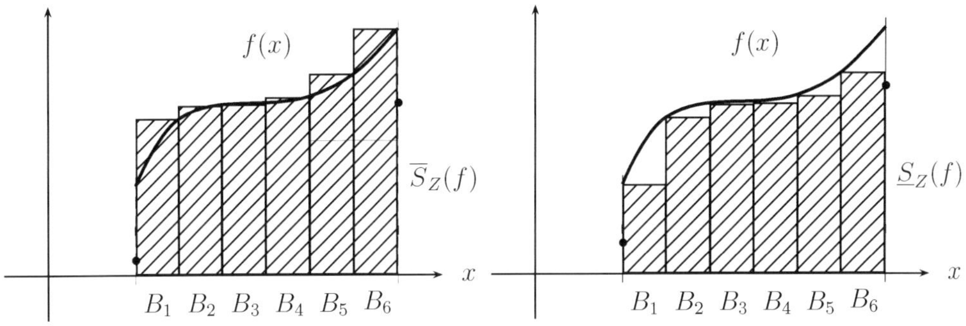

Abbildung 5.5: *Ober- (links) und Untersumme (rechts) einer Funktion* $f : I \to \mathbb{R}$.

Für Zerlegungen $Z, Z' \in \mathcal{Z}(D)$ mit $Z \subset Z'$ gilt dann:

$$\underline{S}_Z(f) \leq \underline{S}_{Z'}(f), \qquad \overline{S}_{Z'}(f) \leq \overline{S}_Z(f). \tag{5.2.7}$$

Dies impliziert dann für beliebige Zerlegungen $Z, Z' \in \mathcal{Z}(D)$ die Beziehung

$$\underline{S}_Z(f) \leq \underline{S}_{Z\cup Z'}(f) \leq \overline{S}_{Z\cup Z'}(f) \leq \overline{S}_{Z'}(f). \tag{5.2.8}$$

Ferner gilt wegen $\sup(f) = -\inf(-f)$ für jedes $Z \in \mathcal{Z}(D)$:

$$\overline{S}_Z(f) = -\underline{S}_Z(-f). \tag{5.2.9}$$

Mit den obigen Bezeichnungen werden nun wieder das „Unterintegral“ und das „Oberintegral“ definiert durch

$$\underline{J}(f) = \underline{\int_D} f(x)\,dx := \sup_{Z\in\mathcal{Z}(D)} \underline{S}_Z, \qquad \overline{J}(f) = \overline{\int_D} f(x)\,dx := \inf_{Z\in\mathcal{Z}(D)} \overline{S}_Z.$$

Aus diesen Definitionen ergeben sich unmittelbar die folgenden Beziehungen:

$$\underline{J}(f) \leq \overline{J}(f), \qquad \overline{J}(f) = -\underline{J}(-f). \tag{5.2.10}$$

und

$$|\overline{J}(f)| \leq \sup_{x\in D} |f(x)|\,|D|. \tag{5.2.11}$$

Definition 5.3: *Sei $D \subset \mathbb{R}^n$ quadrierbar. Sind für eine beschränkte Funktion $f : D \to \mathbb{R}$ ihr Ober- und Unterintegral gleich, so heißt der gemeinsame Wert das „Riemann-Integral“ (kurz „R-Integral“) von f über D,*

$$\int_D f(x)\,dx := J(f) = \underline{J}(f) = \overline{J}(f), \tag{5.2.12}$$

und die Funktion f wird „Riemann-integrierbar“ (kurz „R-integrierbar“) genannt. Die Menge der über D R-integrierbaren Funktionen wird mit $R(D)$ bezeichnet.

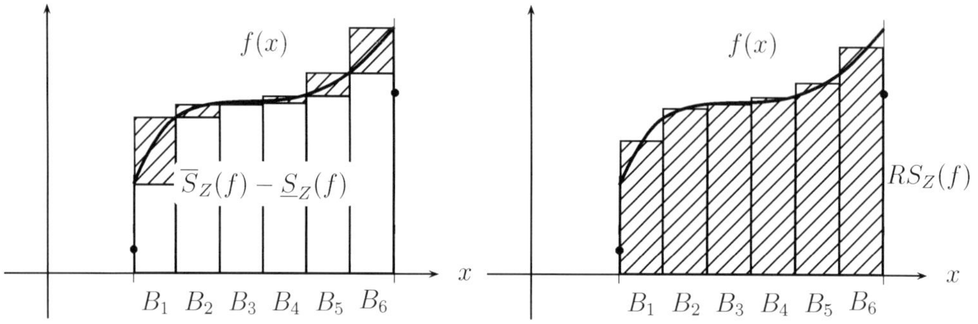

Abbildung 5.6: *Differenz von Ober- und Untersumme (links) und die Riemannsche Summe (rechts) einer Funktion* $f : I \to \mathbb{R}$.

Der Ausbau der Theorie des mehrdimensionalen R-Integrals erfolgt weitgehend analog zum eindimensionalen Fall.

Satz 5.4 (Riemannsches Integrabilitätskriterium): *Sei* $D \subset \mathbb{R}^n$ *quadrierbar und* $f : D \to \mathbb{R}$ *eine beschränkte Funktion. Es ist* $f \in R(D)$ *genau dann, wenn es zu jedem* $\varepsilon > 0$ *eine Zerlegung* $Z_\varepsilon \in \mathcal{Z}(D)$ *gibt mit*

$$\overline{S}_{Z_\varepsilon}(f) - \underline{S}_{Z_\varepsilon}(f) < \varepsilon. \tag{5.2.13}$$

Beweis: Zu jedem $\varepsilon > 0$ gibt es definitionsgemäß eine Zerlegung $Z_\varepsilon \in \mathcal{Z}(D)$ mit

$$\underline{J}(f) - \underline{S}_{Z_\varepsilon}(f) < \tfrac{1}{2}\varepsilon, \qquad \overline{S}_{Z_\varepsilon}(f) - \overline{J}(f) < \tfrac{1}{2}\varepsilon.$$

Im Fall $f \in R(D)$ gilt dann

$$\begin{aligned}\overline{S}_{Z_\varepsilon}(f) - \underline{S}_{Z_\varepsilon}(f) &= \overline{S}_{Z_\varepsilon}(f) - J(f) + J(f) - \underline{S}_{Z_\varepsilon}(f)\\ &= \overline{S}_{Z_\varepsilon}(f) - \overline{J}(f) + \underline{J}(f) - \underline{S}_{Z_\varepsilon}(f) < \varepsilon.\end{aligned}$$

Gilt umgekehrt (5.2.13) für eine Zerlegung $Z_\varepsilon \in \mathcal{Z}(D)$, so folgt

$$\begin{aligned}\overline{J}(f) - \underline{J}(f) &= \overline{J}(f) - \overline{S}_{Z_\varepsilon}(f) + \overline{S}_{Z_\varepsilon}(f) - \underline{S}_{Z_\varepsilon}(f)\\ &\quad + \underline{S}_{Z_\varepsilon}(f) - \underline{J}(f) \le \overline{S}_{Z_\varepsilon}(f) - \underline{S}_{Z_\varepsilon}(f) < \varepsilon.\end{aligned}$$

Da $\varepsilon > 0$ beliebig ist, muss

$$\overline{J}(f) - \underline{J}(f) = 0$$

sein, d. h.: $f \in R(D)$. Q.E.D.

Satz 5.5 (Riemannsche Summen): *Sei $D \subset \mathbb{R}^n$ quadrierbar und $f : D \to \mathbb{R}$ eine beschränkte Funktion. Dann konvergiert für jede Folge von Zerlegungen $Z_k \in \mathcal{Z}(D)$ mit $|Z_k| \to 0\ (k \to \infty)$:*

$$\overline{S}_{Z_k}(f) \to \overline{J}(f), \quad \underline{S}_{Z_k}(f) \to \underline{J}(f) \qquad (k \to \infty). \tag{5.2.14}$$

Es ist $f \in R(D)$ genau dann, wenn für jede Folge von Zerlegungen $Z_k \in \mathcal{Z}(D)$ mit $|Z_k| \to 0\ (k \to \infty)$ alle zugehörigen Riemannschen Summen gegen denselben Limes konvergieren. Dieser ist dann gerade das R-Integral von f über D:

$$RS_{Z_k}(f) \to J(f) = \int_D f(x)\,dx \quad (k \to \infty). \tag{5.2.15}$$

Beweis: i) Wir zeigen zunächst die Konvergenz aller Folgen von Unter- und Obersummen zu Zerlegungen mit $|Z| \to 0$ gegen die entsprechenden Unter- und Oberintegrale:

$$\overline{S}_Z(f) \to \overline{J}(f), \quad \underline{S}_Z(f) \to \underline{J}(f) \qquad (|Z| \to 0).$$

Zu beliebigem $\varepsilon > 0$ wählen wir eine Zerlegung $Z_\varepsilon = \{C_j\} \in \mathcal{Z}(D)$ mit

$$\overline{S}_{Z_\varepsilon(f)} - \overline{J}(f) < \varepsilon.$$

Die Randmenge $R := \cup_i \partial C_i$ ist Nullmenge. Für $\delta > 0$ sei R_δ die oben definierte δ-Umgebung von R. Nach Lemma 5.2(v) kann $\delta > 0$ so gewählt werden, dass $|R_\delta|_a < \varepsilon$.

ia) Wir benötigen das folgende Hilfsresultat: Hat die Menge $A \subset D$ den Durchmesser $\operatorname{diam} A < \delta$, so ist $A \subset R_\delta$ oder $A \subset C_j$ für einen Index j. Ist $A \not\subset R_\delta$, so gibt es einen Punkt $x \in A \setminus R_\delta$; dieser liege in einer der Mengen C_j. Wegen $\operatorname{diam}(A) < \delta$ ist $A \subset \overline{K_\delta(x)}$, und wegen $\operatorname{dist}(x, \partial C_j) \geq \delta$ ist $\overline{K_\delta(x)} \subset C_j$, denn andernfalls würde $\overline{K_\delta(x)}$ Randpunkte von C_j enthalten (Man mache sich dies klar.)

ib) Sei nun $Z_\delta = \{B_i\} \subset \mathcal{Z}(D)$ eine Zerlegung aus der Folge $(Z_k)_{k\in\mathbb{N}}$ der Feinheit $|Z_\delta| < \delta$. Wir betrachten die aus den Schnitten der Zerlegungsmengen von Z_ε und Z_δ bestehende Zerlegung $Z = \{C_j \cap B_i\}$. Für die Obersummen zu diesen Zerlegungen gilt:

$$\overline{S}_{Z_\delta}(f) - \overline{J}(f) = \underbrace{\overline{S}_{Z_\delta}(f) - \overline{S}_Z(f)}_{=:D_1} + \underbrace{\overline{S}_Z(f) - \overline{S}_{Z_\varepsilon}(f)}_{=:D_2} + \underbrace{\overline{S}_{Z_\varepsilon}(f) - \overline{J}(f)}_{=:D_3}.$$

Die drei Differenzen D_k werden gesondert abgeschätzt. Da Z Verfeinerung von Z_ε ist, gilt $D_2 \leq 0$. Weiter ist $D_3 < \varepsilon$ nach Voraussetzung. Wegen $|B_i| = \sum_j |C_j \cap B_i|$ gilt mit den Bezeichnungen $M_i := \sup_{B_i} f$ und $M_{ij} := \sup_{B_i \cap C_j} f$:

$$D_1 = \sum_i M_i |B_i| - \sum_{i,j} M_{ij} |B_i \cap C_j| = \sum_{i,j} (M_i - M_{ij}) |B_i \cap C_j|.$$

Für ein $B_i \in Z_\delta$ können die folgenen drei Fälle auftreten:

1. Es ist $B_i \cap C_j = \emptyset$ und somit $|B_i \cap C_j| = 0$.
2. Für ein j ist $B_i \subset C_j$ und somit $M_i = M_{ij}$.
3. Es ist $B_i \subset R_\delta$.

Damit sind nach (ia) alle Möglichkeiten erschöpft. Also ist mit $M := \sup_D f$:

$$D_1 = \sum_{i,j;\, B_i \subset R_\delta} (M_i - M_{ij})|B_i \cap C_j| \le 2M|R_\delta| < 2M\varepsilon.$$

Damit erhaten wir für $|Z_\delta| < \delta$:

$$\overline{S}_{Z_\delta}(f) - \overline{J}(f) < 2M\varepsilon + \varepsilon = (2M+1)\varepsilon.$$

Es konvergiert also $\overline{S}_Z(f) \to \overline{J}(f)$ für $|Z| \to 0$. Analog erschließen wir auch $\underline{S}_Z(f) \to \underline{J}(f)$ für $|Z| \to 0$.

ii) Nach diesen Vorbereitungen ergibt sich nun leicht die Richtigkeit der zweiten Behauptung. Ist $f \in R(D)$, so gilt definitionsgemäß

$$\underline{J}(f) = \int_D f(x)\, dx = \overline{J}(f).$$

Also konvergieren wegen $\underline{S}_Z(f) \le RS_Z(f) \le \overline{S}_Z(f)$ alle Folgen von Unter- und Obersummen sowie von Riemannschen Summen für $|Z| \to 0$ gegen denselben Limes, nämlich das R-Integral von f. Umgekehrt müssen im Falle der Konvergenz all dieser Folgen gegen denselben Limes Unter- und Oberintegral von f übereinstimmen, d.h.: $f \in R(D)$.
Q.E.D.

Lemma 5.7: *Sei $D \subset \mathbb{R}^n$ quadrierbar. Das R-Integral über D besitzt die Eigenschaften:*
i) Beziehung zwischen R-Integral und Jordan-Inhalt:

$$\int_D dx = |D|. \tag{5.2.16}$$

ii) Ein $f \in R(D)$ ist auch auf jeder quadrierbaren Teilmenge $D_1 \subset D$ R-integrierbar.

iii) Linearität: Für $f, g \in R(D)$ und $\alpha, \beta \in \mathbb{R}$ ist $\alpha f + \beta g \in R(D)$, und es gilt:

$$J(\alpha f + \beta g) = \alpha J(f) + \beta J(g). \tag{5.2.17}$$

iv) Monotonie: Für $f, g \in R(D)$ folgt aus $f(x) \ge g(x),\ x \in D$:

$$J(f) \ge J(g). \tag{5.2.18}$$

v) Ist $D = D_1 \cup D_2$ mit zwei quadrierbarer Mengen D_1, D_2, $D_1^o \cap D_2^o = \emptyset$, so gilt

$$J_D(f) = J_{D_1}(f) + J_{D_2}(f). \tag{5.2.19}$$

Die Aussagen (iv) und (v) gelten auch für das Unter- und das Oberintegral.

Beweis: Wir verwenden eine Folge von Zerlegungen $Z_k = \{B_i\} \in \mathcal{Z}(D)$ mit Feinheiten $|Z_k| \to 0$ $(k \to \infty)$. Die zugehörigen Unter- und Obersummen sowie alle Riemannschen Summen konvergieren dann nach Satz 5.5 gegen das R-Integral.

i) Für die Ober- und Untersummen der Funktion $f \equiv 1$ auf D gilt

$$|D| = \sum_i^m |B_i| = \underline{S}_Z(f) = \overline{S}_Z(f)$$

und somit $J(f) = |D|$.

ii) Sei $f \in R(D)$ und $D_1 \subset D$ quadrierbar. Je zwei Zerlegungen $Z_k, Z'_k \in \mathcal{Z}(D_1)$ lassen sich durch Hinzunahme der Teilmengen $B_i \subset D \setminus D_1$ zu Zerlegungen $\hat{Z}_k, \hat{Z}'_k \in \mathcal{Z}(D)$ mit $|\hat{Z}_k| \le |Z_k|$ und $|\hat{Z}'_k| \le |Z'_k|$ ergänzen. Für die mit denselben Auswertungspunkten in $B_i \subset D \setminus D_1$ gebildeten zugehörigen Riemannschen Summen gilt:

$$|RS_{Z_k}(f) - RS_{Z'_k}(f)| = |RS_{\hat{Z}_k}(f) - RS_{\hat{Z}'_k}(f)|.$$

Nach Satz 5.5 konvergiert dann

$$|RS_{Z_k}(f) - RS_{Z'_k}(f)| \to 0 \quad (|Z_k| \to 0,\ |Z'_k| \to 0).$$

Daraus folgern wir, dass jede Folge Riemannscher Summen $(RS_{Z_k})_{k\in\mathbb{N}}$ mit $|Z_k| \to 0$ eine Cauchy-Folge ist, und dass alle diese Cauchy-Folgen gegen denselben Limes konvergieren, der dann gerade das R-Integral von f über D_1 ist. Also ist $f \in R(D_1)$.

iii) Aufgrund der Linearität der Riemannschen Summe gilt

$$RS_{Z_k}\big(\alpha f(x) + \beta g(x)\big) = \alpha RS_{Z_k}(f) + \beta RS_{Z_k}(g),$$

und durch Grenzübergang $k \to \infty$ ergibt sich (5.2.17).

iv) Wegen $f \ge g$ ist $RS_{Z_k}(f) \ge RS_{Z_k}(g)$, und durch Grenzübergang $k \to \infty$ ergibt sich (5.2.18) für das R-Integral. Für Unter- und Oberintegrale argumentiert man analog.

v) Sei $D = D_1 \cup D_2$ mit quadrierbaren Mengen D_1, D_2 und $D_1^o \cap D_2^o = \emptyset$. Wir betrachten Folgen von Zerlegungen $Z_1 = \{B_i\} \in \mathcal{Z}(D_1)$ und $Z_2 = \{C_j\} \in \mathcal{Z}(D_2)$, welche zu Zerlegungen $Z = \{B_i, C_j\} \in \mathcal{Z}(D)$ vereinigt gedacht sind. Für die zugehörigen Riemannschen Summen gilt dann

$$RS_Z(f) = RS_{Z_1}(f) + RS_{Z_2}(f).$$

Unter dem Grenzprozeß $|Z_1|, |Z_2| \to 0$ bzw. $|Z| \to 0$ ergibt sich nach Satz 5.5:

$$J_D(f) = J_{D_1}(f) + J_{D_2}(f).$$

Q.E.D.

Korollar 5.3: *Seien $A \subset D \subset \mathbb{R}^n$ quadrierbare Mengen. Dann ist die charakteristische Funktion χ_A R-integrierbar, und es gilt*

$$\int_D \chi_A(x)\,dx = |A|.$$

Beweis: Die charakteristische Funktion χ_A ist über die disjunkten quadrierbaren Mengen A und $D \setminus A$ R-integrierbar. Es gilt also nach Lemma 5.7 (i):

$$\int_D \chi_A(x)\,dx = \int_A \chi_A(x)\,dx + \int_{D\setminus A} \chi_A(x)\,dx = \int_A dx = |A|.$$

Q.E.D.

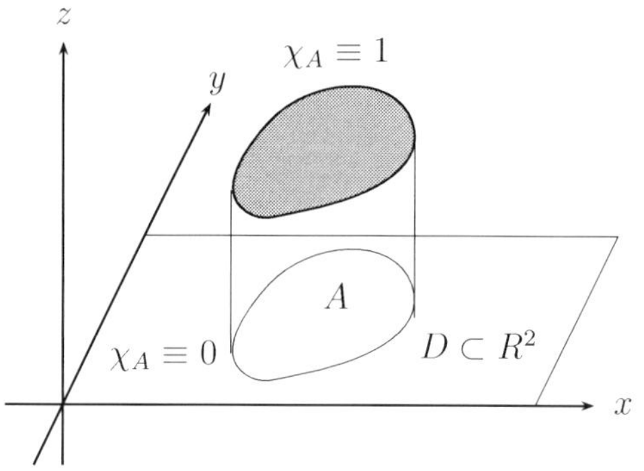

Abbildung 5.7: *Charakteristische Funktion* χ_A .

Lemma 5.8: *Sei* $D \subset \mathbb{R}^n$ *quadrierbar. Ist* $f \in R(D)$ *mit* $m \leq f(x) \leq M,\ x \in D$, *und* $\varphi : [m, M] \to \mathbb{R}$ *eine Lipschitz-stetige Funktion, so ist auch die Komposition* $\varphi \circ f$ *R-integrierbar. Dies impliziert, dass mit* $f, g \in R(D)$ *auch die Funktionen*

$$|f|, \quad f_+, \quad f_-, \quad fg, \quad \max\{f, g\}, \quad \min\{f, g\}$$

R-integrierbar sind. Im Falle $\inf_{x\in D} f(x) > 0$ *ist auch* $f^{-1} \in R(D)$.

Beweis: i) Wir verwenden das Riemannsche Integrabilitätskriterium aus Satz 5.4. Wegen $f \in R(D)$ gibt es zu jedem $\varepsilon > 0$ eine Zerlegung $Z = \{B_i\} \in \mathcal{Z}(D)$, so dass

$$\overline{S}_Z(f) - \underline{S}_Z(f) = \sum_i (M_i - m_i)|B_i| < \varepsilon.$$

Mit der Lipschitz-Konstante L von φ gilt dann für beliebige Punkte $x, y \in B_i$:

$$|(\varphi \circ f)(x) - (\varphi \circ f)(y)| \leq L|f(x) - f(y)| \leq L(M_i - m_i),$$

und somit

$$\sup_{B_i}(\varphi \circ f) - \inf_{B_i}(\varphi \circ f) \leq L(M_i - m_i).$$

Damit folgt

$$\overline{S}_Z(\varphi \circ f) - \underline{S}_Z(\varphi \circ f) = \sum_i \big(\sup_{B_i}(\varphi \circ f) - \inf_{B_i}(\varphi \circ f)\big)|B_i| < L\varepsilon.$$

Also ist $\varphi \circ f \in R(D)$.

ii) Da die Funktionen $\varphi(x) = |x|$, $\varphi(x) = \max\{x, 0\}$, $\varphi(x) = \min\{x, 0\}$, $\varphi(x) = 1/x$ (für $x > \kappa > 0$), $\varphi(x) = x^2$ auf $[m, M]$ Lipschitz-stetig sind ergibt sich aus Teil (i) auch der zweite Satz an Behauptungen. Zum Nachweis von $fg \in R(D)$ und $\max\{f, g\}$, $\min\{f, g\} \in R(D)$ verwenden wir dabei die Beziehungen

$$4fg = (f + g)^2 - (f - g)^2$$

sowie $\max\{f, g\} = f + (g - f)_+$, $\min\{f, g\} = f + (g - f)_-$ zusammen mit die Linearität des R-Integrals. Q.E.D.

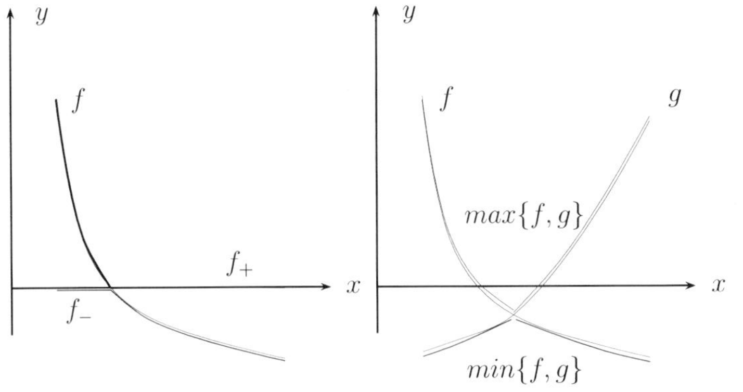

Abbildung 5.8: *Positiver und negativer Teil einer Funktion sowie Maximum und Minimum zweier Funktionen.*

Lemma 5.9: *i) Auf einer Jordan-Nullmenge $N \subset \mathbb{R}^n$ ist jede beschränkte Funktion $f : N \to \mathbb{R}$ R-integrierbar mit*

$$\int_N f(x)\,dx = 0. \tag{5.2.20}$$

ii) Sei $D \subset \mathbb{R}^n$ quadrierbar und $f : \overline{D} \to \mathbb{R}$ beschränkt. Dann ist f entweder über alle drei Mengen $D^o \subset D \subset \overline{D}$ R-integrierbar oder über keine von diesen. In ersterem Fall gilt:

$$\int_D f(x)\,dx = \int_{D^o} f(x)\,dx = \int_{\overline{D}} f(x)\,dx, \tag{5.2.21}$$

Beweis: i) Ist $|N| = 0$, so haben alle Ober- und Untersummen von f über N den Wert Null. Es ist also $\int_N f(x)\,dx = 0$.

ii) Ist f über eine drei Mengen $D^o, D, \overline{D}$ R-integrierbar, so wegen $|\partial D| = 0$ und $D^o = D \setminus \partial D$ und $\overline{D} = D \cup \partial D$ auch über die beiden anderen. Q.E.D.

Satz 5.6 (R-Integrierbarkeit stetiger Funktionen): *Sei $D \subset \mathbb{R}^n$ quadrierbar und $f: D \to \mathbb{R}$ beschränkt und in D fast überall, d. h. bis auf eine Nullmenge $N \subset D$, stetig. Dann ist $f \in R(D)$. Insbesondere folgt aus $f \in C(D)$ und $\sup_{x\in D}|f(x)| < \infty$ die R-Integrierbarkeit von f.*

Beweis: i) Wir nehmen zunächst an, dass f gleichmäßig stetig ist. Zu jedem $\varepsilon > 0$ gibt es also ein $\delta > 0$, so dass für Punkte $x, y \in D$ gilt:

$$\|x-y\| < \delta \quad \Rightarrow \quad |f(x) - f(y)| < \varepsilon.$$

Sei $Z = \{B_i\} \in \mathcal{Z}(D)$ eine Zerlegung mit Feinheit $|Z| = \max_i \operatorname{diam}(B_i) < \delta$. Dann gilt auf jedem B_i:

$$M_i - m_i := \sup_{x\in B_i} f(x) - \inf_{x\in B_i} f(x) < \varepsilon.$$

und somit

$$\overline{S}_Z(f) - \underline{S}_Z(f) = \sum_i (M_i - m_i)|B_i| < \varepsilon|D|.$$

Nach dem Riemannschen Integrabilitätskriterium Satz 5.4 ist also $f \in R(D)$.

ii) Wir betrachten nun den allgemeinen Fall, dass f beschränkt aber nur in $C := D \setminus N$ stetig ist mit einer Nullmenge $N \subset D$. Da C quadrierbar ist, gibt es Intervallsummen S_k mit den Eigenschaften

$$S_k \subset C^o, \quad |C^o \setminus S_k| < 1/k.$$

Jedes S_k ist kompakt und folglich f auf S_k gleichmäßig stetig. Also ist nach dem eben Gezeigten $f \in R(S_k)$. Für die Unter- und Oberintegrale von f über C^o gilt dann

$$\begin{aligned} |\overline{J}_{C^o}(f) - \underline{J}_{C^o}(f)| &= |\overline{J}_{C^o\setminus S_k}(f) + \overline{J}_{S_k}(f) - \underline{J}_{C^o\setminus S_k}(f) - \underline{J}_{S_k}(f)| \\ &= |\overline{J}_{C^o\setminus S_k}(f) - \underline{J}_{C^o\setminus S_k}(f)| \\ &\le 2\sup_{x\in D}|f(x)|\,|C^o \setminus S_k| \to 0 \quad (k\to\infty). \end{aligned}$$

Also ist $f \in R(C^o)$. Da $\partial C \cup N$ eine Nullmenge ist, folgt schließlich wegen $C^o \cup \partial C \cup N = D$ auch $f \in R(D)$. Q.E.D.

Bemerkung 5.3: Die Aussage von Satz 5.6 lässt sich nicht umkehren, d. h.: Aus der Eigenschaft $f \in R(D)$ folgt nicht notwendig, dass die Unstetigkeitsmenge N von f eine Jordan-Nullmenge ist. Analog zum eindimensionalen Fall folgt aber, dass N eine Nullmenge im schwächeren Lebesgueschen Sinne ist.

Als Konsequenz der Monotonieeigenschaft des R-Integrals erhalten wir die folgenden wichtigen Aussagen:

Korollar 5.4 (Dreiecksungleichung): *Sei $D \subset \mathbb{R}^n$ quadrierbar und $f \in R(D)$. Es gilt:*

$$\Big|\int_D f(x)\,dx\Big| \le \int_D |f(x)|\,dx. \tag{5.2.22}$$

Beweis: Wegen $\pm f(x) \le |f|$ ergibt die Monotoniebeziehung (5.2.18)

$$\int_D f(x)\,dx \le \int_D |f(x)|\,dx, \quad -\int_D f(x)\,dx \le \int_D |f(x)|\,dx,$$

was zu zeigen war. Q.E.D.

Korollar 5.5 (Schrankensatz): *Sei $D \subset \mathbb{R}^n$ quadrierbar. Ist $f \in R(D)$ und ist $m \le f(x) \le M$, $x \in D$, so gilt*

$$m|D| \le \int_D f(x)\,dx \le M|D|. \tag{5.2.23}$$

Allgemeiner gilt für $f, g \in R(D)$ mit $g \ge 0$:

$$m\int_D g(x)\,dx \le \int_D f(x)g(x)\,dx \le M\int_D g(x)\,dx. \tag{5.2.24}$$

Beweis: Aus der Monotonie des R-Integrals, Lemma 5.7(iii), folgt

$$m\int_D g(x)\,dx = \int_D mg(x)\,dx \le \int_D f(x)g(x)\,dx \le \int_D Mg(x)\,dx \le M\int_D g(x)\,dx,$$

was (5.2.24) ergibt. Für $g \equiv 1$ folgt auch (5.2.23). Q.E.D.

Die Übertragung des Mittelwertsatzes von einer auf mehrere Dimensionen erfordert restriktivere Voraussetzungen.

Satz 5.7 (Mittelwertsatz): *Sei $D \subset \mathbb{R}^n$ quadrierbar und $f \in R(D)$. Dann gibt es eine Zahl $\mu \in \mathbb{R}$ mit $\inf_{x\in D} f(x) \le \mu \le \sup_{x\in D} f(x)$, so dass*

$$\int_D f(x)\,dx = \mu\,|D|. \tag{5.2.25}$$

Ist darüber hinaus D kompakt und zusammenhängend und ist f stetig, so gibt es ein $\xi \in D$ mit $\mu = f(\xi)$.

Beweis: Der Beweis folgt der Argumentation des eindimensionalen Falls. Ausgangspunkt ist die Ungleichung (5.2.23):

$$m|D| \le \int_D f(x)\,dx \le M|D|,$$

mit $m := \inf_{x\in D} f(x)$ und $M := \sup_{x\in D} f(x)$. Wir definieren die lineare Funktion

$$\varphi(t) := (m(1-t) + Mt)|D|, \quad t \in [0,1].$$

Wegen $\varphi(0) = m|D| \le M|D| = \varphi(1)$ gibt es nach dem Zwischenwertsatz ein $\tau \in [0,1]$, so dass

$$\varphi(\tau) = \int_D f(x)\,dx.$$

Dann folgt (5.2.25) mit der Zahl $\mu := \varphi(\tau)/|D|$. Ist D kompakt und f stetig, so gibt es Punkte $x^{\max}, x^{\min} \in D$ mit $f(x^{\max}) = \sup_{x\in D} f(x)$ sowie $f(x^{\min}) = \inf_{x\in D} f(x)$. Ist darüberhinaus D zusammenhängend, so gibt es nach dem Zwischenwertsatz 2.5 zu $f(x^{\min}) \le \mu \le f(x^{\max})$ ein $\xi \in D$ mit $f(\xi) = \mu$. Q.E.D.

5.2.1 Ordinatenmengen und Normalbereiche

Wir wollen den engen Zusammenhang zwischen Jordan-Inhalt und Riemann-Integral illustrieren. Dies führt auch auf leistungsfähige Methoden zur praktischen Berechnung des Jordan-Inhalts von Mengen. Wir betrachten für eine nicht-negative Funktion $f : D \to \mathbb{R}$ auf einer quadrierbaren Menge $D \subset \mathbb{R}^n$ die zugehörige „Ordinatenmenge“

$$M(f) := \{(x,t) \in \mathbb{R}^{n+1} : x \in D,\ 0 \leq t \leq f(x)\}.$$

Für eine nicht-positive Funktion $f : D \to \mathbb{R}$ ist die zugehörige Ordinatenmenge entsprechend definiert. Allgemeiner definieren wir für zwei Funktionen $f, g : D \to \mathbb{R}$ mit $f \geq g$ die Menge (sog. „Normalbereich“)

$$M(f,g) := \{(x,t) \in \mathbb{R}^{n+1} : x \in D,\ g(x) \leq t \leq f(x)\}.$$

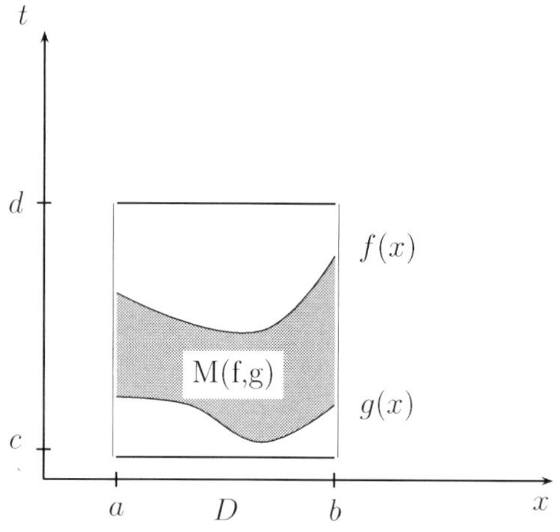

Abbildung 5.9: *Beispiel eines Normalbereichs.*

Satz 5.8: *Sei $D \subset \mathbb{R}^n$ quadrierbar und $f, g : D \to \mathbb{R}$ beschränkt und R-integrierbar mit $f \geq g$. Dann ist der Normalbereich $M(f,g) \subset \mathbb{R}^{n+1}$ in $\mathbb{R}^{n+1}$ quadrierbar mit*

$$|M(f,g)| = \int_D (f(x) - g(x))\, dx. \tag{5.2.26}$$

Speziell gilt für $f \geq 0$:

$$|M(f)| = \int_D f(x)\, dx. \tag{5.2.27}$$

Dies impliziert auch, dass der Graph $G(f)$ einer R-integrierbaren Funktion $f : D \to \mathbb{R}$ eine Jordan-Nullmenge in $\mathbb{R}^{n+1}$ ist.

Beweis: i) Wir beweisen zunächst die Quadrierbarkeit von $M(f)$ sowie die Gleichung (5.2.27). Seien $M := M(f)$ und $J := \int_D f(x)\,dx$, und die Jordan-Inhalte in $\mathbb{R}^n$ und $\mathbb{R}^{n+1}$ seien mit $|\cdot|$ bzw. $|\cdot|'$ bezeichnet. Es sei $Z = \{B_i\}$ eine Zerlegung von D. Mit $m_i = \inf_{x\in B_i} f(x)$ und $M_i = \sup_{x\in B_i} f(x)$ bilden wir die Zylinder $U_i := B_i \times [0, m_i]$ und $V_i := B_i \times [0, M_i]$. Diese haben in $\mathbb{R}^{n+1}$ die Inhalte $|U_i|' = m_i|B_i|$ bzw. $|V_i|' = M_i|B_i|$. Die Innere B_i^o sind nichtüberlappend, was sich auf die Mengen $\{U_i\}$ bzw. $\{V_i\}$ überträgt. Also ist wegen $\cup_i U_i \subset M \subset \cup_i V_i$:

$$\underline{S}_Z(f) \le \sum_i |U_i|' = |\cup_i U_i|' \le |M|_i' \le |M|_a' \le |\cup_i V_i|' = \sum_i |V_i|' \le \overline{S}_Z(f).$$

Da dies für beliebige Zerlegungen Z von D gilt, folgt $J \le |M|_i' \le |M|_a' \le J$, was die Quadrierbarkeit von M und (5.2.27) impliziert.

ii) Wir zeigen weiter, dass der Graph jeder R-integrierbaren Funktion $f : D \to \mathbb{R}$ Jordan-Nullmenge ist. Mit f sind auch $f_+ = \max\{f, 0\}$ und $f_- = \min\{f, 0\}$ R-integrierbar. Der Graph von f ist Teilmenge der Graphen von f_+ und f_-, welche wiederum Teilmengen des Randes der Ordinatenmengen von $M(f_+)$ und $M(f_-)$ sind. Da letztere nach Teil (i) quadrierbar sind, sind ihre Ränder Jordan-Nullmengen. Folglich ist $G(f)$ Jordan-Nullmenge.

iii) Durch Übergang von f, g zu $f + c, g + c$ mit hinreichend großer Konstante c genügt es, o.B.d.A. den Fall $f \ge g > 0$ zu betrachten. In diesem Fall ist

$$M(f, g) = (M(f) \setminus M(g)) \cup G(g).$$

Die Gleichung (5.2.26) folgt dann aus (5.2.27) mit $|G(g)| = 0$ sowie der Gleichung (s. Korollar 5.1 (iv)) $|M \setminus N| = |M| - |N|$. Q.E.D.

Beispiel 5.2: Wir wollen den Jordan-Inhalt der folgenden Menge bestimmen:

$$M := \{(x, y) \in \mathbb{R}^2 : 0 \le x \le 1, y \ge 1 - x, x^2 + y^2 \le 1\}.$$

Offenbar ist $M = M(f, g)$ mit den durch

$$f(x) = \sqrt{1 - x^2}, \qquad g(x) = 1 - x$$

definierten Funktionen $f, g : [0, 1] \to \mathbb{R}$ (s. Skizze).

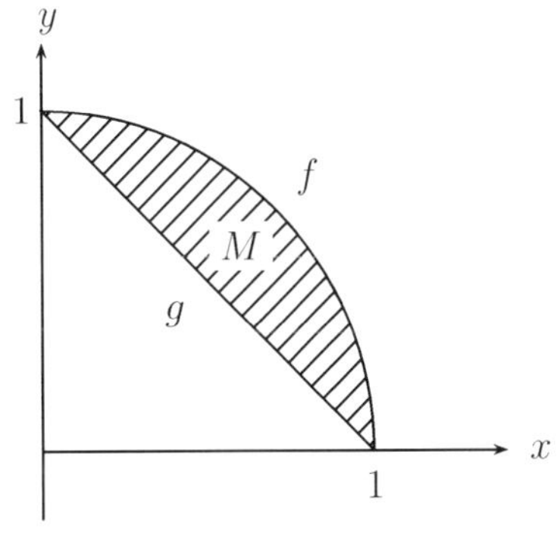

Also ist

$$|M| = \int_0^1 (f(x) - g(x))\,dx = \int_0^1 \sqrt{1-x^2}\,dx - \int_0^1 (1-x)\,dx = \tfrac{1}{4}\pi - \tfrac{1}{2}.$$

5.2.2 Vertauschung von Grenzprozessen

Satz 5.9: *Sei $D \subset \mathbb{R}^n$ quadrierbar und $(f_k)_{k\in\mathbb{N}}$ eine Folge von Funktionen $f_k \in R(D)$, welche gleichmäßig gegen eine Funktion $f : D \to \mathbb{R}$ konvergiert. Dann ist auch $f \in R(D)$, und es gilt:*

$$\int_D f(x)\,dx = \int_D \lim_{k\to\infty} f_k(x)\,dx = \lim_{k\to\infty} \int_D f_k(x)\,dx. \tag{5.2.28}$$

Beweis: Wir folgen wieder der Argumentation des eindimensionalen Falles. Mit Hilfe der Linearität von Unter- und Oberintegral ergibt sich

$$\begin{aligned} 0 \le \overline{J}(f) - \underline{J}(f) &= \overline{J}(f) - J(f_k) + J(f_k) - \underline{J}(f) \\ &= \overline{J}(f) - \overline{J}(f_k) + \underline{J}(f_k) - \underline{J}(f) \\ &= \overline{J}(f - f_k) + \underline{J}(f_k - f) \\ &\le 2 \sup_{x\in D} |(f - f_k)(x)|\,|D| \to 0 \quad (k \to \infty). \end{aligned}$$

Dies impliziert nach Satz 5.4 die Integrierbarkeit von f sowie

$$|J(f) - J(f_k)| = |J(f - f_k)| \le \sup_{x\in D} |(f - f_k)(x)|\,|D| \to 0 \quad (k \to \infty),$$

was zu zeigen war. Q.E.D.

Als unmittelbare Konsequenz von Satz 5.9 erhalten wir das folgende Korollar.

Korollar 5.6: *Sei $D \subset \mathbb{R}^n$ quadrierbar und $(f_k)_{k\in\mathbb{N}}$ eine Folge von Funktionen $f_k \in R(D)$, für welche die Reihe*

$$f(x) := \sum_{k=1} f_k(x)$$

auf D gleichmäßig konvergiert. Dann ist auch $f \in R(D)$, und es gilt

$$\int_D f(x)\,dx = \int_D \sum_{k=1}^{\infty} f_k(x)\,dx = \sum_{k=1}^{\infty} \int_D f_k(x)\,dx. \tag{5.2.29}$$

Bemerkung 5.4: Die Voraussetzung der gleichmäßigen Konvergenz der Integranden f_k in Satz 5.9 ist sehr einschränkend. Das Resultat des Satzes bleibt richtig, wenn man nur die punktweise Konvergenz und die gleichmäßige Beschränktheit der f_k fordert (Satz von Arzelà). Wir verzichten aber auf die Darstellung dieses Resultats, da wir in Band 3 dieser Textreihe im Zusammenhang mit dem Lebesgue-Intgeral noch leistungsfähigere Kriterien für die Vertauschbarkeit von Konvergenz und Integration kennen lernen werden.

5.2.3 Der Satz von Fubini

Wir beschäftigen uns nun mit der Frage, wie man Integrale über mehrdimensionale Bereiche mit Hilfe von mehreren eindimensionalen Integrationen berechnen kann. Der folgende Satz geht in seiner allgemeinen Form (für das Lebesgue-Integral) auf Fubini[2] (1908) zurück.

Satz 5.10 (Satz von Fubini): *Seien $I_x \subset \mathbb{R}^n$ und $I_y \subset \mathbb{R}^m$ kompakte Intervalle mit dem kartesischen Produkt $I = I_x \times I_y \in \mathbb{R}^{n+m}$ und $f \in R(I)$. Ferner seien für jedes feste $y \in I_y$ und $x \in I_x$ die Funktionen $f(\cdot, y)$ bzw. $f(x, \cdot)$ R-integrierbar über I_x bzw. I_y. Dann sind auch die Funktionen*

$$F_x(y) := \int_{I_x} f(x,y)\,dx, \qquad F_y(x) := \int_{I_y} f(x,y)\,dy$$

R-integrierbar über I_y bzw. I_x, und es gilt:

$$\int_I f(x,y)\,d(x,y) = \int_{I_y} \Big(\int_{I_x} f(x,y)\,dx \Big)\,dy = \int_{I_x} \Big(\int_{I_y} f(x,y)\,dy \Big)\,dx. \tag{5.2.30}$$

Beweis: Wir betrachten Zerlegungen $Z_x = \{I_i\}$ von I_x und $Z_y = \{K_j\}$ von I_y, welche Zerlegungen $Z = \{I_i \times K_j\}$ von $I = I_x \times I_y$ erzeugen. Wir setzen

$$m_{ij} := \inf_{I_i \times K_j} f, \qquad M_{ij} := \sup_{I_i \times K_j} f.$$

Damit folgt

$$m_{ij}|I_i| \le \int_{I_i} f(x,y)\,dx, \quad y \in K_j,$$

und weiter

$$\sum_i m_{ij}|I_i| \le \int_{I_x} f(x,y)\,dx = F_x(y), \quad y \in K_j.$$

Integration in y-Richtung über K_j ergibt

$$\sum_i m_{ij}|I_i||K_j| \le \underline{\int}_{K_j} F_x(y)\,dy = \underline{\int}_{K_j} \Big(\int_{I_x} f(x,y)\,dx \Big)\,dy$$

und Summation über j:

$$\underline{S}_Z(f) = \sum_{i,j} m_{ij}|I_i \times K_j| \le \underline{\int}_{I_y} \Big(\int_{I_x} f(x,y)\,dx \Big)\,dy.$$

Anwendung der vorangegangenen Überlegungen mit der Obersumme liefert

$$\overline{\int}_{I_y} \Big(\int_{I_x} f(x,y)\,dx \Big)\,dy \le \sum_{i,j} M_{ij}|I_i \times K_j| = \overline{S}_Z(f).$$

[2]Guido Fubini (1879–1943): Italienischer Mathematiker; Prof. in Turin und Princeton; Beiträge u.a. zur Analysis, Variationsrechnung und Differentialgleichungen.

Gehen wir links zum Supremum und rechts zum Infimum bzgl. der Zerlegungen Z über, so ergibt sich

$$\underline{\int_I} f(x,y)\,d(x,y) \le \underline{\int_{I_y}} \Big(\int_{I_x} f(x,y)\,dx \Big)\,dy \le \overline{\int_{I_y}} \Big(\int_{I_x} f(x,y)\,dx \Big)\,dy \le \overline{\int_I} f(x,y)\,d(x,y).$$

Ist nun f R-integrierbar über $I = I_x \times I_y$, so stimmen die linke und die rechte Seite mit dem Integral von f über I überein und es folgt die Richtigkeit der Behauptung. Die Richtigkeit der Behauptung für die vertauschte Integrationsreihenfolge folgt analog.

Q.E.D.

Bemerkung 5.5: Die Aussage von Satz 5.10 lässt sich verallgemeinern für Funktionen $f(x_1,\dots,x_m)$ auf kompakten kartesischen Produkten $I = I_1 \times \dots \times I_m$,

$$\int_I f(x_1,\dots,x_m)\,d(x_1\dots x_m) = \int_{I_1} \cdots \int_{I_m} f(x_1,\dots,x_m)\,dx_1 \dots dx_m, \tag{5.2.31}$$

wobei die Reihenfolge der Integrationen beliebig vertauscht werden darf.

Bemerkung 5.6: Ist die Funktion $f : I \to \mathbb{R}$ stetig, so existieren die Integrale

$$F_x(y) := \int_{I_x} f(x,y)\,dx, \qquad F_y(x) := \int_{I_y} f(x,y)\,dy,$$

und der Satz von Fubini liefert die Gleichung

$$\int_I f(x,y)\,d(x,y) = \int_{I_y} \Big(\int_{I_x} f(x,y)\,dx \Big)\,dy = \int_{I_x} \Big(\int_{I_y} f(x,y)\,dy \Big)\,dx.$$

Zur Anwendung des Satzes von Fubini auf ein Integral über ein allgemeines Integrationsgebiet D wird dieses in ein Intervall $I = I_x \times I_y$ eingebettet und der Integrand $f \in R(D)$ durch Null auf ganz I fortgesetzt:

$$\int_D f(x,y)\,d(x,y) = \int_{I_x \times I_y} \hat{f}(x,y)\,d(x,y), \qquad \hat{f}(x,y) := \begin{cases} f(x,y), & (x,y) \in D, \\ 0, & (x,y) \in I \setminus D. \end{cases}$$

Die Standardsituation ist die eines Normalbereiches $M(\varphi,\psi) \subset \mathbb{R}^n$. Nach Satz 5.8 sind Normalbereiche quadrierbar, und eine stetige Funktion $f : M(\varphi,\psi) \to \mathbb{R}$ ist R-integrierbar. Nach dem Satz von Fubini gilt dann

$$\int_{M(\varphi,\psi)} f(x)\,dx = \int_c^d \Big(\int_{\psi(x_n)}^{\varphi(x_n)} f(x',x_n)\,dx' \Big)\,dx_n. \tag{5.2.32}$$

Beispiel 5.3: Wir berechnen mit Hilfe von Satz 5.10 einige einfache Doppelintegrale:

1) Zu berechnen ist das Integral

$$J = \int_I \frac{1}{(x+y)^2} d(x,y), \quad I := [1,2] \times [3,4].$$

Es gilt:

$$J = \int_1^2 \Big(\int_3^4 \frac{1}{(x+y)^2} dy \Big) dx = \int_1^2 \Big[\frac{-1}{x+y} \Big]_3^4 dx = \int_1^2 \Big(\frac{1}{x+3} - \frac{1}{x+4} \Big) dx$$
$$= \Big[\ln(x+3) - \ln(x+4) \Big]_1^2 = \ln\Big(\frac{25}{24}\Big).$$

Die Integration in umgekehrter Reihenfolge ergibt dasselbe Ergebnis.

2) Zu berechnen ist das Integral (s. Skizze)

$$J = \int_D \frac{1}{(x+y)^2} d(x,y), \quad D := \{(x,y) \in \mathbb{R}^2 : 1 \le x \le 2,\ 3 \le y \le 2 + x\}.$$

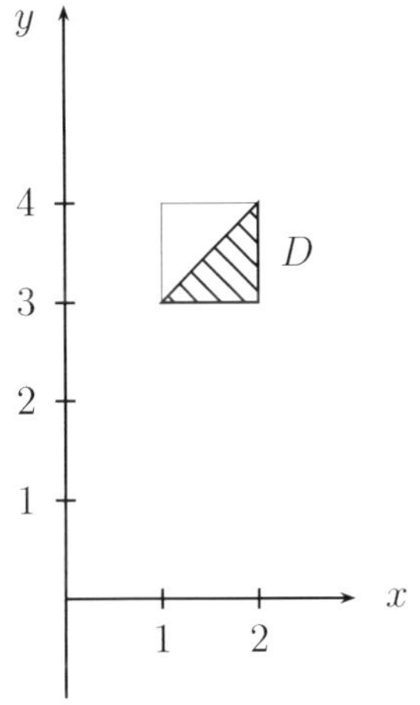

Wir definieren die Funktion

$$\tilde{f}(x,y) := \begin{cases} (x+y)^{-2}, & (x,y) \in D, \\ 0, & (x,y) \in ([1,2] \times [3,4]) \setminus D, \end{cases}$$

und berechnen das Integral

$$J = \int_I \tilde{f}(x,y) d(x,y), \quad I := [1,2] \times [3,4].$$

Für dieses gilt nach dem Satz von Fubini

$$J = \int_1^2 \Big(\int_3^4 \tilde{f}(x,y)\, dy \Big) dx = \int_3^4 \Big(\int_1^2 \tilde{f}(x,y)\, dx \Big) dy,$$

bzw. bei Ausnutzung der Definition der Menge D (Man mache sich eine Skizze.):

$$J = \int_1^2 \Big(\int_3^{2+x} \tilde{f}(x,y)\,dy \Big) dx = \int_3^4 \Big(\int_{y-2}^2 \tilde{f}(x,y)\,dx \Big) dy.$$

Auswertung dieser Integrale ergibt:

$$\begin{aligned} J &= \int_1^2 \Big(\int_3^{2+x} \frac{1}{(x+y)^2}\,dy \Big)\,dx = \int_1^2 \Big[\frac{-1}{x+y} \Big]_{y=3}^{y=2+x} dx = \int_1^2 \Big(\frac{1}{x+3} - \frac{1}{2x+2} \Big)\,dx \\ &= \Big[\ln(x+3) - \tfrac{1}{2}\ln(2x+2) \Big]_1^2 = \ln(5/\sqrt{24}), \end{aligned}$$

sowie

$$\begin{aligned} J &= \int_3^4 \Big(\int_{y-2}^2 \frac{1}{(x+y)^2}\,dx \Big)\,dy = \int_3^4 \Big[\frac{-1}{x+y} \Big]_{x=y-2}^{x=2} dy = \int_3^4 \Big(\frac{1}{2y-2} - \frac{1}{2+y} \Big)\,dy \\ &= \Big[\tfrac{1}{2}\ln(2y-2) - \ln(2+y) \Big]_3^4 = \ln(5/\sqrt{24}). \end{aligned}$$

3) Zu berechnen ist der Inhalt des Einheitskreises $K := \{(x,y) \in \mathbb{R}^2 : x^2 + y^2 < 1\}$. Mit der charakteristischen Funktion

$$\chi_K(x,y) := \begin{cases} 1, & x^2 + y^2 < 1, \\ 0, & x^2 + y^2 \geq 1, \end{cases}$$

gilt nach dem Satz von Fubini:

$$|K| = \int_{-1}^1 \int_{-1}^1 \chi_K(x,y)\,dx\,dy = \int_{-1}^1 \int_{-\sqrt{1-y^2}}^{\sqrt{1-y^2}} dx\,dy = \int_{-1}^1 2\sqrt{1-y^2}\,dy.$$

Mit Hilfe der Variablensubstitution $y = \sin(\theta)$ ergibt sich also

$$|K| = 2\int_{-\pi/2}^{\pi/2} \sqrt{1-\sin^2\theta}\,\cos\theta\,d\theta = 2\int_{-\pi/2}^{\pi/2} \cos^2\theta\,d\theta = \int_{-\pi/2}^{\pi/2} d\theta = \pi.$$

5.2.4 Transformation von Integralen

Wir rekapitulieren zunächst das Ergebnis für das gewöhnliche eindimensionale R-Integral. Ein Intervall $I = [a,b] \in \mathbb{R}$ werde durch eine Funktion φ auf ein Intervall $\varphi(I) = [\alpha,\beta] \in \mathbb{R}$ abgebildet, wobei $\varphi(a) = \alpha$, $\varphi(b) = \beta$ gelte. Ist die Abbildung φ stetig differenzierbar und monoton wachsend (d.h. $\varphi' > 0$), so gilt für jede über $\varphi(I)$ R-integrierbare Funktion $f : \varphi(I) \to \mathbb{R}$ die Transformationsformel

$$\int_\alpha^\beta f(y)\,dy = \int_{\varphi(a)}^{\varphi(b)} f(y)\,dy = \int_a^b f\big(\varphi(x)\big)\varphi'(x)\,dx.$$

Ist φ dagegen monoton fallend (d. h.: $\varphi' < 0$) mit $\varphi(a) = \beta$, $\varphi(b) = \alpha$, so gilt

$$\int_\alpha^\beta f(y)\,dy = \int_{\varphi(b)}^{\varphi(a)} f(y)\,dy = -\int_{\varphi(a)}^{\varphi(b)} f(y)\,dy = \int_a^b f\big(\varphi(x)\big)(-\varphi'(x))\,dx.$$

In beiden Fällen gilt also für $\varphi'(x) \neq 0$:

$$\int_{\varphi(I)} f(y)\,dy := \int_\alpha^\beta f(y)\,dy = \int_a^b f\big(\varphi(x)\big)|\varphi'(x)|\,dx =: \int_I f\big(\varphi(x)\big)|\varphi'(x)|\,dx, \tag{5.2.33}$$

d. h.: Zwischen den Integrationsinkrementen besteht die Beziehung $dy = |\varphi'(x)|\,dx$. Im Spezialfall einer affin-linearen Abbildung $\varphi(x) = ax + b$ ist entsprechend $dy = |a|dx$.

Zur Übertragung dieses Resultats für mehrdimensionale Integrale haben wir in Abschnitt 5.1.2 untersucht, wie sich unter affin-linearen Transformationen $\Phi(x) = Ax + b$ von quadrierbaren Mengen $D \subset \mathbb{R}^n$ deren Inhalt verändert:

$$|\Phi(D)| = |\det A|\,|D|. \tag{5.2.34}$$

Dies legt für diesen Spezialfall die folgende Transformationsformel für die zugehörigen R-Integrale nahe:

$$\int_{\Phi(D)} f(y)\,dy = \int_D f(\Phi(x))\,|\det A|\,dx. \tag{5.2.35}$$

Im Hinblick auf $\Phi'(x) = A$ wird damit auch die in folgendem Satz formulierte allgemeine Substitutionsregel plausibel.

Satz 5.11 (Transformationssatz): *Die Menge $D \subset \mathbb{R}^n$ sei offen und quadrierbar und die Funktion $\Phi : D \to \mathbb{R}^n$ stetig differenzierbar, injektiv und Lipschitz-stetig. Dann ist die Menge $\Phi(D)$ quadrierbar, für jede Funktion $f \in R(\Phi(D))$ ist die Funktion*

$$F := f(\Phi(\cdot))|\det\Phi'(\cdot)| : D \to \mathbb{R}$$

R-integrierbar, und für jede quadrierbare Teilmenge $M \subset D$ gilt die Substitutionsregel

$$\int_{\Phi(M)} f(y)\,dy = \int_M f(\Phi(x))\,|\det\Phi'(x)|\,dx. \tag{5.2.36}$$

Bemerkung 5.7: Bei Setzung $f \equiv 1$ folgt aus (5.2.37) für die Inhalte:

$$|\Phi(M)| = \int_M |\det\Phi'(x)|\,dx. \tag{5.2.37}$$

Dies ist die natürliche Verallgemeinerung der Transformationsformal (5.1.6) für affin-lineare Abbildungen $\Phi(x) := Ax + b$ auf allgemeine reguläre Abbildungen $\Phi(\cdot)$. Für die affin-lineare Abbildung ist $\Phi'(\cdot) = A$.

Bemerkung 5.8: Die Substitutionsregel (5.2.36) wird normalerweise unter den stärkeren Voraussetzungen bewiesen, dass die Abbildung Φ auf einer offenen Umgebung U von $\overline{D}$ ein Diffeomorphismus ist, d. h.: Φ ist auf U injektiv, regulär ($\det(\Phi') \neq 0$), und die Umkehrabbildung $\Psi := \Phi^{-1} : \Phi(U) \to U$ ist ebenfalls stetig differenzierbar. Diese Bedingung ist aber für einige wichtige Anwendungen (z. B. für die Transformationen auf Polarkoordinaten, Zylinderkoordinaten und Kugelkoordinaten) zu einschränkend. In diesen Fällen ist die Jacobi-Matrix J_Φ zwar in der offenen Menge D regulär, hat aber auf deren Rand ∂D singuläre Punkte. Es können aber auch singuläre Punkte in D selbst auftreten. Ein einfaches Beispiel in einer Dimension hierfür ist die Transformation

$$y = \varphi(x) := x^3, \quad x \in [-1, 1],$$

welche das Intervall $D = [-1, 1]$ eindeutig auf das Intervall $[-1, 1]$ abbildet, aber im Punkt $x = 0$ eine irreguläre Ableitung $\varphi'(0) = 3x^2{}_{|x=0} = 0$ hat. Für diese Situation sind aber die schwächeren Bedingungen von Satz 5.11 erfüllt, insbesondere ist φ auf D injektiv und L-stetig. Für jede Funktion $f \in R([-1, 1])$, gilt also die Substitutionsformel

$$\int_{-1}^{1} f(y)\, dy = 3 \int_{-1}^{1} f(x^3)x^2\, dx.$$

Als Vorbereitung für den Beweis des Substitutionssatzes stellen wir das folgende Lemma bereit. Dieses ist quasi der „harte“ Kern des Beweises.

Lemma 5.10: *Sei $D \subset \mathbb{R}^n$ offen und quadrierbar und $\Phi : D \to \mathbb{R}^n$ eine stetig differenzierbare, Lipschitz-stetige Abbildung. Für jede quadrierbare Menge $M \subset D$ gilt dann:*

$$|\Phi(M)|_a \leq \int_M |\det \Phi'(x)|\, dx. \tag{5.2.38}$$

Beweis: i) Wir zeigen die Richtigkeit der Behauptung zunächst für den Spezialfall, dass die Teilmenge $M \subset D$ ein abgeschlossener n-dimensionaler Würfel W ist.

ia) Wir führen einen Widerspruchsbeweis. Ist die Behauptung für irgendeinen Würfel W falsch, so gibt es ein $\varepsilon > 0$ mit

$$|\Phi(W)|_a \geq \int_W |\det \Phi'(y)|\, dy + \varepsilon|W|.$$

Der Würfel W habe o.B.d.A. die Kantenlänge 1. Durch Halbierung der Kanten kann W in 2^n abgeschlossene Teilwürfel mit Kantenlänge $\frac{1}{2}$ zerlegt werden. Unter diesen ist mindestens ein Würfel, mit W_1 bezeichnet, mit

$$|\Phi(W_1)|_a \geq \int_{W_1} |\det \Phi'(x)|\, dx + \varepsilon|W_1|.$$

Denn wäre für alle Teilwürfel $W_{1,i} \subset W$, $i = 1, \ldots, m$,

$$|\Phi(W_{1,i})|_a < \int_{W_{1,i}} |\det \Phi'(x)|\, dx + \varepsilon|W_{1,i}|,$$

so ergäbe sich wegen der Subadditivität des äußeren Inhalts und der Additivität von Riemann-Integral und Jordan-Inhalt

$$
\begin{aligned}
|\Phi(W)|_a &\le \sum_{i=1}^m |\Phi(W_i)|_a < \sum_{i=1}^m \int_{W_i} |\det \Phi'(x)|\,dx + \sum_{i=1}^m \varepsilon |W_i| \\
&= \int_W |\det \Phi'(x)|\,dx + \varepsilon |W|,
\end{aligned}
$$

und damit ein Widerspruch zur Annahme. Durch Fortsetzung dieses Arguments konstruieren wir eine Folge von Würfeln W_k mit $W_{k+1} \subset W_k$, $|W_k| = 2^{-k}$ und

$$
\frac{|\Phi(W_k)|_a}{|W_k|} \ge \frac{1}{|W_k|} \int_{W_k} |\det \Phi'(x)|\,dx + \varepsilon, \qquad k \in \mathbb{N}. \tag{5.2.39}
$$

Wegen $W_{k+1} \subset W_k$ und $\operatorname{diam}(W_k) \to 0$ $(k \to \infty))$, gibt es genau einen Punkt $a \in \cap_{k\in\mathbb{N}} W_k \subset D$ (Übungsaufgabe).

ib) Wir setzen $A := \Phi'(a)$. Wegen der Stetigkeit von $\Phi'(\cdot)$ und damit auch der von $|\det \Phi'(\cdot)|$ folgt mit dem Mittelwertsatz 5.7 die Existenz von Punkten $a_k \in W_k$ mit

$$
\frac{1}{|W_k|} \int_{W_k} |\det \Phi'(x)|\,dx = |\det \Phi'(a_k)|, \qquad k \in \mathbb{N}.
$$

Wegen $a_k \to a$ $(k \to \infty)$ folgt damit

$$
\frac{1}{|W_k|} \int_{W_k} |\det \Phi'(x)|\,dx \to |\det \Phi'(a)| = |\det A| \quad (k \to \infty).
$$

Der Grenzübergang $k \to \infty$ in (5.2.39) ergibt dann

$$
\liminf_{k\to\infty} \frac{|\Phi(W_k)|_a}{|W_k|} \ge |\det A| + \varepsilon, \tag{5.2.40}
$$

Wir wollen dies zum Widerspruch führen. Wegen der Differenzierbarkeit von Φ gilt für $h \in \mathbb{R}^n$ mit $a + h \in W$:

$$
\Phi(a+h) = \Phi(a) + Ah + \omega(a;h), \qquad \|\omega(a;h)\| \le \|h\|_2\, \tilde\omega(\|h\|_2), \tag{5.2.41}
$$

mit $\tilde\omega(r) \to 0$ für $r \to 0$. Der Durchmesse der Würfel W_k ist $\operatorname{diam}(W_k) = 2^{-k}\sqrt{n}$ und folglich $\|h\|_2 \le 2^{-k}\sqrt{n}$. Für jeden Punkt $x = a + h \in W_k$ ist also

$$
\|\omega(a;h)\|_2 \le \varepsilon_k := 2^{-k}\delta_k, \qquad \delta_k := \sqrt{n}\,\tilde\omega(\|h\|_2) \to 0 \quad (k \to \infty).
$$

Wir setzen

$$
V := A(W), \qquad V_k := A(W_k), \quad k \in \mathbb{N}.
$$

Aus (5.2.41) erhalten wir wegen $\|\Phi(x) - \Phi(a) + Ah\|_2 \le \varepsilon_k$ die Beziehung

$$
\Phi(W_k) \subset \Phi(a) + \overline{(V_k)_{\varepsilon_k}}, \qquad (V_k)_{\varepsilon_k} := \{x \in \mathbb{R}^n : \operatorname{dist}(x, V_k) < \varepsilon_k\}.
$$

Für solche ε-Umgebungen von Mengen gilt, wie man leicht verifiziert,

$$(c+M)_\varepsilon = c + M_\varepsilon, \qquad \lambda M_\varepsilon = (\lambda M)_\varepsilon, \quad \lambda \in \mathbb{R}_+.$$

Mit geeigneten $c_k \in \mathbb{R}^n$ ist daher

$$V_k = c_k + 2^{-k}V, \qquad (V_k)_{\varepsilon_k} = c_k + 2^{-k}V_{\varepsilon_k}.$$

Nach Satz 5.3 ist $|V| = |\det A|\,|W|$, und es gilt allgemeien $|\lambda M|_a = \lambda^n |M|_a$. Dies ergibt

$$\frac{|\Phi(W_k)|_a}{|W_k|} \le \frac{2^{-nk}|V_{\varepsilon_k}|_a}{2^{-nk}|W|} = |\det A|\,\frac{|V_{\varepsilon_k}|_a}{|V|} \to |\det A| \quad (k \to \infty),$$

was einen Widerspruch zu (5.2.40) bedeutet.

iia) Wir beweisen nun die Abschätzung (5.2.38) für den Fall einer beliebigen quadrierbaren Teilmenge $M \subset D$. Dazu muss zunächst die Existenz des Integrals begründet werden. Da Φ in M als stetig differenzierbar angenommen ist, folgt die Stetigkeit von $F(\cdot) := |\det \Phi'(\cdot)|$ in M. Wegen der L-Stetigkeit von Φ sind die partiellen Ableitungen $\partial_i \Phi_j$ auf M gleichmäßig beschränkt, denn mit der L-Konstante L von Φ gilt:

$$|\partial_i \Phi_j(x)| = \lim_{h\to 0} \frac{|\Phi_j(x+h) - \Phi_j(x)|}{|h|} \le L.$$

Also ist auch die Funktion F auf M beschränkt. Da M quadrierbar ist, folgt nach Satz 5.6 die R-Integrabilität von F über M, d.h. das Integral in (5.2.38) existiert.

iib) Sei $\mu_M := \sup_{x\in M} |\det \Phi'(x)|$. Mit Hilfe von Teil (i) erschließen wir die Ungleichung auch für die ausschöpfenden Würfelsummen $M_k \subset M$:

$$|\Phi(M_k)|_a \le \sum_{W_i \subset M_k} |\Phi(W_i)|_a \le \sum_{W_i \subset M_k} \int_{W_i} |\det \Phi'(x)|\,dx = \int_{M_k} |\det \Phi'(x)|\,dx.$$

Damit erhalten wir

$$\begin{aligned}
|\Phi(M)|_a &\le |\Phi(M_k) \cup \Phi(M \setminus M_k)|_a \le |\Phi(M_k)|_a + |\Phi(M \setminus M_k)|_a \\
&\le \int_{M_k} |\det \Phi'(x)|\,dx + |\Phi(M \setminus M_k)|_a \\
&= \int_M |\det \Phi'(x)|\,dx - \int_{M\setminus M_k} |\det \Phi'(x)|\,dx + |\Phi(M \setminus M_k)|_a.
\end{aligned}$$

Nach Lemma 5.5 gilt

$$|\Phi(M \setminus M_k)|_a \le (L\sqrt{n})^n\,|M \setminus M_k|_a \to 0 \quad (k \to \infty),$$

$$\int_{M\setminus M_k} |\det \Phi'(x)|\,dx \le \mu_M |M \setminus M_k| \to 0 \quad (k \to \infty).$$

Dies impliziert die behauptete Ungleichung. Q.E.D.

Beweis: [Beweis des Transformationssatzes]
i) Wir beweisen den Satz zunächst unter der strengeren Voraussetzung, dass die Abbildung Φ auf einer offenen Umgebung U von $\overline{D}$ ein Diffeomorphismus ist, d. h.: Φ ist auf U injektiv, regulär ($\det(\Phi') \neq 0$), und die Umkehrabbildung $\Psi := \Phi^{-1} : \Phi(U) \to U$ ist ebenfalls stetig differenzierbar. Diese Bedingung ist aber für einige wichtige Anwendungen (z. B. für die Transformationen auf Polarkoordinaten, Zylinderkoordinaten und Kugelkoordinaten) zu einschränkend. Aufgrund der Resultate über reguläre Abbildungen (Satz 5.2) ist dann $\Phi(U) \subset \mathbb{R}^n$ ebenfalls offen und $\Phi(\overline{D}) = \overline{\Phi(D)} \subset \Phi(U)$. Ferner sind Φ auf $\overline{D}$ und $\Psi := \Phi^{-1}$ auf $\overline{\Phi(D)}$ Lipschitz-stetig mit L-Konstanten (Übungsaufgabe)

$$L_\Phi := \max_{x \in \overline{D}} \|\Phi'(x)\|_2, \qquad L_\Psi := \max_{y \in \Phi(\overline{D})} \|\Psi'(y)\|_2.$$

Aufgrund von Satz 5.2 werden durch Φ und Ψ jeweils quadrierbare Mengen auf quadrierbare Mengen abgebildet. Nach Lemma 5.10 gilt dann für quadrierbare Mengen $M \subset D$:

$$|\Phi(M)| \leq \int_M |\det \Phi'(x)|\, dx. \tag{5.2.42}$$

ia) Sei nun $f : \Phi(D) \to \mathbb{R}$ eine beschränkte, nichtnegative Funktion:

$$\sup_{y \in \Phi(D)} |f(y)| < \infty, \qquad f(y) \geq 0, \quad y \in \Phi(D).$$

Für eine Zerlegung $Z = \{B_i,\ i = 1, \dots, m\}$ von $\Phi(D)$ in quadrierbare Mengen B_i sei

$$m_i := \inf_{y \in B_i} f(y) \geq 0, \qquad t(y) := \sum_{i=1}^m m_i \chi_{B_i}(y),$$

mit den chrakteristischen Funktionen χ_{B_i} der B_i. Dann sind auch die Bildmengen $M_i := \Psi(B_i)$ quadrierbar, und konstruktionsgemäß gilt:

$$0 \leq t(y) \leq f(y), \quad y \in \Phi(D).$$

Ferner ist für $y = \Phi(x) \in \Phi(D)$ mit $B_i = \Phi(M_i)$:

$$t(\Phi(x)) = \sum_{i=1}^m m_i \chi_{B_i}(\Phi(x)) = \sum_{i=1}^m m_i \chi_{M_i}(x) \leq f(\Phi(x)).$$

Mit (5.2.42) folgt dann wegen $m_i \geq 0$ für die Untersumme von f bzgl. der Zerlegung Z:

$$\underline{S}_Z(f) = \sum_{i=1}^m m_i |B_i| \leq \sum_{i=1}^m m_i \int_{M_i} |\det \Phi'(x)|\, dx = \int_M t(\Phi(x)) |\det \Phi'(x)|\, dx.$$

Wegen $t(y) \geq 0$ wird die recht Seite vergrößert, wenn man $t(\Phi(x))$ durch $f(\Phi(x))$ ersetzt und zum Unterintegral übergeht:

$$\underline{S}_Z(f) \leq \underline{\int}_D f(\Phi(x)) |\det \Phi'(x)|\, dx.$$

Da dies für jede solche Zerlegung von $\Phi(D)$ gilt, ergibt sich durch Supremumsbildung

$$\underline{\int}_{\Phi(D)} f(y)\,dy \le \underline{\int}_D f(\Phi(x))|\det\Phi'(x)|\,dx. \tag{5.2.43}$$

Anwendung dieser Ungleichung mit vertauschten Rollen von Φ und $\Psi = \Phi^{-1}$ auf das rechte Integral ergibt weiter

$$\begin{aligned}\underline{\int}_D f(\Phi(x))|\det\Phi'(x)|\,dx &= \underline{\int}_{\Psi(\Phi(D))} f(\Phi(x))|\det\Phi'(x)|\,dx\\ &\le \underline{\int}_{\Phi(D)} f(\Phi(\Psi(y)))|\det\Phi'(\Psi(y))||\det\Psi'(y)|\,dy.\end{aligned}$$

Dieser Schluss ist erlaubt, da $\Psi = \Phi^{-1}$ aufgrund unserer verschärften Annahmen dieselben Eigenschaften hat wie Φ. Wegen $|\det\Phi'| = |\det\Psi'|^{-1}$ ergibt sich so

$$\underline{\int}_D f(\Phi(x))|\det\Phi'(x)|\,dx \le \underline{\int}_{\Phi(D)} f(y)\,dy. \tag{5.2.44}$$

Durch Kombination von (5.2.43) und (5.2.44) finden wir

$$\underline{\int}_{\Phi(D)} f(y)\,dy = \underline{\int}_D f(\Phi(x))|\det\Phi'(x)|\,dx. \tag{5.2.45}$$

ib) Ist die Funktion $f \ge 0$ in $\Phi(D)$ stetig, so sind alle in (5.2.45) auftretenden Funktionen R-integrierbar, und es folgt

$$\int_{\Phi(D)} f(y)\,dy = \int_D f(\Phi(x))|\det\Phi'(x)|\,dx. \tag{5.2.46}$$

Diese Formel gilt insbesondere für konstante Funktionen $f \equiv c$,

$$c|\Phi(D)| = \int_{\Phi(D)} c\,dy = c\int_D |\det\Phi'(x)|\,dx,$$

und dann natürlich auch für $c < 0$.

ic) Nun sei f lediglich als beschränkt in $\Phi(D)$ angenommen. Sei c eine Konstante mit $f+c \ge 0$. Dann gilt (5.2.45) für $f_1 := f+c$ und $f_2 \equiv -c$. Mit Hilfe des Additionsgesetzes für das Unterintegral folgt somit (5.2.45) für beliebige beschränkte Funktionen. Zwischen dem Unter- und dem Oberintegral besteht die Beziehung

$$\overline{\int}_{\Phi(D)} f(y)\,dy = -\underline{\int}_{\Phi(D)} (-f)(y)\,dy.$$

Damit folgt die entsprechende Formal auch für das Oberintegral:

$$\overline{\int}_{\Phi(D)} f(y)\,dy = \overline{\int}_D f(\Phi(x))|\det\Phi'(x)|\,dx.$$

Unter der Annahme $f \in R(\Phi(D))$ ergibt sich so, dass auch $f(\Phi(\cdot))|\det\Phi'(\cdot)| \in R(D)$ ist und die Substitutionsformel gilt:

$$\int_{\Phi(D)} f(y)\,dy = \int_D f(\Phi(x))|\det\Phi'(x)|\,dx. \tag{5.2.47}$$

id) Ist nun $M \subset D$ eine beliebige quadrierbare Teilmenge, so folgt aus den bekannten Eigenschaften regulärer Abbildungen, dass auch $\Phi(M)$ quadrierbar ist (Satz 5.2). Weiter sind dann die Funktion $f \in R(\Phi(D))$ über $\Phi(M)$ sowie die Funktion $f(\Phi(\cdot))|\det\Phi'(\cdot)| \in R(D)$ über M R-integrierbar, und es gilt die Substitutionsformel (5.2.47) mit M anstelle von D.

ii) Wir betrachten nun den Fall einer Abbildung $\Phi : D \to \mathbb{R}^n$ mit den im Satz geforderten schwächeren Eigenschaften, d. h.: Φ wird nur in D als stetig differenzierbar und injektiv, aber dafür zusätzlich als L-stetig angenommen. Für jede abgeschlossenen Teilmenge $M \subset D$ sind dann die in Beweisteil (i) gemachten Voraussetzungen erfüllt, und es gilt die Aussage des Satzes, insbesondere die Substitutionsformel

$$\int_{\Phi(M)} f(y)\,dy = \int_M f(\Phi(x))|\det\Phi'(x)|\,dx. \tag{5.2.48}$$

Wir haben zu zeigen dass dies auch für ganz D bzw. $\overline{D}$ gilt, auch wenn dort singuläre Punkte von Φ existieren mögen.

iia) Sei L die L-Konstante von Φ und $\alpha = (L\sqrt{n})^n$ die Konstante in der Abschätzung von Lemma 5.5:

$$|\Phi(D)|_a \le \alpha|D|_a.$$

Ferner sei (s. Beweis Teil (iia) von Lemma 5.10)

$$\beta := \sup_{y\in\Phi(D)} |f(y)|, \qquad \gamma := \sup_{x\in D} |\det\Phi'(x)|,$$

und $K := \{x \in D : \det\Phi'(x) = 0\}$ die Menge der irregulären Punkte von Φ. Wegen der Stetigkeit von $\det\Phi'(\cdot)$ ist die Menge $D \setminus K$ offen. Die Bildmenge $\Phi(D \setminus K)$ ist dann nach Satz 5.2 ebenfalls offen. Zu beliebig fixiertem $\varepsilon > 0$ sei D_q eine Würfelsumme mit $|D \setminus D_q| < \varepsilon$. Für ein $k \ge q$ teilen wir die in D_q enthaltenen Würfel $W \in \mathcal{W}_k$ k-ter Stufe in zwei disjunkte Würfelsummen auf:

$$D_k' := \cup\{W \subset D_k : W \cap K = \emptyset\}, \quad D_k'' := \cup\{W \subset D_k : W \cap K \neq \emptyset\}.$$

Offenbar ist $D_k = D_k' \cup D_k''$. Nach Satz 5.2 ist auch $\Phi(D_k')$ quadrierbar. Da $\det\Phi'$ auf der abgeschlossenen Würfelsumme D_q gleichmäßig stetig ist, kann k so groß gewählt werden, dass

$$\sup_{x\in D_k''} |\det\Phi'(x)| < \varepsilon\,.$$

Nach Lemma 5.10 und Lemma 5.5 ist dann

$$|\Phi(D_k'')|_a < \varepsilon|D|, \qquad |\Phi(D \setminus D_q)|_a < \alpha\varepsilon.$$

Es ist $\Phi(D) \subset \Phi(D_k') \cup \Phi(D_k'') \cup \Phi(D \setminus D_q)$. Die Abschätzung

$$\begin{aligned}
|\Phi(D_k')| &\le |\Phi(D)|_i \le |\Phi(D)|_a \\
&\le |\Phi(D_k')| + |\Phi(D_k'')|_a + |\Phi(D \setminus D_q)|_a \\
&\le |\Phi(D_k')| + \varepsilon(|D| + \alpha)
\end{aligned}$$

zeigt wegen der Beliebigkeit von ε, dass $\Phi(D)$ ebenfalls quadrierbar ist.

iib) Für die abgeschlossene Würfelsumme $D_k' \subset D \setminus K$ gilt nach Beweisteil (i) die Substitutionsformel (5.2.48):

$$\int_{\Phi(D_k')} f(y)\,dy = \int_{D_k'} f(\Phi(x))|\det \Phi'(x)|\,dx,$$

wobei die Integtrale als R-Integrale existieren. Für die quadrierbare Restmenge $D \setminus D_k'$ gilt nach obiger Abschätzung

$$|\Phi(D \setminus D_k')| \le \varepsilon(|D| + \alpha).$$

Ferner gilt für das Integral von f über diese Menge:

$$\Big| \int_{\Phi(D \setminus D_k')} f(x)\,dx \Big| \le \beta\varepsilon(|D| + \alpha).$$

Weiter gilt für die durch $F(x) := f(\Phi(x))|\det \Phi'(x)|$ definierte Funktion $F : D \to \mathbb{R}$:

$$\sup_{x \in D_k''} |F(x)| \le \beta\varepsilon, \qquad \sup_{x \in D \setminus D_q} |F(x)| \le \beta\gamma,$$

und folglich

$$\begin{aligned}
\Big| \underline{\int}_{D_k''} F(x)\,dx \Big| &\le \Big| \overline{\int}_{D_k''} F(x)\,dx \Big| \le \beta\varepsilon|D|, \\
\Big| \underline{\int}_{D \setminus D_q} F(x)\,dx \Big| &\le \Big| \overline{\int}_{D \setminus D_q} F(x)\,dx \Big| \le \beta\gamma\varepsilon.
\end{aligned}$$

Damit erhalten wir

$$\begin{aligned}
\Big| \int_{\Phi(D)} f(y)\,dy - \underline{\int}_D F(x)\,dx \Big| &= \Big| \int_{\Phi(D \setminus D_k')} f(y)\,dy - \underline{\int}_{D \setminus D_k''} F(x)\,dx \Big| \\
&\le \beta\varepsilon(|D| + \alpha) + \Big| \underline{\int}_{D \setminus D_q} F(x)\,dx \Big| + \Big| \underline{\int}_{D_k''} F(x)\,dx \Big| \\
&\le \beta\varepsilon(|D| + \alpha) + \beta\gamma\varepsilon + \beta\varepsilon|D| =: c\varepsilon,
\end{aligned}$$

und analog

$$\Big| \int_{\Phi(D)} f(y)\,dy - \overline{\int}_D F(x)\,dx \Big| \le c\varepsilon.$$

Wegen der Beliebigkeit von ε folgt die R-Integrierbarkeit von F über D sowie die Gleichung

$$\int_{\Phi(D)} f(y)\,dy = \int_D F(x)\,dx,$$

d. h. die behauptete Substitutionsformel. Dies vervollständigt den Beweis. Q.E.D.

Beispiel 5.4 (Ebene Polarkoordinaten): Für einen Punkt $(x,y) \in \mathbb{R}^2$ ist r sein Abstand vom Ursprung und θ der Winkel (im Gegenuhrzeigersinn) zwischen der x-Achse und dem Richtungsvektor mit Spitze in (x,y) (sog. „Polarkoordinaten").

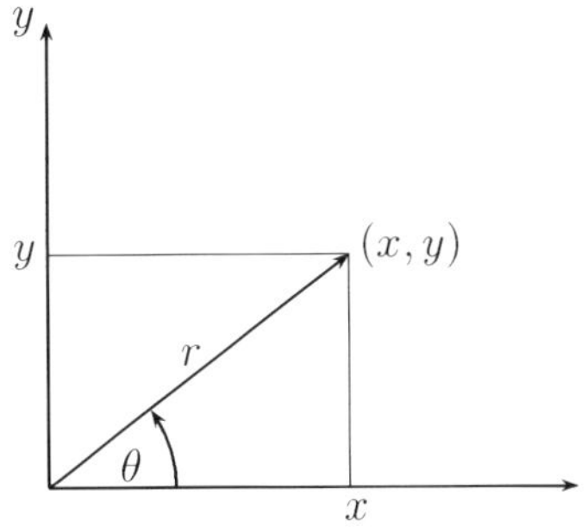

Abbildung 5.10: Schema der Polarkoordinaten in $\mathbb{R}^2$.

Durch die auf der ganzen (r,θ)-Ebene definierten Abbildung

$$(x,y) = \Phi(r,\theta) := (r\cos\theta, r\sin\theta)$$

wird der offene Streifen S der (r,θ)-Ebene bijektiv auf die offene Menge $B := \Phi(S)$ der (x,y)-Ebene abgebildet, wobei

$$S := \{(r,\theta) : r \in \mathbb{R}_+, \theta \in (0,2\pi)\}, \qquad \Phi(S) = \mathbb{R}^2 \setminus \{(x,0) : x \geq 0\}.$$

Der Abschluss $\overline{S}$ von S ist die ganze Ebene $\mathbb{R}^2$, doch ist die Abbildung wegen der Periodizität des Sinus nicht mehr bijektiv. Die Abbildung Φ ist auf S ein Diffeomorphismus mit stetiger Jacobi-Matrix

$$J_\Theta(r,\theta) = \begin{pmatrix} \cos\theta & -r\sin\theta \\ \sin\theta & r\cos\theta \end{pmatrix}.$$

Die zugehörige Jacobi-Determinante ist

$$\det\Phi'(r,\theta) = r > 0, \quad (r,\theta) \in S.$$

Auf beschränkten Teilmengen von S ist Φ Lipschitz-stetig:

$$\begin{aligned}
&\|\Phi(r,\theta)-\Phi(r',\theta')\|_2 \le \|\Phi(r,\theta)-\Phi(r',\theta)\|_2+\|\Phi(r',\theta)-\Phi(r',\theta')\|_2\\
&=\big(|(r-r')\cos\theta|^2+(r-r')\sin\theta|^2\big)^{1/2}+\big(|r'(\cos\theta-\cos\theta')|^2+|r'(\sin\theta-\sin\theta')|^2\big)^{1/2}\\
&\le\sqrt{2}|r-r'|+\sqrt{2}|r'|\,|\theta-\theta'|\le 2\max\{1,|r'|\}\|(r-r',\theta-\theta')\|_2
\end{aligned}$$

mit L-Konstante $L := 2\max\{1,\max|r'|\}$. Dieses Beispiel begründet den zusätzlichen Aufwand beim Beweis von Satz 5.11. Die Abbildung Φ ist zwar auf dem offenen Streifen $S := \{(r,\theta) : r\in\mathbb{R}_+, \theta\in(0,2\pi)\}$ regulär, aber nicht auf dessen Abschluß $\overline{S}$.

Die beschränkte, offene Menge $K_R(0)\setminus\{(x,0),\, x\ge 0\}\subset S$ ist das Bild des offenen Rechtecks $Q := \{(r,\theta)\subset\mathbb{R}^2 : 0<r<1,\, 0<\theta<2\pi\} = (0,1)\times(0,2\pi)$, und es gilt

$$\int_{K_R(0)} f(x,y)\,d(x,y) = \int_Q f(r\cos\theta, r\sin\theta)r\,d(r,\theta).$$

Mit Hilfe des Satzes von Fubini 5.10 erhalten wir hieraus die Beziehung

$$\int_{K_R(0)} f(x,y)\,d(x,y) = \int_0^{2\pi}\int_0^R f(r\cos\theta, r\sin\theta)r\,drd\theta.$$

Für $f\equiv 1$ erhalten wir für den Jordan-Inhalt der Kreisscheibe $K_R(0)$:

$$|K_R(0)| := \int_{K_R(0)} d(x,y) = \int_0^{2\pi}\int_0^R r\,drd\theta = \int_0^{2\pi}\tfrac{1}{2}R^2 d\theta = \pi R^2.$$

Beispiel 5.5 (Zylinderkoordinaten): Für einen Punkt $(x,y,z)\in\mathbb{R}^3$ ist r sein Abstand von der z-Achse, θ der Winkel (im Gegenuhrzeigersinn) zwischen der x-Achse und dem Richtungsvektor in der (x,y)-Ebene mit Spitze im Punkt (x,y) und z seine z-Komponente (sog. „Zylinderkoordinaten").

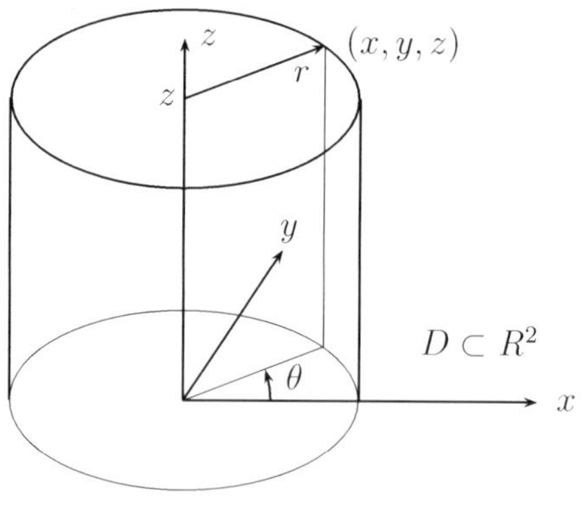

Abbildung 5.11: Schema der Zylinderkoordinaten in $\mathbb{R}^3$.

Durch die Abbildung

$$(x, y, z) = \Phi(r, \theta, z) := (r\cos\theta, r\sin\theta, z)$$

wird die offene Menge

$$Z := S \times \mathbb{R} = \{(r, \theta, z) : r \in \mathbb{R}_+, \theta \in (0, 2\pi), z \in \mathbb{R}\}$$

bijektiv auf die Menge $\Phi(Z) = S \times \mathbb{R}$ abgebildet, mit der oben definierten Menge $S \subset \mathbb{R}^2$. Das Bild von $\overline{Z}$ ist der ganze $\mathbb{R}^3$. Die Abbildung Φ ist auf Z ein Diffeomorphismus, der auf beschränkten Teilmengen von Z ebenfalls Lipschitz-stetig ist. Die zugehörige Jacobi-Determinante ist

$$\det \Phi'(r, \theta, z) = r > 0 \quad (r, \theta, z) \in Z.$$

Für den Kreiszylinder $Z_{R,H}(0) = \{(r, \theta, z) : r \in \mathbb{R}_+, \theta \in (0, 2\pi), z \in (0, H))\} \subset Z$ gilt dann aufgrund der Substitutionsregel und des Satzes von Fubini:

$$\int_{Z_{R,H}(0)} f(x, y)\, d(x, y, z) = \int_0^H \int_0^{2\pi} \int_0^R f(r\cos\theta, r\sin\theta) r\, dr d\theta dz.$$

Damit erhalten wir für den Jordan-Inhalt des Kreiszylinders $Z_{R,H}(0)$:

$$|Z_{R,Z}(0)| := \int_{Z_{R,H}(0)} d(x, y, z) = \int_0^H \int_0^{2\pi} \int_0^R r\, dr d\theta dz = \int_0^H \int_0^{2\pi} \tfrac{1}{2} R^2 d\theta = \pi R^2 H.$$

Der Kreiszylinder ist ein einfacher Spezialfall eines „Rotationskörpers“. Sei $[a, b] \subset \mathbb{R}$ ein kompaktes Intervall, $\varphi : [a, b] \to \mathbb{R}_+$ eine stetige Funktion und

$$D_\varphi := \{(x, y, z) \in \mathbb{R}^2 \times [a, b] : x^2 + y^2 \le \varphi(z)^2\}.$$

Es handelt sich bei D um den Körper, der durch Rotation der zweidimensionalen Fläche

$$F := \{(x, z) \in \mathbb{R}^2 : z \in [a, b],\, 0 \le x \le \varphi(z)\}$$

um die z-Achse entsteht. Für den Inhalt von D ergibt sich

$$|D_\varphi| = \int_D d(x, y, z) = \int_a^b \int_0^{2\pi} \int_0^{\varphi(z)} r\, dr\, d\theta\, dz = \int_a^b \int_0^{2\pi} \tfrac{1}{2}\varphi(z)^2\, d\theta\, dz$$

und damit das folgende Resultat.

Korollar 5.7 (Rotationskörper): *Das Volumen $|D_\varphi|$ des Rotationskörpers in $\mathbb{R}^3$ mit der Randkurve $x = \varphi(z)$, $z \in [a, b]$ ist bestimmt durch*

$$|D_\varphi| = \pi \int_a^b \varphi(z)^2\, dz. \tag{5.2.49}$$

Beispiel 5.6 (Räumliche Polarkoordinaten): Für einen Punkt $(x, y, z) \in \mathbb{R}^3$ ist r sein Abstand vom Ursprung, θ der Winkel (im Gegenuhrzeigersinn) zwischen der x-Achse und dem Richtungsvektor in der (x, y)-Ebene mit Spitze im Punkt (x, y) und φ der Winkel (im Uhrzeigersinn) zwischen der z-Achse und dem Richtungsvektor in $\mathbb{R}^3$ mit Spitze im Punkt (x, y, z) (sog. „Kugelkoordinaten").

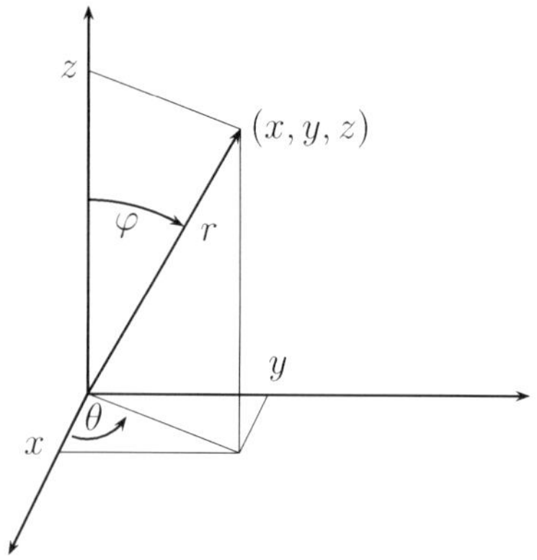

Abbildung 5.12: Schema der Kugelkoordinaten in $\mathbb{R}^3$.

Durch die Abbildung

$$(x, y, z) = \Phi(r, \theta, \varphi) := (r \cos\theta \sin\varphi, r \sin\theta \sin\varphi, r \cos\varphi)$$

wird die offene Menge K bijektiv auf die Menge $\Phi(K)$ abgebildet, wobei

$$K := \{(r, \theta, \varphi) : r \in \mathbb{R}_+, \theta \in (0, 2\pi), \varphi \in (0, \pi)\} \qquad \Phi(K) = \mathbb{R}^3 \setminus \{x \geq 0, y = 0\}.$$

Das Bild von $\overline{K}$ ist der ganze $\mathbb{R}^3$. Die zugehörige Jacobi-Determinate ist

$$\det \Phi'(r, \theta, \varphi) = -r^2 \sin(\varphi) \neq 0, \quad (r, \theta, \varphi) \in K.$$

Jede quadrierbare Menge $M \subset \overline{K}$ hat ein quadrierbares Bild $\Phi(M)$, und es gilt

$$\int_{\Phi(M)} f(x, y, z)\, d(x, y, z) = \int_M f(\Phi(r, \theta, \varphi)) r^2 \sin\varphi \, d(r, \theta, \varphi).$$

Insbesondere gilt auf der Kugel $K_R(0) = \{(x, y, z) : x^2 + y^2 + y^2 \leq R^2\}$:

$$\int_{K_R(0)} f(x, y, z)\, d(x, y, z) = \int_0^\pi \int_0^{2\pi} \int_0^R f(\Phi(r, \theta, \varphi)) r^2 \sin\varphi \, dr d\theta d\varphi.$$

Damit erhalten wir für den Jordan-Inhalt der Kugel $K_R(0)$ die Formel

$$\int_{K_R(0)} d(x, y, z) = \int_0^\pi \int_0^{2\pi} \int_0^R r^2 \sin\varphi \, dr d\theta d\varphi = \int_0^\pi \int_0^{2\pi} \tfrac{1}{3} R^3 \sin\varphi \, d\theta d\varphi = \tfrac{4}{3}\pi R^3.$$

Wir wollen nun den Inhalt der n-dimensionalen Einheitskugel bestimmen.

Korollar 5.8 (Kugelvolumen): *Das Volumen der Einheitskugel des* $\mathbb{R}^n$

$$K_1^{(n)}(0) = \{x \in \mathbb{R}^n : \|x\|_2 < 1\}$$

ist gegeben durch die folgenden Formeln für gerades $n = 2m$ *bzw. ungerades* $n = 2m+1$:

$$|K_1^{(n)}(0)| = \frac{\pi^m}{m!}, \qquad |K_1^{(n)}(0)| = \frac{2^{m+1}\pi^m}{1 \cdot 3 \cdot 5 \cdot \ldots \cdot (2m+1)}. \tag{5.2.50}$$

Beweis: Das Volumen der n-dimensionalen Einheitskugel ist gleich dem Integral der zugehörigen charakteristischen Funktion über den Würfel $W_1^{(n)}(0) := \{x \in \mathbb{R}^n : -1 < x_i < 1, i = 1, \ldots, n\}$:

$$|K_1^{(n)}(0)| = \int_{W_1^{(n)}(0)} \chi_{K_1^{(n)}(0)}\, dx.$$

Mit dem Satz von Fubini folgt mit der Bezeichnung $x = (x_1, \ldots, x_{n-1}, x_n) =: (x', x_n)$:

$$|K_1^{(n)}(0)| = \int_{-1}^{1} \Big(\int_{W_1^{(n-1)}(0)} \chi_{K_1^{(n)}(0)}\, dx' \Big) dx_n.$$

Für jeden Punkt $x = (x', x_n) \in K_1^{(n)})0)$ ist $-1 < x_n < 1$ und demnach $\|x'\|_2 < \sqrt{1 - x_n^2}$. Also gilt mit $r_n := \sqrt{1 - x_n^2}$:

$$|K_1^{(n)}(0)| = \int_{-1}^{1} \Big(\int_{W_1^{(n-1)}(0)} \chi_{K_{r_n}^{(n-1)}(0)}\, dx' \Big) dx_n = \int_{-1}^{1} |K_{r_n}^{(n-1)}(0)|\, dx_n.$$

Aufgrund der Skalierungseigenschaft $|K_r^{(n-1)}(0)| = r^{n-1}|K_1^{(n-1)}(0)|$ folgt weiter mit Hilfe der Substitutionsregel:

$$\begin{aligned} |K_1^{(n)}(0)| &= |K_1^{(n-1)}(0)| \int_{-1}^{1} r^{n-1}\, dx_n = |K_1^{(n-1)}(0)| \int_{-1}^{1} (1 - x_n^2)^{(n-1)/2}\, dx_n \\ &= |K_1^{(n-1)}(0)| \int_{-\frac{1}{2}\pi}^{\frac{1}{2}\pi} (1 - \sin^2\theta)^{(n-1)/2} \cos\theta\, d\theta = |K_1^{(n-1)}(0)| \int_{-\frac{1}{2}\pi}^{\frac{1}{2}\pi} \cos^n\theta\, d\theta. \end{aligned}$$

Dies ergibt die folgende Rekursionsformel für $n \geq 2$:

$$|K_1^{(n)}(0)| = |K_1^{(1)}(0)| \prod_{k=2}^{n} A_k = \prod_{k=1}^{n} A_k, \qquad A_k := \int_{-\frac{1}{2}\pi}^{\frac{1}{2}\pi} \cos^k\theta\, d\theta.$$

Durch etwas Rechnerei finden wir für $n \geq 2$:

$$\begin{aligned} A_n &:= \int_{-\frac{1}{2}\pi}^{\frac{1}{2}\pi} \cos^n\theta\, d\theta = \sin\theta\, \cos^{n-1}\theta \Big|_{-\frac{1}{2}\pi}^{\frac{1}{2}\pi} + (n-1) \int_{-\frac{1}{2}\pi}^{\frac{1}{2}\pi} \sin^2\theta\, \cos^{n-2}\theta\, d\theta \\ &= (n-1) \int_{-\frac{1}{2}\pi}^{\frac{1}{2}\pi} (1 - \cos^2\theta)\, \cos^{n-2}\theta\, d\theta = (n-1) I_{n-2} - (n-1) I_n \end{aligned}$$

und folglich

$$A_n = \frac{n-1}{n} A_{n-2}, \quad A_1 = \int_{-\frac{1}{2}\pi}^{\frac{1}{2}\pi} \cos\theta \, d\theta = 2, \quad A_0 = \int_{-\frac{1}{2}\pi}^{\frac{1}{2}\pi} d\theta = \pi.$$

Damit gilt für $n = 2m$:

$$\begin{aligned} A_{2m}A_{2m-1} &= \frac{2m-1}{2m}\frac{2m-2}{2m-1} A_{2m-2}A_{2m-3} = \frac{2m-2}{2m} A_{2m-2}A_{2m-3} \\ &= \frac{2m-2}{2m}\frac{2m-3}{2m-2}\frac{2m-4}{2m-3} A_{2m-4}A_{2m-5} = \frac{2m-4}{2m} A_{2m-4}A_{2m-5} \\ &= \ldots = \frac{2}{2m} A_2A_1 = \frac{2}{2m} A_0 = \frac{\pi}{m} \end{aligned}$$

sowie analog für $n = 2m+1$:

$$A_{2m+1}A_{2m} = \frac{2m}{2m+1}\frac{2m-1}{2m} A_{2m-1}A_{2m-2} = \ldots = \frac{1}{2m+1} A_1A_0 = \frac{1}{2m+1} = \frac{2\pi}{2m+1}.$$

Hieraus folgern wir für gerades $n = 2m$:

$$|K_1^{(2m)}(0)| = \prod_{k=1}^{2m} A_k = 2A_{2m}A_{2m-1} \cdot \ldots \cdot A_2A_1 = \frac{\pi^m}{m!},$$

und für ungerades $n = 2m+1$:

$$|K_1^{(2m+1)}(0)| = \prod_{k=1}^{2m+1} A_k = A_{2m+1}A_{2m} \cdot \ldots \cdot A_3A_2 \cdot A_1 = \frac{2^{m+1}\pi^m}{1 \cdot 3 \cdot 5 \cdot \cdots \cdot (2m+1)}.$$

Q.E.D.

Bemerkung 5.9: Wir haben den Inhalt der Einheitskugel $K_1^{(n)}(0)$ im $\mathbb{R}^n$ für $n = 1, 2, 3$ berechnet und gefunden, dass dieser mit wachsendem n anscheinend zunimmt:

$$|K_1^{(1)}(0)| = 2 < |K_1^{(2)}(0)| = \pi < |K_1^{(3)}(0)| = \tfrac{4}{3}\pi.$$

Dies darf aber nicht als Beleg für die Konvergenz $|K_1^{(n)}(0)| \to \infty$ herhalten, denn die Formeln von Korollar 5.8 ergeben

$$|K_1^{(n)}(0)| \to 0 \quad (n \to \infty).$$

Man beachte, dass aber der Inhalt des n-dimensionalen Würfels (Einheitskugel bzgl. der Maximumnorm)

$$W_1^{(n)} = \{x \in \mathbb{R}^n : \, -1 < x_i < 1, i = 1, \ldots, n\}$$

die Eigenschaft $|W_1^{(n)}| = 2^n \to \infty \ (n \to \infty)$ hat.

5.2.5 Uneigentliches Riemann-Integral

Analog zum eindimensionalen Fall wollen wir nun „uneigentliche" R-Integrale für gewisse unbeschränkte Funktionen und unbeschränkte Integrationsgebiete definieren.

Definition 5.4: *Für eine Menge $M \subset \mathbb{R}^n$ heißt eine monoton wachsende Folge $(M_k)_{k\in\mathbb{N}}$ von quadrierbaren Teilmengen $M_1 \subset \cdots \subset M_{k-1} \subset M_k \subset M$ „ausschöpfend", wenn für jede r-Kugel $K_r(0) := \{x \in \mathbb{R}^n : \|x\|_2 < r\}$ gilt:*

$$\lim_{k\to\infty} |(M \cap K_r(0)) \setminus M_k|_a = 0.$$

Die Existenz einer ausschöpfenden Folge $(M_k)_{k\in\mathbb{N}}$ für die Menge M impliziert die Quadrierbarkeit der Mengen $M \cap K_r(0)$. Im Fall $M = \mathbb{R}^n$ bilden z. B. die Kugeln $K_r(0)$ ausschöpfende Folgen. Ist M quadrierbar und $a \in \overline{M}$, so ist die Folge der Mengen $M_k := M \setminus K_{1/k}(a)$ ausschöpfend.

Definition 5.5: *Sei $D \subset \mathbb{R}^n$ eine beliebige Menge (nicht notwendig beschränkt). Eine Funktion $f : D \to \mathbb{R}$ heißt über D „uneigentlich R-integrierbar", wenn mit der Notation*

$$Q_f := \{M \subset D : M \text{ quadrierbar und } f \in R(M)\}$$

gilt

$$\sup_{M\in Q_f} \int_M |f(x)|\, dx < \infty, \tag{5.2.51}$$

und wenn es eine bzgl. D ausschöpfende Folge von Mengen $D_k \subset Q_f$ gibt mit

$$\int_D f(x)\, dx := \lim_{k\to\infty} \int_{D_k} f(x)\, dx.$$

Der Limes heißt dann das „uneigentliche R-Integral" von f über D.

Satz 5.12: *Sei $D \subset \mathbb{R}^n$ eine beliebige Menge und $f : D \to \mathbb{R}$ uneigentlich R-integrierbar. Dann ist für jede ausschöpfende Folge $(D_k)_{k\in\mathbb{N}}$*

$$\int_D f(x)\, dx = \lim_{k\to\infty} \int_{D_k} f(x)\, dx,$$

d. h.: Das uneigentliche R-Integral ist unabhängig von der gewählten ausschöpfenden Folge.

Beweis: i) Sei $(D_k)_{k\in\mathbb{N}}$ eine ausschöpfende Folge von Teilmengen von D. Wir nehmen zunächst $f \geq 0$ an. Die Folge der Integrale $\int_{D_k} f(x)\, dx$ ist dann monoton wachsend und nach Voraussetzung beschränkt. Also existiert

$$J := \lim_{k\to\infty} \int_{D_k} f(x)\, dx \leq \sup_{M\in Q_f} \int_M f(x)\, dx =: S. \tag{5.2.52}$$

Wir wollen $S \le J$ zeigen. Sei $M \in Q_f$ beliebig. Da M beschränkt ist, gibt es ein $r > 0$ mit $M \subset D \cap K_r(0)$. Also ist $\lim_{k\to\infty} |M \setminus D_k| = 0$. Aus $M \subset (M \setminus D_k) \cup D_k$ folgt

$$\int_M f(x)\,dx \le \int_{D_k} f(x)\,dx + \sup_{x\in M} f(x)|M \setminus D_k| \to J \quad (k \to \infty).$$

Da M beliebig ist, folgt $S \le J$. Es ist also $J = S$, was die Unabhängigkeit des Integrals J von der gewählten ausschöpfenden Folge bedeutet.

ii) Im Fall eines allgemeinen f ergibt sich die Richtigkeit der Behauptung aus der Darstellung $f = f_+ + f_-$. Mit f sind auch $f_+ \ge 0$ und $-f_- \ge 0$ R-integrierbar, und erfüllen daher (5.2.51). Das Argument von (i) ergibt die Existenz der zugehörigen Limiten (5.2.52) und deren Unabhängigkeit von der gewählten ausschöpfenden Folge. Also gilt:

$$\begin{aligned}\int_D f(x)\,dx &:= \int_D f_+(x)\,dx - \int_D -f_-(x)\,dx \\ &:= \lim_{k\to\infty} \int_{D_k} f(x)\,dx - \lim_{k\to\infty} \int_{D_k} -f_-(x)\,dx \\ &= \lim_{k\to\infty} \int_{D_k} (f_+(x) + f_-(x))\,dx = \lim_{k\to\infty} \int_{D_k} f(x)\,dx.\end{aligned}$$

Q.E.D.

Beispiel 5.7: Wir diskutieren einige typische Beispiele uneigentlicher R-Integrale:

1) Wir betrachten über der Menge $M = [0,1]^2$ das Integral

$$J = \int_M \frac{1}{\sqrt{x}}\,d(x,y).$$

Die Mengen $M_k := \{(x,y) \in M : x \ge 1/k\}$ bilden eine ausschöpfende Folge von M. Für diese gilt nach dem Satz von Fubini:

$$\int_{M_k} \frac{1}{\sqrt{x}}\,d(x,y) = \int_0^1 \Big(\int_{1/k}^1 \frac{1}{\sqrt{x}}\,dx \Big)\,dy = \int_0^1 \Big[2\sqrt{x} \Big]_{1/k}^1\,dy = 2 - \frac{2}{\sqrt{k}}.$$

Für $k \to 0$ erhalten wir:

$$\int_{M_k} \frac{1}{\sqrt{x}}\,d(x,y) \to 2 = \int_M \frac{1}{\sqrt{x}}\,d(x,y).$$

2) Es sei $M \subset \mathbb{R}^2$ quadrierbar, $f \in R(M)$ (beschränkt) und $a \in \overline{M}$. Dann existiert für $\alpha < 2$ das uneigentliche R-Integral

$$J = \int_M \frac{f(x)}{\|x-a\|_2^\alpha}\,dx.$$

Sei $K := \sup_{x\in M}|f(x)|$ und $M \subset K_R(0)$; o.B.d.A. kann $a = 0$ angenommen werden. Die Mengen $M_k := M \setminus K_{1/k}(0)$ bildet eine ausschöpfende Folge, und es folgt:

$$\int_{M_k} \frac{|f(x)|}{\|x-a\|_2^\alpha}\,dx \le K\int_{K_R(0)\setminus K_{1/k}(0)} \frac{1}{\|x-a\|_2^\alpha}\,dx = K\int_0^{2\pi}\int_{1/k}^R \frac{1}{r^\alpha}\,r\,dr\,d\varphi$$
$$= K\frac{2\pi}{2-\alpha}\,r^{2-\alpha}\Big|_{1/k}^R = K\frac{2\pi}{2-\alpha}\,(R^{2-\alpha}-k^{\alpha-2}) \to K\frac{2\pi}{2-\alpha}\,R^{2-\alpha}.$$

3) Das folgende Integral

$$J = \int_{\mathbb{R}^2} e^{-\|x\|_2^2}\,dx = \pi$$

existiert als uneigentliches R-Integral. Dies folgt mit Hilfe der Substitutionsregel aus

$$\int_{K_k(0)} e^{-\|x\|_2^2}\,dx = \int_0^{2\pi}\int_0^k e^{-r^2} r\,dr\,d\theta = \int_0^{2\pi} \tfrac12 e^{-r^2}\Big|_0^k\,d\theta$$
$$= \pi(1-e^{-k^2}) \to \pi \quad (k\to\infty).$$

Andererseits gilt mit dem Würfel $W_k(0) := \{x \in \mathbb{R}^n : -k < x_i < k,\ i = 1,\dots,n\}$ nach dem Satz von Fubini:

$$\int_{W_k(0)} e^{-\|x\|_2^2}\,dx = \int_{-k}^k e^{-y^2}\Big(\int_{-k}^k e^{-x^2}\,dx\Big)\,dy = \Big(\int_{-k}^k e^{-x^2}\,dx\Big)^2.$$

Wegen

$$\lim_{k\to\infty}\int_{W_k(0)} e^{-\|x\|_2^2}\,dx = \lim_{k\to\infty}\int_{B_k(0)} e^{-\|x\|_2^2}\,dx = \pi$$

ergibt sich die folgende Formel:

$$\int_{-\infty}^{\infty} e^{-x^2}\,dx = \lim_{k\to\infty}\int_{-k}^k e^{-x^2}\,dx = \sqrt{\pi}. \tag{5.2.53}$$

Durch die Variablentransformation $t := x^2$ sehen wir, dass dieses Integral gleich dem Wert der Γ-Funktion für $x = \frac12$ ist:

$$\Gamma(\tfrac12) = \int_0^\infty e^{-t}t^{-1/2}\,dt = \tfrac12\int_{-\infty}^\infty e^{-t}|t|^{-1/2}\,dt = \int_{-\infty}^\infty e^{-x^2}\,dx = \sqrt{\pi}.$$

5.3 Parameterabhängige Integrale

Im Folgenden betrachten wir auf quadrierbaren Mengen $D_x \subset \mathbb{R}^m$ und $D_y \subset \mathbb{R}^n$ parameterabhängige Integrale der Form

$$F(x) := \int_{D_y} f(x,y)\,dy, \quad x \in D_x. \tag{5.3.54}$$

Satz 5.13: *Seien $D_x \subset \mathbb{R}^m, D_y \subset \mathbb{R}^n$ quadrierbar und D_y kompakt. Dann gilt:*

i) Ist f in $D_x \times D_y$ stetig, so ist F in D_x stetig.

ii) Ist D_x offen und sind f und $\nabla_x f$ stetig in $D_x \times D_y$, so ist F in D_x stetig partiell differenzierbar, und es gilt:

$$\nabla F(x) = \int_{D_y} \nabla_x f(x,y)\, dy, \quad x \in D_x. \tag{5.3.55}$$

iii) Ist D_x offen und ist f in $D_x \times D_y$ k-mal stetig partiell differenzierbar bzgl. x, so ist F k-mal stetig partiell differenzierbar in D_x.

Beweis: i) Es sei $x \in D_x$ und $(x^k)_{k\in\mathbb{N}}$ eine gegen x konvergierende Punktfolge in D_x. Auf der kompakten Menge $\{x, x^1, x^2, \dots\} \times D_y$ ist f gleichmäßig stetig. Zu jedem $\varepsilon > 0$ gibt es also ein $\delta_\varepsilon > 0$, so dass gilt:

$$\|x^k - x\| < \delta_\varepsilon \quad \Rightarrow \quad |f(x^k,y) - f(x,y)| < \varepsilon, \quad y \in D_y.$$

Folglich konvergiert

$$\sup_{y\in D_y} |f(x^k,y) - f(x,y)| \to 0 \quad (k \to \infty).$$

Dann konvergiert auch $F(x^k) \to F(x)$ $(k \to \infty)$. Also ist F stetig in x.

ii) Sei $x \in D_x$ und $K := \overline{K_r(x)} \subset D_x$ eine kompakte Umgebung von x. Auf der kompakten Menge $K \times D_y$ sind die Ableitungen $\nabla_x f$ gleichmäßig stetig. Aus dem eindimensionalen Mittelwertsatz folgt für kleines h:

$$\frac{f(x+he^{(i)},y) - f(x,y)}{h} = \int_0^1 \partial_i f(x+she^{(i)},y)\, ds \to \partial_i f(x,y) \quad (h \to 0),$$

gleichmäßig für $y \in D_y$. Damit konvergiert für $h \to 0$:

$$\frac{F(x+he^{(i)}) - F(x)}{h} = \frac{1}{h}\int_{D_y} \big(f(x+he^{(i)},y) - f(x,y)\big)\, dy \to \int_{D_y} \partial_i f(x,y)\, dy.$$

Also ist F in x partiell differenzierbar. Die Stetigkeit der partiellen Ableitungen ergibt sich dann aus Teil (i).

iii) Die Behauptung ergibt sich durch wiederholte Anwendung der Argumentation von Teil (i) und Teil (ii). Q.E.D.

Beispiel 5.8: Wir betrachten ein Beispiel mit $n = m = 1$. Für $x \in \mathbb{R}_+$ ist

$$F(x) = \int_0^1 y^x\, dy = \frac{y^{x+1}}{x+1}\Big|_{y=0}^{y=1} = \frac{1}{x+1}.$$

Die Funktion $f(x,y) = y^x$ ist stetig auf $\mathbb{R}_+ \times [0,1]$ und erfüllt die Vorausetzungen des vorausgehenden Satzes. Also kann nach x abgeleitet werden, und bei Beachtung von $y^x = e^{x\ln(y)}$ folgt:

$$\int_0^1 y^x \ln y \, dy = \int_0^1 \frac{d}{dx} y^x \, dx = F'(x) = -\frac{1}{(x+1)^2},$$

und allgemein für $k \geq 2$:

$$\int_0^1 y^x (\ln y)^k \, dy = F^{(k)}(x) = \frac{(-1)^k k!}{(x+1)^{k+1}}.$$

Man beachte, dass die Funktion $y^x(\ln y)^k$ für $x \in \mathbb{R}_+$ auf $(0,1]$ stetig ist und sich stetig durch null auf $[0,1]$ fortsetzen lässt. Folglich existieren die linken Integrale als normale Riemann-Integrale.

Korollar 5.9: *Eine auf einer offenen Kugel $B \subset \mathbb{R}^3$ stetig differenzierbare Vektorfunktion $v : B \to \mathbb{R}^3$ ist genau dann Gradient einer stetig differenzierbaren Funktion $f : B \to \mathbb{R}$, d. h. $v = \nabla f$, wenn $\nabla \times v := (\partial_2 v_3 - \partial_3 v_2, \partial_3 v_1 - \partial_1 v_3, \partial_1 v_2 - \partial_2 v_1) = 0$ gilt.*

Beweis: i) Wenn auf der Kugel B eine Funktion $f \in C^1(B)$ existiert mit $v = \nabla f$, so muss notwendig gelten:

$$\partial_i v_j = \partial_i \partial_j f = \partial_j \partial_i f = \partial_j v_i, \quad i,j = 1,\dots,3,$$

d. h.: $\nabla \times v = (\partial_2 v_3 - \partial_3 v_2, \partial_3 v_1 - \partial_1 v_3, \partial_1 v_2 - \partial_2 v_1) = 0$.

ii) Sei nun $\nabla \times v = 0$ auf $B = B_r(0)$, d.h.: $\partial_j v_i = \partial_i v_j$. Wir definieren für $x \in B$ die Funktion

$$f(x) := \sum_{i=1}^3 \Big(\int_0^1 v_i(tx)\, dt \Big) x_i.$$

Nach Satz 5.13 ist $f : B \to \mathbb{R}$ stetig differenzierbar, und es gilt:

$$\begin{aligned}
\partial_j f(x) &= \sum_{i=1}^3 \Big(\partial_j \int_0^1 v_i(tx)\, dt \Big) x_i + \sum_{i=1}^3 \Big(\int_0^1 v_i(tx)\, dt \Big) \partial_j x_i \\
&= \int_0^1 \Big(t \sum_{i=1}^3 (\partial_j v_i)(tx) x_i + v_j(tx) \Big)\, dt.
\end{aligned}$$

Bei Beachtung, für festes $x \in B$, von

$$\begin{aligned}
\frac{d}{dt}(t v_j(tx)) = v_j(tx) + t \frac{d}{dt} v_j(tx) &= v_j(tx) + t \sum_{i=1}^3 (\partial_i v_j)(tx) x_i \\
&= v_j(tx) + t \sum_{i=1}^3 (\partial_j v_i)(tx) x_i
\end{aligned}$$

folgt

$$\partial_j f(x) = \int_0^1 \frac{d}{dt}(t v_j(tx))\, dt = t v_j(tx)\Big|_{t=0}^{t=1} = v_j(x),$$

d. h.: $\nabla f(x) = v(x)$. Q.E.D.

5.4 Anwendungen in der Mechanik

Im Folgenden wollen wir die in diesem Kapitel entwickelten Techniken auf die Berechnung von mechanischen Größen wie Schwerpunkt, Trägheitsmoment und Anziehungskraft anwenden.

5.4.1 Schwerpunkt und Trägheitsmoment

Nach den Grundgesetzen der Mechanik ist der Schwerpunkt S eines Systems von N Massepunkten $x^{(j)} \in \mathbb{R}^n$, $j = 1, \dots, N$, mit Massen μ_j bestimmt durch

$$S = \frac{1}{\mu} \sum_{j=1}^{N} \mu_j x^{(j)}, \qquad \mu = \sum_{j=1}^{N} \mu_j .$$

Die kinetische Energie des Gesamtsystems bei konstanter Bewegung der Punkte mit Geschwindigkeit v ist dann

$$E_{\text{kin}} = \frac{1}{2} \mu v^2 .$$

Ein physikalischer Körper K nehme im $\mathbb{R}^3$ ein gleichfalls mit K bezeichnetes „Volumen“ (abgeschlossene quadrierbare Punktmenge) ein. Seine Masse habe die R-integrierbare Dichteverteilung $\rho : K \to \mathbb{R}$. Seine Gesamtmasse erhält man dann durch

$$\mu = \int_K \rho(x)\, dx. \tag{5.4.56}$$

Der Schwerpunkt $S = (S_1, S_2, S_3)$ des Körpers mit Gesamtmasse μ und Massedichte ρ ist bestimmt durch

$$S := \frac{1}{\mu} \int_K x \rho(x)\, dx, \tag{5.4.57}$$

wobei das vektorwertige Integral komponentenweise zu berechnen ist. Bei konstanter (d. h. „homogener“) Masseverteilung $\rho \equiv \rho_0$ reduziert sich dies zu

$$S = \frac{\rho_0}{\mu} \int_K x\, dx = \frac{1}{|K|} \int_K x\, dx\, . \tag{5.4.58}$$

Beispiel 5.9: Wir berechnen den Schwerpunkt eines „Rotationsparaboloids“:

$$K = \{(x, y, z) \in \mathbb{R}^3 : \, 0 \le z \le c, \, x^2 + y^2 \le z\}.$$

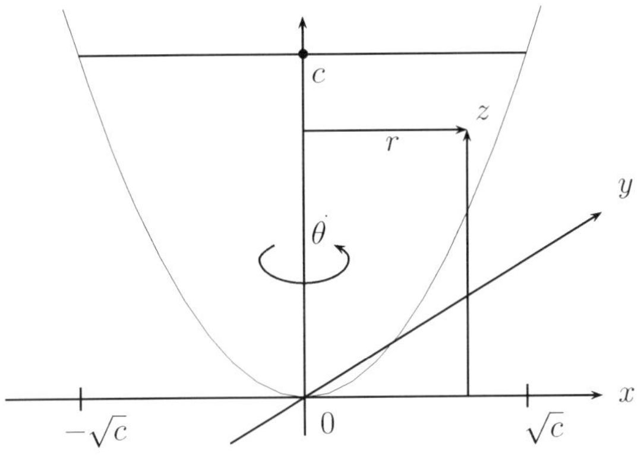

Abbildung 5.13: *Abschnitt eines Rotationsparaboloids.*

In Zylinderkoordinaten ist

$$K = \{(r, \theta, z) \in \mathbb{R} \times [0, 2\pi] \times \mathbb{R} : 0 \leq z \leq c,\ 0 \leq r \leq \sqrt{z},\ 0 \leq \theta \leq 2\pi\}.$$

Bei konstanter Massedichte $\rho \equiv 1$ ergibt sich die Gesamtmasse des Körpers K zu

$$\mu = \int_K dx = \int_0^c \int_0^{2\pi} \int_0^{\sqrt{z}} r dr\, d\theta\, dz = 2\pi \int_0^c \frac{z}{2}\, dz = \frac{\pi}{2} c^2.$$

Wegen $x = r\cos\theta$, $y = r\sin\theta$ folgt damit für die Koordinaten des Schwerpunkts

$$S_x = \frac{1}{\mu} \int_0^c \int_0^{2\pi} \int_0^{\sqrt{z}} r^2 \cos\theta\, dr\, d\theta\, dz = \frac{1}{\mu} \int_0^c \int_0^{\sqrt{z}} \Big(\int_0^{2\pi} \cos\theta\, d\theta \Big) r^2\, dr\, dz = 0,$$

$$S_y = \frac{1}{\mu} \int_0^c \int_0^{2\pi} \int_0^{\sqrt{z}} r^2 \sin\theta\, dr\, d\theta\, dz = \frac{1}{\mu} \int_0^c \int_0^{\sqrt{z}} \Big(\int_0^{2\pi} \sin\theta\, d\theta \Big) r^2\, dr\, dz = 0,$$

$$S_z = \frac{1}{\mu} \int_0^c \int_0^{2\pi} \int_0^{\sqrt{z}} r z\, dr\, d\theta\, dz = \frac{2\pi}{\mu} \int_0^c \frac{z^2}{2}\, dz = \frac{\pi}{3\mu} c^3 = \frac{2}{3} c.$$

Offensichtlich hängt die Lage des Schwerpunkts eng mit den Symmetrieeigenschaften des Körpers zusammen. Der Schwerpunkt des betrachteten Abschnitts des Rotationsparaboloids liegt auf der Symmetrieachse bzw. im Symmetriemittelpunkt.

Sei x ein Massepunkt mit Masse μ im Abstand $d(x)$ von einer Drehachse A. Dann ist $J_A = \mu d(x)^2$ sein (axiales) „Trägheitsmoment" bzgl. der Achse A. Seine kinetische Energie bei Drehung um A mit der Winkelgeschwindigkeit ω ist gegeben durch

$$E_{\text{kin}} = \frac{1}{2} J_A \omega^2.$$

Da sich Trägheitsmomente additiv verhalten, hat ein Körper im Volumen K mit Massedichte ρ bzgl. einer Drehachse A das Trägheitsmoment

$$J_A(K) = \int_K \rho(x) d(x)^2 \, dx. \tag{5.4.59}$$

Die Definitionen dieser physikalischen Begriffe sind im wesentlichen phämenologisch, d. h. durch experimentelle Erfahrung, begründet und lassen sich nicht so ohne weiteres wie die Grundbegriffe der Mathematik streng axiomatisch einführen. Die strenge mathematische Schlussweise kommt wieder ins Spiel, wenn bei Akzeptanz ihrer Gültigkeit aus den obigen Beziehungen weitergehende Aussagen abgeleitet werden. Als Beispiel formulieren wir ein klassisches Resultat zur Beziehung der Trägheitsmomente von Körpern bzgl. verschiedener Drehachsen (Satz von Steiner[3]).

Satz 5.14 (Satz von Steiner): *Ein Körper mit Massedichte $\rho > 0$ und Gesamtmasse μ nehme ein Volumen $K \subset \mathbb{R}^3$ ein. Sei A eine Drehachse durch den Schwerpunkt S von K und A' eine zu A parallele Drehachse mit Abstand d. Dann gilt für die Trägheitsmomente des Körpers bzgl. A und A':*

$$J_{A'} = J_A + d^2 \mu. \tag{5.4.60}$$

Beweis: Der Ursprung des Koordinatensystems wird in den Schwerpunkt S des Körpers gelegt, die x_3-Achse in Richtung der Drehachse A und die x_1-Achse von S in Richtung auf die zweite Drehachse A'. Dann gilt für die Abstände $d_A(x)$ und $d_{A'}(x)$ eines Punktes $x \in \mathbb{R}^3$ zu den Achsen A und A' (s. Abbildung 5.14) $d = d_A(x) + d_{A'}(x) = x_1 + d_{A'}(x)$ und folglich

$$d_{A'}(x)^2 = d_A(x)^2 - 2dx_1 + d^2.$$

Also ist

$$J_{A'} = \int_K d_{A'}(x)^2 \rho(x) \, dx = \int_K d_A(x)^2 \rho(x) \, dx + d^2 \int_K \rho(x) \, dx - 2d \int_K x_1 \rho(x) \, dx.$$

Da der Ursprung des Koordinatensystems im Schwerpunkt von K liegt, ist

$$\int_K x_1 \rho(x) \, dx = S_1 = 0.$$

Also folgt die behauptete Identität $J_{A'} = J_A + d^2 \mu$. Q.E.D.

[3]Jakob Steiner (1796–1863): Mathematiker schweizer Herkunft; später Prof. in Berlin; fundamentale Beiträge zur projektiven Geometrie; zog die Geometrie der Algebra und Analysis vor, da in jenen „Rechnen das Denken ersetzt, während die Geometrie das Denken stimuliert“.

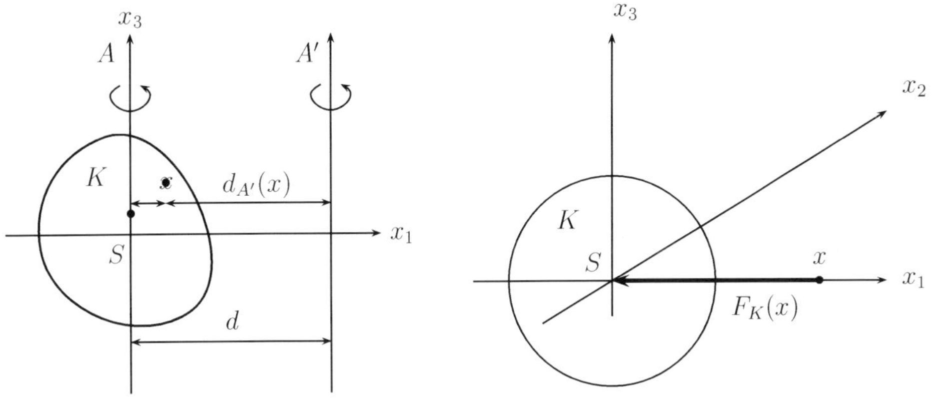

Abbildung 5.14: *Trägheitsmomente (links) und Gravitationskraft (rechts).*

5.4.2 Gravitationskraft

Nach dem Newtonschen Gravitationsgesetz übt eine Masse μ im Punkt $a \in \mathbb{R}^3$ auf eine Einheitsmasse im Punkt $x \in \mathbb{R}^n$ die Kraft

$$F(x) = -\gamma\mu \frac{x-a}{\|x-a\|^3}$$

aus, wobei $\gamma = 6,67 \cdot 10^{-8}[cm^3/g\,sec^2]$ die Gravitationskostante ist. Dieses Gravitationskraftfeld ist der Gradient eines Potentials:

$$U(x) = -\frac{\gamma\mu}{\|x-a\|}, \qquad F(x) = -\nabla U(x),$$

welches „Gravitationspotential" genannt wird. Entsprechend übt ein Körper im (kompakten) Volumen K mit Massedichte $\rho = \rho(x)$ auf eine Einheitsmasse im Punkt x die Kraft

$$F_K(x) = -\gamma \int_K \rho(y) \frac{x-y}{\|x-y\|^3}\, dy. \tag{5.4.61}$$

aus. Das zugehörige Potential ist

$$U_K(x) = -\gamma \int_K \frac{\rho(y)}{\|x-y\|}\, dy. \tag{5.4.62}$$

Damit diese Gleichungen Sinn machen, muss die Existenz der jeweiligen Integrale gesichert sein. Wir wollen dies als Übung mit Hilfe der bisher gewonnenen Methoden begründen. Mit Hilfe von Satz 5.13 ergibt sich unmittelbar die Existenz der R-Integrale (5.4.61) und (5.4.62) im Falle $x \notin K$. Ferner gilt dann:

$$F_K(x) = -\nabla U_K(x), \quad x \notin K. \tag{5.4.63}$$

Der Fall $x \in K$ ist etwas subtiler, da es sich dann um uneigentliche R-Integrale handelt.

Lemma 5.11: *Sei $K \subset \mathbb{R}^3$ quadrierbar und kompakt. Dann existiert für eine stetige Funktion $f : K \to \mathbb{R}$ das (gegebenenfalls uneigentliche) R-Integral*

$$F(x) := \int_K \frac{f(y)}{\|x-y\|}\,dy, \quad x \in \mathbb{R}^3.$$

Darüberhinaus ist F stetig und sogar stetig partiell differenzierbar, und es gilt:

$$\nabla F(x) = -\int_K f(y)\frac{x-y}{\|x-y\|^3}\,dy, \quad x \in \mathbb{R}^3, \tag{5.4.64}$$

wobei das Integral wieder als (gegebenenfalls uneigentliches) R-Integral existiert.

Beweis: Für $x \notin K$ ergibt sich die behaupteten Aussage aus Satz 5.13. Wir konzentrieren uns also auf den Fall $x \in K$.

i) Von den beiden zu betrachtenden Integralen ist das über $f(y)(x-y)\|x-y\|^{-3}$ das schwierigere, so dass wir nur dieses diskutieren. Aufgrund der Abschätzung

$$\Big\|f(y)\frac{x-y}{\|x-y\|^3}\Big\| \le \frac{\max_K |f|}{\|x-y\|^2}$$

genügt, es das Integral von $\|x-y\|^{-2}$ zu betrachten. Für $\varepsilon > 0$ ist der Integrand auf der Menge $K \setminus K_\varepsilon(x)$ stetig, so dass die zugehörigen R-Integrale existieren. Für $\varepsilon > \varepsilon' > 0$ gilt:

$$\Big|\int_{K\setminus K_\varepsilon(x)} \frac{dy}{\|x-y\|^2} - \int_{K\setminus K_{\varepsilon'}(x)} \frac{dy}{\|x-y\|^2}\Big| \le \int_{K_\varepsilon(x)\setminus K_{\varepsilon'}(x)} \frac{dy}{\|x-y\|^2}$$
$$= \int_0^{2\pi}\int_0^{\pi}\int_{\varepsilon'}^{\varepsilon} \frac{r^2\sin\varphi}{r^2}\,dr\,d\varphi\,d\theta = 4\pi(\varepsilon-\varepsilon').$$

Für alle Nullfolgen $(\varepsilon_k)_{k\in\mathbb{N}}$ sind also die Folgen der Integrale über die Mengen $K \setminus K_{\varepsilon_k}(x)$ Cauchy-Folgen mit demselben Limes. Also existiert das betrachtete Integral als uneigentliches R-Integral.

ii) Sei $(x^k)_{k\in\mathbb{N}}$ eine konvergente Folge mit Limes x. Wir haben die Konvergenz $F(x^k) \to F(x)$ $(k \to \infty)$ zu zeigen. Sei $\varepsilon > 0$ beliebig. Es gibt ein $k_\varepsilon \in \mathbb{N}$, so dass

$$\|x^k - x\| < \varepsilon, \quad k \ge k_\varepsilon.$$

Mit der Kugelumgebung $K_{2\varepsilon}(x)$ gilt dann

$$|F(x^k) - F(x)| = \Big|\int_{K\setminus K_{2\varepsilon}(x)} f(y)\Big(\frac{1}{\|x^k-y\|} - \frac{1}{\|x-y\|}\Big)\,dy$$
$$+ \int_{K_{2\varepsilon}(x)\cap K} f(y)\Big(\frac{1}{\|x^k-y\|} - \frac{1}{\|x-y\|}\Big)\,dy\Big|$$

Auf der kompakten Menge $K \setminus K_{2\varepsilon}(x)$ konvergiert gleichmäßig

$$\frac{f(y)}{\|x^k-y\|} \to \frac{f(y)}{\|x-y\|} \quad (k \to \infty).$$

Für $k \geq k'_\varepsilon \geq k_\varepsilon$ hinreichend groß gilt also für das erste Integral:

$$\Big|\int_{K\setminus K_{2\varepsilon}(x)} f(y)\Big(\frac{1}{\|x^k-y\|} - \frac{1}{\|x-y\|}\Big)\,dy\Big| < \varepsilon.$$

Das zweite Integral wird wie folgt abgeschätzt:

$$\begin{aligned}
\Big|\int_{K_{2\varepsilon}(x)\cap K} & f(y)\Big(\frac{1}{\|x^k-y\|} - \frac{1}{\|x-y\|}\Big)\,dy\Big| \\
&\leq \max_K|f|\left(\int_{K_{3\varepsilon}(x^k)} \frac{1}{\|x^k-y\|}\,dy + \int_{K_{2\varepsilon}(x)} \frac{1}{\|x-y\|}\,dy\right) \\
&\leq \max_K|f|\left(\int_0^{2\pi}\int_0^{\pi}\int_0^{3\varepsilon} r\sin\varphi\,dr\,d\varphi\,d\theta + \int_0^{2\pi}\int_0^{\pi}\int_0^{2\varepsilon} r\sin\varphi\,dr\,d\varphi\,d\theta\right) \\
&= \max_K|f|2\pi(9\varepsilon^2+4\varepsilon^2) \leq 26\max_K|f|\pi\varepsilon^2.
\end{aligned}$$

Für $k \geq k'_\varepsilon$ ergibt sich also

$$|F(x^k) - F(x)| \leq (1 + 26\max_K|f|\pi\varepsilon)\varepsilon.$$

Wegen der Beliebigkeit von ε folgt die Stetigkeit von F in x. Auf der kompakten Menge K is F gleichmäßig stetig.

iii) Analog wie in (ii) zeigt man die gleichmäßige Stetigkeit der Vektorfunktion

$$G(x) := \int_K f(y)\frac{x-y}{\|x-y\|^3}\,dy, \quad x \in K.$$

Für jeden der Einheitsvektoren $e^{(i)}$ gilt dann für kleines $h > 0$:

$$\begin{aligned}
\frac{1}{h}\big(F(x+he^{(i)}) - F(x)\big) &= \frac{1}{h}\int_K f(y)\Big(\frac{1}{\|x+he^{(i)}-y\|} - \frac{1}{\|x-y\|}\Big)\,dy \\
&= -\int_K f(y)\left(\int_0^1 \frac{(x+she^{(i)}-y)_i}{\|x+she^{(i)}-y\|^3}\,ds\right)dy.
\end{aligned}$$

Analog wie in Teil (ii) zeigt man nun die Konvergenz dieses Integrals für $h \to 0$, d. h. die Existenz der partiellen Ableitung

$$\partial_i F(x) := \lim_{h\to 0}\frac{1}{h}\big(F(x+he^{(i)}) - F(x)\big) = \int_K f(y)\frac{(x-y)_i}{\|x-y\|^3}\,dy.$$

Die nicht ganz einfachen Details dieser Argumentation werden ausgespart. Die Stetigkeit dieser Ableitungen $\partial_i F$ wurde bereits oben gezeigt. Q.E.D.

Bemerkung 5.10: Die Aussagen von Lemma 5.11 gelten auch im Fall, dass die Funktion f nur einfach R-integrierbar ist.

Satz 5.15: *Sei K ein kugelförmiger Köper mit Mittelpunkt a und homogener Masseverteilung ρ_0. Dann wird auf einen Massepunkt x außerhalb der Kugel dieselbe Gravitationskraft ausgeübt, wie wenn die Masse μ im Mittelpunkt der Kugel konzentriert wäre:*

$$F_K(x) = -\frac{\gamma\mu}{\|x-a\|^2}, \quad x \notin K. \tag{5.4.65}$$

Beweis: Der Radius der Kugel sei $R > 0$. Der Abstand des Punktes x zum Mittelpunkt der Kugel sei $\eta > R$. Wir bestimmen zunächst die Masse der Kugel:

$$\mu = \int_K \rho_0\, dx = \rho_0|K| = \frac{4\pi}{3}R^3\rho_0.$$

Zur Berechnung der auf x wirkenden Anziehungskraft wird zweckmäßigerweise der Ursprung des Koordinatensystems in den Mittelpunkt der Kugel und die x_3-Achse durch den Punkt x gelegt. Bezüglich dieses Koordinatensystems ist dann $x = (0, 0, \eta)$. Die auf x wirkende Gravitationskraft hat die Komponenten

$$F_i(x) = -\gamma\rho_0 \int_K \frac{x_i - y_i}{\|x-y\|^3}\, dy, \quad i = 1, 2, 3.$$

Da der Abstand von x zum Kugelmittelpunkt größer als der Radius ist, ist dieses Integral ein normales Riemann-Integral. Die Anziehungskraft der Kugel ist zum Mittelpunkt hin orientiert. Folglich gilt

$$F_1(x) = F_2(x) = 0,$$

und es bleibt $F_3(x)$ zu berechnen. Dafür gilt:

$$F_3(0,0,\eta) = -\gamma\rho_0 \int_K \frac{\eta - y_3}{\left(y_1^2 + y_2^2 + (\eta - y_3)^2\right)^{3/2}}\, dy = \gamma\rho_0 \int_K \frac{d}{d\eta} \frac{1}{\sqrt{y_1^2 + y_2^2 + (\eta - y_3)^2}}\, dy.$$

Nach Satz 5.13 kann hier Differentiation und Integration vertauscht werden:

$$F_3(0,0,\eta) = \gamma\rho_0 \frac{d}{d\eta} \int_K \frac{1}{\sqrt{y_1^2 + y_2^2 + (\eta - y_3)^2}}\, dy.$$

Transformation auf Zylinderkoordinaten (alternativ Kugelkoordinaten) und Verwendung des Satzes von Fubini liefert nun

$$\begin{aligned}
F_3(0,0,\eta) &= \gamma\rho_0 \frac{d}{d\eta} \int_{-R}^{R} \int_0^{\sqrt{R^2-z^2}} \int_0^{2\pi} \frac{1}{\sqrt{r^2 + (\eta - z)^2}}\, r\, d\theta\, dr\, dz \\
&= 2\pi\gamma\rho_0 \frac{d}{d\eta} \int_{-R}^{R} \sqrt{r^2 + (\eta - z)^2}\Big|_0^{\sqrt{R^2-z^2}}\, dz \\
&= 2\pi\gamma\rho_0 \frac{d}{d\eta} \int_{-R}^{R} \left\{\sqrt{R^2 - z^2 + (\eta - z)^2} - \sqrt{(\eta - z)^2}\right\} dz \\
&= 2\pi\gamma\rho_0 \frac{d}{d\eta} \int_{-R}^{R} \left\{\sqrt{R^2 - 2\eta z + \eta^2} - |\eta - z|\right\} dz.
\end{aligned}$$

Wir betrachten die folgenden Einzelintegrale (Man beachte $\eta > R$.):

$$\begin{aligned}
\int_{-R}^{R} \sqrt{R^2 - 2\eta z + \eta^2}\, dz &= -\frac{1}{3\eta}(R^2 - 2\eta z + \eta^2)^{3/2}\Big|_{-R}^{R} \\
&= -\frac{1}{3\eta}\big((R^2 - 2\eta R + \eta^2)^{3/2} - (R^2 + 2\eta R + \eta^2)^{3/2}\big) \\
&= -\frac{1}{3\eta}\big((\eta - R)^3 - (R + \eta)^3\big) \\
&= -\frac{1}{3\eta}\big(\eta^3 - 3\eta^2 R + 3\eta R^2 - R^3 - R^3 - 3R^2\eta - 3R\eta^2 - \eta^3\big) \\
&= \frac{1}{3\eta}(6\eta^2 R + 2R^3).
\end{aligned}$$

sowie

$$-\int_{-R}^{R} |\eta - z|\, dz = \frac{1}{2}(\eta - z)^2\Big|_{-R}^{R} = \frac{1}{2}\big((\eta - R)^2 - (\eta + R)^2\big) = -2\eta R.$$

Zusammenfassend ergibt sich

$$F_3(0,0,\eta) = 2\pi\gamma\rho_0 \frac{d}{d\eta}\Big(\frac{1}{3\eta}(6\eta^2 R + 2R^3) - 2\eta R\Big) = 2\pi\gamma\rho_0 \frac{d}{d\eta}\frac{2R^3}{3\eta} = -\gamma\rho_0 \frac{4\pi R^3}{3\eta^2}.$$

Dies ist gerade die Anziehungskraft, welche durch eine Masse $\mu = \rho_0 |K_R(a)|$ im Mittelpunkt der Kugel auf den Massepunkt $x \notin K_R(a)$ ausgeübt wird:

$$F_3(0,0,\eta) = -\, -\gamma\rho_0 |K_R(a)| \frac{(x_3 - a_3)}{\|x - a\|^3} = -\gamma\rho_0 \frac{4\pi R^3}{3\eta^2}.$$

Q.E.D.

5.5 Übungen

Übung 5.1: Seien $A_k \subset \mathbb{R}^n$, $k \in \mathbb{N}$, beschränkte Mengen mit der Eigenschaft $A_{k+1} \subset A_k$ und $A := \cap_{k\in\mathbb{N}} A_k$. Man beweise oder widerlege durch ein Gegenbeispiel die folgenden Aussage für den äußeren Jordan-Inhalt $|\cdot|_a$:

$$|A|_a = \lim_{k\to\infty} |A_k|_a.$$

(Hinweis: Es kann die Eigenschaft $|M|_a = |\overline{M}|_a$ des äußeren Inhalts verwendet werden.)

Übung 5.2: Welche von den folgenden Aussagen für den „äußeren" Jordan-Inhalt $|\cdot|_a$ von Mengen $M \in \mathbb{R}^n$ ist richtig (mit Begründung)?

$$i)\quad |M|_a = |M^o|_a, \qquad ii)\quad |M|_a = |\overline{M}|_a, \qquad iii)\quad |\partial M|_a = 0.$$

Wie lauten die Antworten für den „inneren" Jordan-Inhalt $|\cdot|_i$ und im Fall quadrierbarer Mengen für den Jordan-Inhalt?

Übung 5.3: Es seien $M \subset \mathbb{R}^n$ und $N \subset \mathbb{R}^m$ (beschränkte) quadrierbare Mengen. Man zeige, dass dann auch die „Produktmenge“

$$M \times N := \{(x,y) \in \mathbb{R}^n \times \mathbb{R}^m : x \in M, y \in N\}$$

als Menge in $\mathbb{R}^{n+m}$ quadrierbar ist, und dass die folgende „Produktformel“ gilt:

$$|M \times N| = |M|\,|N|.$$

(Hinweis: Die Produktformel ist offensichtlich richtig für Intervalle.)

Übung 5.4: Man untersuche, ob der Graph der durch

$$f(x) := \sin(1/x), \quad x \in (0,1], \quad f(0) := 0,$$

gegebenen Funktion $f : [0,1] \to \mathbb{R}$ eine Jordan-Nullmenge im $\mathbb{R}^2$ ist.
(Bemerkung: Die Funktion f ist *nicht* überall stetig.)

Übung 5.5: Man zeige, dass die Einheitskugel $K_1^{(n)}(0) := \{x \in \mathbb{R}^n : \|x\|_2 < 1\}$ des $\mathbb{R}^n$ quadrierbar ist. (Hinweis: Man interpretiere den Rand der Einheitskugel als Vereinigung von Funktionsgraphen.)

Übung 5.6: a) Man berechne das R-Integral der Funktion

$$f(x,y) = xy$$

über dem Würfel $D = [-1,1]^2 \subset \mathbb{R}^2$ mit Hilfe seiner Definition als Limes Riemannscher Summen. (Bemerkung: Der zur Lösung dieser Aufgabe erforderliche Aufwand motiviert die Suche nach leistungsfähigeren Methoden zur Integraberechnung ($\to$ Satz von Fubini).)

b) Man berechne dasselbe Integral mit Hilfe des Satzes von Fubini.

Übung 5.7: Sei $D \subset \mathbb{R}^n$ eine quadrierbare Menge und $f : D \to \mathbb{R}$ eine R-integrierbare Funktion. Man begründe, warum dann auch die folgenden R-Integrale existieren:

$$J_1 := \int_D |f(x)|^m \, dx, \; m \in \mathbb{N}, \qquad J_2 := \int_D \exp(f(x)) \, dx, \qquad J_3 := \int_D \sqrt{|f(x)|} \, dx.$$

(Hinweis: Man verwende so weit wie möglich Sätze aus dem Text.)

Übung 5.8: Man skizziere die folgende Mengen und berechne ihren Jordan-Inhalt:

$$\begin{aligned} &a) \quad M := \{x \in \mathbb{R}^2 \,|\, 0 \le x_1 \le \pi, \, \sin(x_1) \le x_2 \le \sin(x_1) + 1\}, \\ &b) \quad M := \{x \in \mathbb{R}^2 \,|\, \|x\| \le 1\}, \\ &c) \quad M := \{x \in \mathbb{R}^2 \,|\, 0 \le x_1 < \infty, \, 0 \le x_2 \le e^{-x_1}\}. \end{aligned}$$

(Hinweis: Man fasse die Mengen als „Ordinatenmengen“ auf. Die Menge in c) ist unbeschränkt, so dass ihr „Jordan-Inhalt“ gegebenenfalls als Limes der Jordan-Inhalte zu einer ausschöpfenden Folge von Teilmengen zu verstehen ist.)

Übung 5.9: Seien $D \subset \mathbb{R}^n$ eine quadrierbare Menge und $f, g : D \to \mathbb{R}$ R-integrierbare Funktionen, d. h.: $f, g \in R(D)$. Man beweise mit den Mittel aus dem Text die Schwarzsche Ungleichung

$$\Big| \int_D f(x)g(x)\, dx \Big| \le \Big(\int_D |f(x)|^2\, dx \Big)^{1/2} \Big(\int_D |g(x)|^2\, dx \Big)^{1/2}.$$

(Hinweis: Durch die linke Seite wird auf dem Vektorraum $R(D)$ nur ein Semi-Skalarprodukt definiert.)

Übung 5.10: Sei $D \subset \mathbb{R}^n$ quadrierbar. Man zeige, dass für eine beschränkte, R-integrierbare Funktion $f : D \to \mathbb{R}$ auch die durch

$$a) \quad F_1(x) = f(x)^p, \quad p \in \mathbb{N}, \qquad b) \quad F_2(x) = e^{f(x)}.$$

gegebenen Funtionen $F_1, F_2 : D \to \mathbb{R}$ über D R-integrierbar sind.

Übung 5.11: Man skizziere die folgenden Mengen und berechne ihren Jordan-Inhalt:

$$a) \quad M_1 := \{(x, y) \in \mathbb{R} \times \mathbb{R} : 0 \le x \le 1,\ x^3 \le y \le x^2\},$$
$$b) \quad M_2 := \{(x, y) \in \mathbb{R} \times \mathbb{R} : 0 \le x \le \sin y,\ 0 \le y \le \pi\}.$$

(Hinweis: Man fasse die Mengen als Ordinatenmengen auf und verwende ein Resultat aus dem Text.)

Übung 5.12: Sei $g : \mathbb{R}^2 \to \mathbb{R}$ die durch

$$g(x, y) := \frac{xy^3}{(x^2 + y^2)^2}, \qquad (x, y) \neq (0, 0), \qquad g(0, 0) := 0,$$

definierte Funktion. Man zeige, dass für jedes $y \in \mathbb{R}$ die Integrale

$$f(y) = \int_0^1 g(x, y)\, dx, \qquad f^*(y) = \int_0^1 \partial_y g(x, y)\, dx$$

wohldefiniert sind und dass die Funktion $f : \mathbb{R} \to \mathbb{R}$ differenzierbar ist, jedoch

$$f'(0) \neq f^*(0).$$

Dieses Beispiel zeigt, dass bei der Differentiation von parameterabhängigen Integralen nicht ohne weiteres auf die Annahme der Stetigkeit der Funktionen verzichtet werden kann.

Übung 5.13: Seien f und $\partial_y f$ im Rechteck $D = [a, b] \times [c, d]$ stetig und $\varphi, \psi : [c, d] \to \mathbb{R}$ differenzierbar mit $a \le \varphi(y) \le \psi(y) \le b$. Man zeige, dass dann gilt:

$$\frac{d}{dy} \int_{\psi(y)}^{\varphi(y)} f(x, y)\, dx = \int_{\psi(y)}^{\varphi(y)} \partial_y f(x, y)\, dx + \varphi'(y) f(\varphi(y), y) - \psi'(y) f(\psi(y), y).$$

(Hinweis: Man untersuche die Konvergenz der zugehörigen Differenzenquotienten.)

Übung 5.14: Man berechne mit Hilfe der Regeln des Satzes von Fubini das folgende R-Integral:

$$J = \int_I \frac{y}{(1+x^2+y^2)^{3/2}}\, d(x,y), \qquad I := [0,1]\times[0,1].$$

(Hinweis: Man überlege sich eine günstige Reihenfolge für die eindimensionalen Integrationen.)

Übung 5.15: Mehrdimensionale R-Integrale der Form

$$J := \int_D F(\|x\|_2)\, dx$$

auf einem rotationssymmetrischen Gebiet $D \subset \mathbb{R}^n$ berechnet man am einfachsten mit Hilfe der Substitutionsregel und des Satzes von Fubini.

a) Man beschreibe die entsprechende Argumentation zur Berechnung eines solchen Integrals im Fall $n = 2$ für $D = K_R(0) \setminus K_r(0)$ (mit Angabe der verwendeten Koordinatentransformation und der zugehörigen Urbild- und Bildbereiche). Dabei bezeichnet $K_R(0) = \{x \in \mathbb{R}^2 \,|\, \|x\|_2 \le R\}$ die R-Kugel in $\mathbb{R}^2$.

b) Man berechne die Integrale

$$a)\;\; J_1 = \int_{K_2(0)\setminus K_1(0)} \frac{1}{\|x\|_2^2}\, dx, \qquad b)\;\; J_2 = \int_{K_1(0)} \cos(\|x\|_2^2)\, dx.$$

Übung 5.16: Man untersuche, welches der folgenden Integrale als uneigentliches R-Integral existiert:

$$a)\;\; J_1 = \int_{K_1^{(2)}(0)} \frac{1}{\|x\|_2^2}\, dx, \qquad b)\;\; J_2 = \int_{K_1^{(3)}(0)^c} \frac{1}{\|x\|_2^4}\, dx,$$

$$c)\;\; J_3 = \int_{K_1^{(2)}(0)} \frac{1}{1-\|x\|_2}\, dx \qquad d)\;\; J_4 = \int_{K_1^{(2)}(0)^c} \frac{1}{\|x\|_2^2}\, dx$$

Dabei bezeichnet $K_1^{(n)}(0) = \{x \in \mathbb{R}^n \,|\, \|x\|_2 < r\}$ die Einheitskugel in $\mathbb{R}^n$ um den Nullpunkt und $K_1^{(n)}(0)^c$ ihr Komplement.

Übung 5.17: Man berechne mit Hilfe des Substitutionsregel die folgenden R-Integrale in $\mathbb{R}^2$:

$$a)\;\; J_1 := \int_{K_2(0)\setminus K_1(0)} \frac{1}{\|x\|_2}\, dx, \qquad b)\;\; J_2 = \int_{K_1(0)} e^{\|x\|_2^2}\, dx.$$

Dabei ist $K_r(0) = \{x \in \mathbb{R}^2 : \|x\|_2 < r\}$ die r-Kugel in $\mathbb{R}^2$

Übung 5.18: Sei $K_R(0) = \{x \in \mathbb{R}^n : \|x\| < R\}$ und $f, g : \overline{K_R(0)} \to \mathbb{R}$ stetig und rotationssymmetrisch, d. h. für $x, y \in \mathbb{R}^n$ mit $\|x\| = \|y\|$ gilt:

$$f(x) = f(y), \quad g(x) = g(y).$$

Man zeige, dass dann die durch

$$F(x) := \int_{K_R(0)} f(y)g(x-y)\,dy$$

definierte „Faltungsfunktion“ $F : \mathbb{R}^n \to \mathbb{R}$ ebenfalls rotationssymmetrisch ist. (Hinweis: Zu je zwei Punkten $x, y \in \mathbb{R}^n$ mit $\|x\| = \|y\|$ gibt es eine orthogonale Matrix $Q \in \mathbb{R}^{n\times n}$ mit $y = Qx$. Es genügt also zu zeigen, dass $F(x) = F(Qx)$ für jede solche orthogonale Matrix. Dazu verwende man den Transformationssatz.)

Übung 5.19: Sei $K \subset \mathbb{R}^2$ eine quadrierbare, kompakte Menge und $f : K \to \mathbb{R}$ eine Riemann-integrierbare Funktion. Man zeige, dass die durch

$$F(x) := \int_K \frac{f(y)}{\|x-y\|}\,dy, \quad x \in \mathbb{R}^2,$$

definierte Funktion $F : \mathbb{R}^2 \to \mathbb{R}$ stetig ist. (Hinweis: Im Fall $x \in K$ zerlege man das Integral über K in zwei Integrale über $K \setminus K_\varepsilon(x)$ und $K_\varepsilon(x) \cap K$.)

Übung 5.20: Sei $F(x)$ die Graviationskraft, welche eine Kugel $K \subset \mathbb{R}^3$ mit Radius $R > 0$ und konstanter Massedichte ρ_0 auf einen Massepunkt x im Abstand $\eta > 0$ vom Mittelpunkt der Kugel ausübt. Für den Fall $\eta < R$, d. h. für Punkte im Innern der Kugel, zeige man die Formel

$$F(x) = -\frac{4\pi}{3}\gamma\rho_0\eta, \quad x \in K.$$

Bemerkung: Erstaunlicherweise hängt $F(x)$ in diesem Fall nicht vom Radius R der Kugel ab, d. h.: Die äußeren Kugelschichten üben keine Anziehungskräfte auf den Massepunkt x aus. Für Punkte außerhalb der Kugel gilt dagegen die im Text bewiesene Formel

$$F(x) = -\frac{4\pi}{3}\gamma\rho_0\frac{R^3}{\eta^2}, \quad x \notin K.$$

A Lösungen der Übungsaufgaben

Im Folgenden sind Lösungen für die am Ende der einzelnen Kapitel formulierten Aufgaben zusammengestellt. Es handelt sich dabei nicht um „Musterlösungen“ mit vollständig ausformuliertem Lösungsweg, sondern nur um „Lösungsansätze“ in knapper Form.

A.1 Kapitel 1

Lösung A.1.1: a) Einheitssphären im $\mathbb{R}^2$ bzgl. der l_1-Norm (links), der euklidischen Norm (Mitte) und der l_∞-Norm (rechts):

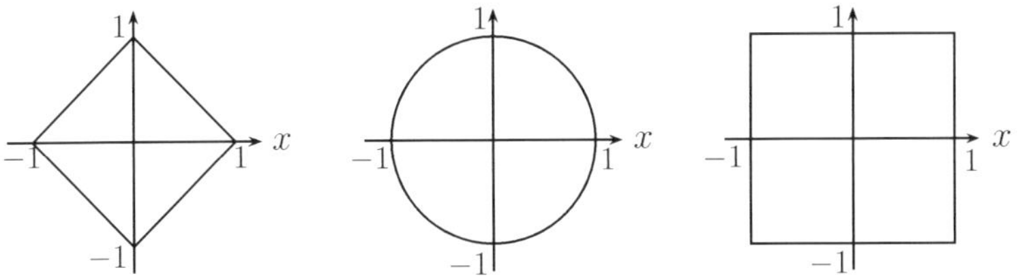

b) Einheitssphären im $\mathbb{R}^2$ bzgl. der gewichteten l_1-Norm (links), der euklidischen Norm (Mitte) und der l_∞-Norm (rechts):

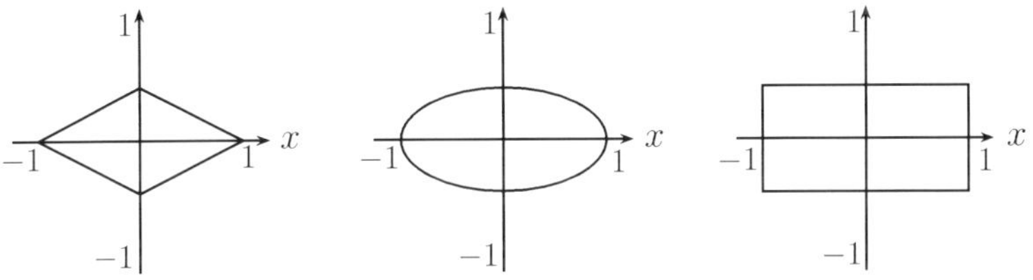

Lösung A.1.2: Seien $I \subset \mathbb{N}$ eine endliche und $\Lambda \subset \mathbb{R}$ eine beliebige (möglicherweise auch überabzählbare) Indexmenge.

Ia) Seien die Mengen O_i, $i \in I$, und O_λ, $\lambda \in \Lambda$, offen.

i) Zu einem Punkt $x \in \cap_{i\in I} O_i$ gibt es Kugelumgebungen $K_{\varepsilon_i}(x) \subset O_i$. Dann ist $K_\varepsilon(x)$ mit $\varepsilon := \min_{i\in I} \varepsilon_i$ in allen O_i enthalten, d. h.: x hat eine Kugelumgebung in $\cap_{i\in I} O_i$.

ii) Zu einem Punkt $x \in \cup_{\lambda\in\Lambda} O_\lambda$ gibt es Kugelumgebungen $K_{\varepsilon_\lambda}(x) \subset O_\lambda$. Dann ist für irgend ein $\lambda \in \Lambda$ die Menge $K_{\varepsilon_\lambda}(x)$ Kugelumgebung von x in $\cup_{\lambda\in\Lambda} O_\lambda$.

Ib) Seien die Mengen A_i, $i \in I$ und A_λ, $\lambda \in \Lambda$, abgeschlossen.

i) Die Mengen A_i^c sind offen. Also ist nach (a) der endliche Durchschnitt $\cap_{i\in I} A_i^c$ offen. Wegen $\cup_{i\in I} A_i = (\cap_{i\in I} A_i^c)^c$ ist dann $\cup_{i\in I} A_i$ abgeschlossen.

ii) Die Mengen A_λ^c sind abgeschlossen. Also ist nach (a) die Vereinigung $\cup_{\lambda\in\Lambda} A_\lambda^c$ offen.

Wegen $\cap_{\lambda\in\Lambda} A_\lambda = (\cup_{\lambda\in\Lambda} A_\lambda^c)^c$ (einfach nachzurechnen) ist also $\cap_{\lambda\in\Lambda} A_\lambda$ abgeschlossen.

IIa) Um zu zeigen, dass der Durchschnitt *unendlich* vieler offener Mengen nicht offen sein muss, betrachten wir abzählbar unendlich viele (offene) Kugelumgebungen des Nullpunktes im K^n:

$$U_k := \{x \in \mathbb{R}^n \,|\, |x| < 1/k\}, \quad k \in \mathbb{N}, \quad U := \cap_{k\in\mathbb{N}} U_k = \{0\}.$$

Die Schnittmenge ist als einpunktige Menge aber nicht offen.

IIb) Um zu zeigen, dass die Vereinigung *unendlich* vieler abgeschlossenen Mengen nicht abgeschlossen sein muss, betrachten wir abzählbar unendlich viele (abgeschlossene) Sphären im $\mathbb{K}^n$:

$$S_k := \{x \in \mathbb{K}^n \,|\, |x| = 1/k\}, \quad k \in \mathbb{N}, \quad A := \cup_{k\in\mathbb{N}} A_k.$$

Dann liegt die Folge $(1/k)_{k\in\mathbb{N}}$ in A, ihr Limes $0 = \lim_{k\to\infty} 1/k$ aber nicht. Die Vereinigungsmenge A enthält also nicht alle ihre Häufungspunkte und ist daher nicht abgeschlossen.

Lösung A.1.3: a) Die Gleichung $(\overline{A})^o = A^o$ ist i. Allg. *falsch.* Ein Gegenbeispiel erhält man mit der puntierten (offenen) Kreisscheibe $A = \{x \in \mathbb{R}^2 \,|\, 0 < |x| < 1\}$:

$$(\overline{A})^o = \{x \in \mathbb{R}^2 \,|\, |x| < 1\} \neq A^0 = A.$$

b) Die Gleichung $\overline{A^o} = \overline{A}$ ist *falsch.* Ein Gegenbeispiel erhält man mit der Strecke $A = \{x \in \mathbb{R}^2 | \, x_1 \in [0,1], x_2 = 0\}$:

$$A^o = \emptyset, \quad \overline{A^o} = \emptyset \neq \overline{A} = A.$$

c) Die Gleichung $A^o \cap B^o = (A\cap B)^o$ ist *war.* Da $A^o \cap B^o$ offen ist, gibt es zu jedem $x \in A^o \cap B^o$ eine Kugelumgebung $K_\varepsilon(x) \subset A^o \cap B^o \subset A \cap B$. Folglich ist $x \notin \partial(A\cap B)$ bzw. $x \in (A\cap B)^o$. Da auch $(A\cap B)^o$ offen ist, gibt es umgekehrt zu jedem $x \in (A\cap B)^o$ eine Kugelumgebung $K_\varepsilon(x) \subset (A\cap B)^o \subset A\cap B$. Dann ist auch $K_\varepsilon(x) \subset A$ sowie $K_\varepsilon(x) \subset B$, d. h.: $x \notin \partial A$ und $x \notin \partial B$ und somit $x \in A^o \cap B^o$. d) Die Gleichung $A^o \cup B^o = (A\cup B)^o$ ist *falsch.* Ein Gegenbeispiel erhält man mit den Mengen $A = \{x \in \mathbb{R}^1 : \, x \geq 0\}$ und $B = \{x \in \mathbb{R}^1 : \, x \leq 0\}$:

$$A^o \cup B^o = \mathbb{R}^1 \setminus \{0\} \neq \mathbb{R}^1 = (A\cup B)^o.$$

e) Die Gleichung $\overline{A \cap B} = \overline{A} \cap \overline{B}$ ist *falsch.* Ein Gegenbeispiel erhält man mit den Mengen $A := \{x \in \mathbb{R}, 0 \leq x < \frac{1}{2}\}$ und $B := \{x \in \mathbb{R}, \frac{1}{2} < x \leq 1\}$, für welche $\overline{A\cap B} = \emptyset$ aber $\overline{A} \cap \overline{B} = \{\frac{1}{2}\}$ ist. f) Die Gleichung $\overline{A\cup B} = \overline{A} \cup \overline{B}$ ist *war.* Es ist offenbar $A \cup B \subset \overline{A} \cup \overline{B}$, und da $\overline{A} \cup \overline{B}$ abgeschlossen ist, auch $\overline{A\cup B} \subset \overline{A} \cup \overline{B}$. Ferner ist $\overline{A} \subset \overline{A\cup B}$ und $\overline{B} \subset \overline{A\cup B}$ und somit $\overline{A} \cup \overline{B} \subset \overline{A\cup B}$.

Lösung A.1.4: Sei $O \subset \mathbb{K}^n$ offen.

a) Die Menge $O \cap V_{n-1}$ aufgefasst als Teilmenge im $\mathbb{K}^n$ kann *nicht* offen sein, da jede

Kugelumgebung $K_\varepsilon(x)$ eines Punktes $x \in O$ auch Punkte $\mathbb{K}^n \setminus V_{n-1}$ enthalten muss, z. B.: $x_{\pm\varepsilon} := x \pm ((0, \dots, 0, \varepsilon\}$.

b) Die Menge $O \cap V_{n-1}$ aufgefasst als Teilmenge im $\mathbb{K}^{n-1}$ ist offen. Zu jedem $x \in O$ gibt es eine Kugelumgebung $K_\varepsilon(x) \subset O$. Dann ist $K_\varepsilon(x) \cap V_{n-1} \subset O \cap V_{n-1}$ Kugelumgebung von x in V_{n-1}.

Lösung A.1.5: i) Für $x, y \in l_2$ gilt

$$\sum_{k=1}^n (x_i + y_i)^2 \le 2 \sum_{i=1}^n \{x_i^2 + y_i^2\} \le 2 \sum_{i=1}^n x_i^2 + 2 \sum_{i=1}^n y_i^2 \le 2 \sum_{i=1}^\infty x_i^2 + 2 \sum_{i=1}^\infty y_i^2 < \infty,$$

so dass auch $x + y$ quadratisch summierbar. Ebenso folgt, dass auch αx quadratisch summierbar ist. Also ist l_2 ein Vektorraum.

ii) Für $x, y \in l_2$ gilt

$$\Big| \sum_{i=1}^n x_k y_k \Big| \le \frac{1}{2} \sum_{i=1}^n (x_i^2 + y_i^2) \le \frac{1}{2} \sum_{i=1}^\infty x_i^2 + \frac{1}{2} \sum_{i=1}^\infty y_i^2,$$

d. h.: Die Ausdrücke $(x, y)_2$ und $\|x\|_2$ sind wohl definiert. Die Linearität, Symmetrie und Definitheit von $(\cdot, \cdot)_2$ sind evident; insbesondere gilt:

$$(x, y)_2 = (y, x)_2, \qquad (x, x)_2 \ge 0, \qquad \|x\|_2 = 0 \;\Rightarrow\; x_k = 0, \; k \in \mathbb{N}.$$

iii) Sei $(x^{(k)})_{k \in \mathbb{N}}$ eine Cauchy-Folge in l_2. Dann sind für jedes $i \in \mathbb{N}$ auch die Folgen $(x_i^{(k)})_{k \in \mathbb{N}}$ Cauchy-Folgen und besitzen Limiten $x_i \in \mathbb{R}$. Wir setzen $x := (x_i)_{i \in \mathbb{N}}$. Für $\varepsilon > 0$ gibt es $n_\varepsilon \in \mathbb{N}$, so dass

$$\|x^{(k)} - x^{(l)}\|_2^2 < \varepsilon^2, \quad k, l \ge n_\varepsilon,$$

und folglich für $l \to \infty$:

$$\sum_{i=1}^n |x_i^{(k)} - x_i|^2 < \varepsilon^2, \quad k \ge n_\varepsilon.$$

Da n hier beliebig ist, folgt

$$\sum_{i=1}^\infty |x_i^{(k)} - x_i|^2 < \varepsilon^2, \quad k \ge n_\varepsilon.$$

Also ist $x^{(k)} - x \in l_2$ und $x^{(k)} - x \to 0 \; (k \to \infty)$. Wegen $x = x^{(k)} + x - x^{(k)}$ ist schließlich auch $x \in l_2$.

Lösung A.1.6: a) Für $x, y \in l_1$ gilt

$$\sum_{k=1}^n |x_i + y_i| \le \sum_{i=1}^n \{|x_i| + |y_i|\} = \sum_{i=1}^n |x_i| + \sum_{i=1}^n |y_i| < \infty,$$

also ist auch $x+y$ absolut summierbar. Ebenso folgt, dass auch αx absolut summierbar ist. Folglich ist l_1 ein Vektorraum. Seine Dimension ist offenbar unendlich, da die speziellen Folgen $e^{(i)} := (\delta_{ij},\, j \in \mathbb{N})$ linear unabhängig sind.

b) Für $x, y \in l_1$ gilt wegen der Eigenschaften des Absolutbetrags und der Stetigkeit von Addition und Multiplikation:

$$\|x\|_1 = \sum_{i=1}^{\infty} |x_i| = 0 \quad \Leftrightarrow \quad x_i = 0, i \in \mathbb{N}, \quad \Leftrightarrow \quad x = 0.$$

$$\|\alpha x\|_1 = \sum_{i=1}^{\infty} |\alpha x_i| = |\alpha| \sum_{i=1}^{\infty} |x_i| = |\alpha| \|x\|_1, \quad \alpha \in \mathbb{K},$$

$$\|x+y\|_1 = \sum_{i=1}^{\infty} |x_i + y_i| \le \sum_{i=1}^{\infty} (|x_i| + |y_i|) \le \sum_{i=1}^{\infty} |x_i| + \sum_{i=1}^{\infty} |y_i| = \|x\|_1 + \|y\|_1.$$

Also ist mit $\|\cdot\|_1$ eine Norm auf l_1 definiert.

c) Sei $(x^{(k)})_{k\in\mathbb{N}}$ eine Cauchy-Folge in l_1. Dann sind für jedes $i \in \mathbb{N}$ auch die Folgen $(x_i^{(k)})_{k\in\mathbb{N}}$ Cauchy-Folgen und besitzen Limiten $x_i \in \mathbb{R}$. Wir setzen $x := (x_i)_{i\in\mathbb{N}}$. Für $\varepsilon > 0$ gibt es $n_\varepsilon \in \mathbb{N}$, so dass $\|x^{(k)} - x^{(l)}\|_1 < \varepsilon,\ k, l \ge n_\varepsilon$, und folglich für $l \to \infty$:

$$\sum_{i=1}^{n} |x_i^{(k)} - x_i| < \varepsilon, \quad k \ge n_\varepsilon.$$

Da n hier beliebig ist, folgt

$$\sum_{i=1}^{\infty} |x_i^{(k)} - x_i| < \varepsilon, \quad k \ge n_\varepsilon.$$

Also ist $x^{(k)} - x \in l_1$ und $x^{(k)} - x \to 0\ (k \to \infty)$. Wegen $x = x^{(k)} + x - x^{(k)}$ ist schließlich auch $x \in l_1$.

Lösung A.1.7: a) $O \subset \mathbb{K}^n$ ist offen genau dann, wenn es zu jedem $x \in O$ eine Kugelumgebung $K_\varepsilon(x) \subset O$ bzw. $K_\varepsilon(x) \cap O^c = \emptyset$ gibt. Dies wiederum ist äquivalent zu $x \notin \partial O$.

b) $A \subset \mathbb{K}^n$ ist abgeschlossen, genau dann, wenn A^c offen ist. Dies ist nach Teil (a) wiederum genau dann der Fall, wenn A^c keinen seiner Randpunkte enthält. Letzteres bedeutet aber wegen $\partial(A^c) = \partial A$ gerade, dass A alle seine Randpunkte enthält.

Lösung A.1.8: a) Die Behauptung ist falsch, denn die stetige Abbildung $\rho(x) = \frac{|x|}{1+|x|}$ induziert eine Metrik aber keine Norm auf $\mathbb{K}^n$. Zunächst is $d(x,y) := \rho(x-y)$ eine Metrik, wobei Definitheit und Symmetrie unmittelbar klar sind. Um zu sehen das die Dreiecksungleichung gilt betrachten wir zunächst die Abbildung $\varphi\colon \mathbb{R}_{\ge 0} \to \mathbb{R}$ mit $\varphi(x) = \frac{x}{1+x}$ für $vx \in \mathbb{R}_{\ge 0}$. Dann ist

$$\rho(x) = \varphi(|x|) \quad \forall x \in \mathbb{K}^n.$$

Wegen $\varphi' \geq 0$ ist φ monoton wachsend, und es ist somit für beliebige $x, y, z \in \mathbb{K}^n$

$$\begin{aligned} d(x,y) = \rho(x-y) &= \varphi(|x-y|) \\ &\leq \varphi(|x-z| + |z-y|) \\ &= \frac{|x-z|}{1+|x-z|+|z-y|} + \frac{|z-y|}{1+|x-z|+|z-y|} \\ &\leq \frac{|x-z|}{1+|x-z|} + \frac{|z-y|}{1+|z-y|} \\ &= \rho(x-z) + \rho(z-y) = d(x,z) + d(z,y). \end{aligned}$$

Folglich ist $d(\cdot,\cdot)$ eine Metrik. Sei nun $x \in \mathbb{K}^n \setminus \{0\}$ und $\alpha \in \mathbb{R} \setminus \{0,1\}$, so ist ρ wegen

$$\rho(\alpha x) = |\alpha| \frac{|x|}{1+|\alpha||x|} \neq |\alpha|\rho(x)$$

keine Norm.

b) Die Aussage ist wahr. Die Menge O sei offen. Enthält O einen Randpunkt $a \in \partial O$, so gibt es in jeder Umgebung von a Punkte aus dem Komplement O^c. Dies widerspricht aber der Offenheit von O. Also kann O keinen ihrer Randpunkte enthalten. Die Menge O enthalte nun keinen ihrer Randpunkte. Also gibt es zu jedem Punkt $a \in O$ eine Umgebung, welche keine Punkte aus dem Komplement O^c enthält, d. h. ganz in O liegt. Folglich ist O offen.

c) Die Aussage ist wahr, denn $\partial M = (M^o \cup (M^c)^o)^c$ und somit als Komplement der offenen Menge $(M^o \cup (M^c)^o)^c$ abgeschlossen.

d) Die Aussage ist falsch, denn für die Menge $M = \{x \in \mathbb{K}^n \mid |x| \leq 1\}$ ist

$$(\overline{M})^o = \{x \in \mathbb{K}^n \mid |x| < 1\} \neq \{x \in \mathbb{K}^n \mid |x| \leq 1\} = \overline{(M^o)}.$$

(Achtung: Die Argumentation, dass Gleichheit nicht bestünde da die eine Menge offen und die andere abgeschlossen ist, ist falsch. Man mache sich dies an der sowohl offenen wie auch abgeschlossenen Menge $\mathbb{K}^n$ klar!)

e) Die Aussage ist falsch, denn mit $A = B$ folgt

$$A^\circ \cup B^\circ = A^\circ = (A \cup B)^\circ.$$

f) Die Aussage ist falsch, denn sei $A = \{x \in \mathbb{K}^n \mid 0 < |x| < 1\}$ und $B = \{0\}$, so folgt

$$A^\circ \cup B^\circ = A \neq \{x \in \mathbb{K}^n \mid |x| < 1\} = (A \cup B)^\circ.$$

Lösung A.1.9: Es ist:

a) $M^o = \emptyset$, $\overline{M} = \{x \in \mathbb{R}^n : \|x\|_\infty \leq 1\}$, $\partial M = \overline{M}$.

b) $M^o = \emptyset$, $\overline{M} = \{x \in \mathbb{R}^n : \|x\|_2 \leq 1,\, x_1 = 0\}$, $\partial M = \overline{M}$.

c) $M = \overline{M} = \mathbb{R}^n \setminus (-1,1)^n$, $M^o = \mathbb{R}^n \setminus [-1,1]^n$, $\partial M = \{x \in \mathbb{R}^n : \|x\|_\infty = 1\}$

c) $M = M^o = (-1,1)^n$, $\overline{M} = [-1,1]^n$, $\partial M = \{x \in \mathbb{R}^n : \|x\|_\infty = 1\}$

Lösung A.1.10: a) Auf dem Raum $C[0,1]$ sind durch

$$\|f\|_\infty := \max_{x\in[0,1]} |f(x)|, \qquad \|f\|_1 := \int_0^1 |f(x)|\,dx$$

Normen (sog. L^∞- und L^1-Norm) erklärt. Diese beiden Normen können nicht äquivalent sein, da für die durch $f_n(x) := nx^n$ definierten Funktionen $f_n \in C[0,1]$ gilt:

$$\|f_n\|_\infty = n \to \infty \ \ (n\to\infty), \qquad \|f_n\|_1 = n(n+1)^{-1}x^{n+1}\Big|_0^1 = n(n+1)^{-1} \le 1, \quad n\in\mathbb{N}.$$

b) Die (abgeschlossene) Einheitskugel $\overline{K_1(0)} = \{x\in l_2 : \|x\|_2 \le 1\}$ des l_2 ist beschränkt und abgeschlossen. Die Folge $(x^{(k)})_{k\in\mathbb{N}}$ der $x^{(k)} := (\delta_{ki})_{i\in\mathbb{N}} \in \overline{K_1(0)}$ enthält aber wegen

$$\|x^{(k)} - x^{(j)}\|_2^2 = \sum_{i=1}^\infty |\delta_{ki} - \delta_{ji}|^2 = |\delta_{kk}|^2 + |\delta_{jj}|^2 = 2, \qquad k \ne j.$$

keine Cauchy-Folge. Der l_2-Abstand aller dieser Folgen ist also $\delta := \sqrt{2}$. Die (offene) Kugelüberdeckung $\{K_\delta(x^{(k)}),\ k\in\mathbb{N}\}$ der Menge $\{x^{(k)},\ k\in\mathbb{N}\}$ ist disjunkt. Sie kann somit keine endliche Teilüberdeckung enthalten, welche $\{x^{(k)},\ k\in\mathbb{N}\}$ überdeckt.

Lösung A.1.11: a) Im Fall $x = x'$ ist $(x - x', y) = (0, y) = 0\ \forall y\in V$. Ferner gilt mit $y := x - x'$:

$$(x-x', x-x') = (x-x', y) = 0 \quad\Rightarrow\quad x - x' = 0.$$

Dies gilt auch im „Komplexen“.

b) Es ist $\|x+x'\|^2 = \|x\|^2 + (x,x') + (x',x) + \|x'\|^2$ und folglich

$$\begin{aligned} (x,x') = 0 \quad &\Rightarrow\quad \|x+x'\|^2 = \|x\|^2 + \|x'\|^2,\\ \|x+x'\|^2 = \|x\|^2 + \|x'\|^2 \quad &\Rightarrow\quad (x,x') + (x',x) = 2(x,x') = 0. \end{aligned}$$

Im „Komplexen“ kann in der letzten Zeile nur $(x,x') + (x',x) = 2\mathrm{Re}(x,x') = 0$ gefolgert werden.

c) Mit Hilfe der Linearität des Skalarprodukts ergibt sich (im „Reellen“ und „Komplexen“)

$$\begin{aligned} \|x+y\|^2 + \|x-y\|^2 &= (x+y, x+y) + (x-y, x-y)\\ &= \|x\|^2 + (x,y) + (y,x) + \|y\|^2 + \|x\|^2 - (x,y) - (y,x) + \|y\|^2\\ &= 2\|x\|^2 + 2\|y\|^2. \end{aligned}$$

Der „Satz von Pythagoras“ und die „Parallelogrammidentität“ im allgemeinen „prähilbertschen Raum“ (d. h. „Vektorraum mit Skalarprodukt“) entsprechen bekannten Aussagen der euklidischen Geometrie in der Ebene (Bild malen!).

Lösung A.1.12: a) Nach Voraussetzung ist $a(x,x)\in\mathbb{R}$. Für $x,y\in V$ und $\alpha\in\mathbb{C}$ gilt dann

$$\begin{aligned} a(x+\alpha y, x+\alpha y) &= a(x,x) + \alpha a(y,x) + \overline{\alpha} a(x,y) + \alpha\overline{\alpha} a(y,y) \in \mathbb{R}\\ a(x-\alpha y, x-\alpha y) &= a(x,x) - \alpha a(y,x) - \overline{\alpha} a(x,y) + \alpha\overline{\alpha} a(y,y) \in \mathbb{R}. \end{aligned}$$

Für $\alpha = \overline{\alpha} = 1$ könen wir hieraus wegen $a(x,x),\, a(y,y) \in \mathbb{R}$ folgern:

$$a(x,y) \in \mathbb{R} \quad \Leftrightarrow \quad a(y,x) \in \mathbb{R}.$$

i) Im Fall $a(x,y),\, a(y,x) \in \mathbb{R}$ führt die Wahl $\alpha := i,\, \overline{\alpha} = -i$ zu

$$ia(y,x) - ia(x,y) \in \mathbb{R}$$

und somit $a(y,x) - a(x,y) = 0$ bzw. die behauptete Beziehung $a(y,x) = \overline{a(x,y)}$.

(ii) Im Fall $a(x,y),\, a(y,x) \notin \mathbb{R}$ führt die Wahl $\alpha = \overline{\alpha} := 1$ zu $a(y,x) + a(x,y) \in \mathbb{R}$ bzw.

$$\operatorname{Im} a(y,x) = -\operatorname{Im} a(x,y) = \operatorname{Im} \overline{a(x,y)}.$$

Weiter ergibt die Wahl $\alpha := \overline{a(y,x)},\, \overline{\alpha} = a(y,x)$:

$$|a(y,x)|^2 + a(y,x)a(x,y) \in \mathbb{R}.$$

Letzeres impliziert

$$\begin{aligned} a(y,x)a(x,y) &= \operatorname{Re} a(y,x) \operatorname{Re} a(x,y) + i\big(\operatorname{Re} a(y,x) \operatorname{Im} a(x,y) + \operatorname{Im} a(y,x) \operatorname{Re} a(x,y)\big) \\ &\quad - \operatorname{Im} a(y,x) \operatorname{Im} a(x,y) \in \mathbb{R} \end{aligned}$$

und somit $\operatorname{Re} a(y,x) \operatorname{Im} a(x,y) + \operatorname{Im} a(y,x) \operatorname{Re} a(x,y) = 0$. Wegen $\operatorname{Im} a(y,x) = -\operatorname{Im} a(x,y)$ folgt

$$\big(\operatorname{Re} a(y,x) - \operatorname{Re} a(x,y)\big) \operatorname{Im} a(x,y) = 0.$$

Da $\operatorname{Im} a(x,y) \neq 0$ angenommen war, impliziert dies

$$\operatorname{Re} a(y,x) = \operatorname{Re} a(x,y) = \operatorname{Re} \overline{a(x,y)}.$$

und damit schließlich die behauptete Symmetriebeziehung $a(y,x) = \overline{a(x,y)}$.

b) Die durch $a(x,y) := (x_1 + x_2)y_1 + x_2 y_2$ definierte Bilinearform auf $\mathbb{R}^2$ ist wegen

$$a(x,x) = (x_1 + x_2)x_1 + x_2^2 \geq x_1^2 - |x_2 x_1| + x_2^2 \geq (|x_1| - |x_2|)^2 + |x_1 x_2|$$

für $x \neq 0$ (strikt) definit. Da aber i. Allg.

$$a(x,y) - a(y,x) = (x_1 + x_2)y_1 + x_2 y_2 - (y_1 + y_2)x_1 - y_2 x_2 = x_2 y_1 - y_2 x_1 \neq 0,$$

ist die Bilinearform nicht symmetrisch.

Lösung A.1.13: a) Sei $(V, \|\cdot\|)$ ein *reeller* normierter Raum, dessen Norm $\|\cdot\|$ die „Parallelogrammidentität" erfüllt:

$$\|x+y\|^2 + \|x-y\|^2 = 2\|x\|^2 + 2\|y\|^2, \quad x, y \in V.$$

Dann ist durch

$$(x,y) := \tfrac{1}{4}\|x+y\|^2 - \tfrac{1}{4}\|x-y\|^2, \quad x, y \in V,$$

auf V ein Skalarprodukt definiert. Hierzu wird für Elemente $x, y, z \in V$ gezeigt:

i) Symmetrie:

$$(x,y) = \tfrac{1}{4}\big(\|x+y\|^2 - \|x-y\|^2\big) = \tfrac{1}{4}\big(\|y+x\|^2 - \|y-x\|^2\big) = (y,x).$$

ii) Definitheit:

$$\begin{aligned}(x,x) &= \tfrac{1}{4}\big(\|x+x\|^2 - \|x-x\|^2\big) = \|x\|^2 \geq 0,\\ (x,x) = 0 \quad &\Rightarrow \quad \|x\| = 0 \quad \Rightarrow \quad x = 0.\end{aligned}$$

iii) Linearität (im zweiten Argument):

a) Additivität: Mit Hilfe der Parallelogrammidentität ergibt sich

$$\begin{aligned}(x,y)+(x,z) &= \tfrac{1}{4}\big\{\|x+y\|^2 - \|x-y\|^2 + \|x+z\|^2 - \|x-z\|^2\big\}\\ &= \tfrac{1}{4}\big\{\|x+\tfrac{1}{2}(y+z)+\tfrac{1}{2}(y-z)\|^2 + \|x+\tfrac{1}{2}(z+y)-\tfrac{1}{2}(y-z)\|^2\big\}\\ &\quad - \tfrac{1}{4}\big\{\|x-\tfrac{1}{2}(y+z)-\tfrac{1}{2}(y-z)\|^2 + \|x-\tfrac{1}{2}(z+y)+\tfrac{1}{2}(y-z)\|^2\big\}\\ &= \tfrac{1}{2}\big\{\|x+\tfrac{1}{2}(y+z)\|^2 + \|\tfrac{1}{2}(y-z)\|^2 - \|x-\tfrac{1}{2}(y+z)\|^2 - \|\tfrac{1}{2}(y-z)\|^2\big\}\\ &= \tfrac{1}{2}\big\{\|x+\tfrac{1}{2}(y+z)\|^2 - \|x-\tfrac{1}{2}(y+z)\|^2\big\}\\ &= 2(x,\tfrac{1}{2}(y+z)).\end{aligned}$$

Dies ist noch nicht ganz, was wir haben wollen. Bei Setzung $z = 0$ ergibt sich hieraus zunächst die Rechenregel

$$(*) \qquad (x,y) = 2(x,\tfrac{1}{2}y),$$

womit wir schließlich doch noch das gewünschte Resultat erhalten:

$$(x,y)+(x,z) = 2(x,\tfrac{1}{2}(y+z)) = (x,y+z).$$

b) Homogenität: Mit Hilfe von $(*)$ und der gezeigten Additivität folgt durch Induktion:

$$(**) \qquad m2^{-n}(x,y) = (x, m2^{-n}y), \quad m,n \in \mathbb{N}_0.$$

Ein beliebiges $\alpha \in \mathbb{R}_+$ besitzt eine sog. „Binärdarstellung“ (analog zur Dezimaldarstellung aber mit Basis $b = 2$):

$$\alpha = m_0 \sum_{k=1}^{\infty} m_k 2^{-k}, \quad m_0 \in \mathbb{N}, m_k \in \{0,1\}, k \geq 1.$$

Diese Reihe ist (absolut) konvergent, d. h.: ihre Partialsummen approximieren α:

$$\alpha_n := m_0 \sum_{k=1}^{n} m_k 2^{-k} \to m_0 \sum_{k=1}^{\infty} m_k 2^{-k} = \alpha \quad (n \to \infty).$$

Wegen der allgemein für Normen gültigen Beziehung

$$\big|\|x\| - \|y\|\big| \leq \|x-y\|$$

folgt
$$\big|\|x \pm \alpha_n y\| - \|x \pm \alpha y\|\big| \le |\alpha_n - \alpha|\|y\| \to 0 \quad (n \to \infty).$$
Also gilt auch gemäß der Definition des Skalarprodukts
$$(x, \alpha_n y) \to (x, \alpha y) \quad (n \to \infty).$$
Damit erhalten wir dann wegen (**):
$$\alpha(x,y) = \lim_{n\to\infty} \alpha_n(x,y) = (x, \lim_{n\to\infty} \alpha_n y) = (x, \alpha y),$$
d. h.: Die Homogenitätseigenschaft zunächst für $\alpha \in \mathbb{R}_+$. Für $\alpha = 0$ und für negative α ergibt sie sich dann direkt mit Hilfe der Definition des Skalarprodukts:
$$(x, 0) = \tfrac{1}{4}\|x\|^2 - \tfrac{1}{4}\|x\|^2 = 0,$$
$$(x, -y) = \tfrac{1}{4}\|x-y\|^2 - \tfrac{1}{4}\|x+y\|^2 = -\big\{ -\tfrac{1}{4}\|x-y\|^2 + \tfrac{1}{4}\|x+y\|^2\big\} = -(x,y).$$
Die Additivität und Homogenität zusammen implizieren die Linearität, d. h. für beliebige $\alpha, \beta \in \mathbb{R}$:
$$(x, \alpha y + \beta z) = \alpha(x,z) + \beta(y,z), \quad x, y, z, \in V,$$
und unter Verwendung der schon gezeigten Symmetrie auch die Linearität im ersten Argument:
$$(\alpha x + \beta y, z) = (z, \alpha x + \beta y) = \alpha(z,x) + \beta(z,y) = \alpha(x,z) + \beta(y,z), \quad x, y, z \in V.$$
Wegen
$$(x,x) = \tfrac{1}{4}\big(\|x+x\|^2 - \|x-x\|^2\big) = \|x\|^2$$
wird die gegeben Norm offenbar von diesem Skalarprodukt erzeugt.

b) Wir zeigen, dass für $p \neq 2$ die l_p-Norm auf dem $\mathbb{R}^n$ nicht die Parallelogrammidentität erfüllt, so dass sie nicht von einem Skalarprodukt erzeugt sein kann. Für die Punkte $x = (1, 0, \dots, 0)$, $y = (0, 0, \dots, 1) \in \mathbb{R}^n$ gilt im Fall $p \in [1, \infty) \setminus \{2\}$:
$$\|x+y\|_p^2 + \|x-y\|_p^2 = 2 \cdot 2^{2/p} \neq 2 \cdot 2 = 2\|x\|_p^2 + 2\|y\|_p^2,$$
und im Fall $p = \infty$:
$$\|x+y\|_\infty^2 + \|x-y\|_\infty^2 = 2 \neq 4 = 2\|x\|_\infty^2 + 2\|y\|_\infty^2,$$
d. h.: Die Parallelogrammidentität ist in keinem der betrachteten Fälle erfüllt.

Lösung A.1.14: a) Wir bemerken zunächst
$$\sup_{x\in\mathbb{K}^n\setminus\{0\}} \frac{\|Ax\|}{\|x\|} = \sup_{x\in\mathbb{K}^n\setminus\{0\}} \Big\|A\frac{x}{\|x\|}\Big\| = \sup_{x\in\mathbb{K}^n,\,\|x\|=1} \|Ax\|.$$
Dabei ist die Endlichkeit des Supremums klar, da alle Normen äquivalent sind.

i) Definitheit: Es gilt $\sup_{x\in\mathbb{K}^n,\,\|x\|=1} \|Ax\| \ge 0$. Im Falle $\sup_{x\in\mathbb{K}^n,\,\|x\|=1} \|Ax\| = 0$ ist $Ax = 0\ \forall x \in \mathbb{K}^n$, und folglich $A = 0$.

ii) Homogenität: Für $\alpha \in \mathbb{K}$ gilt:

$$\sup_{x\in\mathbb{K}^n,\,\|x\|=1} \|\alpha Ax\| = |\alpha| \sup_{x\in\mathbb{K}^n,\,\|x\|=1} \|Ax\|.$$

iii) Dreiecksungleichung:

$$\sup_{x\in\mathbb{K}^n,\,\|x\|=1} \|(A+B)x\| \le \sup_{x\in\mathbb{K}^n,\,\|x\|=1} \big(\|Ax\| + \|Bx\|\big) \le \sup_{x\in\mathbb{K}^n,\,\|x\|=1} \|Ax\| + \sup_{x\in\mathbb{K}^n,\,\|x\|=1} \|Bx\|.$$

Wegen der Ungleichung

$$\big|\|Ax\| - \|Ay\|\big| \le \|A(x-y)\| \le \|A\|\|x-y\|, \quad x,y \in \mathbb{K}^n,$$

ist die Funktion $f(x) := \|Ax\|$ stetig (sogar Lipschitz-stetig) auf $\mathbb{K}^n$. Auf der kompakten Menge $\partial K_1(0) \subset \mathbb{K}^n$ nimmt sie also ihr Maximum an, d. h.:

$$\sup_{x\in\mathbb{K}^n,\,\|x\|=1} \|Ax\| = \max_{x\in\mathbb{K}^n,\,\|x\|=1} \|Ax\|.$$

b) Bezüglich jeder „natürlichen" Matrixnorm gilt für die Einheitsmatrix

$$\sup_{x\in\mathbb{K}^n\setminus\{0\}} \frac{\|Ix\|}{\|x\|} = 1.$$

Wegen

$$\|I\|_F = \Big(\sum_{j,k=1}^n |a_{jk}|^2\Big)^{\frac{1}{2}} = \Big(\sum_{j=1}^n 1\Big)^{\frac{1}{2}} = \sqrt{n},$$

kann die Frobenius-Norm also keine „natürliche" Matrixnorm sein. Sie ist allerdings i) verträglich mit der euklidischen Vektornorm und (ii) submultiplikativ.

i) Für $x \in \mathbb{K}^n$ folgt mit Hilfe der Schwarzschen Ungleichung:

$$\|Ax\|_2^2 = \sum_{k=1}^n \Big|\sum_{j=1}^n a_{kj}x_j\Big|^2 \le \sum_{k=1}^n \Big(\sum_{j=1}^n |a_{kj}|^2\Big)\Big(\sum_{j=1}^n |x_j|^2\Big) = \|A\|_F^2\|x\|_2^2.$$

ii) Analog folgt

$$\begin{aligned}\|AB\|_F^2 &= \sum_{k,j=1}^n \Big|\sum_{i=1}^n a_{ji}b_{ik}\Big|^2 \le \sum_{k,j=1}^n \Big(\sum_{i=1}^n |a_{ji}|^2\Big)\Big(\sum_{i=1}^n |b_{ik}|^2\Big)\\ &= \Big(\sum_{i,j=1}^n |a_{ji}|^2\Big)\Big(\sum_{i,k=1}^n |b_{ik}|^2\Big) = \|A\|_F^2\|B\|_F^2.\end{aligned}$$

Lösung A.1.15: Sei $A \in \mathbb{K}^{n\times n}$ hermitesch.

i) Sei $\lambda \in \mathbb{C}$ ein Eigenwert von A mit Eigenvektor $v \in \mathbb{K}^n$, $\|v\|_2 = 1$. Dann gilt

$$\lambda = (\lambda v, v)_2 = (Av, v)_2 = (v, Av)_2 = (v, \lambda v)_2 = \overline{\lambda}$$

und somit $\lambda = \overline{\lambda}$ bzw. $\lambda \in \mathbb{R}$.

ii) Seien $\lambda_1, \lambda_2 \in \mathbb{R}$ zwei Eigenwerte von A mit zugehörigen Eigenvektoren $v_1, v_2 \in \mathbb{K}^n$. O.b.d.A. sei $\lambda_1 \neq 0$. Dann impliziert

$$(v_1, v_2)_2 = \lambda_1^{-1}(Av_1, v_2)_2 = \lambda_1^{-1}(v_1, Av_2)_2 = \lambda_1^{-1}\lambda_2(v_1, v_2)_2,$$

wegen $\lambda_1^{-1}\lambda_2 \neq 1$ notwendig $(v_1, v_2)_2 = 0$.

iii) Die hermitesche Matrix A besitzt genau n ihrer Vielfachheiten entsprechend oft gezählte Eigenwerte (Nullstellen des zugehörigen charakteristischen Polynoms). Seien $\lambda_1, \dots, \lambda_m$ $(m \leq n)$ die paarweise verschiedenen Eigenwerte. Dann spannen die zugehörigen (nach (ii) paarweise zu einander orthogonalen) Eigenräume $E_1, \dots, E_m$ den $\mathbb{K}^n$ auf,

$$E := E_1 \oplus \cdots \oplus E_m = \mathbb{K}^n.$$

Um dies einzusehen betrachte man das orthogonale Komplement $E^\perp \subset \mathbb{R}^n$. Für jedes $x \in E^\perp$ und $y \in E$ gilt $(Ax, y)_2 = (x, Ay)_2 = 0$, da auch $Ay \in E$ ist. Also ist $E^\perp$ invariant unter der Anwendung von A. Als lineare Abbildung in E müsste A nun weitere Eigenwerte haben, was aber nicht möglich ist, da wir bereits alle zur Definition von E herangezogen hatten. Also ist $E^\perp = \{0\}$ bzw. $E = \mathbb{R}^n$.
Sei $m_i = \dim(E_i)$. In jedem Eigenraum E_i existiert eine Orthonormalbasis $\{v^{(i,j)}, j = 1, \dots, m_i\}$, welche etwa mit dem Gram-Schmidtschen Orthogonalisierungsverfahren aus einer beliebigen Basis von E_i erzeugt werden kann. Dann sind die $\sum_{i=1}^m m_i = n$ normierten Vektoren $v^{(i,j)}$, $j = 1, \dots, m_i, i = 1, \dots, m$, paarweise orthogonal und bilden somit eine Orthonormalbasis des $\mathbb{K}^n$.

Lösung A.1.16: Sei $A \in \mathbb{K}^{n \times n}$ beliebig.

i) Wegen

$$(\overline{A}^T Ax, y)_2 = (Ax, Ay) = (x, \overline{A}^T Ay)_2,$$

ist $\overline{A}^T A$ hermitesch und ferner wegen

$$(\overline{A}^T Ax, x)_2 = \|Ax\|_2^2 \geq 0,$$

positiv semi.definit. Im Fall, dass A regulär ist, folgt

$$\|Ax\|_2^2 = 0 \quad \Rightarrow \quad x = 0,$$

d. h.: A ist sogar positiv definit.

ii) Seien (gemäß Aufgabe 4.3) $0 < \lambda_1 \leq \cdots \leq \lambda_n =: \lambda_{\max}$ die n (ihrer Vielfachheiten entsprechend oft gezählten) Eigenwerte von $\overline{A}^T A$ und $\{w^{(i)}, i = 1, \dots, n\}$ eine zugehöriges

Orthonormalsystem von Eigenvektoren, so dass $\overline{A}^T A w^{(i)} = \lambda_i w^{(i)}$. Es gilt:

$$\|x\|_2^2 = \sum_{i,j=1}^n (x, w_i)_2 \overline{(x, w_j)_2} (w^{(i)}, w^{(j)})_2 = \sum_{i=1}^n |(x, w^{(i)})_2|^2,$$

$$(x, \overline{A}^T Ax)_2 = \sum_{i,j=1}^n (x, w_i)_2 \overline{(x, w_j)_2} (w^{(i)}, \overline{A}^T A w^{(j)})_2 = \sum_{i=1}^n \lambda_i |(x, w^{(i)})_2|^2 \le \lambda_n \|x\|_2^2.$$

Für die Spektralnorm von A folgt damit:

$$\|A\|_2^2 = \sup_{x \in \mathbb{K}^n, x \neq 0} \frac{\|Ax\|_2^2}{\|x\|_2^2} = \sup_{x \in \mathbb{K}^n, x \neq 0} \frac{(x, \overline{A}^T Ax)_2}{\|x\|_2^2} \le \lambda_n .$$

Umgekehrt gilt

$$\lambda_n = \frac{\lambda_n (w^{(n)}, w^{(n)})_2}{\|w^{(n)}\|_2^2} = \frac{(w^{(n)}, \overline{A}^T A w^{(n)})_2}{\|w^{(n)}\|_2^2} = \frac{\|Aw^{(n)}\|_2^2}{\|w^{(n)}\|_2^2} \le \sup_{x \in \mathbb{K}^n, x \neq 0} \frac{\|Ax\|_2^2}{\|x\|_2^2} = \|A\|_2^2,$$

woraus sich die Richtigkeit der Behauptung (ii) ergibt.

Lösung A.1.17: a) Für die gegebenen symmetrischen (und damit diagonalisierbaren) Matrizen gilt

$$A = \begin{bmatrix} 1 & 0 \\ 0 & 0 \end{bmatrix}, \quad B = \begin{bmatrix} 0 & 1 \\ 1 & 0 \end{bmatrix}, \qquad AB = \begin{bmatrix} 0 & 1 \\ 0 & 0 \end{bmatrix} \neq \begin{bmatrix} 0 & 0 \\ 1 & 0 \end{bmatrix} = BA.$$

b) Die Matrizen $A, B \in \mathbb{K}^{n \times n}$ seien diagonalisierbar mit einer gemeinsamen Basis von Eigenvektoren. Wir zeigen, dass dann $AB = BA$ ist. Nach Voraussetzung existieren Ähnlichkeitstransformtionen mit gemeinsamer Matrix $T \in \mathbb{K}^{n \times n}$ (Die Spaltenvektoren sind gerade die gemeinsamen Eigenvektoren von A und B.), so dass

$$T^{-1}AT = \mathrm{diag}(\lambda_i^A) =: \Lambda_A, \quad T^{-1}BT = \mathrm{diag}(\lambda_i^B) =: \Lambda_B,$$

mit den Eigenwerten λ_i^A von A und λ_i^B von B. Damit folgt, da Diagonalmatrizen stets kommutieren,

$$AB = T\Lambda_A T^{-1} T \Lambda_B T^{-1} = T\Lambda_A \Lambda_B T^{-1} = T\Lambda_B \Lambda_A T^{-1} = T\Lambda_B T^{-1} T \Lambda_A T^{-1} = BA.$$

Zusatz: Für die diagonalisierbaren Matrizen $A, B \in \mathbb{K}^{n \times n}$ gelte $AB = BA$. Wir zeigen, dass dann eine gemeinsame Basis von Eigenvektoren existiert. Seien $\lambda_i(A) \in \sigma(A)$ die paarweise verschiedenen Eigenwerte von A mit zugehörigen Eigenräumen $E_i(A) \subset \mathbb{K}^n$ der Dimension $\rho_i(A)$. Für jeden Eigenvektor $v \in E_i(A)$ ist dann

$$ABv = BAv = \lambda_i(A)Bv,$$

d. h.: $Bv \in E_i(A)$. Der Eigenraum $E_i(A)$ ist folglich ein „invarianter Unterraum" von B. Eingeschränkt auf $E_i(A)$ besitzt B dann dort eine Teilbasis von $\rho_i(A) = \dim(E_i(A))$ Eigenvektoren, die dann automatisch auch Eigenvektoren von A zum Eigenwert $\lambda_i(A)$ sind. Dieses Argument kann nun für alle Eigenwerte von A, d. h. für alle Eigenräume $E_i(A)$, durchgeführt werden. Dies ergibt dann die Existenz einer vollständigen Basis von Eigenvektoren von B, welche jeweils auch Eigenvektoren von A sind, d. h.: A und B besitzen eine gemeinsame Basis von Eigenvektoren.

Lösung A.1.18: Sei $\|\cdot\|$ irgend eine submultiplikative Matrixnorm (d. h. eine „Matrizennorm").

a) Sei $A \in M$ gegeben, dann gilt für die Kugelumgebung von A:

$$K_{\|A^{-1}\|^{-1}}(A) = \{B \in \mathbb{K}^{n\times n} \mid \|A-B\| < \|A^{-1}\|^{-1}\} \subset M,$$

und somit ist M offen. Um dies zu sehen, sei $B \in \mathbb{K}^{n\times n}$ mit $\|B\| < \|A^{-1}\|^{-1}$ gegeben. Dann ist $\|A^{-1}B\| \le \|A^{-1}\|\|B\| < 1$. Nach dem Störungssatz der Vorlesung ist damit $I + A^{-1}B$ invertierbar. Daraus folgt wegen $A + B = A(I + A^{-1}B)$ die Invertierbarkeit von $A + B$.

b) Für $z, z' \in \mathrm{Res}(A)$ mit $|z - z'|$ hinreichend klein existiert nach dem Störungssatz aus dem Text die Inverse $\big(I + (z-z')R(z)\big)^{-1}$ und es konvergiert $\big(I + (z-z')R(z)\big)^{-1} \to I$ für $z' \to z$. Für die Resolvente gilt die Gleichung

$$\begin{aligned} R(z') &= (A - z'I)^{-1} = \big(A - zI + (z-z')I\big)^{-1} \\ &= \big((A - zI)(I + (z-z')R(z))\big)^{-1} = \big(I + (z-z')R(z)\big)^{-1}R(z), \end{aligned}$$

woraus $R(z') \to R(z)$ für $z' \to z$ folgt. Die Resolvente $R(z)$ ist also eine stetige Funktion auf $\mathrm{Res}(A)$. Als solche ist sie auf jeder kompakten Teilmenge $K \subset \mathrm{Res}(A)$ auch beschränkt,

$$\sup_{z\in K} \|R(z)\| \le C.$$

Um fortzufahren, betrachten wir die beiden Identitäten

$$\begin{aligned} \big(AR(z) - zR(z)\big)R(z') &= \big((A - zI)R(z)\big)R(z') = R(z'), \\ R(z)\big(AR(z') - z'R(z')\big) &= R(z)\big((A - z'I)R(z')\big) = R(z). \end{aligned}$$

Durch Subtraktion erhalten wir die sog. „Resolventengleichung"

$$R(z) - R(z') = (z - z')R(z)R(z').$$

Hieraus folgt für beliebige $z, z' \in K \subset \mathrm{Res}(A)$

$$\|R(z) - R(z')\| \le |z - z'|\|R(z)\|\|R(z')\| \le C^2|z' - z|,$$

d. h. die gleichmäßige Lipschitz-Stetigkeit von $R(z)$ auf K.

Lösung A.1.19: a) Sei $\|\cdot\|$ eine beliebige Matrizennorm. Der Exponentialausdruck

$$e^{\|A\|} = \sum_{k=0}^{\infty} \frac{\|A\|^k}{k!} := \lim_{n\to\infty} \sum_{k=0}^{n} \frac{\|A\|^k}{k!}$$

ist wohl definiert. Daher gibt es zu beliebigem $\varepsilon \in \mathbb{R}_+$ ein $n(\varepsilon, A) \in \mathbb{N}$, so dass für $n \ge m \ge n(\varepsilon, A)$ gilt:

$$\Big\|\sum_{k=m}^{n} \frac{A^k}{k!}\Big\| \le \sum_{k=m}^{n} \frac{\|A^k\|}{k!} \le \sum_{k=m}^{n} \frac{\|A\|^k}{k!} < \varepsilon.$$

Nach dem Cauchyschen Kriterium existiert also im Banachraum $(\mathbb{K}^{n\times n}, \|\cdot\|)$ der Limes

$$e^A := \lim_{n\to\infty} \sum_{k=0}^{n} \frac{A^k}{k!}.$$

Wegen der Äquivalenz aller Normen auf $\mathbb{K}^{n\times n}$ ist dieser Limes auch eindeutig bestimmt.

b) Die Matrizen $A, B \in \mathbb{K}^{n\times n}$ seien diagonalisierbar mit einer gemeinsamen Basis von Eigenvektoren. Nach Aufgabe 5.3 gilt dann $AB = BA$. Wir geben zwei alternative Beweise für die behauptete Gleichung.

Beweisvariante I (Anwendung des Cauchyschen Produktsatzes für Reihen): Zunächst rekapitulieren wir, dass

$$e^A = \lim_{n\to\infty} \sum_{k=0}^{n} \frac{A^k}{k!}, \quad e^B = \lim_{n\to\infty} \sum_{k=0}^{n} \frac{B^k}{k!}, \quad e^{A+B} = \lim_{n\to\infty} \sum_{k=0}^{n} \frac{(A+B)^k}{k!}.$$

Ferner gilt nach der allgemeinen binomischen Formel, wofür $AB = BA$ benötigt wird,

$$(A+B)^2 = A^2 + AB + BA + B^2 = A^2 + 2AB + B^2 = \sum_{j=0}^{2} \binom{2}{j} A^j B^{2-j},$$

bzw. allgemein

$$(A+B)^k = \sum_{j=0}^{k} \binom{k}{j} A^j B^{k-j}, \quad k \in \mathbb{N}, \qquad \binom{k}{j} := \frac{k!}{j!(k-j)!}.$$

Hieraus folgt, dass (analog zum Satz über das Cauchyschen Produkt von Zahlenreihen)

$$\begin{aligned}
e^{A+B} &= \lim_{n\to\infty} \sum_{k=0}^{n} \frac{(A+B)^k}{k!} = \lim_{n\to\infty} \sum_{k=0}^{n} \frac{(A+B)^k}{k!} \\
&= \lim_{n\to\infty} \sum_{k=0}^{n} \sum_{j=0}^{k} \frac{k!}{j!(k-j)!k!} A^j B^{k-j} = \lim_{n\to\infty} \sum_{k=0}^{n} \sum_{j=0}^{k} \frac{A^j}{j!} \frac{B^{k-j}}{(k-j)!} \\
&= \lim_{n\to\infty} \Big(\sum_{k=0}^{n} \frac{A^k}{k!}\Big)\Big(\sum_{k=0}^{n} \frac{B^k}{k!}\Big) = \lim_{n\to\infty} \Big(\sum_{k=0}^{n} \frac{A^k}{k!}\Big) \lim_{n\to\infty} \Big(\sum_{k=0}^{n} \frac{B^k}{k!}\Big) = e^A e^B.
\end{aligned}$$

Beweisvariante II (Anwendung der Spektralzerlegung): Die gemeinsame Basis von Eigenvektoren von A und B ist ebenfalls eine Basis von Eigenvektoren der Summe $A+B$:

$$Av_i = \lambda_i(A)v_i, \quad Bv_i = \lambda_i(B)v_i, \quad (A+B)v_i = (\lambda_i(A) + \lambda_i(B))v_i = \lambda_i(A+B)v_i.$$

Hieraus entnehmen wir, dass $\lambda_i(A+B) = \lambda_i(A) + \lambda_i(B)$. Für alle drei Matrizen existiert also eine gemeinsame ähnlichkeitstransformation auf Diagonalgestalt:

$$\begin{aligned}
T^{-1}AT &= \Lambda_A := \operatorname{diag}(\lambda_i(A))_{i=1}^n, \quad \lambda_i(A) \in \sigma(A) \\
T^{-1}BT &= \Lambda_B := \operatorname{diag}(\lambda_i(B))_{i=1}^n, \quad \lambda_i(B) \in \sigma(B) \\
T^{-1}(A+B)T &= \Lambda_{A+B} := \operatorname{diag}(\lambda_i(A+B))_{i=1}^n, \quad \lambda_i(A+B) \in \sigma(A+B).
\end{aligned}$$

Damit gilt dann

$$\begin{aligned}\sum_{k=0}^{m}\frac{1}{k!}A^k &= \sum_{k=0}^{m}\frac{1}{k!}(T\Lambda_A T^{-1})^k = \sum_{k=0}^{m}\frac{1}{k!}(T\Lambda_A T^{-1}T\Lambda_A T^{-1}\dots T\Lambda_A T^{-1})\\ &= \sum_{k=0}^{m}\frac{1}{k!}T\Lambda_A^k T^{-1} = T\Big(\sum_{k=0}^{m}\frac{1}{k!}\Lambda_A^k\Big)T^{-1}\\ &= T\Big(\sum_{k=0}^{m}\frac{1}{k!}\mathrm{diag}(\lambda_i(A)^k)_{i=1}^n\Big)T^{-1} = T\mathrm{diag}\Big(\sum_{k=0}^{m}\frac{1}{k!}\lambda_i(A)^k\Big)_{i=1}^n T^{-1}.\end{aligned}$$

Hiermit folgt

$$\begin{aligned}e^A &= \lim_{m\to\infty}\Big(\sum_{k=0}^{m}\frac{1}{k!}A^k\Big) = \lim_{m\to\infty}\Big(T\mathrm{diag}\Big(\sum_{k=0}^{m}\frac{1}{k!}\lambda_i(A)^k\Big)_{i=1}^n T^{-1}\Big)\\ &= T\mathrm{diag}\Big(\lim_{m\to\infty}\sum_{k=0}^{m}\frac{1}{k!}\lambda_i(A)^k\Big)_{i=1}^n T^{-1} = T\mathrm{diag}\big(e^{\lambda_i(A)}\big)_{i=1}^n T^{-1}.\end{aligned}$$

Analoge Gleichungen gelten für e^B und e^{A+B}. Hiermit erhalten wir

$$\begin{aligned}e^{A+B} &= T\mathrm{diag}\big(e^{\lambda_i(A+B)}\big)_{i=1}^n T^{-1} = T\mathrm{diag}\big(e^{\lambda_i(A)+\lambda_i(B)}\big)_{i=1}^n T^{-1}\\ &= T\mathrm{diag}\big(e^{\lambda_i(A)}e^{\lambda_i(B)}\big)_{i=1}^n T^{-1} = T\mathrm{diag}\big(e^{\lambda_i(A)}\big)_{i=1}^n \mathrm{diag}\big(e^{\lambda_i(B)}\big)_{i=1}^n T^{-1}\\ &= T\mathrm{diag}\big(e^{\lambda_i(A)}\big)_{i=1}^n T^{-1}T\mathrm{diag}\big(e^{\lambda_i(B)}\big)_{i=1}^n T^{-1} = e^A e^B.\end{aligned}$$

A.2 Kapitel 2

Lösung A.2.1: a) Die Funktion $f(x) := \ln\ln(\|x\|_2)$ ist für alle $x \in \mathbb{R}^n$ mit $\|x\|_2 > 1$ und folglich $\ln(\|x\|_2) > 0$ definiert und als Komposition der stetigen Funktionen $\ln(x)$ und $\|x\|_2$ dort auch stetig.

b) Die Funktion f(x) auf ganz $\mathbb{R}^n$ definiert und stetig.

Lösung A.2.2: Für beliebige $x, y, x', y' \in \mathbb{K}^n$ gilt mit Hilfe der Schwarzschen Ungleichung:

$$\begin{aligned}|(x,y)_2 - (x',y')_2| &= |(x-x',y)_2 + (x'-x,y-y')_2 + (x,y-y')_2|\\ &\le \|x-x'\|_2\|y\|_2 + \|x-x'\|_2\|y-y'\|_2 + \|x\|_2\|y-y'\|_2\\ &\le \big(\|x\|_2^2 + \|x-x'\|_2^2 + \|y\|_2\big)^{1/2}\big(\|x-x'\|_2^2 + \|y-y'\|_2^2 + \|y-y'\|_2^2\big)^{1/2}.\end{aligned}$$

Aus $x' \to x$, $y' \to y$ folgt also $(x',y')_2 \to (x,y)_2$, was zu zeigen war. Die Funktion ist auf jeder beschränkten Menge $M \subset \mathbb{K}^n$ Lipschitz-stetig, aber nicht gleichmäßig auf $\mathbb{K}^n$.

Lösung A.2.3: a) Diese Randmenge ist *nicht* zusammenhängend, da ihre äußere Komponente $\{x \in \mathbb{R}^2 |\, \|x\| = 1\}$ offenbar von der inneren $\{x \in \mathbb{R}^2 | x = 0\}$ durch eine relativ-offene Zerlegung separiert werden kann.

b) Wegen $M = \emptyset$, ist M nach Definition nicht zusammenhängend.

c) Die Menge ist zusammenhängend, da je zwei ihrer "benachbarten" (abgeschlossenen) Komponenten einen gemeinsamen Punkt haben. Es kann also keine separierende relativ-offene Zerlegung geben.

d) Die Menge ist zusammenhängend, da sie als Vereinigung des Graphen $G(f)$ einer stetigen Funktion und eines Häufungspunktes von $G(f)$ nicht durch eine relativ-offene Zerlegung separiert werden kann. (Bemerkung: Dies ist ein Beispiel einer „topologisch" zusammenhängenden Menge, welche nicht „wegzusammenhängend" ist.)

Lösung A.2.4: a) Für beliebige $x, x' \in \mathbb{R}^n$ gilt:

$$\|x - y\| \le \|x - x'\| + \|x' - y\|, \qquad \|x' - y\| \le \|x' - x\| + \|x - y\|, \quad y \in M.$$

Übergang zum Infimum bzgl. $y \in M$ ergibt:

$$d(x) \le \|x - x'\| + d(x'), \qquad d(x') \le \|x' - x\| + d(x).$$

Also ist $\|d(x) - d(x')\| \le \|x - x'\|$, d.h. d ist Lipschitz-stetig mit L-Konstante $L = 1$.

b) Sei M ein Teilraum von $\mathbb{R}^n$ und $d(\cdot)$ der euklidische Abstand. Für ein $x \in M$ ist $x_M := x$ selbst Bestapproximation. Seien nun $x \neq M$ und $y^{(k)} \in M$ Punkte mit

$$d(x) = \inf_{y \in M} \|x - y\|_2 = \lim_{k \to \infty} \|x - y^{(k)}\|_2$$

Die Folge $(y^{(k)})_{k \in \mathbb{N}}$ ist beschränkt und hat somit eine konvergente Teilfolge $(y^{(k_j)})_{j \in \mathbb{N}}$. Da M als Teilraum abgeschlossen ist, gilt für den Limes dieser Teilfolge $x_M \in M$ und somit $d(x) = \|x - x_M\|_2$. Sei nun $x_M \in M$ eine beste Approximation zu x. Für jeden zweiten Punkt $y \in M$ und beliebiges $\tau \neq 0$ ist $x_M + \tau y \in M$ und somit

$$\|x - x_M\|_2^2 \le \|x - x_M - \tau x\|_2^2 = \|x - x_M\|_2^2 - 2\tau(x - x_M, y)_2 + \tau^2 \|y\|_2^2$$

bzw. $2\tau(x - x_M, y)_2 \le \tau^2 \|y\|_2^2$. Da dies für alle $\tau \neq 0$ gilt, muss $(x - x_M, y)_2 = 0$ sein. Gäbe es noch eine zweite beste Approximation $x'_M \in M$, folgte nach dem eben Gezeigten:

$$\|x_M - x'_M\|_2^2 = (x_M - x, x_M - x'_M)_2 + (x - x'_M, x_M - x'_M)_2 = 0,$$

d. h.: $x_M = x'_M$.

Lösung A.2.5: a) Wir versehen $\mathbb{K}^n \times \mathbb{K}^n$ mit der Norm $\|(x, y)\| := \max(\|x\|_\infty, \|y\|_\infty)$ für $x, y \in \mathbb{K}^n$. Sei nun $(x_n, y_n)_{n \in \mathbb{N}} \in K_1 \times K_2$ eine beliebige Folge. Wegen der Kompaktheit von K_1 existiert eine Teilfolge n_i und eine Element $x \in K_1$, so dass $x_{n_i} \to x$ für $i \to \infty$. Wegen der Kompaktheit von K_2 existiert eine Teilfolge n_{i_j} der Teifolge und ein $y \in K_2$, so dass $y_{n_{i_j}} \to y$ für $j \to \infty$. Damit folgt für die Teilfolge

$$(x_{n_{i_j}}, y_{n_{i_j}}) \to (x, y) \in K_1 \times K_2 \quad (j \to \infty)$$

und somit die Kompaktheit von $K_1 \times K_2$. Um die Stetigkeit von f einzusehen, sei $(x_n, y_n) \in K_1 \times K_2$ eine Folge mit Limes (x, y). Dann gilt:

$$| \|x - y\| - \|x_n - y_n\| | \leq \|x - y - x_n + y_n\| \leq \|x - x_n\| + \|y - y_n\| \to 0 \quad (n \to \infty).$$

Folglich ist f stetig.

b) Anwendung des Satzes vom Extremum liefert die Behauptung.

ci) Zunächst betrachten wir $K_1 = (2, 0) \in \mathbb{R}^2$ und $K_2 = \{ x \in \mathbb{R}^2 \,|\, \|x\|_\infty \leq 1 \}$. Dann ist jedes Element der Menge $\{ x \in \mathbb{R}^2 \,|\, x = (1, a) \quad -1 \leq a \leq 1 \}$ ein Minimierer des Abstandes bzgl. $\|\cdot\| = \|\cdot\|_\infty$. (Es gibt aber nur einen bzgl. $\|\cdot\|_2$.)

cii) Wir betrachten nun die Menge $K_1 = 0$ sowie $K_2 = \{ x \in \mathbb{R}^2 \,|\, 1 \leq \|x\|_2 \leq 2 \}$. Dann ist jedes Element der Menge $\{ x \in \mathbb{R}^2 \,|\, \|x\|_2 = 1 \}$ ein Minimierer des Abstandes bzgl. $\|\cdot\|_2$.

di) Eine mögliche Zusatzbedingung an K_2 ist die *strikte* Konvexität von K_2, d. h. sind x, $y \in K_2$ mit $x \neq y$, so ist für jedes $\lambda \in (0, 1)$ die Konvexkombination $x_\lambda := \lambda x + (1-\lambda) y \in K_2^o$. Seien nun $x, y \in K_2$ zwei Minimierer des Abstandes, dann gilt

$$\|x_\lambda - a\| \leq \lambda \|x - a\| + (1 - \lambda)\|y - a\| = \inf_{z \in K_2} \|a - z\|.$$

insbesondere ist x_λ ein Minimierer für jedes $\lambda \in [0, 1]$. Angenommen, es wäre nun $x \neq y$, so wäre wegen der strikten Konvexität $x_{1/2} \in K_2^o$ im Widerspruch dazu, dass jeder Minimierer von $\inf_{z \in K_2} \|a - z\|$ wegen $a \neq K_2$ notwendig in ∂K_2 liegt.

dii) Eine weitere Möglichkeit um die Eindeutigkeit der Bestapproximation zu erhalten, ist die Konvexität von K_2 sowie die strikte Konvexität der Norm $\|\cdot\|$ bezüglich derer wir den Abstand bestimmen. Dabei heißt K_2 konvex, wenn für $x, y \in K_2$ und $\lambda \in (0, 1)$ auch $x_\lambda \in K_2$. Analog zu (ciii) folgert man für zwei Minimierer $x, y \in K_2$, dass für $x \neq y$ gilt

$$\|x_\lambda - a\| < \lambda \|x - a\| + (1 - \lambda)\|y - a\| = \inf_{z \in K_2} \|a - z\|$$

im Widerspruch dazu dass x und y Minimierer sind.

Lösung A.2.6: a) Der Banachsche Fixpunktsatz lautet im allgemeinen Banach-Raum $(V, \|\cdot\|)$ wie folgt: Sei $D \subset V$ eine *abgeschlossene* Menge und $g : D \to D$ eine Lipschitz-stetige *Selbstabbildung* von D. Ist g bzgl. der Norm $\|\cdot\|$ eine *Kontraktion* mit L-Konstante $q < 1$, so existiert in D genau ein Fixpunkt z von g, der als Limes der *Fixpunktiteration* $x^k = g(x^{(k-1)})$ mit beliebigem Startpunkt $x^{(0)} \in D$ erhalten werden kann. Dabei gilt die Fehlerabschätzung

$$\|x^{(k)} - z\| \leq \frac{q^k}{1 - q} \|x^{(1)} - x^{(0)}\|, \quad k \in \mathbb{N}.$$

Für den normierten Raum $(C[a, b], \|\cdot\|_2)$ gilt der Banachsche Fixpunktsatz nicht, da dieser Raum *nicht* vollständig ist. Die Vollständigkeit des zugrunde liegenden Raumes benötigt man, um zu garantieren, dass der Limes der Fixpunktiterierten stets in der Menge D existiert; hierzu reicht die angenommene Abgeschlossenheit von D nicht aus, denn diese ist nur „relativ“ zu V zu verstehen.

b) Eine L-Konstante L der Abbildung $g(x) = Ax$ (bzgl. einer Norm $\|\cdot\|$ auf $\mathbb{R}^n$) erhält man aus der Abschätzung

$$\|g(x) - g(y)\| = \|Ax + b - Ay - b\| = \|A(x-y)\| \le \|A\|\,\|x-y\|$$

mit der von der Vektornorm erzeugten natürlichen Matrixnorm $\|\cdot\|$ als $L = \|A\|$.

Die gegebene Matrix A hat die Maximumnorm $\|A\|_\infty = 1$ und $\|A\|_1 = 1$; bzgl. dieser Normen ist sie also *keine* Kontraktion. Da sie symmetrisch ist, erhält man ihre Spektralnorm als Betragsmaximum ihrer Eigenwerte

$$\|A\|_2 = \max\{|\lambda| : \lambda \text{ Eigenwert von } A\}.$$

Diese sind die Nullstellen des Polynoms $q_A(z) = \det(A - zI)$, d. h.: $\lambda_\pm = \pm\sqrt{5}/3$. Also ist die Abbildung g bzgl. der Spektralnorm eine Kontraktion.

c) In einem allgemeinen metrischen Raum $(X, d(\cdot,\cdot))$ lautet der Banachsche Fixpunktsatz: *Sei $D \subset X$ ein (bzgl. $d(\cdot,\cdot)$) vollständiger metrischer Raum. Sei dann $g : D \to D$ Lipschitz-stetig mit L-Konstante $q < 1$, d.h. $d(g(x), g(y)) \le qd(x,y)$ für alle $x, y \in D$. Dann existiert in D genau ein Fixpunkt z von g, der als Limes der Fixpunktiteration $x^k = g(x^{(k-1)})$ mit beliebigem Startpunkt $x^{(0)} \in D$ erhalten werden kann. Dabei gilt die Fehlerabschätzung*

$$d(x^{(k)}, z) \le \frac{q^k}{1-q}\, d(x^{(1)}, x^{(0)}), \quad k \in \mathbb{N}.$$

Zum Beweis:
i) Es gibt höchstens einen Fixpunkt, denn sind $x, x' \in D$ zwei Fixpunkte, so folgt aus

$$d(x, x') = d(g(x), g(x')) \le qd(x, x')$$

wegen $q < 1$ notwendig $d(x, x') = 0$.
ii) Wegen $g : D \to D$ sind die Iterierten $x^{(k)}$ wohldefiniert. Wir zeigen nun, dass $x^{(k)}$ eine Cauchy-Folge ist. Denn für beliebige $k, m \in \mathbb{N}$ ist

$$\begin{aligned}
d(x^{k+m}, x^k) &\le d(x^{k+m}, x^{k+m-1}) + \ldots d(x^{(k+1)}, x^{(k)}) \\
&= d(g^{m-1}(x^{k+1}), g^{m-1}(x^{k+m-1})) + \ldots d(x^{(k+1)}, x^{(k)}) \\
&\le (q^{m-1} + \ldots + 1) d(x^{(k+1)}, x^{(k)}) \\
&\le (q^{m-1} + \ldots + 1) q^k d(x^{(1)}, x^{(0)}) \\
&\le \frac{q^k}{1-q} d(x^{(1)}, x^{(0)}).
\end{aligned}$$

Wegen $q < 1$ konvergiert die rechte Seite gegen Null. Es gibt also wegen der Vollständigkeit von D einen Limes $z \in D$ der Folge $x^{(k)}$. Wegen der Stetigkeit von g ist dies der gesuchte Fixpunkt, denn

$$z = \lim_{k\to\infty} x^{(k)} = \lim_{k\to\infty} g(x^{(k-1)}) = g(\lim_{k\to\infty} x^{(k-1)}) = g(z).$$

iii) Die Fehlerabschätzung folgt aus obiger Abschätzung durch betrachten des Grenzübergangs $m \to \infty$.

Lösung A.2.7: Wir zeigen wieder, dass die Folge der durch

$$x^{(k)} = g(x^{(k-1)}), \quad k \in \mathbb{N}, \qquad x^{(0)} \in M,$$

erzeugten Iterierten eine Cauchy-Folge ist und folglich einen Limes $x \in M$ hat. Für $k, l \in N$, $k > l$ gilt:

$$\|x^{(k)} - x^{(l)}\| \le \sum_{i=l}^{k-1} \|g^i(x^{(1)}) - g^i(x^{(0)})\| \le \sum_{i=l}^{k-1} L_i \|x^{(1)} - x^{(0)}\|.$$

Aufgrund der Konvergenz der Reihe $\sum_{i=1}^{\infty} L_i$ gibt es zu jedem $\varepsilon > 0$ ein $n_\varepsilon \in \mathbb{N}$, so dass $\sum_{i=l}^{k-1} L_i < \varepsilon$ für $k, l \ge n_\varepsilon$. Folglich ist $x^{(k)})_{k\in\mathbb{N}}$ eine Cauchy-Folge. Ihr Limes x ist als Fixpunkt von g und Fixpunkt von jeder Potenz von g:

$$g^k(x) = g^{k-1}(x) = \cdots = g(x) = x.$$

Die Konvergenz der Summe $\sum_{k=1}^{\infty} L_k$ impliziert $L_k \to 0$ $(k \to \infty)$, d. h.: $L_k < 1$ für $k \ge k_0$. Für ein solches k ist dann x der einzige Fixpunkt von g^k, denn für eine zweiten Fixpunkt x' gilt:

$$\|x - x'\| = \|g^k(x) - g^k(y)\| \le L_k \|x - x'\|,$$

und folglich $x = x'$. Also ist x einziger Fixpunkt von g.

Lösung A.2.8: Ein Polynom $p(x_1, \dots, x_n)$ auf dem $\mathbb{R}^n$ mit ungeradem Grad muss bzgl. einer der Variablen (bei festgehaltenen anderen Variablen) ungeraden Grad haben. Sei o.B.d.A. x_1 diese Variable. Dann hat für beliebige (feste) $\tilde{x} := \{x_2, \dots, x_n\}$ das Polynom $q(x_1) = p(x_1, \tilde{x})$ das Verhalten $\lim_{x_1 \to \pm\infty} q(x_1) = \pm\infty$, oder $\lim_{x_1 \to \pm\infty} q(x_1) = \mp\infty$, d. h. besitzt einen Vorzeichenwechsel. Nach dem Zwischenwertsatz für Funktionen in einer Variable hat es also für jedes (feste) Argument $\tilde{x}$ eine Nullstelle $\xi(x_2) \in \mathbb{R}$, und $(\xi(x_2), \tilde{x})$ ist dann Nullstelle von p.

Lösung A.2.9: a) Die Menge $\partial K_R(0)$ ist zusammenhängend. Mit $x \in \partial K_R(0)$ ist wegen $\| - x\|_2 = \|x\|_2 = R$ auch $-x \in \partial K_R(0)$. Die Funktion $f(x) := T(x) - T(-x)$ ist stetig auf $\partial K_R(0)$ und nimmt, da $\partial K_R(0)$ kompakt ist, dort ihr Maximum und Minimum an. Es ist $f(x) = -f(-x)$ und folglich entweder

$$\max_{x \in \partial K_R(0)} f(x) = \min_{x \in \partial K_R(0)} f(x) = 0$$

oder

$$\min_{x \in \partial K_R(0)} f(x) < 0 < \max_{x \subset \partial K_R(0)} f(x).$$

In erstem Fall ist die Behauptung trivialerweise richtig; im zweiten Fall folgt sie mit Hilfe des Zwischenwertsatzes aus der Existenz eines Punktes $x \in \partial K_R(0)$ mit $f(x) = 0$.

b) Im Falle einer allgemeinen Norm $\|x\|_\omega$ ist das Problem, einen „gegenüberliegenden" Punkt zu bestimmen. Daher begügen wir uns damit zu zeigen, dass es zwei Punkte

$x, y \in \partial K_R^\omega(0)$, $x \neq y$, gibt, so dass an diesen die gleiche Temperatur herscht. Um dies zu ereichen, stellen wir fest, dass es wegen der Normäquivalenz ein $r > 0$ gibt, so dass

$$K_r(0) := \{x \in \mathbb{R}^3 \mid \|x\|_2 < r\} \subset K_R^\omega(0) := \{\, x \in \mathbb{R}^3 \mid \|x\|_\omega < R\,\}$$

gilt. Wir definieren die Abbildung $\varphi : K_R^\omega(0) \to K_r(0)$ durch

$$\varphi(x) := \frac{r}{\|x\|_2} x, \quad x \in K_R^\omega(0).$$

Wegen $\|x\|_2 \neq 0$ auf $K_R^\omega(0)$ ist die Abbildung φ stetig. Ferner ist sie bijektiv:

i) surjektiv: Für $y \in K_r(0)$ existiert $x := R\|y\|_\omega^{-1} y \in K_R^\omega(0)$ mit $\varphi(x) = y$.

ii) injektiv: Für $x, x' \in K_R^\omega(0)$ mit $\varphi(x) = \varphi(x')$ gilt

$$\frac{r}{\|x\|_2} x = \frac{r}{\|x'\|_2} x' \quad \Rightarrow \quad x' = \frac{\|x'\|_2}{\|x\|_2} x \quad \Rightarrow \quad R = \|x'\|_\omega = \frac{\|x'\|_2}{\|x\|_2}\|x\|_\omega = \frac{\|x'\|_2}{\|x\|_2} R,$$

und folglich $\|x'\|_2 = \|x\|_2$. Dies impliziert $x' = x$.

Damit existiert die Umkehrabbildung $\varphi^{-1} : K_r(0) \to K_R^\omega(0)$ und ist nach einem Satz der Vorlesung ebenfalls stetig. Anschließend folgt nun die Behauptung durch Betrachten der stetige Abbildung $T(\varphi^{-1}(\cdot)) : K_r(0) \to \mathbb{R}$ und Anwendung von Teil a).

Lösung A.2.10: Seien $\lambda_1, \dots, \lambda_n \in \mathbb{R}$ die ihrer Vielfachheiten entsprechend oft gezählten Eigenwerte von A und $\{z^{(1)}, \dots, z^{(n)}\}$ eine zugehörige Orthonormnalbasis von Eigenvektoren. Das Nennerpolynom $q(z)$ der rationalen Funktion

$$r(z) = \frac{p(z)}{q(z)}$$

habe in keinem der λ_i eine Nullstelle, so dass $r(\lambda_i)$ existiert. Dann ist nach einem Satz des Textes die Matrix $q(A)$ regulär und auch $r(A) = q(A)^{-1}p(A)$ ist wohl definiert. Für $x \in \mathbb{K}^n$ gilt:

$$r(A)x = q(A)^{-1}p(A)x = \sum_{i=1}^n (x, z^{(i)})_2 q(A)^{-1}p(A)x = \sum_{i=1}^n (x, z^{(i)})_2 q(\lambda_i)^{-1}p(\lambda_i)x$$

und folglich

$$\|r(A)x\|_2^2 = \sum_{i=1}^n |(x, z^{(i)})_2|^2 |r(\lambda_i|^2 \le \max_{i=1,\dots,n} |r(\lambda_i|^2 \sum_{i=1}^n |(x, z^{(i)})_2|^2 = \max_{i=1,\dots,n} |r(\lambda_i|^2\, \|x\|_2^2.$$

Also ist

$$\|r(A)\|_2 = \sup_{x \in \mathbb{K}^n \setminus \{0\}} \frac{\|r(A)x\|_2}{\|x\|_2} \le \max_{i=1,\dots,n} |r(\lambda_i|.$$

Lösung A.2.11: i) Die Eigenwerte der symmetrischen, positiv-definiten Matrix $A \in \mathbb{R}^{n\times n}$ seien λ_i mit zugehöriger Orthonormalbasis $\{z^{(i)},\ i=1,\dots,n\}$. Die Quadratwurzel $A^{1/2}$ ist als lineare Abbildung (Endomorphismus) $A^{1/2}:\mathbb{R}^n\to\mathbb{R}^n$ wohl definiert durch (s. Text):

$$A^{1/2}x := \sum_{i=1}^n \lambda_i^{1/2}(x,z^{(i)})_2 z^{(i)}, \qquad x\in\mathbb{R}^n.$$

Durch Anwendung dieser Abbildung auf die kartesischen Einheitsvektoren $e^{(k)}$ des $\mathbb{R}^n$ erhält man die Elemente ihrer Matrixdarstellung $A^{1/2}=(b_{jk})_{j,k=1}^n$ als

$$b_{jk} := (A^{1/2}e^{(k)},e^{(j)})_2 = \sum_{i=1}^n \lambda_i^{1/2}(e^{(k)},z^{(i)})_2(z^{(i)},e^{(j)})_2.$$

ii) Ausgehend von $X_0=A$ hat die erste Iterierte

$$X_1 := \tfrac12\big(A+A^{-1}A\big)=\tfrac12\big(A+I\big)$$

offenbar dieselben Eigenvektoren wie A bzw. $A^{1/2}$. Dasselbe gilt dann auch für alle weiteren Iterierten X_k. Folglich gilt $X_kA^{1/2}=A^{1/2}X_k$. Damit erhalten wir analog zum skalaren Fall

$$\begin{aligned} X_k-A^{1/2} &= \tfrac12\big(X_{k-1}+X_{k-1}^{-1}A\big)-A^{1/2}\\ &= \tfrac12 X_{k-1}^{-1}\big(X_{k-1}^2+A-X_{k-1}A^{1/2}-A^{1/2}X_{k-1}\big)\\ &= \tfrac12 X_{k-1}^{-1}\big(X_{k-1}-A^{1/2}\big)^2, \end{aligned}$$

und folglich

$$\|X_k-A^{1/2}\| \le \tfrac12\|X_{k-1}^{-1}\|\,\|X_{k-1}-A^{1/2}\|^2.$$

Hieraus könnte man mit einiger Arbeit die Konvergenz $X_k\to A^{1/2}$ erschließen, würde aber sehr einschränkende Voraussetzungen an die Qualität der Startapproximation $\|X^{(0)}-A^{1/2}\|_2$ benötigen. Die folgende Argumentation beschreitet daher einen anderen, durch die Vorbemerkung bereits vorgezeichneten Weg.

iii) Für die Eigenwerte $\lambda_i^{(k)}$ der Iterationsmatrizen X_k gilt ebenfalls die Rekursion

$$\lambda_i^{(k)} = \frac12\Big(\lambda_i^{(k-1)}+\frac{\lambda_i}{\lambda_i^{(k-1)}}\Big), \qquad K\in\mathbb{N}, \qquad \lambda_i^{(0)}=\lambda_i.$$

Hieraus erschließen wir durch Induktion (analog zum eindimensionalen Fall), dass

$$\lambda_i=\lambda_i^{(0)}\ge\lambda_i^{(1)}\ge\dots\ge\lambda_i^{(k)}\ge\dots\ge\sqrt{\lambda_i}, \qquad k\in\mathbb{N}.$$

Die Folgen der Eigenwerte $(\lambda_i^{(k)})_{k\in\mathbb{N}}$ sind also monoton fallend und nach unten beschränkt und folglich konvergent gegen Limiten $\lambda_i^{(\infty)}$. Diese sind dann Lösungen der Fixpunktgleichungen

$$\lambda_i^{(\infty)} = \frac12\Big(\lambda_i^{(\infty)}+\frac{\lambda_i}{\lambda_i^{(\infty)}}\Big), \qquad i=1,\dots,n,$$

was äquivalent ist zu $\lambda_i^{(\infty)} = \lambda_i^{1/2}$. Da alle Matrizen X_k eine gemeinsame Orthonormalbasis von Eigenvektoren zu diesen Eigenwerten $\lambda_i^{(k)}$ haben, konvergiert dann auch für beliebiges $x \in \mathbb{R}^n$:

$$X_k x = \sum_{i=1}^n (x, z^{(i)})_2 \lambda_i^{(k)} z^{(i)} \to \sum_{i=1}^n (x, z^{(i)})_2 \lambda_i^{1/2} z^{(i)} = A^{1/2} x \quad (k \to \infty).$$

Dies impliziert $X_k \to A^{1/2}$ $(k \to \infty)$ im Sinne der komponentenweisen Konvergenz oder (was äquivalent ist) bzgl. jeder Matrixnorm.

Lösung A.2.12: Die symmetrische Matrix $A \in \mathbb{R}^{n\times n}$ besitzt genau n reelle Eigenwerte λ_i, $i = 1,\dots,n$, (ihrer jeweiligen Vielfachheiten entsprechend oft gezählt) und eine zugehörige Orthonormalbasis von Eigenvektoren $\{w^{(i)}, \, i = 1,\dots,n\}$, so dass $Aw^{(i)} = \lambda_i w^{(i)}$, $i = 1,\dots,n$.

a) Die Matrizen $e^{iA}, \sin(A), \cos(A)$ können durch ihre Wirkung auf Vektoren $x \in \mathbb{R}^n$ definiert werden. Für beliebiges $x \in \mathbb{R}^n$ mit der „Fourier-Entwicklung“

$$x = \sum_{j=1}^n (x, w^{(j)})_2 w^{(j)}$$

gilt dann mit den Taylor-Entwicklungen der betrachteten Funktionen (Konvergenz der reihen und Vertauschbarkeit der Summationen begründen!):

$$\begin{aligned}
e^{iA}x &:= \sum_{k=0}^\infty \frac{1}{k!}(iA)^k x \\
&= \sum_{k=0}^\infty \frac{i^k}{k!} A^k \Big(\sum_{j=1}^n (x, w^{(j)})_2 w^{(j)} \Big) = \sum_{k=0}^\infty \Big(\sum_{j=1}^n (x, w^{(j)})_2 \frac{i^k}{k!} A^k w^{(j)} \Big) \\
&= \sum_{k=0}^\infty \Big(\sum_{j=1}^n (x, w^{(j)})_2 \frac{i^k}{k!} \lambda_j^k w^{(j)} \Big) = \sum_{j=1}^n \Big(\sum_{k=0}^\infty (x, w^{(j)})_2 \frac{i^k}{k!} \lambda_j^k w^{(j)} \Big) \\
&= \sum_{j=1}^n (x, w^{(j)})_2 \Big(\sum_{k=0}^\infty \frac{i^k}{k!} \lambda_j^k \Big) w^{(j)} = \sum_{j=1}^n (x, w^{(j)})_2 e^{i\lambda_j} w^{(j)},
\end{aligned}$$

und analog

$$\begin{aligned}
\sin(A)x &:= \sum_{k=0}^\infty \frac{(-1)^k}{(2k+1)!}(A)^{2k+1} x = \sum_{j=1}^n (x, w^{(j)})_2 \sin(\lambda_j) w^{(j)}, \\
\cos(A)x &:= \sum_{k=0}^\infty \frac{(-1)^k}{(2k)!}(A)^{2k} x = \sum_{j=1}^n (x, w^{(j)})_2 \cos(\lambda_j) w^{(j)}.
\end{aligned}$$

b) Mit dem in (a) Gezeigten folgt mit Hilfe der Eulerschen Identität für beliebiges $x \in \mathbb{R}^n$:

$$\begin{aligned}
e^{iA}x &= \sum_{j=1}^{n}(x, w^{(j)})_2 e^{i\lambda_j} w^{(j)} = \sum_{j=1}^{n}(x, w^{(j)})_2(\cos(\lambda_j) + i\sin(\lambda_j))w^{(j)} \\
&= \sum_{j=1}^{n}(x, w^{(j)})_2 \cos(\lambda_j) w^{(j)} + i\sum_{j=1}^{n}(x, w^{(j)})_2 \sin(\lambda_j) w^{(j)} \\
&= \cos(A)x + i\sin(A)x.
\end{aligned}$$

Dies bedeutet die Matrixidentität $e^{iA} = \cos(A) + i\sin(A)$.

c) Bezüglich der euklischen Norm $\|\cdot\|_2$ gilt für beliebiges $x = \sum_{j=1}^{n}(x, w^{(j)})_2 w^{(j)} \in \mathbb{R}^n$:

$$\begin{aligned}
\|\sin(A)x\|_2^2 = (\sin(A)x, \sin(A)x)_2 &= \sum_{j,k}^{n} \sin(\lambda_j)\sin(\lambda_k)(x, w^{(j)})_2(x, w^{(k)})_2(w^{(j)}, w^{(k)})_2 \\
&= \sum_{j=1}^{n} \sin(\lambda_j)^2 (x, w^{(j)})_2^2 \le \sum_{j=1}^{n}(x, w^{(j)})_2^2 = \|x\|_2^2,
\end{aligned}$$

Folglich gilt mit der Spektralnorm $\|\cdot\|_2$:

$$\|\sin(A)\|_2 := \sup_{x\in\mathbb{R}^n\setminus\{0\}} \frac{\|\sin(A)x\|_2}{\|x\|_2} \le 1.$$

Das Argument für $\cos(A)$ ist analog.

A.3 Kapitel 3

Lösung A.3.1: Die partiellen Ableitungen der Abstandsfunktion $r(x)$ sind

$$\partial_i r(x) = \frac{x_i}{r(x)}, \qquad i = 1, \dots, n.$$

Damit erhalten wir durch Anwendung der Kettenregel:

$a)$ $\partial_i f(x) = \partial_i r(x)^{-n} = -nr(x)^{-n-1}\partial_i r(x) = -nr^{-n-2}x_i;$

$b)$ $\partial_i f(x) = \partial_i e^{-1/r(x)^2} = -e^{-1/r(x)^2}\partial_i r^{-2} = 2e^{-1/r(x)^2} r(x)^{-3}\partial_i r(x) = 2e^{-1/r(x)^2} r(x)^{-4} x_i.$

Lösung A.3.2: a) Die Funktion

$$f(x,y) := \frac{x^3y - xy^3}{x^2+y^2}, \quad (x,y) \neq 0, \qquad f(0,0) := 0,$$

ist als Komposition von differenzierbaren Funktionen für $(x,y) \neq 0$ beliebig oft stetig partiell differenzierbar, so dass nur noch ihr Verhalten bei $(x,y) = 0$ zu untersuchen ist.

i) Wegen $|f(x,y)| \le |xy|$ nimmt f stetig den Wert $f(0,0) = 0$ an. Die ersten partiellen Ableitungen von f sind:

$$\partial_x f(x,y) = \frac{(x^2+y^2)(3x^2y - y^3) - 2x(x^3y - xy^3)}{(x^2+y^2)^2} = \frac{4x^2y^3 + x^4y - y^5}{(x^2+y^2)^2},$$
$$\partial_y f(x,y) = \frac{(x^2+y^2)(x^3 - 3xy^2) - 2y(x^3y - xy^3)}{(x^2+y^2)^2} = \frac{x^5 - 4x^3y^2 - xy^4}{(x^2+y^2)^2}.$$

Wegen $|\partial_x f(x,y)| + |\partial_y f(x,y)| \le 2(|x| + |y|)$ nimmt ∇f stetig den Wert $\nabla f(0,0) = 0$ an.

ii) Für die gemischten zweiten partiellen Ableitungen von f gilt im Nullpunkt:

$$\partial_x\partial_y f(0,0) = \lim_{h\to 0} \frac{\partial_y f(h,0) - \partial_y f(0,0)}{h} = \lim_{h\to 0} \frac{h}{h} = 1,$$
$$\partial_y\partial_x f(0,0) = \lim_{h\to 0} \frac{\partial_x f(0,h) - \partial_x f(0,0)}{h} = \lim_{h\to 0} \frac{-h}{h} = -1.$$

Also existieren Gradient und Hesse-Matrix von f überall.

b) Die globale Stetigkeit von f und ∇f wurde in (a) mit gezeigt.

c) Für die zweiten Ableitungen gilt $\partial_x\partial_y f(0,0) = 1 \neq -1 = \partial_y\partial_x f(0,0)$, d. h.: Die Hesse-Matrix $\nabla^2 f = (\partial_i\partial_j f)_{i,j=1}^2$ ist im Nullpunkt nicht symmetrisch.

Lösung A.3.3: a) Die partiellen Ableitungen der Abstandsfunktion $r(x) = \|x\|_2$ sind

$$\partial_i r(x) = \frac{x_i}{r(x)}, \qquad i = 1, \dots, n.$$

Damit erhalten wir durch Anwendung der Kettenregel:

$$\begin{aligned}
\partial_j f_1(x) &= \partial_j (r(x)^2 + \varepsilon)^{-1} = -(r(x)^2 + \varepsilon)^{-2} \partial_j r(x)^2 \\
&= \frac{-2x_j}{(\|x\|_2 + \epsilon)^2} \\
\partial_i\partial_j f_1(x) &= \partial_i \left(\frac{-2x_j}{(r(x)^2 + \epsilon)^2} \right) \\
&= \frac{-2\delta_{ij}}{(\|x\|_2^2 + \epsilon)^2} + x_i x_j \frac{8}{(\|x\|_2^2 + \varepsilon)^3}
\end{aligned}$$

sowie

$$\begin{aligned}
\partial_j f_2(x) &= \partial_j e^{r(x)^2} = e^{r(x)^2} \partial_j r(x)^2 = e^{r(x)^2} \frac{2r(x)x_j}{r(x)} = 2x_j e^{\|x\|_2^2} \\
\partial_i\partial_j f_2(x) &= \partial_i \Big(2x_j e^{\|x\|_2^2} \Big) = \Big(\delta_{ij} 2 + 4x_j x_i \Big) e^{\|x\|_2^2}
\end{aligned}$$

b) Die Hesse-Matrizen der beiden betrachteten Funktionen sind offenbar symmetrisch. Wir untersuchen nun Ihre Definitheit über ihre Eigenwerte.

bi) Wir betrachten die Nullstellen des charakteristischen Polynoms $\det(\nabla^2 f_1 - \lambda I)$. Diese sind gerade

$$\lambda_1 = \frac{-2}{(\|x\|_2^2+\varepsilon)^2} < 0,$$
$$\lambda_2 = \frac{1}{(\|x\|_2^2+\varepsilon)^2}\Big(-2 + \frac{8\|x\|_2^2}{\|x\|_2^2+\varepsilon}\Big).$$

Wegen $\lim_{\|x\|\to 0} \frac{8\|x\|_2^2}{\|x\|_2^2+\varepsilon} = 0$ ist die Hessematrix in einer Umgebung der Null negativ definit. Da weiter $\lim_{\|x\|\to\infty} \frac{8\|x\|_2^2}{\|x\|_2^2+\varepsilon} = 8$ ist sie indefinit für $\|x\|$ hinreichend groß.

bii) Analog betrachten wir die Nullstellen des charakteristischen Polynoms $\det(\nabla^2 f_2 - \lambda I)$. Diese sind gerade

$$\lambda_1 = 2e^{\|x\|_2^2} > 0, \qquad \lambda_2 = \Big(2 + 4\|x\|_2^2\Big)e^{\|x\|_2^2} > 0.$$

Die Matrix ist also positiv definit.

Lösung A.3.4: a) Der *Gradient* und die *Hesse-Matrix* der Funktion $f(x) = \|x\|_2^3 - 1$ sind:

$$\nabla f(x) = 3x\|x\|_2, \qquad J_f(x) = \Big(\frac{3\|x\|_2^2\delta_{ij} + 3x_ix_j}{\|x\|_2}\Big)_{i,j=1}^n.$$

b) Die *stetige* Funktion f nimmt auf der *kompakten* Menge $\overline{K_1(0)}$ ihre Extremalwerte an. Sie besitzt in $\hat{x} = 0$ eine mögliche Extremalstelle. Wegen $f(\hat{x}) = -1$ und $f(x) > -1$ für $x \neq \hat{x}$ handelt es sich dabei (trotz $J_f(0) = 0$) um eine globale Minimalstelle. Jeder Randpunkt $x \in \partial\overline{K_1(0)}$ ist Maximalstelle von f

Lösung A.3.5: Die Jacobi-Matrix ist

$$J_v(r,\theta,\varphi) = \begin{pmatrix} \cos\theta\sin\varphi & -r\sin\theta\sin\varphi & r\cos\theta\cos\varphi \\ \sin\theta\sin\varphi & r\cos\theta\sin\varphi & r\sin\theta\cos\varphi \\ \cos\varphi & 0 & -r\sin\varphi \end{pmatrix}.$$

und die zugehörige Jacobi-Determinante

$$\det J_v(r,\theta,\varphi) = -r^2\sin\varphi.$$

Diese ist regulär für $r \neq 0$ und $\theta \neq (k+\frac{1}{2})\pi$, $k \in \mathbb{Z}$.

Lösung A.3.6: i) Wir setzen

$$x_1 = r\cos\theta,\ x_2 = r\sin\theta, \quad f(x) = f(x_x, x_2) = f(r\cos\theta, r\sin\theta =: F(r,\theta).$$

Mit Hilfe der Kettenregel gilt dann:

$$\begin{aligned}
\partial_r F(r,\theta) &= \partial_1 f(x)\cos\theta + \partial_2 f(x)\sin\theta,\\
\partial_r^2 F(r,\theta) &= \partial_1^2 f(x)\cos^2\theta + \partial_2\partial_1 f(x)\sin\theta\cos\theta + \partial_1\partial_2 f(x)\cos\theta\sin\theta + \partial_2^2 f(x)\sin^2\theta,\\
\partial_\theta F(r,\theta) &= -\partial_1 f(x) r\sin\theta + \partial_2 f(x) r\cos\theta,\\
\partial_\theta^2 F(r,\theta) &= \partial_1^2 f(x) r^2\cos^2\theta - \partial_2\partial_1 f(x) r^2\sin\theta\cos\theta - \partial_1\partial_2 f(x) r^2\cos\theta\sin\theta\\
&\quad - \partial_1 f(x) r\cos\theta - \partial_2 f(x) r\sin\theta + \partial_2^2 f(x) r^2\cos^2\theta.
\end{aligned}$$

Also ist $(\partial_r^2 + r^{-1}\partial_r + r^{-2}\partial_\theta^2)F(r,\theta) = (\partial_1^2+\partial_2^2)f(x)$.

ii) Wir setzen $\alpha := \pi/\omega$ und finden

$$\begin{aligned}
\Delta s_\omega(r,\theta) &= (\partial_r^2 + r^{-1}\partial_r + r^{-2}\partial_\theta^2)(r^\alpha \sin\theta\alpha)\\
&= (\alpha-1)\alpha r^{\alpha-2}\sin\theta\alpha + \alpha r^{\alpha-2}\sin\theta\alpha - r^{\alpha-2}\alpha^2\sin\theta\alpha = 0.
\end{aligned}$$

Lösung A.3.7: a) Wir setzen

$$x_1 = r\cos\theta,\ x_2 = r\sin\theta, \quad f(x) = f(x_x, x_2) = f(r\cos\theta, r\sin\theta) =: F(r,\theta).$$

Mit Hilfe der Kettenregel gilt dann:

$$\begin{aligned}
\partial_r F(r,\theta) &= \partial_1 f(x)\cos\theta + \partial_2 f(x)\sin\theta,\\
\partial_r^2 F(r,\theta) &= \partial_1^2 f(x)\cos^2\theta + \partial_2\partial_1 f(x)\sin\theta\cos\theta + \partial_1\partial_2 f(x)\cos\theta\sin\theta + \partial_2^2 f(x)\sin^2\theta,\\
\partial_\theta F(r,\theta) &= -\partial_1 f(x) r\sin\theta + \partial_2 f(x) r\cos\theta,\\
\partial_\theta^2 F(r,\theta) &= \partial_1^2 f(x) r^2\cos^2\theta - \partial_2\partial_1 f(x) r^2\sin\theta\cos\theta - \partial_1\partial_2 f(x) r^2\cos\theta\sin\theta\\
&\quad - \partial_1 f(x) r\cos\theta - \partial_2 f(x) r\sin\theta + \partial_2^2 f(x) r^2\cos^2\theta.
\end{aligned}$$

Also ist $(\partial_r^2 + r^{-1}\partial_r + r^{-2}\partial_\theta^2)F(r,\theta) = (\partial_1^2+\partial_2^2)f(x)$. Analog rechnet man den Fall $n=3$ nach.

b) Es gilt in $\mathbb{R}^n$ für $x \neq 0$:

$$\begin{aligned}
\Delta\log(\|x\|_2) &= \Delta\log(r)\\
&= \partial_r^2\log(r) + \frac{1}{r}\partial_r\log(r) = 0,
\end{aligned}$$

und in $\mathbb{R}^3$ für $x \neq 0$:

$$\begin{aligned}
\Delta(\|x\|_2^{-1}) &= \Delta r^{-1}\\
&= \partial_r^2 r^{-1} + \frac{2}{r}\partial_r r^{-1} = 0.
\end{aligned}$$

c) Die Jacobi-Matrizen und zugehörigen Jacobi-Determinante der betrachteten Abbildungen sind:

$$J_v(r,\theta,\varphi) = \begin{pmatrix} \cos(\theta)\sin(\varphi) & -r\sin(\theta)\sin(\varphi) & r\cos(\theta)\cos(\varphi)\\ \sin(\theta)\sin(\varphi) & r\cos(\theta)\sin(\varphi) & r\sin(\theta)\cos(\varphi)\\ \cos(\varphi) & 0 & -r\sin(\varphi) \end{pmatrix}.$$

mit

$$\det J_v(r,\theta,\varphi) = -r^2\sin(\varphi).$$

Diese Matrix ist regulär für $r \neq 0$ und $\varphi \neq k\pi,\ k \in \mathbb{Z}$. Die zugehörige Abbildung $v : [0,\infty)\times[0,2\pi)\times(0,\pi) \to \mathbb{R}^3$ ist bijektiv.

$$J_v(r,\theta,\varphi) = \begin{pmatrix} \cos(\theta) & -r\sin(\theta) & 0 \\ \sin(\theta) & r\cos(\theta) & 0 \\ 0 & 0 & 1 \end{pmatrix}.$$

mit

$$\det J_v(r,\theta,\varphi) = r.$$

Diese Matrix ist regulär für $r \neq 0$. Die zugehörige Abbildung $v : [0,\infty)\times[0,2\pi)\times\mathbb{R} \to \mathbb{R}^3$ ist bijektiv.

Lösung A.3.8: i) Liegt der Punkt $(\hat{x},\hat{y})$ auf keiner der beiden Koordinatenbachsen, so ist $f(x,y) = xy$ oder $f(x,y) = -xy$ in einer offenen Umgebung von $(\hat{x},\hat{y})$. Also ist f in solchen Punkten differenzierbar. In Punkten $(\hat{x},0)$ mit $\hat{x} \neq 0$ ist f nicht partiell bzgl. y differenierbar, da $f(\hat{x},y) = |\hat{x}||y|$ hier nicht (gewöhnlich) differenzierbar ist. Analog sieht man, daß f auch in Punkten $(0,\hat{y})$ mit $\hat{y} \neq 0$ auf der y-Achse nicht partiell bzgl. x und damit auch nicht total differenzierbar ist.

ii) Auf den Koordinatenachsen ist $f(x,0) = f(0,y) = 0$. Also ist f in $(0,0)$ partiell differenzierbar mit den partiellen Ableitungen $\partial_x f(0,0) = \partial_y(0,0) = 0$. Hier ist f auch total differenzierbar, denn mit dem Gradienten $\nabla f(0.0) = (0,0)$ gilt

$$f(x,y) = f(0,0) + \nabla f(0,0)\cdot(x,y) + \omega(x,y)$$

mit

$$\frac{|\omega(x,y)|}{\|(x,y)\|_2} = \frac{|f(x,y) - f(0,0) - \nabla f(0,0)\cdot(x,y)|}{\|(x,y)\|_2} = \frac{|xy|}{(x^2+y^2)^{1/2}} \to 0 \quad (x,y) \to (0,0).$$

Also ist f in $(0,0)$ differenzierbar mit Ableitung $f'(0,0) = \nabla f(0,0) = (0.0)$.

Lösung A.3.9: i) Liegt der Punkt $(\hat{x}_1,\hat{x}_2,\hat{x}_3)$ auf keiner der Koordinatenachsen (d. h. $\hat{x}_i \neq 0$), so ist $f(x) = x_1x_2 + x_3$, $f(x) = x_1x_2 - x_3$, $f(x) = -x_1x_2 + x_3$, oder $f(x) = -x_1x_2 - x_3$ in einer offenen Umgebung von $(\hat{x}_1,\hat{x}_2,\hat{x}_3)$. Also ist f in solchen Punkten differenzierbar.

In Punkten $(\hat{x}_1,0,\hat{x}_3)$ mit $\hat{x}_1 \neq 0$ ist f nicht partiell bzgl. x_2 differenzierbar, da $f(\hat{x}_1,x_2) = |\hat{x}_1||x_2|$ hier nicht (gewöhnlich) differenzierbar ist. Analog sieht man, dass f auch in allen anderen Punkten $(0,\hat{x}_2,\hat{x}_3)$ mit $\hat{x}_2 \neq 0$ nicht partiell bzgl. x_2 und damit auch nicht total differenzierbar ist. In Punkten $(\hat{x}_1,\hat{x}_2,0)$ ist f nicht partiell bzgl. x_3 differenzierbar.

Es verbleibt die Untersuchung der Punkte $(0,0,\hat{x}_3)$ mit $\hat{x}_3 \neq 0$. Da hier gilt $f(0,h,\hat{x}_3) = f(h,0,\hat{x}_3) = f(0,0,\hat{x}_3)$ ist f bzgl. x_1 und x_2 partiell differenzierbar. Da ferner $f(0,0,x_3) =$

x_3 oder $f(0,0,x_3) = -x_3$ in einer (relativ) Umgebung von $\hat{x}_3$ ist f auch bezüglich x_3 partiell differenzierbar. Der Gradient von f in $(0,0,\hat{x}_3)$ ist gegeben durch

$$\nabla f(0,0,\hat{x}_3) = (0,0,\operatorname{sign}(\hat{x}_3)).$$

Sei o.B.d.A $x_3 > 0$. Dann gilt für $h = (h_1,h_2,h_3)^T$ klein genug

$$f(h_1,h_2,\hat{x_3}+h_3) = |h_1h_2| + \hat{x}_3 + h_3 = f(0,0,\hat{x}_3) + \nabla f(0,0,\hat{x}_3)h + |h_1h_2|.$$

Wegen $\lim_{\|h\|\to 0} \frac{|h_1h_2|}{\|h\|} = 0$ ist f sogar total differenzierbar.

ii) Wie oben erhalten wir totale Differenzierbarkeit in allen Punkten $(\hat{x}_1,\hat{x}_2,\hat{x}_3)$ für die $x_i \neq 0$. Sein nun genau eine der Komponenten gleich Null. O.B.d.A $\hat{x}_1 = 0$ und $\hat{x}_2, \hat{x}_3 \neq 0$. Dann ist $f(\hat{x}_1,\hat{x}_2,\hat{x}_3)$ bezüglich x_1 nicht partiell differenzierbar. Im Fall zweier verschwindender Komponenten, o.B.d.A $\hat{x}_1 = \hat{x}_2 = 0$ sowie $\hat{x}_3 \neq 0$ erhalten wir $f(h,0,\hat{x}_3) = f(0,h,\hat{x}_3) = f(0,0,\hat{x}_3+h) = f(0,0,\hat{x}_3) = 0$. Somit ist $\nabla f(0,0,\hat{x}_3) = 0$. Wir untersuchen nun die totale Differenzierbarkeit. Es ist

$$\omega(h) = f(h_1,h_2,\hat{x}_3+h_3) - f(0,0,\hat{x}_3) + \nabla f(0,0,\hat{x}_3) \qquad = |h_1h_2(\hat{x}_3+h_3)|^{1/3}$$

Für die Folge $h_n = (1/n, 1/n, 0)$ ist

$$\frac{\omega(h)}{\|h\|_2} = \frac{|\hat{x}_3|^{1/3}}{\sqrt{2}} n^{1/3} \to \infty \quad (n \to \infty).$$

somit ist f in $(0,0,\hat{x}_3)$ nicht total differenzierbar. Das selbe Argument angewendet auf die Folge $(1/n,1/n,1/n)$ liefert ebenso, dass f auch in $(0,0,0)$ zwar partiell aber nicht total differenzierbar ist.

Lösung A.3.10: i) Sei $x \in \overline{M}$ und $(x^{(k)})_{k\in\mathbb{N}}$ eine Folge in M mit $x = \lim_{k\to\infty} x^{(k)}$. Wegen der Lipschitz-Stetigkeit von f auf M gilt

$$\|f(x^{(k)}) - f(x^{(l)})\| \le L\|x^{(k)} - x^{(l)}\|,$$

d. h. die Bildfolge $(f(x^{(k)})_{k\in\mathbb{N}}$ ist eine Cauchy-Folge. Ihr Limes sei y. Im Falle $x \neq M$ setzen wir $\overline{f(x)} := y$. Dadurch wird eine Funktion $\overline{f} : \overline{M} \to \mathbb{R}^n$ definiert. Diese Definition ist eindeutig, da für jede zweite Folge $(\xi^{(k)})_{k\in\mathbb{N}}$ mit $x = \lim_{k\to\infty} \xi^{(k)}$ die zugehörige Bildfolge wegen $\|f(x^{(k)}) - f(\xi^{(k)})\| \le L\|x^{(k)} - \xi^{(k)}\|$ ebenfalls gegen y konvergiert. Ferner ist für $x \in M$ automatisch $\overline{f}(x) = f(x)$. Seien $x, \xi \in \overline{M}$ und $(x^{(k)})_{k\in\mathbb{N}}, (\xi^{(k)})_{k\in\mathbb{N}}$ approximierende Folgen in M. Dann gilt

$$\|\overline{f}(x) - \overline{f}(\xi)\| = \lim_{k\to\infty} \|\overline{f}(x^{(k)}) - \overline{f}(\xi^{(k)})\| \le L \lim_{k\to\infty} \|x^{(k)} - \xi^{(k)}\| = L\|x - \xi\|.$$

Die Fortsetzung $\overline{f}$ ist also Lipschitz-stetig auf $\overline{M}$.

ii) Sei o.B.d.A. $M \subset \mathbb{R}^n$ abgeschlossen und $f : M \to \mathbb{R}^n$ Lipschitz-stetig (und damit stetig). Sei $(y^{(k)})_{k\in\mathbb{N}}$ eine Cauchy-Folge in $f(M)$ mit Limes $y \in \mathbb{R}^n$. Die Urbildfolge $(x^{(k)})_{k\in\mathbb{N}}$ hat in der abgeschlossenen und beschränkten Menge M eine konvergente Teilfolge $(x^{(k_j)})_{j\in\mathbb{N}}$ mit Limes $x \in M$. Für diese gilt wegen der Stetigkeit von f:

$$f(x^{(k_j)}) \to f(x) = y \quad (j \to \infty).$$

Also ist $y \in f(M)$.

Lösung A.3.11: a) Wir verwenden eine leicht modifizierte Variante der Argumentation im Beweis des Mittelwertsatzes. Für zwei Punkte $x, y \in D$ liegen wegen der Konvexität von D auch alle Zwischenpunkte $z = tx + (1-t)y$, $0 < t < 1$, in D. Wir betrachten die Funktion $g(t) := f(x + t(y-x))$ für $t \in [0,1]$. Dafür gilt:

$$f_i(y) - f_i(x) = g_i(1) - g_i(0) = \int_0^1 g_i'(s)\, ds = \int_0^1 \sum_{j=1}^n \partial_j f_i(x + s(y-x))(y_j - x_j)\, ds.$$

bzw. in vektoriellen Schreibweise

$$f(y) - f(x) = \int_0^1 J_f(x + s(y-x))(y-x)\, ds.$$

Aufgrund der Schwarzschen Ungleichung gilt für (integrierbare) Vektorfunktionen $g = (g_i)_{i=1}^n : [0,1] \to \mathbb{R}$:

$$\Big| \int_0^1 g_i(s) \Big|^2 \le \int_0^1 |g_i(s)|^2\, ds$$

und folglich

$$\Big\| \int_0^1 g(s)\, ds \Big\|_2^2 = \sum_{i=1}^n \Big| \int_0^1 g_i(s)\, ds \Big|^2 \le \sum_{i=1}^n \int_0^1 |g_i(s)|^2\, ds = \int_0^1 \|g(s)\|_2^2\, ds.$$

Also erhalten wir

$$\begin{aligned} \|f(y) - f(x)\|_2^2 &\le \int_0^1 \|J_f(x + s(y-x))(y-x)\|_2^2\, ds \\ &\le \int_0^1 \|J_f(x + s(y-x))\|_2^2\, ds\, \|y - x\|_2^2 \le \sup_{z \in D} \|J_f(z)\|_2^2\, \|y-x\|_2^2, \end{aligned}$$

woraus sich die behauptete Lipschitz-Stetigkeit mit L-Konstante $L = K$ ergibt.

b) Im Falle einer zu einer beliebigen Vektornorm $\|\cdot\|$ gehörenden (natürlichen) Matrixnorm $\|\cdot\|$ verwenden wir die Normäquivalenz auf $\mathbb{R}^n$,

$$c_1\|x\| \le \|x\|_2 \le c_2\|x\|, \quad x \in \mathbb{R}^n,$$

Damit folgt

$$\|f(y) - f(x)\| \le \frac{1}{c_1}\|f(y) - f(x)\|_2 \le \frac{1}{c_1} K\|x - y\|_2 \le \frac{c_2}{c_1} K\|x - y\|,$$

d. h. Lipschitz-Stetigkeit mit der L-Konstante $L = \frac{c_2}{c_1}K$. Alternativ kann man auch die Abschätzung

$$\Big\| \int_0^1 g(s)\, ds \Big\| \le \int_0^1 \|g(s)\|\, ds,$$

verwenden, welche analog wie beim Absolutbetrag über die Definition des Riemann-Integrals als Limes Riemannscher Summen und der Dreiecksungleichung bewiesen wird (Argumentation wiederholen!). Damit folgt dann

$$\begin{aligned}\|f(y)-f(x)\| &= \Big\|\int_0^1 J_f(x+s(y-x))(y-x)\,ds\Big\| \le \int_0^1 \|J_f(x+s(y-x))(y-x)\|\,ds\\ &\le \int_0^1 \|J_f(x+s(y-x))\|\,ds\,\|(y-x)\| \le \sup_{x\in D}\|J_f(x)\|\,\|(y-x)\|.\end{aligned}$$

c) Zusatzaufgabe: Nach einem Satz des Textes gilt für die Spektralnorm einer allgemeinen Matrix $A\in\mathbb{K}^{n\times n}$:

$$\|A\|_2 = \max\big\{|\lambda|^{1/2},\ \lambda\in\sigma(AA^T)\big\}.$$

Ferner gilt mit einer beliebigen (natürlichen) Matrixnorm $\|\cdot\|$ für den Spektralradius $\mathrm{spr}(A) := \max\{|\lambda|, \lambda\in\sigma(A)\}$

$$\mathrm{spr}(A) \le \|A\|:$$

Angewendet auf $A := J_f(x)$ ergibt dies bei Beachtung von $\|A\|_\infty = \|A^T\|_1$:

$$\begin{aligned}\|J_f(x)\|_2^2 &= \max\big\{|\lambda|^{1/2},\ \lambda\in\sigma(J_f(x)J_f(x)^T)\big\}^2\\ &\le \|J_f(x)J_f(x)^T\|_\infty \le \|J_f(x)\|_\infty\|J_f(x)^T\|_\infty = \|J_f(x)\|_\infty\|J_f(x)\|_1.\end{aligned}$$

Dies impliziert dann mit Teil (a) die Behauptung.

Lösung A.3.12: Wir setzen $x = x_0+h$ und $s := (t-x_0)/h$. Dann ist $t = sh+x_0$ und folglich $dt = hds$. Mit dieser Substitution erhalten wir

$$f(x) = \sum_{k=0}^r \frac{f^{(k)}(x_0)}{k!}(x-x_0)^k + R_{r+1}^f(x_0;x-x_0) = \sum_{k=0}^r \frac{f^{(k)}(x_0)}{k!}h^k + R_{r+1}^f(x_0;h),$$

mit den Restglieddarstellungen

$$\begin{aligned}R_{r+1}^f(x_0;h) &= \frac{1}{r!}\int_{x_0}^x (x-t)^r f^{(r+1)}(t)\,dt = \frac{h^{r+1}}{r!}\int_0^1 (1-s)^r f^{(r+1)}(x_0+sh)\,ds,\\ R_{r+1}^f(x_0;h) &= \frac{f^{(r+1)}(\xi)}{(r+1)!}(x-x_0)^{r+1}, \quad \xi\in(x_0,x),\\ &= \frac{f^{(r+1)}(x_0+\theta h)}{(r+1)!}h^{r+1}, \quad \theta\in(0,1).\end{aligned}$$

Lösung A.3.13: Mit dem Gradienten $\nabla f(x)$ und der Hesse-Matrix $H_f(x)$ der Funktion f hat deren Taylor-Entwicklung um den Punkt x bis zum Restglied 3-ter Ordnung die Gestalt

$$f(x+h) = f(x) + (\nabla f(x),h)_2 + \tfrac{1}{2}(H_f(x)h,h)_2 + R_3^f(x;h).$$

Der Elemente des Gradienten sind

$$\begin{aligned}\partial_1 f(x) &= \frac{(x_1+x_2)-(x_1-x_2)}{(x_1+x_2)^2} = \frac{2x_2}{(x_1+x_2)^2},\\ \partial_2 f(x) &= \frac{-(x_1+x_2)-(x_1-x_2)}{(x_1+x_2)^2} = \frac{-2x_1}{(x_1+x_2)^2},\end{aligned}$$

und die der Hesse-Matrix:

$$\partial_1^2 f(x) = \frac{-4x_2}{(x_1+x_2)^3}, \qquad \partial_2^2 f(x) = \frac{-4x_1}{(x_1+x_2)^4},$$

$$\partial_1\partial_2 f(x) = \partial_2\partial_1 f(x) = \frac{2(x_1+x_2)^2 - 4x_2(x_1+x_2)}{(x_1+x_2)^4} = \frac{2(x_1-x_2)}{(x_1+x_2)^3}.$$

Ausgeschrieben lautet also die Taylor-Entwicklung um $x = (1,1)$ wegen $f(1,1) = 0$:

$$f(1+h_1, 1+h_2) = \frac{h_1 - h_2}{2+h_1+h_2} = \tfrac{1}{2}h_1 - \tfrac{1}{2}h_2 - \tfrac{1}{8}h_1^2 - \tfrac{1}{8}h_2^2 + o(\|h\|^3).$$

Lösung A.3.14: Die Funktion $F(z) = \ln(1+z)$ hat um $z = 0$ die Taylor-Reihe

$$T_\infty^F(z) = \sum_{k=1}^\infty \frac{(-1)^{k-1}}{k} z^k,$$

welche für $|z| < 1$ absolut konvergiert und die Funktion darstellt. Mit $z := x_2 - x_1$ folgt also

$$T_\infty^f(x) = \sum_{k=1}^\infty P_k(x) = \sum_{k=1}^\infty \frac{(-1)^{k-1}}{k}(x_2-x_1)^k.$$

Diese Reihe konvergiert absolut für $|x_2 - x_1| < 1$, d. h. im Streifen

$$S = \{x \in \mathbb{R}^2 : |x_2 - x_1| < 1\}$$

der (x_1, x_2)-Ebene und stellt die Funktion hier dar. Die Polynome P_k sind "homogen", d. h. erfüllen $P_k(tx) = t^k P_k(x)$. Nach einem Satz im Text handelt es sich hierbei also wirklich um die Taylor-Reihe der Funktion.

Lösung A.3.15: a) Die Punkte auf einer Geraden durch den Nullpunkt sind gegeben durch $\{t(a,b),\, t \in \mathbb{R}\}$ für beliebiges $(a,b) \in \mathbb{R}^2$ mit $(a,b) \neq (0,0)$. Zur Bestimmung des Minimums von f entlang der Geraden definieren wir $g(t) := f(ta, tb) = 2(ta)^2 - 3(ta)(tb)^2 + (tb)^4$ und berechnen

$$g'(t) = 4a^2 t - 9ab^2t^2 + 4b^4t^3, \qquad g''(t) = 4a^2 - 18ab^2 t + 12b^4t^2.$$

Es ist $g(0) = 0$, $g'(0) = 0$, $g''(0) = 4a^2 > 0$ für $a \neq 0$, so dass in $t = 0$, d. h. im Nullpunkt, ein (relatives) lokales Minimum von f auf der Geraden vorliegt. Der Fall $a = 0$ entspricht einer Geraden in x_2-Achsenrichtung. Auf dieser Geraden ist $f(0, x_2) = x_2^4$, d. h.: Auch hier hat f ein (relatives) Minimum in $(0,0)$.

b) Die partiellen Ableitungen von f sind

$$\partial_1 f(x) = 4x_1 - 3x_2^2, \qquad \partial_2 f(x) = -6x_1x_2 + 4x_2^3.$$

Der Gradient ∇f verschwindet nur in $(0,0)$. Die Hesse-Matrix

$$H_f(x) = \begin{pmatrix} 4 & -6x_2 \\ -6x_2 & -6x_1 + 12x_2^2 \end{pmatrix}, \qquad H_f(0,0) = \begin{pmatrix} 4 & 0 \\ 0 & 0 \end{pmatrix}$$

ist in $(0,0)$ aber nur semidefinit. Es ist $f(0) = 0$. In $(0,0)$ hat f aber kein lokales Minimum, da wegen

$$f(x) = 2x_1^2 - 3x_1x_2^2 + x_2^4 = (x_2^2 - x_1)(x_2^2 - 2x_1)$$

in jeder Umgebung von $(0,0)$ Punkte mit positiven wie auch solche mit negativen Funktionswerten liegen.

Lösung A.3.16: Die notwendige Extremalbedingung ergibt einen einzigen möglichen Extremalpunkt:

$$\nabla f(x) = 2\sum_{j=1}^m (x - a^{(j)}) = 0 \quad \Rightarrow \quad \hat{x} = \frac{1}{m}\sum_{j=1}^m a^{(j)}.$$

Die zugehörige Hesse-Matrix $H_f(\hat{x}) = 2mI$ ist positiv definit, so dass in $\hat{x}$ ein Minimum vorliegt. Dieses ist wegen $f(x) \to \infty$ für $\|x\|_2 \to \infty$ auch globales Minimum.

Lösung A.3.17: a) Die notwendige Extremalbedingung ergibt genau zwei mögliche Extremalpunkte:

$$\nabla f(x) = \begin{pmatrix} 3x_1^2 - 9x_2 \\ 3x_2^2 - 9x_1 \end{pmatrix} = 0 \quad \Rightarrow \quad x^{(1)} = (0,0),\ x^{(2)} = (3,3).$$

Die Hesse-Matrix

$$H_f(x) = \begin{pmatrix} 6x_1 & -9 \\ -9 & 6x_2 \end{pmatrix}$$

ist in $x^{(1)}$ indefinit (Eigenwerte $\lambda_\pm = \pm 9$) und in $x^{(2)}$ positiv definit (Eigenwerte $\lambda_1 = 9, \lambda_2 = 27$). Es liegt also in $x^{(2)}$ ein lokales Minimum und in $x^{(1)}$ ein Sattelpunkt vor. Wegen $f(-3,-3) = -108 < 0 = f(3,3)$ ist das lokale Minimum nicht global.

b) Die notwendige Extremalbedingung ergibt unendlich viele mögliche Extremalpunkte:

$$\nabla f(x) = \begin{pmatrix} 2x_1 - 2x_2 \\ 2x_2 - 2x_1 \end{pmatrix} = 0 \quad \Rightarrow \quad x = (\xi, \xi),\ \xi \in \mathbb{R}.$$

In allen diesen kritischen Punkten ist $\det H_f(\xi,\xi) = 0$ und daher das Optimalitätskriterium nicht anwendbar. Der Darstellung $f(x) = (x_1 - x_2)^2 + 1$ entnehmen wir $f(x) \geq 1$ sowie $f(x) = 1$. Also ist jeder Punkte (ξ,ξ) ein lokales Minimum; ein globales Minimum gibt es nicht.

Lösung A.3.18: Die partiellen Ableitungen der Funktion $F(x,y,z) = z^3 + (x^2+y^2)z + 1$ sind

$$\partial_x F(x,y,z) = 2xz, \quad \partial_y F(x,y,z) = 2yz, \quad \partial_z F(x,y,z) = 3z^2 + x^2 + y^2.$$

Diese sind offenbar stetig auf $\mathbb{R}^3$. Für einen festen Punkt $(\hat{x},\hat{y}) \in \mathbb{R}^2$ besitzt die kubische Gleichung

$$F(\hat{x},\hat{y},z) = z^3 + (\hat{x}^2 + \hat{y}^2)z + 1 = 0$$

eine Lösung $\hat{z}$. Für den Punkt $(\hat{x}, \hat{y}, \hat{z})$ gilt notwendig $\hat{z} < 0$, denn aus $\hat{z} \geq 0$ folgte $\hat{z}^3 \geq 0$ und folglich wegen $\hat{x}^2 + \hat{x}^2 \geq 0$ der Widerspruch $0 = F(\hat{x}, \hat{y}, \hat{z}) > 0$. Also ist auch $\partial_z F(\hat{x}, \hat{y}, \hat{z}) = 3\hat{z}^2 + \hat{x}^2 + \hat{y}^2 > 0$. Damit ist für solche Punkte $(\hat{x}, \hat{y}, \hat{z})$ der Satz über implizite Funktionen anwendbar: Es gibt eine Umgebung $U(\hat{x}, \hat{y}) \subset \mathbb{R}^2$ und eine eindeutig bestimmte stetig differenzierbare Funktion $f : U(\hat{x}, \hat{y}) \to \mathbb{R}$ mit der Eigenschaft $\hat{z} = f(\hat{x}, \hat{y})$ und

$$F(x, y, f(x, y)) = 0, \quad (x, y) \in U(\hat{x}, \hat{y}).$$

Diese Argumentation kann für jeden Punkt $(\hat{x}, \hat{y}) \in \mathbb{R}^2$ verwendet werden. Da sich die zugehörigen Umgebungen $U(\hat{x}, \hat{y})$ überlappen, ist die Funktion $z = f(x, y)$ eindeutig bestimmt und überall stetig differenzierbar.

Lösung A.3.19: Die Funktion $f : (0, \infty) \times (0, \infty) \to \mathbb{R}$ sei definiert durch

$$f(x, y) = x^y - y^x.$$

Die Funktion f hat die Werte $f(2, 4) = f(e, e) = 0$. In ihrem Definitionsbereich ist sie beliebig of differenzierbar mit den ersten partiellen Ableitungen

$$\partial_x f(x, y) = yx^{y-1} - y^x \ln(y), \quad \partial_y f(x, y) = x^y \ln(x) - xy^{x-1}.$$

Offenbar ist $\nabla f(2, 4) \neq 0$, so dass nach dem Satz über implizite Funktionen die Gleichung in einer Umgebung von $(2, 4)$ sowohl nach x als auch nach y auflösbar ist. Weiter ist $\nabla f(e, e) = 0$, so daß der Satz über implizite Funktionen hierfür keine Aussage liefert. In der Tat ist die Gleichung bei (e, e) weder nach x noch nach y auflösbar; der Beweis ist aber recht technisch (etwas für Bastler) und wird hier nicht ausgeführt.

Lösung A.3.20: Die Abbildung ist stetig differenzierbar auf ganz $\mathbb{R}^2$. Ihre Jacobi-Matrix und Jacobi-Determinante sind

$$J_f(x) = \begin{pmatrix} e^x \cos(y) & -e^x \sin(y) \\ e^x \sin(y) & e^x \cos(y) \end{pmatrix}, \qquad \det J_f(x) = e^{2x} > 0.$$

Die Abbildung ist also regulär auf ganz $\mathbb{R}^2$, insbesondere auf der gegebenen Menge $M := \{(x, y) \in \mathbb{R}^2 : 1 \leq x \leq 2, -\frac{1}{2}\pi < y < \frac{1}{2}\pi\}$. Für $(x, y) \in M$ haben die Bildpunkte (u, v) die Eigenschaft

$$u^2 + v^2 = e^{2x} \sin^2 y + e^{2x} \cos^2 y = e^{2x},$$

d. h.: Sie liegen in dem Kreisring $K_{r_i, r_a} \subset \mathbb{R}^2$ mit innerem Radius $r_i = e$ und äußerem Radius $r_a = e^2$. Jeder Punkt $(u, v) \in K_{r_i, r_a}$ ist Bild eines Punktes $(x, y) \in M$. Diesen erhält man durch

$$\begin{matrix} u = e^x \cos y \\ v = e^x \sin y \end{matrix} \quad \Rightarrow \quad \begin{matrix} u^2 + v^2 = e^{2x} \\ v/u = \tan y \end{matrix} \quad \Rightarrow \quad \begin{matrix} x = \frac{1}{2} \ln(u^2 + v^2) \in [1, 2] \\ y = \arctan v/u \in (-\frac{1}{2}, \frac{1}{2}) \end{matrix}.$$

Die Abbildung $f : M \to K_{r_i, r_a}$ ist bijektiv. Wegen der Mehrdeutigkeit des Arcus-Tangens ist die Abbildung im Großen nicht umkehrbar.

Lösung A.3.21: Gesucht sind $x, y, z \in \mathbb{R}_+$ mit $f(x,y,z) := xyz \to \max!$ unter der Nebenbedingung $g(x,y,z) = x + y + z - a = 0$. Die zugehörige Lagrange-Funktion ist

$$\mathcal{L}(x,y,z,\lambda) = xyz + \lambda(x + y + z - a).$$

Ihre stationären Punkte erhält man durch Nullsetzen der partiellen Ableitungen:

$$\begin{aligned}
\partial_x \mathcal{L}(x,y,z,\lambda) &= yz + \lambda = 0,\\
\partial_y \mathcal{L}(x,y,z,\lambda) &= xz + \lambda = 0,\\
\partial_z \mathcal{L}(x,y,z,\lambda) &= xy + \lambda = 0,\\
\partial_\lambda \mathcal{L}(x,y,z,\lambda) &= x + y + z - a = 0.
\end{aligned}$$

Unter der Annahme $x, y, z \neq 0$ folgt aus den ersten drei Gleichungen $x = y = z$ und mit der vierten $x = y = z = a/3$. Jede weitere Lösung mit $xyz = 0$ ist damit kein Kandidat für ein Maximum.

Lösung A.3.22: Die Funktion f ist stetig auf der kompakten Menge K und nimmt daher dort ihre Extremwerte an.

i) Wir bestimmen zunächst eventuelle lokale Extrema im Innern der Kreisscheibe:

$$\nabla f(x) = \begin{pmatrix} 8x - 3y \\ -3x \end{pmatrix} = 0 \quad \Rightarrow \quad x = (0,0).$$

Die Hesse-Matrix

$$H_f(x) = \begin{pmatrix} 8 & -3 \\ -3 & 0 \end{pmatrix}$$

ist indefinit mit Eigenwerten $\lambda_1 = 9, \lambda_2 = -1$; im Innern der Kreisscheibe liegt also kein lokales Extremum vor, d. h.: Die Extrema von f liegen auf dem Rand.

ii) Zur Bestimmung der Extrema von f auf dem Rand, d. h.: Unter der Nebenbedingung $x^2 + y^2 = 1$, wird der Lagrange-Ansatz verwendet. Die Lagrange-Funktion ist

$$\mathcal{L}(x,y,\lambda) = 4x^2 - 3xy + \lambda(x^2 + y^2 - 1).$$

Ihre stationären Punkte erhält man durch Nullsetzen der partiellen Ableitungen:

$$\begin{aligned}
\partial_x \mathcal{L}(x,y,\lambda) &= 8x - 3y + 2\lambda x = 0,\\
\partial_y \mathcal{L}(x,y,\lambda) &= -3x + 2\lambda y = 0,\\
\partial_\lambda \mathcal{L}(x,y,\lambda) &= x^2 + y^2 - 1 = 0.
\end{aligned}$$

Zur Lösung dieses nichtlinearen Gleichungssystems formen wir zunächst die ersten beiden Gleichungen um zu (für $x \neq 0, y \neq 0$)

$$8 - 3y/x + 2\lambda = 0, \quad -3x/y + 2\lambda = 0,$$

woraus durch Subtraktion für die neue Variable $a := y/x$ folgt:

$$8 - 3a + 3/a = 0 \quad \text{bzw.} \quad a^2 - \tfrac{8}{3}a + 1 = 0.$$

Lösung ist $a_\pm = \frac{1}{3}, -3$, d. h.: Potentielle Extremalstellen liegen auf den Geraden $\{y = \frac{1}{3}x\}$ sowie $\{y = -3x\}$. Berücksichtigung der Nebenbedingung ergibt daher als Kandidaten für Extremalpunkte:

$$(\hat{x}_1, \hat{y}_1) = (\pm\tfrac{3}{\sqrt{10}}, \pm\tfrac{1}{\sqrt{10}}), \quad (\hat{x}_2, \hat{y}_2) = (\pm\tfrac{1}{\sqrt{10}}, \mp\tfrac{3}{\sqrt{10}}).$$

Zu diesen gehören die Funktionswerte

$$f(\hat{x}_1, \hat{y}_1) = \tfrac{12}{10} - \tfrac{9}{10} = \tfrac{3}{10}, \qquad f(\hat{x}_2, \hat{y}_2) = \tfrac{4}{10} + \tfrac{9}{10} = \tfrac{13}{10}.$$

Folglich liegen in $(\hat{x}_1, \hat{y}_1)$ Minima und in $(\hat{x}_2, \hat{y}_2)$ Maxima. Dass dies wirklich Extremalpunkte sein müssen, folgt aus der Tatsache, daß einerseits solche auf dem Rand existieren müssen, und andererseits die gefundenen die einzig möglichen Kandidaten dafür sind.

Lösung A.3.23: Zunächst halten wir fest, dass es zu jedem $r \in \mathbb{N}$ weniger als n^r Multiindizes α mit $|\alpha| = r$ gibt. Ferner ist $\alpha!$ für solche α minimal, falls alle α_i gerade $\lfloor r/n \rfloor$ oder $\lceil r/n \rceil$ sind. Somit erhalten wir für $r = an + b$ mit $a, b \in \mathbb{N}_0$, $b < n$ die folgende Abschätzung

$$\sum_{|\alpha|=r} \frac{|h^\alpha|}{\alpha!} \le \sum_{|\alpha|=r} \frac{\|h\|_\infty^r}{(a!)^n} \le \frac{(n\|h\|_\infty)^r}{(a!)^n} \le \frac{(n\|h\|_\infty)^{an+b}}{a!}.$$

a) Damit ist die Exponentialreihe $\exp\big((n\|h\|_\infty)^n\big)$ eine konvergente Majorante für die formale Taylorreihe $T_\infty^f(x+h)$ und es folgt somit die absolute Konvergenz dieser Reihe.Ebenso folgt die Darstellbarkeit der Funktion durch die Reihe, da obige Formel insbesondere die Konvergenz des Restgliedes impliziert.

b) Es ist $D^\alpha f(x) = f(x)$. Damit ist die formale Taylorreihe von f gerade

$$T_\infty^f((1,0,0) + h) = \sum_{|\alpha|=0}^\infty \frac{\partial^\alpha f(1,0,0)}{\alpha!} h^\alpha = e^2 \sum_{|\alpha|=0}^\infty \frac{h^\alpha}{\alpha!}.$$

Da die partiellen Ableitungen $\partial^\alpha f(x) = f(x)$ auf jeder kompakten Menge (bzgl. α und x) gleichmäßig beschränkt sind, folgt die absolute Konvergenz der Reihe. Sie stellt zudem die Funktion dar.

Lösung A.3.24: a) Die notwendige Extremalbedingung ergibt genau zwei mögliche Extremalpunkte:

$$\nabla f(x) = \begin{pmatrix} 3x_1^2 - 16x_2 \\ 3x_2^2 - 16x_1 \end{pmatrix} = 0 \quad \Rightarrow \quad x^{(1)} = (0,0),\ x^{(2)} = (16/3, 16/3).$$

Die Hesse-Matrix

$$H_f(x) = \begin{pmatrix} 6x_1 & -16 \\ -16 & 6x_2 \end{pmatrix}$$

ist in $x^{(1)}$ indefinit (Eigenwerte $\lambda_\pm = \pm 16$) und in $x^{(2)}$ positiv definit (Eigenwerte $\lambda_1 = 16, \lambda_2 = 48$). Es liegt also in $x^{(2)}$ ein lokales Minimum und in $x^{(1)}$ ein Sattelpunkt vor. Wegen $f(-16/3, -16/3) < f(16/3, 16/3)$ ist das lokale Minimum nicht global.

b) Die notwendige Extremalbedingung ergibt genau ein mögliches Extremum

$$\nabla f(x) = \begin{pmatrix} 4(x_1 - x_2)^3 \\ -4(x_1 - x_2)^3 + 4(x_2 - 1)^3 \end{pmatrix} = 0 \quad \Rightarrow \quad x^{(1)} = (-1, -1).$$

Da $H_f(-1,-1) = 0$ sind die Optimalitätskriterien nicht anwendbar. Da für $(x_1, x_2) \neq (-1, -1)$ gilt $f(x_1, x_2) > 0 = f(-1, -1)$ ist $x^{(1)}$ trotzdem ein striktes globales Minimum.

Lösung A.3.25: a) Die Abbildung ist stetig differenzierbar auf M. Ihre Jacobi-Matrix und Jacobi-Determinante sind

$$J_f(x) = \begin{pmatrix} \frac{x}{x^2+y^2} & \frac{y}{x^2+y^2} \\ \frac{-y}{x^2+y^2} & \frac{x}{x^2+y^2} \end{pmatrix}, \qquad \det J_f(x) = \frac{1}{x^2 + y^2} > 0.$$

Die Abbildung ist also regulär.

b) Das Bild ist gerade $B = \{(u, v) \in \mathbb{R}^2 : 0 \le u \le 1, -\frac{1}{2}\pi \le v \le \frac{1}{2}\pi\}$. Zunächst ist klar, dass jedes Element aus M durch die Abbildung auf ein Element in B abgebildet wird. Sei nun umgekehrt u, v in B gegeben, so ist durch

$$x = -e^u \cos(v), \quad y = -e^u \sin(v)$$

die Umkehrabbildung gegeben. Denn seien $(u, v) \in B$, so ist zunächst $x^2+y^2 = e^{2u}(\cos^2(v)+\sin^2(v)) \in [0, e^2]$ und $x \le 0$, d. h.: $(x, y) \in M$. Ferner ist

$$\begin{aligned} &\arctan(y/x) = \arctan(\sin(v)/\cos(v)) = v, \\ &\tfrac{1}{2}\ln(x^2 + y^2) = u. \end{aligned}$$

Also handelt es sich tatsächlich um die Umkehrabbildung.

Lösung A.3.26: a) Der Lagrange-Formalismus besteht in der Aufstellung der Lagrange-Funktion $\mathcal{L}(x, \lambda) = f(x) + \lambda g(x)$ und der Bestimmung stationärer Punkte von $\mathcal{L}$ als möglicher Extremalpunkte, d. h.: $\nabla_x \mathcal{L}(\hat{x}, \hat{\lambda}) + \nabla_\lambda \mathcal{L}(\hat{x}, \hat{\lambda}) = 0$.

b) Zur Bestimmung der Extrema von $f(x, y) = x - y$ auf K, d. h. unter der Nebenbedingung $x^2 + y^2 = 1$, wird der Lagrange-Ansatz verwendet. Die Lagrange-Funktion ist

$$\mathcal{L}(x, y, \lambda) = x - y + \lambda(x^2 + y^2 - 1).$$

Ihre stationären Punkte $(\hat{x}, \hat{y}, \hat{\lambda})$ erhält man durch Nullsetzen der partiellen Ableitungen:

$$\begin{aligned}\partial_x \mathcal{L}(x,y,\lambda) &= 1 + 2\lambda x = 0,\\ \partial_y \mathcal{L}(x,y,\lambda) &= -1 + 2\lambda y = 0,\\ \partial_\lambda \mathcal{L}(x,y,\lambda) &= x^2 + y^2 - 1 = 0.\end{aligned}$$

Offenbar muss $\hat{\lambda} \neq 0$ sein. Addition der ersten beiden Gleichungen ergibt also $\hat{x} = -\hat{y}$ und somit mit Hilfe der dritten Gleichung $(\hat{x}, \hat{y}) = (\pm 1/\sqrt{2}, \mp 1/\sqrt{2})$. Für die beiden stationären Punkte ist

Lösung A.3.27: Wir setzen $g(x_1, x_2, x_3) := x_1^2 + x_2^2 - x_3^2 - 1$ und $x^* = (1, -1, 0)$. Damit ist dann $x = (x_1, x_2, x_3) \in M$ genau dann wenn $g(x) = 0$ ist. Wir stellen ferner fest, dass

$$\inf_{x \in M} d(x, x^*) = \sqrt{\inf_{x \in M} d(x, x^*)^2}.$$

Da $\hat{x} = (1, 0, 0) \in M$ liegt, ist $\inf_{x \in M} d(x, x^*) \leq d(\hat{x}, x^*) = 1$. Es genügt also

$$\inf_{x \in M \cup \overline{K_1(x^*)}} d(x, x^*)$$

zu betrachten. Da die Menge $M \cup \overline{K_1(x^*)}$ kompakt ist, gibt es also einen Punkt $\bar{x} \in M$, so dass

$$d(\bar{x}, x^*) = \inf_{x \in M \cup \overline{K_1(x^*)}} d(x, x^*) = \inf_{x \in M} d(x, x^*)$$

ist. Wir betrachten daher das restingierte Extremalproblem

$$\min_{x \in \mathbb{R}^3} d(x, x^*)^2 =: f(x), \quad g(x) = 0.$$

Da $\nabla g(x) = 2(x_1, x_2, -x_3) \neq 0$ auf M ist, gibt es für ein Extremum $\bar{x} \in M$ von f notwendig ein $\lambda \in \mathbb{R}$, so dass

$$\nabla f(\bar{x}) - \lambda \nabla g(\bar{x}) = 0, \quad g(\bar{x}) = 0$$

gilt. Durch Einsetzen der Bedingung für λ erhalten wir

$$\bar{x}_1(1 - \lambda) = 1, \quad \bar{x}_2(1 - \lambda) = -1, \quad \bar{x}_3(1 + \lambda) = 0.$$

Damit gilt notwendig entweder a) $\lambda = -1$, $\bar{x}_1 = \bar{x}_2 = \frac{1}{2}$, $\bar{x}_3 \in \mathbb{R}$, oder aber b) $\lambda \neq \pm 1$, $\bar{x}_3 = 0$, $\bar{x}_1 = \frac{1}{1-\lambda} = -\bar{y}_2$.

Im Fall (a) Folgt aus $g(\bar{x}) = 0$ notwendig $x_3^2 = -\frac{1}{2}$, so dass dieser Fall uninteressant ist. Im Fall (b) erhalten wir aus $g(\bar{x}) = 0$ die Bedingung

$$\bar{x}^{(1)} = \left(\frac{1}{\sqrt{2}}, \frac{-1}{\sqrt{2}}, 0\right), \quad \text{oder} \quad \bar{x}^{(2)} = -\bar{x}^{(1)}.$$

Da

$$f(\bar{x}^{(1)}) = (\sqrt{2} - 1)^2 < (\sqrt{2} + 1)^2 = f(\bar{x}^{(2)})$$

wird das Minimum in $\bar{x}^{(1)}$ angenommen und es ist

$$d(M, x^*) = \sqrt{2} - 1.$$

A.4 Kapitel 4

Lösung A.4.1: Wir setzen

$$\begin{aligned} &u_1(t) := u(t),\ u_2(t) := u'(t), \\ &u_3(t) := v(t),\ u_4 := v'(t),\ u_5(t) := v''(t),\ u_6(t) := v^{(3)}(t). \end{aligned}$$

Das gegebene System 4. Ordnung ist dann äquivalent zu folgendem System 1. Ordnung:

$$\begin{aligned} u_1'(t) &= u_2(t), \\ u_2'(t) &= g(t) - bu_3(t), \\ u_3'(t) &= u_4(t), \\ u_4'(t) &= u_5(t), \\ u_5'(t) &= u_6(t), \\ u_6'(t) &= f(t) + au_2'(t) = f(t) + ag(t) - abu_3(t). \end{aligned}$$

Man beachte, dass für $u''(t)$ keine eigene Unbekannte eingeführt werden darf, da es für deren Ableitung keine Gleichung gibt. Würde man eine solche durch Differenzieren der zweiten Gleichung erzeugen, müsste man für u zusätzlich dreimalige Differenzierbarkeit fordern.

Lösung A.4.2: a) Wir setzen $u_1 := u$ und $u_2(t) = u'(t)$ und erhalten damit das lineare System

$$\begin{aligned} u_1'(t) &= u_2(t), \\ u_2'(t) &= -\frac{p'(t)}{p(t)}u_2(t) + \frac{q(t)}{p(t)}u_2(t) + \frac{r(t)}{p(t)}u_1(t) - \frac{f(t)}{p(t)}. \end{aligned}$$

In Vektorschreibweise lautet dies:

$$u'(t) = Au(t) + F(t)$$

mit

$$u(t) = \begin{pmatrix} u_1(t) \\ u_2(t) \end{pmatrix},\quad A(t) = \frac{1}{p(t)}\begin{pmatrix} 0 & p(t) \\ r(t) & q(t) - p'(t) \end{pmatrix},\quad F(t) = \frac{1}{p(t)}\begin{pmatrix} 0 \\ f(t) \end{pmatrix}.$$

b1) Einsetzen der Randbedingungen liefert $u(0) = B + 1 = 0$, $u(\pi/2) = A + 1 = 0$ und folglich $B = -1$, $A = -1$. Die RWA hat also die eindeutig bestimmte Lösung $u(t) = -\sin t - \cos t + 1$.

b2) Einsetzen der Randbedingungen liefert $u(0) = B + 1 = 0$, $u(\pi) = -B + 1 = 1$. Die RWA hat also wegen der sich ergebenden widersprüchlichen Bedingungen $B = -1$, $B = 0$ keine Lösung.

b3) Einsetzen der Randbedingungen liefert $u(0) = B + 1 = 1$, $u(\pi) = -B + 1 = 1$ und folglich $B = 0$. Die RWA hat also die unendlich vielen Lösungen $u(t) = A\sin t + 1$, $A \in \mathbb{R}$.

Lösung A.4.3: Die Methode der Trennung der Variablen für Gleichungen der Form $u' = f(u) = a(t)g(u)$ führt auf die folgende Beziehung zur Bestimmung einer Lösung:

$$\int_{u_0}^{u(t)} \frac{dz}{g(z)} = \int_{t_0}^{t} a(s)\, ds.$$

a) Für die AWA $u'(t) = u(t)^{1/4},\ t \geq 0,\ u(0) = 1$, ergibt sich

$$t = \int_1^{u(t)} \frac{dz}{z^{1/4}} = \tfrac{4}{3}u(t)^{3/4} - \tfrac{4}{3},$$

und damit eine globale Lösung der Form

$$u(t) = \left(\tfrac{3}{4}t + 1\right)^{4/3}.$$

Diese Lösung ist eindeutig, da $f(t,x) := x^{1/4}$ auf $D = \{(t,x) \in \mathbb{R}^2 \,|\, x \geq 1\}$ einer L-Bedingung genügt:

$$|x^{1/4} - y^{1/4}| \leq |\xi|^{-3/4}|x - y|, \quad \xi \in [x,y],\ 1 \leq x < y.$$

Bei $x = 0$ gilt aber keine L-Bedingung. Zur Anfangsbedingung $u(0) = 0$ liefert der o. a. Ansatz

$$t = \int_0^{u(t)} \frac{dz}{z^{1/4}} = \tfrac{4}{3}u(t)^{3/4},$$

d. h. eine Lösung der Form

$$u(t) = \left(\tfrac{3}{4}t\right)^{4/3}.$$

Dazu gibt es noch unendlich viele weitere Lösungen:

$$u_c(t) = \begin{cases} 0 & , \quad 0 \leq t \leq c \\ \left(\tfrac{3}{4}t - \tfrac{3}{4}c\right)^{4/3} & , \quad c < t\,. \end{cases}$$

b) Für die AWA $u'(t) = -\sin(t)u(t)^2,\ t \geq 0,\ u(0) = 1$, ergibt sich

$$\cos(t) - 1 = \int_0^t -\sin(s)\, ds = \int_1^{u(t)} \frac{dz}{z^2} = \frac{-1}{u(t)} + 1$$

und damit eine globale Lösung der Form

$$u(t) = \frac{1}{2 - \cos(t)}.$$

Diese Lösung ist eindeutig, da $f(t,x) := -\sin(t)x^2$ einer lokalen L-Bedingung genügt. Zur Anfangsbedingung $u(0) = 0$ ergibt der o. a. Ansatz wegen der Nichtexistenz des Integrals

$$\int_0^{u(t)} \frac{dz}{z^2}$$

keine Lösung.

Lösung A.4.4: a) Zunächst ist die so definierte Lösung $u \in C^1[t_i, t_{i+1}]$, $i = 0, 1$. Sowie nach Definition der Anfangswerte $u \in C[t_0, t_2]$, und somit wegen der Stetigkeit von f auch $f(\cdot, u(\cdot)) \in C[t_0, t_2]$. Nach dem Hauptsatz der Differential und Integralrechnung ist also $F(t) := \int_{t_0}^t f(s, u(s))\,ds$ eine Stammfunktion auf $[t_0, t_2]$, d.h. $F'(t) = f(t, u(t))$. Insbesondere ist $F'(t)$ stetig. Damit ist $\tilde{u}(t) = F(t) + u_0$ ebenfalls stetig differenzierbar, und es ist $\tilde{u}'(t) = F'(t) = f(t, u(t))$, d.h. $\tilde{u}$ ist eine Stammfunktion von $f(\cdot, u(\cdot))$. Da sich nach dem Hauptsatz zwei Stammfunktionen nur um eine Konstante unterscheiden ist $\tilde{u}(t) - u(t) = c$ für alle $t \in [t_0, t_2]$. Da $\tilde{u}(t_0) - u(t_0) = 0$ sind diese also identisch.

b) Sei u eindeutige Lösung der AWA. Angenommen, die Folge $(u^h)_{h>0}$ konvergiert nicht gegen u. Dann gibt es eine Teilfolge $(u^{h_i})_{i\in\mathbb{N}}$, welche entweder divergiert oder gegen einen von u verschiedenen Limes konvergiert. Nun ist natürlich auch diese Teilfolge gleichgradig stetig, so dass Anwendung des Satzes von Arzela-Ascoli die Existenz einer weiteren Teilfolge $(u^{h_j})_{j\in\mathbb{N}}$ von $(u^{h_i})_{i\in\mathbb{N}}$ liefert, welche gleichmäßig gegen eine stetige Funktion v konvergiert, welche wieder Lösung der AWA ist. Wegen deren Eindeutigkeit muss dann $v = u$ sein. Dies widerspricht aber der Annahme über die Folge $(u^{h_i})_{i\in\mathbb{N}}$.

Lösung A.4.5: Nach dem Existenzsatz von Peano und dem Fortsetzungssatz existiert eine lokale Lösung $u(t)$ der RWA mit einem „maximalen" Existenz(halb)intervall $I_{\max} = [t_0, t_*)$. Dabei ist entweder $t_* = \infty$, d. h.: u ist globale Lösung, oder im Falle $t_* < \infty$ wird $\max_{[t_0,t]} \|u\|$ unbeschränkt für $t \to t_*$.

Sei u eine (zunächst) lokale Lösung der gegebenen AWA mit maximalem Existenzintervall $[t_0, t_*)$. Wäre nun $t_* < \infty$, so müsste gelten $\max \|u(t)\| \to \infty$ $(t \to t_*)$. Auf dem Intervall $[t_0, t_*]$ sind die stetigen Funktionen $A(t), B(t)$ gleichmäßig beschränkt durch Konstanten A_*, B_*. Für jeden Zeitpunkt $t < t_*$ ist dann

$$u(t) = u_0 + \int_0^t f(s, u(s))\,ds,$$

und folglich wegen der Annahmen an $f(t, x)$:

$$\begin{aligned}\|u(t)\| &\le \|u_0\| + \int_0^t \|f(s, u(s))\|\,ds \le \|u_0\| + \int_0^t \{A(s)\|u(s))\| + B(s)\}\,ds \\ &\le \|u_0\| + A_* \int_0^t \|u(s))\|\,ds + B_*(t_* - t_0),\end{aligned}$$

Mit dem Gronwallschen Lemma folgt hieraus

$$\|u(t)\| \le e^{A_*(t_*-t_0)}\{\|u_0\| + B_*(t_* - t_0)\}.$$

Dies bedeutet aber, dass $\|u(t)\|$ bei Annäherung an t_* beschränkt bleibt, im Widerspruch zur Annahme.

Lösung A.4.6: Die Funktion $f(t, x)$ in der Differentialgleichung ist in beiden Fällen stetig auf $D = \mathbb{R}^1 \times \mathbb{R}^1$, so dass der Existenzsatz von Peano anwendbar ist.

a) Die Funktion $f(t,x) = -x^5 + x$ ist lokal L-stetig. Die lokale Lösung der AWA ist also eindeutig bestimmt. Wegen

$$\frac{1}{2}\frac{d}{dt}u^2 = u'u = -u^5u - u^2 \leq 0$$

ergibt sich $u(t)^2 \leq u(0)^2 = 1,\ t \geq 0$, d. h. die gleichmäßige Beschränktheit der Lösung und damit ihre globale Existenz. Weiter besteht die Monotonieeigenschaft

$$-(-x^5-x+y^5+y)(x-y) = (x-y)(x^4+x^3y+x^2y^2+xy^3+y^4)(x-y)+(x-y)^2 \geq (x-y)^2,$$

d. h.: Die AWA ist monoton und die globale Lösung folglich exponentiell stabil.

Es bleibt noch zu sehen, dass $g(x,y) = (x^4 + x^3y + x^2y^2 + xy^3 + y^4) \geq 0v$ ist. Dazu stellen wir zunächst fest, dass $g(x,0) = x^4 \geq 0$. Wir betrachten nun die Geraden $y = ax$ mit beliebigem aber festen $a \in \mathbb{R}$. Entlang einer solchen geraden ist $g(x,ax) = x^4(1 + a + a^2 + a^3 + a^4)$, d. h.: Um zu zeigen, dass $g(x,y) \geq 0$ ist genügt es zu zeigen, dass für jedes $a \in \mathbb{R}$ die Funktion $f(a) = (1 + a + a^2 + a^3 + a^4) \geq 0$ ist.
Wir zeigen die stärkere Aussage $f(a) > 0$. Da offenbar $f(a) \geq 1 > 0$ für $a \geq 0$ genügt es $a < 0$ zu betrachten. Angenommen es gäbe ein solches $a < 0$ mit $f(a) = 0$, so gilt (Multiplizieren mit a^{-4}) $f(a^{-1}) = 0$. Es genügt also, $a \in I = [-1,0)$ zu betrachten. Da nun für $a \in I$ gilt $|a| \leq 1$, $|a|^3 \leq |a|^2$ ist also $f(a) > 0$ für $a \in I$ im Widerspruch zur Annahme dass $f(a) = 0$. Daher ist $f(a) > 0$ für alle $a \in \mathbb{R}$.

b) Die Funktion $f(t,x) = \sin x - 2x$ ist global L-stetig:

$$|\sin x - 2x - \sin y + 2y| \leq \big(\max_{\xi\in\mathbb{R}} |\cos\xi| + 2\big)|x-y|,$$

so dass eine eindeutig bestimmte globale Lösung existiert. Wegen (Youngsche Ungleichung)

$$\frac{1}{2}\frac{d}{dt}u^2 + 2u^2 = u'u + 2uu = u\sin u \leq \frac{1}{2}u^2 + \frac{1}{2}, \qquad \frac{d}{dt}u^2 + 3u^2 \leq 1$$

erschließt man wie im Text die Beschränktheit der Lösung. Weiter gilt

$$-(\sin x - 2x - \sin y + 2y)(x-y) \geq 2|x-y|^2 - \min_{\xi\in\mathbb{R}}(\cos\xi)\,|x-y|^2 \geq |x-y|^2,$$

d. h.: Die AWA ist monoton und die globale Lösung folglich exponentiell stabil.

Lösung A.4.7: Wir definieren für $t \geq t_0$ die Hilfsfunktionen

$$\varphi(t) := \int_{t_0}^t a(s)w(s)\,ds\,, \quad \psi(t) := w(t) - \int_{t_0}^t a(s)w(s)ds \leq b(t)\,.$$

Für diese gilt dann

$$\varphi'(t) = a(t)w(t)\,, \quad \varphi(t_0) = 0$$

und folglich

$$a(t)\psi(t) = a(t)w(t) - a(t)\int_{t_0}^t a(s)w(s)\,ds = \varphi'(t) - a(t)\varphi(t).$$

Also ist $\varphi(t)$ Lösung der linearen AWA

$$\varphi'(t) = a(t)\varphi(t) + a(t)\psi(t), \quad t \ge t_0, \quad \varphi(t_0) = 0.$$

Durch Nachrechnen verifiziert man, dass

$$\varphi(t) = \exp\Big(\int_{t_0}^t a(s)\,ds\Big)\int_{t_0}^t \exp\Big(-\int_{t_0}^s a(r)dr\Big)a(s)\psi(s)\,ds.$$

Wegen $a(s) \ge 0$ und $\psi(s) \le b(t)$ folgt

$$\begin{aligned}\varphi(t) &\le b(t)\exp\Big(\int_{t_0}^t a(s)ds\Big)\int_{t_0}^t \Big\{-\frac{d}{ds}\exp\Big(-\int_{t_0}^s a(r)dr\Big)\Big\}\,ds\\ &\le b(t)\exp\Big(\int_{t_0}^t a(s)ds\Big) - b(t).\end{aligned}$$

Das ergibt schließlich mit der Voraussetzung

$$w(t) \le \varphi(t) + b(t) \le b(t)\exp\Big(\int_{t_0}^t a(s)ds\Big).$$

Lösung A.4.8: a) Nach dem Existenzsatz von Peano und dem Fortsetzungssatz existiert eine lokale Lösung $u(t)$ der AWA mit einem "maximalen" Existenz(halb)intervall $I_{\max} = [t_0, t_*)$. Dabei ist entweder $t_* = \infty$, d. h.: u ist globale Lösung, oder im Falle $t_* < \infty$ wird $\max_{[t_0,t]}\|u\|$ unbeschränkt für $t \to t_*$.

Sei u eine (zunächst) lokale Lösung der gegebenen AWA mit maximalem Existenzintervall $[t_0, t_*)$. Wäre nun $t_* < \infty$, so müsste gelten $\max\|u(t)\| \to \infty$ $(t \to t_*)$. Auf dem Intervall $[t_0, t_*]$ sind die stetigen Funktionen $\alpha(t), \beta(t)$ gleichmäßig beschränkt durch Konstanten A_*, B_*. Für jeden Zeitpunkt $t < t_*$ ist dann

$$u(t) = u_0 + \int_{t_0}^t f(s, u(s))\,ds,$$

und folglich wegen der Annahmen an $f(t,x)$:

$$\begin{aligned}\|u(t)\| &\le \|u_0\| + \int_{t_0}^t \|f(s,u(s))\|\,ds \le \|u_0\| + \int_{t_0}^t \big\{\alpha(s)\|u(s))\| + \beta(s)\big\}\,ds\\ &\le \|u_0\| + A_*\int_{t_0}^t \|u(s))\|\,ds + B_*(t_* - t_0),\end{aligned}$$

Mit dem Gronwallschen Lemma folgt hieraus

$$\|u(t)\| \le e^{A_*(t_*-t_0)}\big\{\|u_0\| + B_*(t_* - t_0)\big\}.$$

Dies bedeutet aber, dass $\|u(t)\|$ bei Annäherung an t_* beschränkt bleibt, im Widerspruch zur Annahme.

bi) Es ist

$$\|f_1(t,x)\| \le |t||x_1|^{1/2} + |\sin(t)||x_2| \le |t|(|x_1|+1) + \sin(t)|x_2| \le (|t| + |\sin(t)|)\|x\| + |t|.$$

Und somit ist f_1 ist linear beschränkt mit

$$\alpha(t) = (|t| + |\sin(t)|), \quad \beta(t) = |t|.$$

Da f_1 lokal Lipschitz-stetig ist, solange $x_1 \neq 0$, ist die Lösung eindeutig solange $u_1(t) \neq 0$ ist.

bii) Hier ist

$$\|f_2(t,x)\| \le e^{-t^2|x_1|} + |x_1|(1+x_2^2)^{-1} \le e + |x_1| \le \|x\| + e.$$

Also ist mit $\alpha(t) = 1$ und $\beta(t) = e$ auch f_2 linear beschränkt. Da f_2 global Lischitz-stetig ist, ist die Lösung der AWA stets eindeutig.

Lösung A.4.9: a) Die Matrix-Reihe

$$e^{tA} := \sum_{k=0}^{\infty} \frac{t^k}{k!} A^k$$

konvergiert für alle $t \in \mathbb{R}$ und zwar gleichmäßig für $t \in [t_0, t_0+T]$. Die Ableitung erhält man durch gliedweise Differentiation zu

$$\frac{d}{dt} e^{tA} = \sum_{k=1}^{\infty} \frac{kt^{k-1}}{k!} A^k = A \sum_{k=0}^{\infty} \frac{t^k}{k!} A^k = Ae^{tA},$$

wobei die Ableitungsreihe wieder für $t \in [t_0, t_0+T]$ gleichmäßig konvergiert. Folglich sind die beiden Grenzprozesse „Differentiation" und „Summation" vertauschbar. Ferner ist

$$\frac{d}{dt} \int_{t_0}^{t} e^{(t-s)A} b\, ds = A \int_{t_0}^{t} e^{(t-s)A} b\, ds + b.$$

Also ist für die angegebene Form von $u(t)$:

$$\begin{aligned} u'(t) &= \frac{d}{dt}\Big(e^{(t-t_0)A} u_0 + \int_{t_0}^{t} e^{(t-s)A} b\, ds \Big) \\ &= Ae^{(t-t_0)A} u_0 + A \int_{t_0}^{t} e^{(t-s)A} b\, ds + b = Au(t) + b, \end{aligned}$$

d. h.: u erfüllt die Differentialgleichung und wegen $u(t_0) = u_0$ auch die AWA.

b) Im nichtautonomen Fall $A(t)$, $b(t)$ machen wir den Ansatz

$$u(t) = \exp\Big(\int_{t_0}^{t} A(r)\, dr \Big) \Big[u_0 + \int_{t_0}^{t} \exp\Big(- \int_{t_0}^{s} A(r)\, dr \Big) b(s)\, ds \Big].$$

Nachrechnen ergibt, dass hierdurch eine Lösung der AWA gegeben ist.

Lösung A.4.10: a) Eine Differentialgleichung

$$u'(t) = f(t, u(t))$$

heißt (stark) „monoton", wenn gilt:

$$-\langle f(t,x) - f(t,y), x - y\rangle \geq \gamma\|x - y\|_2^2, \quad x, y \in \mathbb{R}^n.$$

Monotone AWA mit $\sup_{t\in[t_0,\infty)} \|f(t,0)\|_2 < \infty$ haben nach dem Globalen Stabilitätssatz aus dem Text globale, gleichmäßig beschränkte Lösungen.

Für $f(t,x) := A(t)x + b(t)$ gilt, wenn $A(t)$ gleichmäßig für $t \geq t_0$ negativ definit ist:

$$-\langle f(t,x) - f(t,y), x - y\rangle = -\langle A(t)(x - y), x - y\rangle \geq \gamma\|x - y\|_2^2, \quad x, y \in \mathbb{R}^d,$$

d. h.: die AWA ist „monoton". Dabei ist $\gamma = \inf_{t\geq t_0}\{\,\lambda|\lambda \in \sigma(-A(t))\,\}$.

b) Die Matrix $-A$ ist symmetrisch. Angenommen es gäbe nun einen Eigenwert $\lambda \leq 0$ von $-A$ mit zugehörigem Eigenvektor w. Dann gilt:

$$Aw = \lambda w.$$

Sei nun i ein Index, so dass für die Komponente w_i von w gilt $|w_i| \geq |w_j|$ für alle $j = 1, \ldots, d$. O.B.d.A sei $i \neq 1$, $i \neq n$ und $w_i > 0$ dann ist

$$0 < -20w_{i-1} + 50w_i - 20w_{i+1} = (Aw)_i = \lambda w_i \leq 0$$

im Widerspruch zur Annahme. Die Matrix A ist also negativ definit.

c) Weiter gilt im Falle $\sup_{t\geq t_0} \|b(t)\|_2 < \infty$:

$$\sup_{t\geq t_0} \|f(t,0)\|_2 = \sup_{t\geq t_0} \|b(t)\|_2 < \infty,$$

d. h.: Die Lösung der linearen AWA ist gleichmäßig beschränkt.

Lösung A.4.11: a) Einsetzen der Randbedingungen liefert $u(0) = B + 1 = 0$, $u(\pi/2) = A + 1 = 0$ und folglich $B = -1$, $A = -1$. Die RWA hat also die eindeutig bestimmte Lösung $u(t) = -\sin t - \cos t + 1$.

b) Einsetzen der Randbedingungen liefert $u(0) = B + 1 = 0$, $u(\pi) = -B + 1 = 1$. Die RWA hat also wegen der sich ergebenden widersprüchlichen Bedingungen $B = -1$, $B = 0$ keine Lösung.

c) Einsetzen der Randbedingungen liefert $u(0) = B + 1 = 1$, $u(\pi) = -B + 1 = 1$ und folglich $B = 0$. Die RWA hat also die unendlich vielen Lösungen $u(t) = A\sin t + 1$, $A \in \mathbb{R}$.

Lösung A.4.12: Die RWA ist nach einem Satz aus dem Text genau dann eindeutig lösbar, wenn das zugehörige homogene Problem mit $f = 0$, $g_a = 0$ und $g_b = 0$ nur die triviale Lösung $v \equiv 0$ besitzt. Sei also v eine Lösung des homogenen Problems. Wir multiplizieren die Differentialgleichung mit v und integrieren über I und erhalten

$$\int_I -(pv')'v\,dt + \int_I qv'v\,dt + \int_I r|v|^2\,dt = 0,$$

sowie nach partieller Integration

$$\int_I p|v'|^2\,dt - \underbrace{pv'v\Big|_a^b}_{=0} - \int_I qv'v\,dt + \int_I r|v|^2\,dt = 0.$$

Da die Poincarésche Ungleichung nur für Funktionen mit Nullrandwerten bewiesen wurde, kann hier nicht weiter vereinfacht werden Trotzdem können wir bereits hieraus den ersten Satz von hinreichenden Bedingungen für die Lösbarkeit der Neumannschen RWA ableiten:

$$(a) \qquad p \geq 0, \quad q \equiv 0, \quad r > 0.$$

In diesem Fall ist wegen

$$\int_I r|v|^2\,dt \leq 0$$

und $r|v|^2 \geq 0$ notwendig $v \equiv 0$, was zu zeigen war. Im Fall $q \not\equiv 0$ müssen wir anders argumentieren. Der betreffende Term kann diesmal nicht wie im Fall von Dirichlet-Randbedingungen durch partielle Integration vereinfachen; stattdessen wenden wir auf ihn die Youngsche Ungleichung an:

$$\Big|\int_I qv'v\,dt\Big| \leq \int_I \Big\{\frac{\alpha}{2}|q||v'|^2 + \frac{1}{2\alpha}|q||v|^2\Big\}\,dt,$$

mit einer beliebigen Funktion $\alpha : I \to (0,1)$. Mit dieser Abschätzung folgt

$$\int_I \Big\{p - \frac{\alpha}{2}|q|\Big\}|v'|^2\,dt + \int_I \Big\{r - \frac{1}{2\alpha}|q|\Big\}|v|^2\,dt \leq 0.$$

Hieraus entnehmen wir als Lösbarkeitsbedingung die Existenz einer Funktion $\alpha : I \to (0,1)$, so daß auf I gilt:

$$b) \qquad p - \frac{\alpha}{2}|q| \geq 0, \quad r - \frac{1}{2\alpha}|q| > 0.$$

Lösung A.4.13: Im Text wurde für die Lösung u der RWA die folgende L^2-Abschätzung bewiesen:

$$\|u\|_2 + \|u'\|_2 + \|u''\|_2 \leq c\big\{\|f\|_2 + |g_a| + |g_b|\big\}.$$

Aus der Differentialgleichung entnehmen wir die Abschätzung

$$\|u''\|_\infty \leq \|p^{-1}\|\big\{\|f\|_\infty + \|q - p'\|_\infty\|u'\|_\infty + \|r\|_\infty\|u\|_\infty\big\}.$$

Es bleibt also nur noch $\|u\|_\infty$ und $\|u'\|_\infty$ abzuschätzen. Dazu verwenden wir Sobolewsche Ungleichungen. Für $t, s \in I$ gelten die Beziehungen

$$u(t) = u(s) - \int_s^t u'(r)\,dr, \qquad u'(t) = u'(s) - \int_s^t u''(r)\,dr,$$

woraus durch Integration über $s \in I$ folgt:

$$|u(t)| \le \int_I |u(s)|\,ds + (b-a)\int_I |u'(r)|\,dr,$$
$$|u'(t)| \le \int_I |u'(s)|\,ds + (b-a)\int_I |u''(r)|\,dr.$$

Bei Maximumsbildung über $t \in I$ links und Anwendung der Hölderschen Ungleichung rechts ergeben sich die (eindimensionalen) Sobolewschen Ungleichungen

$$\|u\|_\infty \le (b-a)^{-1/2}\|u\|_2 + (b-a)^{1/2}\|u'\|_2,$$
$$\|u'\|_\infty \le (b-a)^{-1/2}\|u'\|_2 + (b-a)^{1/2}\|u''\|_2.$$

Also gilt auch

$$\|u\|_\infty + \|u'\|_\infty \le c_1\big\{\|f\|_2 + |g_a| + |g_b|\big\} \le c_2\big\{\|f\|_\infty + |g_a| + |g_b|\big\}$$

mit gewissen Konstanten $c_i > 0$.

A.5 Kapitel 5

Lösung A.5.1: Die Aussage ist falsch. Als Gegenbeispiel betrachten wir eine Abzählung $\{r_j\}_{j\in\mathbb{N}}$ der rationalen Zahlen im Intervall $I = [0,1]$. Sei $A_k := \{r_j : j \ge k\}$. Dann enthält A_k alle rationalen Zahlen in I bis auf endlich viele. Also ist $\overline{A}_k = I$ und daher $|A_k|_a = 1$ für alle k. Es ist aber $A := \cap_{k\in\mathbb{N}} A_k = \emptyset$ und somit $|A|_a = 0$.

Lösung A.5.2: i) Die Aussage ist falsch. Als Gegenbeispiel betrachten wir eine Abzählung $\{r_j\}_{j\in\mathbb{N}}$ der rationalen Zahlen im Intervall $I = [0,1]$. Sei $A_k := \{r_j : j \ge k\}$. Dann enthält A_k alle rationalen Zahlen in I bis auf endlich viele. Also ist $\overline{A}_k = I$ und daher $|A_k|_a = 1$ für alle k. Es ist aber $A := \cap_{k\in\mathbb{N}} A_k = \emptyset$ und somit $|A|_a = 0$.

ii) Die Aussage ist richtig, nach Lemma 4.2.ii)

iii) Die Aussage ist falsch, denn sei M die Menge aus (i), dann ist

$$1 = |M^o \cup \partial M|_a \le |M^o|_a + |\partial M|_a = |\partial M|_a.$$

iv) Für den „inneren“ Jordan-Inhalt ist $|M|_i = |M^o|_i$ nach Lemma 4.2. Durch Betrachtung der Menge M aus Beispiel (i) erhält man sofort

$$0 = |M^o|_i = |M|_i < |\overline{M}|_i = |\partial M|_i = 1.$$

v) Im Falle quadrierbarer Mengen M ist nach Satz 4.4 $|\partial M|_a = 0$, und somit (Lemma 4.4) $|M| = |M^o| = |\overline{M}|$.

Lösung A.5.3: Wir verwenden die Charakterisierung des Jordan-Inhalts als Limes der Inhalte von Würfelsummen. Wegen der Quadrierbarkeit der Mengen M und N gilt nach einem Resultat der Vorlesung:

$$|M| = \lim_{k\to\infty} |M_k|, \quad |N| = \lim_{k\to\infty} |N_k|.$$

Seien $\mathcal{W}_k^n$ und $\mathcal{W}_k^m$ die Mengen der Würfelsummen k-ter Stufe in $\mathbb{R}^n$ bzw. in $\mathbb{R}^m$. Weiter ist

$$\begin{aligned}(M \times N)_k &= \cup\{W \in \mathcal{W}_k^n \times \mathcal{W}_k^m : W \subset M \times N\} =: \cup_i W_i \\ &= \cup\{U \times V \in \mathcal{W}_k^n \times \mathcal{W}_k^m : U \subset M, V \subset N\} =: \cup_{i,j}(U_i \times V_j) = M_k \times N_k.\end{aligned}$$

Der Inhalt von Würfeln $W = U \times V \in \mathcal{W}_k^n \times \mathcal{W}_k^m$ ist $|W| = |U|\,|V|$. Also folgt:

$$|(M \times N)_k| = \sum_i |W_i| = \sum_{i,j} |U_i|\,|V_j| = \sum_i |U_i| \sum_j |V_j| = |M_k|\,|N_k|.$$

Grenzübergang $k \to \infty$ ergibt dann die behauptete Produktformel.

Lösung A.5.4: Die Funktion f ist auf jedem (kompakten) Teilintervall $I_\varepsilon := [\varepsilon, 1]$ $(0 < \varepsilon < 1)$ stetig. Nach einem Satz des Textes ist daher ihr Teilgraph $G_\varepsilon(f) := \{(x, f(x)) \in \mathbb{R}^2 : x \in I_\varepsilon\}$ eine 2-dimensionale Nullmenge. Wegen $\sup_{x\in I} |f(x)| \le 1$ ist der gesamte Graph $G(f)$ in der folgenden Vereinigungsmenge enthalten:

$$G(f) \subset S_\varepsilon := G_\varepsilon(f) \cup \{(x,y) \in \mathbb{R}^2,\ x \in [0,\varepsilon], y \in [-1,1]\}.$$

Für den äußeren Inhalt dieser Menge gilt:

$$|G(f)|_a \le |S_\varepsilon|_a \le |G_\varepsilon(f)|_a + 2\varepsilon \to 0 \quad (\varepsilon \to 0),$$

d. h.: $G(f)$ ist eine Jordan-Nullmenge.

Lösung A.5.5: Wir verwenden, dass eine Menge genau dann quadrierbar ist, wenn ihr Rand eine Jordan-Nullmenge ist. Der Rand der Einheitskugel $K_1^{(n)}(0)$ des $\mathbb{R}^n$ wird durch den oberen und den unteren Teil

$$\Gamma_+ := \{x \in \mathbb{R}^n : \|x\|_2 = 1, x_n \ge 0\}, \qquad \Gamma_- := \{x \in \mathbb{R}^n : \|x\|_2 = 1, x_n \le 0\}$$

überdeckt. Diese lassen sich als Graphen der stetigen Funktionen

$$f_\pm(x') := \pm\Big(1 - \sum_{i=1}^{n-1} x_i^2\Big)^{1/2}, \quad x' = (x_1, \dots, x_{n-1}) \in \mathbb{R}^{n-1},$$

über der kompakten Menge $\overline{K_1^{(n-1)}(0)}$ darstellen. Folglich sind sie beide Nullmengen. Als endliche Vereinigung von Nullmengen ist also der Rand von $K_1^{(n)}(0)$ Nullmenge und somit quadrierbar.

Lösung A.5.6: a) Seien Z_k Zerlegungen von $D = [0,1]^2 \subset \mathbb{R}^2$ der Feinheit $\sqrt{2}\, 2^{-k}$, die man durch sukzessive Kantenhalbierung erhält, d. h. Z_k besteht aus den Intervallen

$$I_{i,j}^k = [(i-1)2^{-k}, i2^{-k}] \times [(j-1)2^{-k}, j2^{-k}], \quad i,j = 1,\dots,2^k, \qquad |I_{i,j}^k| = 2^{-2k}.$$

Die Funktion $f(x,y) = xy$ ist jeweils monoton wachsend in den beiden Variablen x und y. Für die Ober- und Untersummen zu den Zerlegungen Z_k gilt damit:

$$\begin{aligned}\overline{S}_{Z_k}(f) &= \sum_{i,j=1}^{2^k} \sup_{x \in I_{i,j}^k} f(x)|I_{i,j}^k| = \sum_{i,j=1}^{2^k} \frac{i}{2^k}\frac{j}{2^k} 2^{-2k} = 2^{-4k} \sum_{i,j=1}^{2^k} ij \\ &= 2^{-4k}\, \frac{2^k(2^k+1)}{2} \sum_{j=1}^{2^k} j = \frac{2^{2k}(2^k+1)^2}{4 \cdot 2^{4k}} = \frac{1}{4} + \frac{1}{2^{k+1}} + \frac{1}{2^{2k+2}},\end{aligned}$$

und entsprechend

$$\begin{aligned}\underline{S}_{Z_k}(f) &= \sum_{i,j=1}^{2^k} \inf_{x \in I_{i,j}^k} f(x)|I_{i,j}^k| = \sum_{i,j=0}^{2^k-1} \frac{i-1}{2^k}\frac{j-1}{2^k} 2^{-2k} = 2^{-4k} \sum_{i,j=0}^{2^k-1} ij \\ &= 2^{-4k}\, \frac{(2^k-1)2^k}{2} \sum_{j=0}^{2^k-1} j = \frac{2^{2k}(2^k-1)^2}{4 \cdot 2^{4k}} = \frac{1}{4} - \frac{1}{2^{k+1}} + \frac{1}{2^{2k+2}},\end{aligned}$$

Für $k \to \infty$ konvergieren die Ober- und Untersummen gegen den gemeinsamenLimes $\frac{1}{4}$. Also ist $f(x,y) = xy$ über $D = [0,1]^2$ R-integrierbar mit dem Integralwert

$$\int_D xy\, d(x,y) = \tfrac{1}{4}.$$

Auf dem Würfel $D = [-1,0] \times [0,1]$ erhalten wir durch analoge Argumentation

$$\int_D xy\, d(x,y) = -\tfrac{1}{4}.$$

Wegen der Symmetrie folgt damit

$$\int_{[-1,1]^2} xy\, d(x,y) = 0.$$

b) Es ist

$$\int_{[-1,1]^2} xy\, d(x,y) = \int_{-1}^1 \int_{-1}^1 xy\, dx\, dy = \int_{-1}^1 y \frac{x^2}{2}\Big|_{-1}^1 dy = 0.$$

Lösung A.5.7: Da f R-Integrierbar ist, ist notwendig f beschränkt, d. h. es gibt ein $K \in \mathbb{R}$, so dass $|f(x)| \le K$. Die Funktionen $\varphi_1(x) = |x|^m$ und $\varphi_2(x) = \exp(x)$ sind stetig differenzierbar und daher auf der kompakten Menge $\{x \in \mathbb{R} \,|\, |x| \le K\}$ L-stetig. Nach Lemma 5.8 ist daher die Komposition $\varphi_i \circ f$ mit $i = 1,2$ R-Integrierbar.

Für die Betrachtung der Wurzelfunktion bemerken wir zunächst, dass nach Lemma 5.8 mit f auch $\max(|f|,\varepsilon)$ für beliebiges $\varepsilon > 0$ R-Integrierbar ist. Damit ist dann $\varepsilon \leq |\max(|f|,\varepsilon)| \leq K$ und somit ist $g_\varepsilon(x) = \sqrt{\max(|f(x)|,\varepsilon)}$ ebenfalls R-Integrierbar. Ferner ist $g_\varepsilon - \sqrt{\varepsilon} \leq \sqrt{|f|} \leq g_\varepsilon$. Damit folgt

$$\overline{\int_D} g_\varepsilon(x)\,dx - |D|\varepsilon \leq \overline{\int_D} \sqrt{|f(x)|}\,dx \leq \overline{\int_D} g_\varepsilon(x)\,dx,$$
$$\underline{\int_D} g_\varepsilon(x)\,dx - |D|\varepsilon \leq \underline{\int_D} \sqrt{|f(x)|}\,dx \leq \underline{\int_D} g_\varepsilon(x)\,dx.$$

Wir erhalten somit

$$0 \leq \overline{\int_D} \sqrt{|f(x)|}\,dx - \underline{\int_D} \sqrt{|f(x)|} \leq \overline{\int_D} g_\varepsilon(x)\,dx - \underline{\int_D} g_\varepsilon(x)\,dx + |D|\varepsilon = |D|\varepsilon,$$

also die R-Integrierbarkeit von $\sqrt{|f(x)|}$.

Lösung A.5.8: a) Die Menge $M := \{(x,y) \in \mathbb{R}\times\mathbb{R} : 0 \leq x \leq \pi, \sin(x) \leq y \leq \sin(x)+1\}$ liegt zwischen den Graphen der Funktionen

$$f(x) = \sin(x), \quad g(x) = \sin(x)+1, \quad x \in [0,\pi].$$

Für ihren Jordan-Inhalt gilt daher:

$$|M| = \int_0^\pi (f(x) - g(x))\,dx = \int_0^\pi 1\,dx = \pi.$$

b) Die Menge M ist gerade gegeben durch

$$M = \{(x,y) \in \mathbb{R}^2 | \|x\| \leq 1\} = \|(x,y) \in \mathbb{R}^2 | -1 \leq x \leq 1, \; -1+x^2 \leq y \leq 1-x^2\}.$$

Ihr Jordaninhalt ist daher:

$$|M| = \int_{-1}^1 (1-x^2)-(x^2-1)\,dx = 2\int_{-1}^1 (1-x^2)\,dx = 2(x-\tfrac{x^3}{3})\Big|_{-1}^1 = 2(2-\tfrac{2}{3}) = \tfrac{8}{3}.$$

c) Die Menge M ist unbeschränkt. Somit ist sie nicht quadrierbar. Wir betrachten daher die ausschöpfende Folge

$$M_n := \{(x,y) \in \mathbb{R}^2 | 0 \leq x \leq n, \; 0 \leq y \leq e^{-x}\}.$$

Für diese ist

$$|M_n| = \int_0^n e^{-x}\,dx = -e^{-x}\Big|_0^n = 1 - e^{-n} \to 1 \; (n \to \infty).$$

Lösung A.5.9: Da f und g R-Integrierbar sind, gilt dies nach Lemma 5.8 auch für fg und $|f|^2$ sowie $|g|^2$. Sei nun Z irgendeine Zerlegung von D. Dann ist nach der Schwarzschen-Ungleichung

$$|RS_Z(fg)| \leq \Big(RS_Z(|f|^2)\Big)^{1/2}\Big(RS_Z(|g|^2)\Big)^{1/2}$$

und die Behauptung folgt durch Grenzübergang $|Z| \to 0$.

Lösung A.5.10: Für die beschränkte Funktion f seien $\alpha := \inf_{x\in D} f(x)$ und $\beta := \sup_{x\in D} f(x)$. Auf dem kompakten Intervall $I = [\alpha, \beta]$ sind die Funktionen $\varphi_1(x) := x^p$ und $\varphi_1(x) := e^x$ Lipschitz-stetig. Nach einem Satz aus dem Text sind die Funktionen $F := f^p$ und $F := e^f$ folglich R-integrierbar.

Lösung A.5.11: Die Menge $M := \{(x,y) \in \mathbb{R} \times \mathbb{R} : 0 \le x \le 1,\, x^3 \le y \le x^2\}$ liegt zwischen den Graphen der Funktionen

$$f(x) = x^2, \quad g(x) = x^3, \quad x \in [0,1].$$

Für ihren Jordan-Inhalt gilt daher:

$$|M_1| = \int_0^1 (f(x) - g(x))\, dx = \int_0^1 (x^2 - x^3)\, dx = \tfrac{1}{3} - \tfrac{1}{4} = \tfrac{1}{12}.$$

Lösung A.5.12: Das Problem liegt darin, dass die Funktion $g(x,y)$ offenbar in $(x,y) = (0,0)$ nicht stetig ist. Für $y \neq 0$ sind aber dennoch die Integrale

$$f(y) = \int_0^1 g(x,y)\, dx = \int_0^1 \frac{xy^3}{(x^2+y^2)^2}\, dx$$

als normale R-Integrale definiert. Für $y = 0$ ist sein Wert trivialerweise $f(0) = 0$. Dasselbe gilt für die Integrale über die Ableitung

$$\partial_y g(x,y) = \frac{(x^2+y^2)^2 3xy^2 - xy^3 2(x^2+y^2)2y}{(x^2+y^2)^4} = \frac{3x^3y^2 - xy^4}{(x^2+y^2)^3}.$$

Also ist

$$f^*(0) = \int_0^1 \partial_y g(x,0)\, dx = 0.$$

Dagegen ergibt sich

$$f(y) = \int_0^1 \frac{xy^3}{(x^2+y^2)^2}\, dx = -\frac{1}{2}\frac{y^3}{x^2+y^2}\Big|_0^1 = \frac{y}{2} - \frac{1}{2}\frac{y^3}{1+y^2}$$

und folglich

$$f'(y) = \frac{1}{2} - \frac{1}{2}\frac{(1+y^2)3y^2 - 2yy^3}{(1+y^2)^2} \quad \Rightarrow \quad f'(0) = \frac{1}{2}.$$

Lösung A.5.13: Aus der Differenzierbarkeit folgt

$$\begin{aligned}\frac{1}{h}\Big[\int_{\psi(y+h)}^{\varphi(y+h)} f(x,y+h)\, dx - \int_{\psi(y)}^{\varphi(y)} f(x,y)\, dx\Big] &= \int_{\psi(y)}^{\varphi(y)} \frac{f(x,y+h) - f(x,y)}{h}\, dx \\ &+ \frac{1}{h}\int_{\varphi(y)}^{\varphi(y+h)} f(x,y+h)\, dx - \frac{1}{h}\int_{\psi(y)}^{\psi(y+h)} f(x,y+h)\, dx.\end{aligned}$$

Für $h \to 0$ geht die rechte Seite unter Verwendung des Mittelwertsatzes der Intgeralrechnung in die folgende Form über:

$$\ldots = \int_{\psi(y)}^{\varphi(y)} \partial_y f(x,y)\,dx + \lim_{h\to 0} f(\xi_1, y+h)\,\frac{\varphi(y+h)-\varphi(y)}{h}$$
$$- \lim_{h\to 0} f(\xi_2, y+h)\,\frac{\psi(y+h)-\psi(y)}{h}.$$

Daraus folgt die Behauptung wegen $\lim_{h\to 0}\xi_1 = \varphi(y)$ und $\lim_{h\to 0}\xi_2 = \psi(y)$ und der Differenzierbarkeit von φ und ψ.

Lösung A.5.14: Die Funktion

$$f(x,y) = \frac{y}{(1+x^2+y^2)^{3/2}}$$

ist auf $D = [0,1]\times[0,1]$ beschränkt und R-integrierbar. Folglich ist der Satz von Fubini anwendbar. Wegen der einfacheren Form der Stammfunktion ist es am günstigsten, zunächst bzgl. y zu integrieren. Dies ergibt:

$$J = \int_0^1 \Big(\int_0^1 \frac{y}{(1+x^2+y^2)^{3/2}}\,dy\Big)\,dx = \int_0^1 \Big(\frac{1}{\sqrt{x^2+1}} - \frac{1}{\sqrt{x^2+2}}\Big)\,dx$$
$$= \Big[\ln(x+\sqrt{x^2+1}) - \ln(x+\sqrt{x^2+2})\Big]_0^1 = \ln\Big(\frac{2+\sqrt{2}}{1+\sqrt{3}}\Big).$$

Lösung A.5.15: a) Sei nun angenommen, dass $F(\|x\|_2)$ R-integrierbar ist. Zunächst einmal ist die Abbildung $(r,\theta)\mapsto(x,y) := (r\cos(\theta), r\sin(\theta)) =: \Phi(r,\theta)$ auf dem Intervall $S := (r,R)\times(0,\theta)$ stetig differenzierbar, bijektiv und L-stetig. Da $\Phi(S) = D$ und $|\det\Phi'(r,\theta)| = r$ ist nach dem Transformationssatz

$$J = \int_D F(\|x\|_2)\,dx = \int_S F(r)|\det\Phi'(r,\theta)|\,d(r,\theta) = \int_S F(r) r\,d(r,\theta)$$

Anwendung des Satzes von Fubini auf $\overline{S} = [r,R]\times[0,\theta]$ liefert

$$J = \int_0^{2\pi}\Big(\int_r^R F(r)\,dr\Big)\,d\theta.$$

Man beachte dabei, dass die Funktion $\theta \to \int_r^R F(r)\,dr$ R-integrierbar auf $[0,2\pi]$ ist.

b) Transformation der Integrale auf Polarkoordinaten $(r,\theta)\in\mathbb{R}_+\times(0,2\pi)$ und Anwendung des Satzes von Fubini ergibt

$$J_1 = \int_0^{2\pi}\Big(\int_1^2 \frac{1}{r^2}\,r\,dr\Big)d\theta = 2\pi\ln(r)\Big|_1^2 = 2\pi\ln(2),$$
$$J_2 = \int_0^{2\pi}\Big(\int_0^1 \cos(r^2)\,r\,dr\Big)d\theta = \pi\sin(r^2)\Big|_0^1 = \pi\sin(1).$$

Lösung A.5.16: Wir berechnen die Integrale auf ausschöpfenden Teilmengen $D_\varepsilon \subset D$, welche positiven Abstand zu den „singulären“ Punkten der Integranden haben und untersuchen den Limes für $\varepsilon \to 0$. Alternativ betrachten wir für unbeschränktes D ausschöpfende beschränkte Teilmengen $D_N \subset D$ und untersuchen den Limes für $N \to \infty$. Existiert dieser, so existiert das Integral als uneigentliches R-Integral. Durch Transformation auf Polar- bzw. Kugelkoordinaten und Anwendung des Satzes von Fubini ergibt sich:

$$a) \quad \int_{K_1^{(2)}(0)\setminus K_\varepsilon^{(2)}(0)} \frac{1}{\|x\|_2^2}\,dx = \int_0^{2\pi}\int_\varepsilon^1 \frac{r}{r^2}\,dr\,d\theta = 2\pi \ln r\Big|_\varepsilon^1 = -2\pi\ln\varepsilon \to \infty \;(\varepsilon\to 0);$$

$$b) \quad \int_{K_N^{(3)}(0)\setminus K_1^{(3)}(0)} \frac{1}{\|x\|_2^4}\,dx = \int_0^{2\pi}\int_0^{\pi}\int_1^N \frac{r^2\sin\varphi}{r^4}\,dr\,d\varphi\,d\theta = 4\pi(1-\tfrac{1}{N}) \to 4\pi\;(N\to\infty);$$

$$c) \quad \int_{K_{1-\varepsilon}^{(2)}(0)} \frac{1}{1-\|x\|_2}\,dx = \int_0^{2\pi}\int_0^{1-\varepsilon} \frac{1}{1-r}\,dr\,d\theta = 2\pi\int_0^{1-\varepsilon}\frac{r}{1-r}\,dr;$$

$$d) \quad \int_{K_N^{(2)}(0)\setminus K_1^{(2)}(0)} \frac{1}{\|x\|_2^2}\,dx = \int_0^{2\pi}\int_1^N \frac{r}{r^2}\,dr\,d\theta = 2\pi\ln(N) \to \infty\;(N\to\infty).$$

Das letze Integral in (c) wird abgeschätzt durch

$$\begin{aligned}\int_0^{1-\varepsilon}\frac{r}{1-r}\,dr &= \int_0^{1/2}\frac{r}{1-r}\,dr + \int_{1/2}^{1-\varepsilon}\frac{r}{1-r}\,dr\\ &\ge \tfrac12\int_{1/2}^{1-\varepsilon}\frac{1}{1-r}\,dr = -\tfrac12\ln(1-r)\Big|_{1/2}^{1-\varepsilon} = \tfrac12\ln(1/2) - \tfrac14\ln\varepsilon.\end{aligned}$$

Also existiert J_2 als uneigentliches R-Integral, während die Integrale J_1, J_3 und J_4 nicht existieren.

Lösung A.5.17: Transformation der Integrale auf Polarkoordinaten $(r,\theta)\in\mathbb{R}_+\times(0,2\pi)$ und Anwendung des Satzes von Fubini ergibt

$$\begin{aligned} J_1 &= \int_0^{2\pi}\Big(\int_1^2 \frac{1}{r}\,r\,dr\Big)d\theta = 2\pi,\\ J_2 &= \int_0^{2\pi}\Big(\int_0^1 e^{r^2}\,r\,dr\Big)d\theta = \pi e^{r^2}\Big|_0^1 = \pi(e-1).\end{aligned}$$

Lösung A.5.18: Es ist zu zeigen, dass $F(x)=F(x')$ für $x,x'\in\mathbb{R}^n$ mit $\|x\|=\|x'\|$. Ist $\|x\|=\|x'\|$, so gibt es eine orthogonale Matrix $S\in\mathbb{R}^{n\times n}$ mit $x'=Sx$. Also genügt es zu zeigen, dass $F(Sx)=F(x)$ für jede orthogonale Matrix S. Orthogonale Matrizen haben die Determinate $\det S=\pm1$. Wegen der Rotationssymmetrie von f und g folgt nach der Substitutionsregel mit $y':=Sy$:

$$\begin{aligned} F(x) &= \int_K f(y)g(y-x)\,dy = \int_K f(Sy)g(S(y-x))\,dy\\ &= \int_K f(Sy)g(Sy-Sx)|\det S|\,dy = \int_K f(y')g(y'-Sx)\,dy = F(Sx).\end{aligned}$$

Lösung A.5.19: Sei $x \in \mathbb{R}^2$ und $(x^k)_{k\in\mathbb{N}}$ eine gegen x konvergierende Folge. Die Riemann-integrierbare Funktion f ist beschränkt.

i) Im Fall $x \notin K$ ist $x^k \notin K$ für $k \geq m \in \mathbb{N}$. ist die Funktion $g(x,y) := \|x-y\|^{-1}$ gleichmäßig stetig auf der kompakten Menge $K \times \{x, x^m, x^{m+1}, \dots\}$. Damit konvergiert

$$\sup_{y\in K} \left| \frac{1}{\|x^k - y\|} - \frac{1}{\|x-y\|} \right| \to 0 \quad (k \to \infty)$$

und folglich

$$|F(x^k) - F(x)| \leq \sup_{y\in K} |f(y)| \int_K \left| \frac{1}{\|x^k - y\|} - \frac{1}{\|x-y\|} \right| dt \to 0 \quad (k \to \infty).$$

ii) Sei nun $x \in K$. Für beliebiges $\varepsilon > 0$ gibt es ein $k_\varepsilon \in N$, so daß $\|x - x^k\| < \varepsilon$ für $k \geq k_\varepsilon$. Mit der Kreisumgebung $K_{2\varepsilon}(x)$ spalten wir auf gemäß

$$\begin{aligned} |F(x^k) - F(x)| \leq \sup_{y\in K} |f(y)| \int_{K\setminus K_{2\varepsilon}(x)} \left| \frac{1}{\|x^k - y\|} - \frac{1}{\|x-y\|} \right| dt \\ + \sup_{y\in K} |f(y)| \int_{K_{2\varepsilon}(x)\cap K} \left| \frac{1}{\|x^k - y\|} - \frac{1}{\|x-y\|} \right| dt \end{aligned}$$

Das erste Integral geht gegen Null mit derselben Argumentation wie in (i), da $x, x^k \notin K \setminus K_{3\varepsilon}(x)$ für $k \geq k_\varepsilon$. Das zweite Integral geht gegen Null wegen

$$\int_{K_{2\varepsilon}(x)\cap K} \frac{1}{\|x^k - y\|} dy \leq \int_{K_{3\varepsilon}(x^k)} \frac{1}{\|x^k - y\|} dy = \int_0^{2\pi} \int_0^{3\varepsilon} \frac{r}{r} \, dr \, d\theta = 6\pi\varepsilon$$

und analog für das Integral über $\|x-y\|^{-1}$.

Lösung A.5.20: Der Ursprung des Koordinatensystems liege im Mittelpunkt der Kugel und die positive x_3-Achse gehe durch den Massepunkt x, d. h.: $x = (0,0,\eta)$. In diesem Koordinatensystem gilt für die von der Kugel auf den Massepunkt ausgeübte Schwerkraft $F_1(00,\eta) = F_2(0,0,\eta) = 0$. Die x_3-Komponente der Kraft ist

$$\begin{aligned} F_3(0,0,\eta) &= -\gamma\rho_0 \int_K \frac{\eta - y_3}{(y_1^2 + y_2^2 + (\eta - y_3)^2)^{3/2}} \\ &= \gamma\rho_0 \int_K \frac{d}{d\eta} \frac{1}{(y_1^2 + y_2^2 + (\eta - y_3)^2)^{1/2}} dy. \end{aligned}$$

Die uneigentlichen R-Integrale existieren nach einem Resultat im Text. Ferner kann man

Differentiation und Integration vertauschen. Übergang zu Zylinderkoordinaten ergibt

$$\begin{aligned}
F_3(0,0,\eta) &= 2\gamma\rho_0\pi\frac{d}{d\eta}\int_{-R}^{R}\int_0^{\sqrt{R^2-z^2}}\frac{r}{(r^2+(\eta-z)^2)^{1/2}}\,dr\,dz\,d\theta \\
&= 2\gamma\rho_0\pi\frac{d}{d\eta}\int_{-R}^{R}\int_0^{\sqrt{R^2-z^2}}\frac{d}{dr}(r^2+(\eta-z)^2)^{1/2}\,dr\,dz \\
&= 2\gamma\rho_0\pi\frac{d}{d\eta}\int_{-R}^{R}\int_0^{\sqrt{R^2-z^2}}\frac{d}{dr}(r^2+(\eta-z)^2)^{1/2}\,dr\,dz \\
&= 2\gamma\rho_0\pi\frac{d}{d\eta}\int_{-R}^{R}\big((R^2-z^2+(\eta-z)^2)^{1/2}-((\eta-z)^2)^{1/2}\big)\,dz \\
&= 2\gamma\rho_0\pi\frac{d}{d\eta}\int_{-R}^{R}\big((R^2-2\eta z+\eta^2)^{1/2}-|\eta-z|\big)\,dz.
\end{aligned}$$

Die beiden Terme rechts werden separat berechnet (beachte $0<\eta<R$):

$$\begin{aligned}
\int_{-R}^{R}(R^2-2\eta z+\eta^2)^{1/2}\,dz &= -\frac{1}{3\eta}(R^2-2\eta z+\eta^2)^{3/2}\Big|_{-R}^{R} \\
&= -\frac{1}{3\eta}\big((R^2-2\eta R+\eta^2)^{3/2}-(R^2+2\eta R+\eta^2)^{3/2}\big) \\
&= -\frac{1}{3\eta}\big((R-\eta)^3-(R+\eta)^3\big) \\
&= -\frac{1}{3\eta}\big(R^3-3R^2\eta+3R\eta^2-\eta^3-R^3-3R^2\eta-3R\eta^2-\eta^3\big) \\
&= \frac{1}{3\eta}(6R^2\eta+2\eta^3) = 2R^2+\frac{2}{3}\eta^2,
\end{aligned}$$

sowie

$$\begin{aligned}
\int_{-R}^{R}|\eta-z|\,dz &= \int_{-R}^{\eta}(\eta-z)\,dz+\int_{\eta}^{R}(z-\eta)\,dz = -\frac{1}{2}(\eta-z)^2\Big|_{-R}^{\eta}+\frac{1}{2}(z-\eta)^2\Big|_{\eta}^{R} \\
&= \frac{1}{2}\big((\eta+R)^2+(R-\eta)^2\big) = \frac{1}{2}\big(\eta^2+2\eta R+R^2+R^2-2R\eta+\eta^2\big) \\
&= R^2+\eta^2.
\end{aligned}$$

Zusammenfassung dieser Beziehungen ergibt:

$$F_3(0,0,\eta) = 2\pi\gamma\rho_0\frac{d}{d\eta}\big(2R^2+\frac{2}{3}\eta^2-R^2-\eta^2\big) = -\frac{4}{3\pi}\gamma\rho_0\eta.$$

Index

FSC
www.fsc.org
MIX
Papier | Fördert gute Waldnutzung
FSC® C083411

Kolibri 360 GmbH
Ferdinand-Jühlke-Straße 7
99095 Erfurt, Deutschland
produktsicherheit@kolibri360.de